현 대 의 천 문 학 시 리 즈 ⏐ 07
Modern Astronomy Series

항성

노모토 겐이치野本憲一 · 사다카네 고죠定金晃三 ·
사토 가쓰히코佐藤勝彦 엮음
김두환 감수 / 박소연 옮김

지성사

「SERIES GENDAI NO TENMONGAKU 07: KOSEI」
by Ken'ichi Nomoto, Kouzou Sadakane, Katsuhiko Sato.
Copyright ⓒ 2016 by JISUNGSA.
All rights reserved.
First published in Japan by Nippon-Hyoron-sha Co., Ltd., Tokyo.

This Korean edition is published by arrangement with Nippon-Hyoron-sha Co., Ltd., Tokyo in care of
Tuttle-Mori Agency. Inc., Tokyo through Eric Yang Agency. Inc., Seoul.

이 책의 한국어판 판권은 Tuttle-Mori Agency. Inc.과 Eric Yang Agency. Inc.를 통한
Nippon-Hyoron-sha Co.와의 독점 계약으로 지성사에 있습니다.
저작권법에 의해 한국 내에서 보호를 받는 저작물이므로 무단 전재와 무단 복제를 금합니다.

화보 1
외뿔소자리 변광성 V838(중심의 빨간 별)과 주변 먼지에서 반사된 빛에 의한 빛의 메아리(허블 우주망원경)

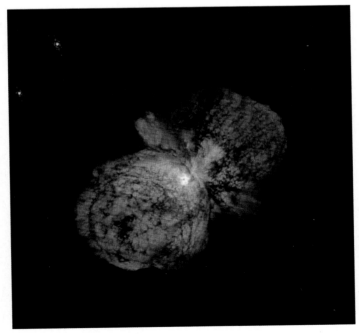

화보 2
용골자리 에타별. 대질량성이기 때문에 대량의 가스를 방출하고 별 주위에 짙은 물질을 생성한다(97쪽, 허블 우주망원경).

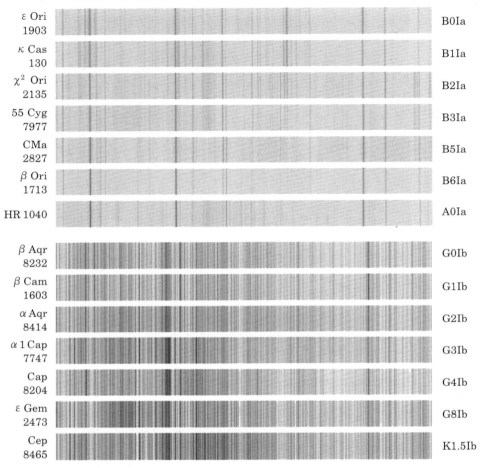

ε Ori 1903	B0Ia
κ Cas 130	B1Ia
χ² Ori 2135	B2Ia
55 Cyg 7977	B3Ia
CMa 2827	B5Ia
β Ori 1713	B6Ia
HR 1040	A0Ia
β Aqr 8232	G0Ib
β Cam 1603	G1Ib
α Aqr 8414	G2Ib
α 1 Cap 7747	G3Ib
Cap 8204	G4Ib
ε Gem 2473	G8Ib
Cep 8465	K1.5Ib

화보 3
B형 별과 G형 별의 스펙트럼 계열(오사카교육대학 국립천문대 오카야마 천체물리관측소)

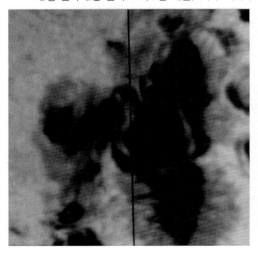
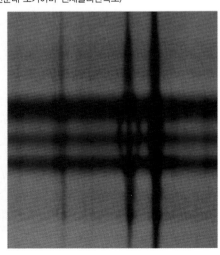

화보 4
태양의 흑점 스펙트럼에 보이는 제만 효과(43쪽, NOAO/AURA/NSF)

화보 5
큰개자리 시리우스. 주계열성의 주성(중앙)과 백색왜성의 동반성(왼쪽 아래 작은 점)으로 이루어진 쌍성이다(73쪽, 허블 우주망원경).

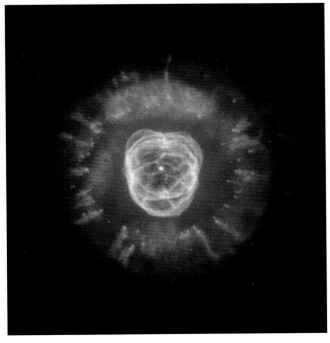

화보 6
행성상 성운 에스키모 성운(허블 우주망원경)

화보 7
신성 GK Per(NOAO/AURA/NSF)

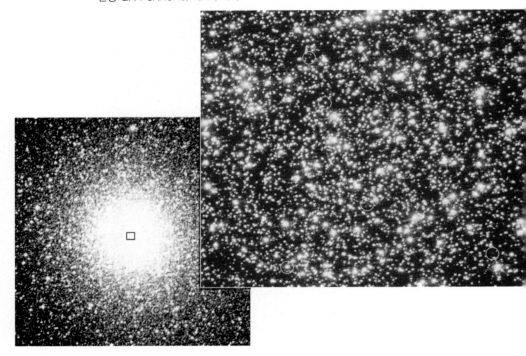

화보 8
구상성단 47 Tuc와 중심부 확대 사진(225쪽, 허블 우주망원경)

화보 9
행성상 성운인 알리 성운(허블 우주망원경)

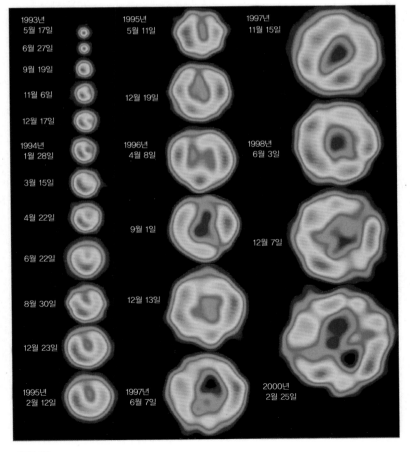

1993년 5월 17일	1995년 5월 11일	1997년 11월 15일
6월 27일		
9월 19일		
11월 6일	12월 19일	
12월 17일		
1994년 1월 28일	1996년 4월 8일	1998년 6월 3일
3월 15일		
4월 22일	9월 1일	
6월 22일		12월 7일
8월 30일	12월 13일	
12월 23일		
1995년 2월 12일	1997년 6월 7일	2000년 2월 25일

화보 10
IIb형 초신성 SN 1993 J의 충격파면이 커지는 전파화상(356쪽, NRAO/AUI. N. Bartel *et al.* 제공)

화보 11
초신성 잔해 게성운(346쪽, 허블 우주망원경)

화보 12
Ia형 초신성 SN 1994 D(오른쪽 위; 439쪽, 허블 우주망원경)

천문학은 최근 들어 놀라운 추세로 발전하면서 많은 사람들의 관심을 모으고 있다. 이것은 관측기술이 발전함으로써 인류가 볼 수 있는 우주가 크게 넓어졌기 때문이다. 우주의 끝으로 나아가려는 인류의 노력은 마침내 129억 광년 너머의 은하에 이르게 됐다. 이 은하는 빅뱅으로부터 불과 8억 년 후의 모습을 보여준다. 2006년 8월에 명왕성을 행성과는 다른 천체로 분류하는 '행성의 정의'가 국제천문연맹에서 채택된 것도 태양계 외연부의 모습이 점차 뚜렷해졌기 때문이다.

이러한 시기에 일본천문학회의 창립 100주년기념출판 사업으로 천문학의 모든 분야를 망라하는 ≪현대의 천문학 시리즈≫를 간행할 수 있게 되어 큰 영광이다.

이 시리즈에서는 최전선의 연구자들이 천문학의 기초를 설명하면서 본인의 경험을 포함한 최신 연구성과를 보여줄 것이다. 가능한 한 천문학이나 우주에 관심이 있는 고등학생들이 이해할 수 있도록 쉬운 문장으로 설명하기 위해 신경을 썼다. 특히 시리즈의 도입부인 제1권에서는 천문학을 우주–지구–인간의 관점에서 살펴보면서 우주의 생성과 우주 속에서의 인류의 위치를 명확하게 밝히고자 했다. 본론인 제2권~제17권에서는 우주에서 태양까지 여러 분야에 걸친 천문학의 연구대상, 연구에 필요한 기초

지식, 천체 현상의 시뮬레이션 기초와 응용, 그리고 여러 파장의 관측기술을 설명하고 있다.

이 시리즈는 '천문학 교과서를 만들고 싶다'는 취지에서 추진되었으며, 일본천문학회에 기부해준 한 독지가의 성의로 가능할 수 있었다. 그 마음에 깊이 감사드리며, 많은 분들이 이 시리즈를 통해 천문학의 생생한 '현재'를 접하고 우주를 향한 꿈을 키워나가길 기원한다.

편집위원장 오카무라 사다노리岡村定矩

　제7권의 주인공은 '항성'이다. 스스로 빛을 내는 별이기 때문에 항성이라고 하며 우주를 빛나게 하는 주요 원천이기도 하다. 우주의 암흑시대는 첫 번째 별이 탄생하면서 그 막을 내렸다. 항성은 스스로 진화하며, 우주의 주요 중원소를 만들어 우주공간에 방출했다. 그것은 다음 세대의 별에 흡수되었고, 그때부터 차세대로 이어지는 진화의 순환이 시작된 것이다. 이리하여 우주에 있는 물질들은 조금씩 풍부해졌다. 항성은 우주물질 진화의 원천이며, 우주의 주요 구성요소이다. 따라서 항성의 구조와 진화를 이해하는 것은 은하와 우주의 진화를 이해하는 밑거름이 된다.

　항성은 다양해서 저마다 다른 광도와 색을 지닌 빛을 복사하고, 바람을 일으키거나 진동하며 때로는 폭발하기도 한다. 빛의 측광관측과 스펙트럼 관측으로부터 별 표면의 원소조성, 회전과 자기장의 존재, 대기의 크기나 움직임을 알 수 있다. 이번 7권에서는 이러한 항성의 관측, 분석, 다양한 분류방법, 표면에서 빛의 전달과 대기모델 구축의 기본에 대해 해설하고 있다.

　빛의 복사와 동역학 에너지의 원천은 항성 내부에 있다. 항성은 스스로의 중력으로 결합하고, 스스로 빛을 복사함으로써 수축하며, 중력에너지를 방출한다. 이런 작용으로 내부를 고온·고밀도로 만들어 열핵융합을 시작함으로써 원자핵에너지를 방출하게 된다.

항성의 진화는 활발하며 모습도 다양하다. 여기에서는 어떤 진화과정을 거쳐 적색거성과 백색왜성 등 다양한 형태의 별을 만들어내는지, 항성의 질량은 그 진화과정에 어떤 영향을 미치는지, 항성 내부의 진화로 관측적 특징을 어떻게 해명해 가는지를 설명하고 있다. 태양처럼 백색왜성으로 식어가는 별과 중력붕괴를 일으키는 대질량성이라는 별 진화의 분기점은 전자축퇴라는 미시적 양자역학과 특수상대성이론의 영향을 받는다.

항성은 단순하고 필연적으로 진화하는 것이 아니다. 회전과 자기장, 난기류 등 풀기 어려운 요소들로 가득하다. 그리고 쌍성계는 우연에 의해 어떤 상대와 짝을 이룰지 결정된다. 특히 백색왜성, 중성자성, 블랙홀 같은 고밀도별은 상대별에 따라 다양한 고에너지 현상을 일으킨다. 예를 들면 격변변광성, X선 천체, 초신성 등이 그렇다. 여기에서는 초고온, 초고밀도라는 극한 상태에서 물리적 과정이 진행되고 있으며, 이는 현대물리학으로는 풀지 못할 수도 있는 현상들이다.

초신성 폭발이 대질량성이나 백색왜성 같은 밝은 별들의 마지막을 장식했다. 여러 원소가 합성, 방출하여 이에 따라 은하가 화학적으로 진화하면서 생명과 인간의 근원을 만들어갔다. 여러 종류의 초신성이 중원소들을 우주에 방출했고, 그 결과 항성의 화학조성은 결코 균일한 것이 아닌 은하의 화학적 진화를 강하게 반영하게 되었다. '태양 조성'이 우주의 일부분이라고 해서 '우주 조성'으로 볼 것이 아니라 우주진화의 한 생산물로 봐야 한다. 거꾸로 원소조성은 우주 '최초의 별'이 무엇이었는지에 대한 실마리를 제공해준다.

항성은 우주의 전형적인 천체이자 기본적인 구성요소이다. 항성의 구조와 진화의 기본을 정리한 이 책을 읽으면 천체물리학과 우주물질 진화학의 기초는 물론, 우주의 극한 상태를 해명하는 천문학 지식을 얻을 수 있을 것이다.

노모토 겐이치野本憲一

차례

제1장 다양한 별과 관측

제2장 항성대기와 스펙트럼

제1장
다양한 별과 관측

1.1 별의 광도와 색

1.1.1 겉보기광도와 절대광도

밤하늘 별들의 광도가 모두 달라서 겉보기광도를 정량적으로 나타내기 위해 등급을 사용해 광도척도를 나타낸다. 사람이 눈으로 보고 느끼는 겉보기광도를 실시등급(m_V)이라고 한다. 등급척도는 1등급마다 2.512배 차이가 있으며 등급을 나타내는 숫자가 작을수록 밝다. 예를 들면 0.0등성은 1.0등성보다 2.512배 밝다. 거문고자리인 α별(베가)을 기준으로 삼아 이 별의 광도를 0등급으로 정의했다. 실제로 별은 태양에서 멀거나 가까운 곳 모두에 포진해 있는데, 겉보기에 가까이 있는 별은 밝아 보이고 멀리 있는 별은 어두워 보인다. 그래서 별의 본래 광도를 나타내기 위해 별을 기준이 되는 거리(10 파섹, 기호는 pc)에 두었을 경우의 등급을 M_V로 나타내고, 실시절대등급이라 한다. 연주시차가 1초각이 되는 거리를 1 pc이라고 하며 20만 6000천문단위(AU)에 해당하다. 별의 광도는 거리의 제곱에 반비례하므로 거리 $r$pc에 있는 별은 실시등급과 절대등급 사이에 아래와 같은 관계가 있다.

$$m_V - M_V = 5 \log \left(\frac{r}{10} \right) \tag{1.1}$$

그런데 성간물질이 빛을 흡수하기 때문에 이것을 고려해 위 식에 보정항을 넣어야 한다. 별은 사람이 눈으로 보는 가시광선뿐 아니라 X선부터 전파까지 모든 파장의 전자파를 복사한다. 그러므로 복사되는 파장 영역 전체를 고려한 절대등급을 정의하여 M_{bol}로 표시하고 복사절대등급이라고 한다.

별이 단위시간당 방출하는 복사에너지의 총합을 광도라고 한다. 광도 L

과 복사절대등급 $M_{\rm bol}$ 사이에는 다음 식의 관계가 있다(여기에서 ⊙는 태양을 나타냄).

$$M_{\rm bol} = 4.74 - 2.5 \log\left(\frac{L}{L_\odot}\right) \qquad (1.2)$$

1.1.2 별의 스펙트럼 분류

별의 표면대기는 온도 구조를 가지고 있어 복사 스펙트럼은 연속광에 흡수선이 함께 나타난다. 온도가 아주 높은 별이나 특수한 별은 방출선을 동반하기도 한다. 흡수선이나 방출선이 강하지 않은 파장 영역에서는 연속 스펙트럼이 거의 흑체복사[1]의 형태를 보인다. 별의 스펙트럼은 관측되는 흡수선의 종류와 강도에 따라 그림 1.1과 같은 계열로 분류한다.

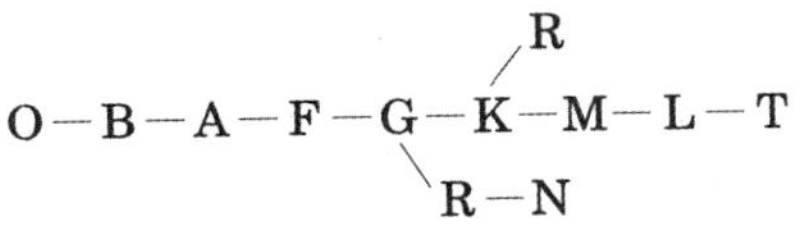

$$O-B-A-F-G-K-M-L-T$$

그림 1.1 항성의 스펙트럼형.

이것을 하버드식 분류라고 하는데 본디 M형까지 있었으나 최근 L형과 T형이 추가되었다. 각각의 형태들은 연속적으로 이어지며 더욱 세밀하게 10단계로 나누어 0부터 9까지 번호를 매긴다. 예를 들면 A5의 별은 A0과 F0의 한가운데 있으며 태양은 G2형에 속한다. 그림 1.2는 O형부터 M형 사이에 있는 별의 대표적인 청색파장 영역의 스펙트럼이다. 그림을 보면

[1] 제15권 2.1.1절 참조

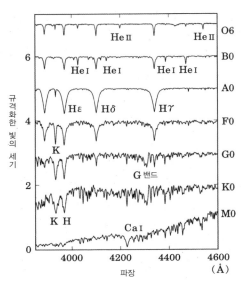

그림 1.2 청색파장 영역의 별 스펙트럼과 주요 스펙트럼선. 스펙트럼선을 쉽게 보이도록 하기 위해 M형 이외의 별은 연속광을 1로 규격화해 나타냈다. Hγ, Hδ 등은 중성수소선이고, H와 K는 1차 이온화한 칼슘 이온선이다.

표 1.1 별의 스펙트럼형 특징과 색지수.

형	표면온도(K)	강한 흡수선과 흡수띠	색지수
O5	45000	이온화 헬륨선, 고이온화의 산소, 질소, 탄소, 규소선	~ −0.3
B0	29000	중성헬륨선, 약한 수소선	~ −0.3
A0	9600	수소선이 가장 강함, 이온화 금속선	0.00
F0	7200	수소선, 칼슘 H, K선	+0.33
G0	6000	H, K선, 중성철선	+0.60
K0	5300	중성금속선	+0.81
M0	3900	산화티탄선	+1.4
R, N(C)	~3000	CN, 탄소 흡수띠	
S	~3000	산화지르코늄 흡수띠	
L	~1700	금속 수소화합물, 알칼리 금속원소, 물분자, 일산화탄소 흡수띠	
T	~1100	티탄, 물분자 흡수띠	

각각의 스펙트럼형에 특징적인 주요 스펙트럼선이 잘 나타나 있다.

스펙트럼형 각각의 특징을 표 1.1로 나타냈는데 위 계열은 흡수선이 형성되는 항성대기의 온도 계열로 이루어져 있다. 대다수 별의 대기는 그 화학조성이 태양과 비슷하며 또 열평형상태에 있는 것으로 알려졌다. 즉, 고온의 대기가스에는 온도와 밀도에 따라 분자는 원자로 해리하고 원자는 이온으로 이온화하며, 이 분자와 원자, 이온들은 각종 들뜸상태에 있다. 이처럼 분자, 원자, 이온의 이온화 상태와 들뜸상태는 온도에 매우 민감하기 때문에 흡수선의 강도도 온도에 민감해 온도의 지표가 된다. 따라서 그림 1.1에 나타낸 스펙트럼형 계열이 별의 표면온도라는 것을 알 수 있다.

그림 1.3에 스펙트럼형 B형부터 T형까지 별들의 특징적인 에너지 분포를 나타냈다. B형 별은 고온으로 파란빛을 많이 복사해 파장이 짧은 쪽이 더 밝다. 반면에 M형 별은 저온이므로 붉은빛을 많이 복사해 파장이 긴 쪽이 더 밝다. 이렇듯 별의 에너지 분포는 스펙트럼형과 일치한다.

칼슘에 대해 살펴보면 고온인 O형과 B형은 주로 전자 두 개를 잃고 칼슘III[2](2가 이온)이 되지만 A형 이후는 칼슘II(1가 이온)의 H선, K선이 점차 강해지고, G형은 이것이 지배적이며, K형과 M형은 중성의 칼슘I이 대부분이다. 또 수소는 가시영역에 발머선이 있는데 이 흡수선을 생성하려면 수소원자가 들뜸에너지 $10.2\,eV$[3]의 2s, 2p 상태로 들떠 있어야 한다. 수소 흡수선[4]의 강도는 온도가 상승하면서 M형에서 A형 순서로 강해져 A형에서 최대가 되지만 고온이 되면 이온화가 일어나면서 오히려 감소한다. O형 별은 고온이기 때문에 이온화 에너지가 $24.5\,eV$인 헬륨마저 이온화해 헬륨II의 흡수선이 관측된다.

---

2 이온화 상태를 나타내며, 로마숫자로 표시한다. I은 중성, II는 1차 이온화한 상태를 나타낸다.
3 전자볼트. 들뜸과 이온화 에너지를 나타낸다. 1전자볼트(eV)는 1.602×10^{-19}줄(J)이다.
4 제15권 2.2.1절 참조.

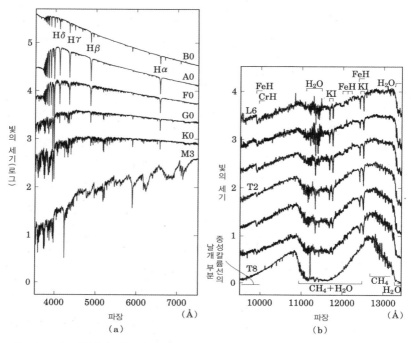

그림 1.3 스펙트럼 분류와 연속에너지 분포. 왼쪽이 올라간 별은 파랗고 오른쪽이 올라간 별은 붉다.
(b)는 0.95~1.35 μm 영역의 L형, T형 별의 스펙트럼(Kirkpatrik 2005, *ARAA*, 43, 195).

　　이처럼 스펙트럼 계열 중에 O형부터 M형은 별의 표면온도 계열이 태
양의 화학조성과 거의 비슷하다. 반면 측지側枝 계열인 R형, N형은 모두
C형(탄소형)이다. 태양은 탄소(C)와 산소(O) 원자수의 비인 탄소/산소
(C/O) 비가 약 0.5인 반면, C형은 C/O > 1인 저온의 별이다. 또 S형은 지
르코늄Zr 등 마법의 중성자수[5] 50, 82를 가진 원소가 유달리 많은 저온의
별이다.

　　M형 별보다 저온이고 질량이 낮은 별이 최근 발견되고 있다. 여기에는

---

[5] 원자핵에서 중성자수가 50, 82, 126 등인 경우를 말한다. 이런 원자핵은 매우 안정적이다. 자세한 것은
제1권 3장 참조.

별 중심에서 수소에 점화되지 않는 갈색왜성도 포함된다. 그림 1.3은 L형, T형의 근적외선 스펙트럼이다. L형 별은 금속 수소화합물(FeH, CrH 등), 알칼리 금속원소, 물분자, 일산화탄소의 흡수띠가 특징이다. L형이 만기가 되면 갈색왜성도 섞여든다. T형은 갈색왜성으로 메탄, 물분자의 흡수띠가 특징이며 행성대기 스펙트럼에 가까운 형태를 보인다.

온도가 같더라도 절대등급의 차이(광도등급)를 구별하기 위해 스펙트럼형 뒤에 로마숫자를 붙여 I : 초거성, II : 휘거성, III : 거성, IV : 준거성, V : 주계열성, VI : 준왜성과 같이 표시한다. 이것을 세분해 a, ab, b[6]를 뒤에 붙이거나 등급기호 두 개를 하이픈으로 이어서 중간을 표시한다. 온도가 같아도 별의 대기밀도가 다르면 흡수선의 폭이 달라진다는 점을 이용한 것이다. 초거성의 대기밀도는 낮지만 주계열성으로 가면서 높아진다. 밀도가 높으면 흡수선을 방출하는 원자는 주위에 더 많은 전자로부터 영향을 받아 흡수선의 폭이 넓어지지만, 밀도가 낮으면 그 원자에 영향을 미치는 전자의 수가 적어 단독 원자에서 나오는 흡수선 폭과 비슷해지기 때문이다.

1940년에 야키스천문대에서는 온도 계열인 하버드식 분류에 광도등급 분류를 더한 이런 방식을 정식으로 채택했는데, 이를 모건-키넌식 분류, 또는 MK 스펙트럼 분류법이라고 하며 오늘날에는 이 방법을 주로 사용하고 있다. 그림 1.4는 스펙트럼형 A0의 광도등급에 따른 스펙트럼의 차이를 나타낸 것이다. A형 별은 수소 발머선의 강도(폭)가 별의 대기밀도에 따라 크게 달라진다. 초거성은 밀도가 낮아 발머선이 가늘고, 주계열성은 밀도가 높아 발머선의 폭이 매우 넓다. 이러한 변화를 절대등급효과라고 한다.

---

6 a는 더 밝은 것, b는 더 어두운 것(옮긴이 주).

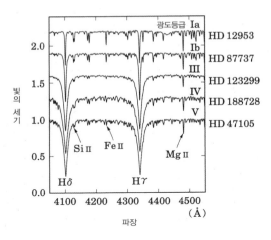

그림 1.4 스펙트럼형 A0에서 절대등급효과.

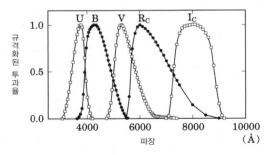

그림 1.5 U, B, V, Rc, Ic 측광계의 감도곡선. 각 밴드의 최고값을 1로 규격화한다.

1.1.3 별의 색

예전에는 주로 맨눈이나 사진건판을, 1950년대 이후에는 광전자증배관을 이용해 별을 관측했지만, 요즘은 주로 CCD(전자결합소자)를 이용하여 디지털 데이터로 처리한다. 1953년에 존슨H.L. Johnson과 모건W.W. Morgan이 측광시스템 UBV 삼색계를 주로 이용하기 시작했다. U, B, V는 각각 자외Ultra-violet, 청Blue, 실시Visual를 의미한다. 최근에는 CCD의 감도가 적파장영역까지 넓어져 R_J, I_J 또는 R_C, I_C라는 시스템을 도입했다. 또 근적외에서 중간적외 영역의 이차원 검출기가 등장했고 J, H, K, L, M, N 시스템도 일반적으로 사용되고 있다. CCD로 측정한 별의 겉보기등급을 m_U, m_B, m_V로 써서 상세히 표시한다.

UBV 삼색계는 스펙트럼형의 A0형 별, 정확히는 A0형의 주계열성에 대해 다음과 같이 정의한다.

$$U = B = V \tag{1.3}$$

A0형보다 별의 표면온도가 높을수록 U-B나 B-V는 음의 작은 값을 가지며, 저온일수록 양의 큰 값을 가진다. B-V 등은 별 표면온도의 척도를 나타내며 이 계산방식을 색지수라고 한다. 표 1.1에 각 스펙트럼형의 평균적인 색지수(B-V)를 나타냈다.

전체 파장영역의 복사량이 문제가 될 때는 V와 복사등급의 차이를 고려하는데 이 차이를 복사보정(bolometric correction, B.C.)이라고 한다. 즉

$$\text{B.C.} = m_{bol} - m_V = M_{bol} - M_V \tag{1.4}$$

이다. 지구대기 또는 성간가스가 있는 자외부나 적외부처럼 복사의 강도를 관측할 수 없는 파장 영역에서는 흑체복사 분포를 가정해 각 스펙트럼형의 복사보정값을 구한다. 단, F3형 별은 복사보정을 0으로 정의한다. 복사보정은 일반적으로 음의 값을 띠지만 고온이거나 저온일수록 보정량이 커지면서 값이 부정확해진다. B5형 별을 예로 들면 자외부의 복사세기가 파장 2000옹스트롬(Å)이 극대값인데 UBV 삼색계로는 장파장 영역만 측정할 수 있기 때문이다.

멀리 있는 별의 빛은 우리에게 도달되는 동안 성간가스에 떠있는 미립자에 흡수되어 산란된다. 빛의 파장이 짧을수록 흡수되는 양이 많으므로

천체의 색이 원래보다 붉어 보이는데, 이런 현상을 성간적색화라고 한다. 멀리 있는 별의 색지수 B−V를 측정하면 일반적으로는 성간적색화 때문에 표면온도를 바로 알 수는 없다. 그러나 색지수 B−V, U−B 두 개를 독립적으로 측정해 성간적색화가 간섭되는 정도를 알면 동시에 실제 표면온도를 추정할 수 있다.

1.1.4 2색도와 HR도(색−등급도)

별의 복사 스펙트럼은 흑체복사 스펙트럼과 매우 비슷해 보이지만 자세히 보면 다르다. 흑체복사 스펙트럼은 온도가 한 가지인 반면, 별의 표면대기는 온도구조를 가지기 때문에 복사 스펙트럼에 연속광과 흡수선이 함께 나타난다. 실제로 복사 스펙트럼은 별 표면의 유효온도 T_{eff}로 표시하는 흑체복사 스펙트럼으로 근사적으로 다루는 일이 많다. 반지름이 R인 흑체구에서 광도 L인 복사를 방출할 때 필요한 흑체온도가 별 표면의 유효온도 T_{eff}로 정의된다. 즉 다음 식과 같다.

$$L = 4\pi R^2 \sigma T_{eff}{}^4 \tag{1.5}$$

여기서 $\sigma = 5.67 \times 10^{-5}$ erg·cm^{-2}·s^{-1}·deg^{-4}는 스테판−볼츠만 상수다.

　U−B, B−V 등의 색지수는 각 별의 파장 영역에 복사에너지 플럭스비比를 부여해 훌륭한 별의 온도지표가 되었다. 그림 1.6은 두 개의 색지수로 주계열성과 흑체복사의 관계를 나타냈다. 동시에 스펙트럼형도 나타냈다. 별의 계열곡선은 실선인 흑체복사선과 떨어져 있다. 특히 B형의 만기에서 F형의 조기까지는 흑체복사에서 많이 벗어나 있다. 이것은 B형에서 A형으로 가면서 수소의 발머 도약[7]이 커지기 때문이다. A3형부터 F5형 사이

▌**7** 발머선 계열의 흡수단에 보이는 격차.

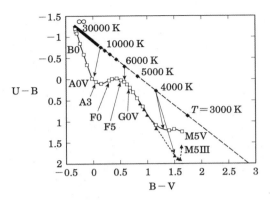

그림 1.6 2색도. 직선은 흑체복사, 곡선은 항성 데이터를 나타낸다.

가 완만하게 휜 것은 발머 도약이 약해지면서 자외 영역이 약화된 것이다. 그리고 저온에서는 발머 도약이 계속 약해지고 파센 도약이 효력을 나타낸다. 또 성간물질이 흡수되면서 색지수의 변화 스펙트럼도 성간흡수 법칙이 적용되는데 이것을 이용하면 앞에 설명한 것처럼 별의 색지수의 관측값에서 진정한 표면온도를 환산할 수 있다.

항성의 스펙트럼을 가로축에, 절대등급을 세로축에 두어 별을 그래프로 나타낸 것을 헤르츠스프룽–러셀 도표(HR도)라고 하는데, 이 도표는 항성진화를 연구하는 데 없어서는 안 될 중요한 수단이다. 그림 1.7은 HR도의 한 예를 나타내고 있다. HD성표는 실시등급에서 9등급보다 밝은 전 하늘의 약 22만 개의 항성 스펙트럼형(하버드식)을 기재했는데 이 그림은 1918년부터 1924년까지 하버드대학 천문대에서 출판된 HD성표에 적위 +5도 이남인 별을 MK식으로 재분류한 목록을 바탕으로 했다. 이 목록에는 히파르코스 목록[8]에서 태양으로부터의 거리가 200 pc 이내에 있다고 판정

---

8 히파르코스 위성으로 관측된 항성의 연주시차, 고유운동의 데이터를 기재한 성표. 1997년에 ESA에서 출판했다.

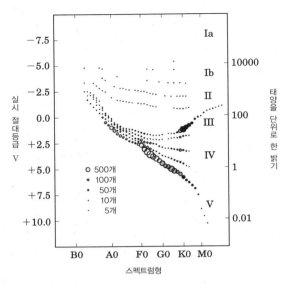

그림 1.7 태양으로부터 200 pc 이내에 있는 약 1만 8000개 항성의 HR도. 가장 큰 점은 별 500개를 나타내고, 가장 작은 점은 5개를 나타낸다(Sowell *et al.* 2007, *AJ*, 134, 1089).

된 별 약 1만 8000개가 실려 있다. 점의 크기는 그 지점에 위치한 항성의 수를 나타내는데, 태양에서 가까운 별은 F−K형의 주계열성이 많고[9] 이어서 K형의 거성이 많다는 것을 보여준다. 한편, 태양에서 200 pc 이내에는 O형 별과 매우 밝은 초거성이 없다는 사실도 알 수 있다.

스펙트럼형은 별의 표면온도를 나타내기 때문에 온도지표인 색지수(예를 들면 B−V)를 가로축으로 놓으면 HR도와 비슷한 그림을 만들 수 있다. HR도의 세로축은 별의 실제광도(절대등급)를 나타내는데, 같은 거리로 간주되는 별을 취급할 때는 겉보기등급을 세로축으로 한 그래프(색−등급도)를 사용할 수도 있다. 예를 들면 성단에 속한 별은 태양으로부터 같은 거

---

[9] HD성표에는 10등급보다 어두운 별은 포함되지 않았으며 M형 주계열성은 대부분 누락되어 있다.

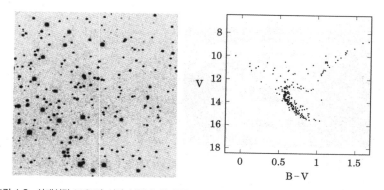

그림 1.8 산개성단 M 67의 성야 사진과 색-등급도. 왼쪽은 약 10×10분각 영역의 V밴드 모습(오사카교육대학의 51 cm 반사망원경으로 촬영)이고, 오른쪽의 색-등급도(Montgomery *et al.* 1993, *AJ*, 106, 181)는 고유운동의 데이터에서 성단에 속한 별들을 표시했다.

리에 있다고 볼 수 있으므로 성단 연구에는 그림 1.8과 같은 색-등급도를 자주 이용한다.

1.2 별의 생김새와 크기 관측

기체 덩어리인 항성의 표면은 광학적 깊이를 거의 하나의 층(광구)으로 정의한다. 태양의 경우 광구의 깊이는 대략 500 km로, 지름(139만 km)과 비교하면 대단히 미미한 값이지만 겉으로 보면 바로 태양의 표면임을 분명히 알 수 있다.

태양 이외의 항성은 겉보기크기(=별의 크기/별까지 거리)가 매우 작기 때문에 맨눈으로 볼 때는 크기가 있다고도 할 수 없을 정도이다. 태양 다음으로 겉보기크기가 큰 별을 각도로 크기를 표시한다 해도 10만 분의 1도이다. 이렇게 크기가 작은 것은 간섭계를 이용해 측정한다.

이 절에서는 항성의 크기를 주로 광적외간섭계로 측정한 값으로 소개할 텐데 실제로 크기를 직접 측정할 수 있는 별은 매우 한정적이다. 따라서

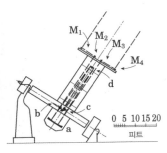

그림 1.9 마이켈슨과 피스가 항성의 크기를 측정하기 위해 사용한 간섭계 사진(왼쪽)과 모식도(오른쪽, Michelson & Pease 1921, *ApJ*, 53, 249).

직접 측정하는 방법 외에 별의 크기를 추정할 수 있는 방법이 고안되어 왔다. 광도 L과 유효온도 T_{eff}를 구할 수 있다면 (식 1.5)를 이용해 크기를 추정할 수 있다. 이 식은 T_{eff}를 4제곱하므로 온도를 정밀하게 측정하는 것이 중요하다. 또 IRFM(InfraRed Flux Method)으로 적외 플럭스를 관측한 값과 모델 대기를 이용해 온도를 추정할 수도 있다.

처음으로 항성 크기를 측정한 사람은 마이켈슨A.A. Michelson과 피스F.G. Pease이다. 1920년 겨울 그들은 캘리포니아주 윌슨 산에서 당시 세계 최대인 100인치(약 2.5 m) 망원경에 최대 기선 길이가 20피트(약 6 m)인 간섭계를 달아 항성의 크기를 측정하려고 했다(그림 1.9).

오리온자리의 밝고 붉은 별, 베텔기우스의 빛을 작은 거울(M_1, M_4) 두 개로 받아 간섭무늬를 살펴보았는데, 거울 간격을 넓힐수록 간섭무늬가 흐릿해졌으며 거울 간격이 121인치(약 3 m)가 되자 간섭무늬가 보이지 않았다. 별이 둥글고 일정하게 빛날 때 별의 크기(각 시지름)를 47밀리초각(mas)이라고 한다. 당시 알려진 베텔기우스의 거리(삼각시차 0.018초)를 곱하면 이 별의 실제 크기는 태양의 300배나 된다. 만일 베텔기우스가 태양 자리에 있었다면 지구를 삼키고 화성궤도까지 차지할 만큼 거대한 별이

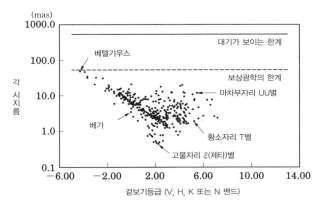

그림 1.10 간섭계로 측정한 별(별 이외의 천체도 포함)의 시지름. 천체의 겉보기등급은 V, H, K, N 밴드를 포함한다(Lawson 2003 Sky & Telescope 105, 30).

될 수 있음을 알 수 있다.

2005년까지 가시 영역에서 중간적외파장 영역의 갖가지 파장의 감도를 가진 지상간섭계로 크기를 측정한 별은 400개가 넘었는데 그 개수는 앞으로 더욱 늘어날 것으로 전망된다. 지금까지 간섭계로 측정한 별의 크기를 그림 1.10에 나타냈는데, 베텔기우스보다 작고 어두운 별도 크기를 측정할 수 있다.

측정방법

베텔기우스는 태양 다음으로는 겉보기크기가 가장 큰 항성으로 땅 위에서 바라본 항성의 크기는 최대급이지만 수십 mas(밀리초각)에 불과하다. 따라서 항성의 크기를 측정하기 위해서는 수십 mas보다 좋은 공간분해능을 가진 관측장치가 필요하다.

망원경의 분해능은 구경을 D라 하고, 관측파장을 λ라 하여 λ / D로 표시한다. 파장이 500 mm인 가시광은 구경이 10 cm일 때 분해능이 약 1초각이다. 원리를 따져보면 구경 D를 크게 하면 망원경의 공간분해능은 좋아진다. 그러나 실제로 지상에서 관측하는 경우 별에서 나오는 빛이 지구 대기를 투과하는 동안 대기의 난기류 때문에 파면이 흐트러진다. 이 파면이 흐트러진 모양새는 위치와 시간마다 다르고, 가시광 영역의 경우는 망원경 구경이 10 cm를 넘으면 파면의 흐트러짐을 무시할 수 없으므로 단순히 구경을 크게 하는 것만으로 분해능이 좋아지지는 않는다.

지상의 커다란 망원경에서, 대기 파면의 흐트러짐을 해결해 광학계의 원리적인 분해능을 얻기 위해서는 빛 파면의 흐트러짐을 계측하고 제어하는 장치, 즉 보상광학계가 필요했다. 보상광학계를 사용하면 구경 10 m급의 대형 망원경으로 50 mas의 분해능을 얻을 수 있다. 앞에서도 언급했지만 이 분해능은 별의 크기가 최대에 해당하므로 보상광학계를 장착한 대망원경이라도 별의 크기를 측정하기는 어렵다. 따라서 별의 크기를 측정할 때 간섭계와 월식을 이용하는 등 다양한 방법을 이용해 왔다.

간섭계는 망원경 여러 대를 사용해 높은 공간분해능을 얻는 관측장치이다. 간섭계의 분해능은 망원경의 간격(기선 길이)을 B라 하고 λ / B로 표시한다. 즉, 망원경 각각의 구경이 작더라도 망원경의 위치를 벌려 놓으면 높은 공간분해능을 얻을 수 있다. 망원경을 두 대로 한 간섭계는 개개의 망원경에 크기 λ / D의 원반 모양의 상에 가느다란 간섭무늬가 생긴다(그림 1.11). 이 간섭무늬는 별이 작으면 선명하게 보이지만 별이 커지면 별의 각 부분에서 나오는 빛이 조금씩 벗어난 위치에 간섭무늬를 맺기 때문에 흐려진다. 따라서 간섭무늬가 흐릿해진 정도, 즉 명암의 비를 측정해 별의 크기를 측정할 수 있다. 마이켈슨 연구진은 간섭계를 이용해 적색거성 일곱 개의 크기를 측정하는 데 성공했다. 그러나 그 후 오랫동안 대기로 인한 파면의 흐트러짐과 관측장치의 기계적 정밀도를 유지하는 문제 등에 따른 기술적인 문제 때문에 직접 간섭으로는 항성의 크기를 측정하기가 곤란했다.

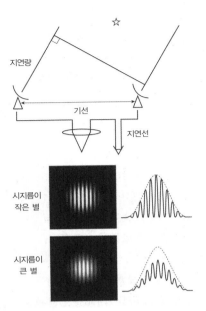

그림 1.11 천체간섭계를 이용한 별의 크기 측정 원리도. 광적외파장에서는 천체에서 온 빛을 직접 간섭한다. 동일파면 위의 빛이 간섭하기 때문에 지연선을 이용해 지연량을 조절하고 나서 빛을 간섭한다. 간섭하는 방법은 크게 나누어 동면瞳面간섭과 상면像面간섭이 있는데, 이 그림에서는 상면간섭을 보여주고 있다. 별이 충분히 작으면 각 망원경의 회절한계를 나타내는 원반 형태의 상 안에 선명한 간섭무늬가 생긴다. 별이 크면 별의 각 부분에서 오는 빛이 조금씩 다른 위치에 무늬를 만들기 때문에 결과적으로 무늬가 흐릿해진다.

1950년대 핸버리 브라운R. Hanbury Brown과 트위스R.Q. Twiss는 빛을 직접 간섭하는 대신 망원경으로 집광한 빛의 강도를 전기신호로 바꾼 다음, 케이블에 연결해 상관관계를 구해서 별의 크기를 측정하는 강도간섭계를 고안했다.[10] 핸버리 브라운 연구진은 오스트레일리아의 나라브라이에 구경 6.7 m, 집광경 지름 188 m인 강도간섭계 두 대를 레일 위로 움직이도록 만들어 1964년부터 1972년까지 별 32개의 크기를 측정했다. 이 방법은 잡음 때문에 어두운 별을 측정할 수 없다는 문제가 있었다. 그러나 기선

┃10 마쓰오카 마사히로松岡正浩가 지은 『양자광학』, 구가 다카히로久我隆弘 지은 『양자광학』 참조.

길이가 길고 관측 파장이 약 440 nm로 짧아 높은 공간분해능으로 관측할 수 있었다. 별 32개 중에 겉보기크기가 가장 작은 별은 고물자리 제타별(ζ별)의 0.41 mas으로 지금까지 이 기록은 깨지지 않고 있다.

1970년 프랑스의 라베이리A. Labeyrie 연구진은 스펙트럼 간섭계를 고안했다. 스펙트럼 간섭계는 수십 분의 1초라는 짧은 시간 동안 수백에서 수천 개의 노광상을 찍은 다음, 이것들을 푸리에 분석과 통계처리를 하여 대망원경으로 회절 한계상을 얻으려 한 것이다. 1971년 3월부터 1973년 10월까지 파로마의 200인치(약 5 m) 망원경을 비롯해 여러 대의 망원경으로 관측했다. 마이켈슨 연구진은 일곱 개의 항성을 포함한 별의 크기를 측정했고 110개의 후보 천체를 관측해 12쌍의 근접쌍성을 분해하는 데 성공한 것이 주요 성과이다.

한편, 라베이리는 1974년에 독립적인 망원경을 이용해 간섭계로 관측하는 데 성공했다. 그 후 1986년에는 독립적인 지연선과 고속검출기, 파면경사제어 등의 기술을 도입한 Mark III가 윌슨 산에서 관측을 시작했는데, 여기에서 근대적인 광적외간섭계 기술을 대부분 확립했다. Mark III는 별 85개의 시지름 관측과 근접쌍성의 궤도 결정, 협대역(Hα) 관측에 따른 Be별[11]의 성주구조 관측 등 수많은 성과를 거뒀다. 그 후 미국을 중심으로 수많은 광적외간섭계가 세계 각지에 건설, 가동되고 있다.

2005년에는 세계 각지에서 기선 길이가 수십에서 수백 미터인 천체 간섭계 열한 대가 가동됐는데, 그 후 소규모 간섭계를 폐쇄했고 건설 중인 MRO(Magdalena Ridge Observatory)를 포함한 중규모 계획으로 옮겨가고 있다. 표 1.2에 소개한 주요 광학 적외선간섭계에서 NPOI(Navy Prototype Optical Interferometer), CHARA(Center for High Angular Resolution Astronomy

| 11 1.8.2절 참조.

표 1.2 주요 광학 적외선간섭계. ( )는 계획중

명칭	망원경 구경	소자수	최대 기선길이	관측파장	관측 시작 연도
NPOI	50 cm	6(10)	64 m(437 m)	V	1994
CHARA	1 m	6	330 m	J, H, K, (V)	1999
Keck	10 m	2	85 m	H, K, N	2001
VLTI	8.2 m(UT)	4	130 m	J, H, K, N, (V)	2001
	1.8 m(AT)	4	220 m		2005

Array), Keck은 미국의 간섭계이고, VLTI(The Very Large Telescope Interferometer)는 유럽남반구천문대(ESO)가 칠레에 건설한 것이다. 이후 기술적으로는 다소자를 활용한 촬영이나 분광관측이 진행되는 등, 다양한 파장에서 별의 크기와 표면구조를 측정하기 시작했다.

간섭계 외에도 천체의 성식星蝕을 이용해 별의 크기를 파악하는 관측도 여럿 진행되고 있다. 지구에서 보면 달은 1초 동안 천구 위를 약 0.5초각 움직인다. 따라서 별이 달에 가렸을 때 광도 변화를 1밀리초의 시간 간격으로 기록하면 대략 20 mas의 별은 약 40개의 점으로 분해된다. 표집한 측광데이터를 분석해 별의 크기를 측정할 수 있다(그림 1.12). 달이 별을 가릴 때를 이용해 천체 크기를 측정하는 방법은 1930년대에 시작되었다. 본격적인 관측은 1970년대에 등장한 적외선 검출기를 이용해 달에서 오는 산란광을 크게 줄일 수 있게 되면서부터 가능해졌다. 달이 별을 가릴 때를 이용할 수 있는 별은 전체 별 중에서 10 % 정도이지만, 수백 개의 천체 크기가 이 방법으로 측정되고 있다. 또 항성끼리 서로 식을 일으키는 식쌍성[12]을 관측하면 쌍성을 구성하는 별의 실제 지름과 질량을 파악할 수 있다.

| 12 자세한 것은 1.6절 참조.

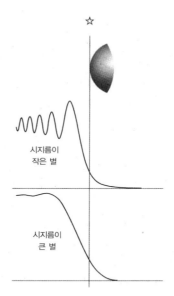

그림 1.12 달이 별을 가렸을 때에 따른 별의 크기 측정 원리도. 별이 달에 가려졌을 때 빛의 양이 변하는 모습을 측정해 별의 크기를 알 수 있다.

별의 형태와 표면온도 분포

지금까지 별은 둥글고 일정하게 빛난다는 것만을 전제로 항성의 크기를 측정하는 방법이나 그 측정 결과에 대해 이야기했다. 그러나 태양만 해도 표면에 흑점이 있고 또 가장자리는 상대적으로 얇은 데다 온도가 낮은 층이 있어 검게 보이는 주연감광周緣減光 현상이 나타나는데, 이처럼 실제로는 모든 별이 그저 둥글고 똑같은 빛을 내는 것이 아니다. 또 겉보기색(파장)이 다르면 보이는 물질이나 상태가 다르기 때문에 크기와 형태도 달라진다.

지금부터 고속자전 별이 변형과 중력감광을 일으키는 모습, 분자광구[13]

▌**13** 모르스피어 (1.5.7절 참조).

를 가진 적색거성 등의 간섭계를 이용한 관측 결과를 일부 소개하기로 한다.

적도 부근에서 별의 자전속도가 수백 km s^{-1}나 되는 고속자전 별에서는 원심력 때문에 적도 부근이 커지는 변형과, 변형되면서 적도 부근의 온도가 내려가 어두워지는 중력감광이 일어난다고 이론적으로 예측되었다. 이 현상들은 최근에 실제로 간섭계 관측으로 확인되었다. 독수리자리의 알타이르(견우성)를 예로 들면, 2001년에 2기선의 관측에서 겉보기모양을 타원으로 하면 단축과 장축의 차이가 14 %가 된다는 것을 알아냈고 이로써 분광관측에 의존하지 않고 자전속도를 추정하게 되었다. 2004년에는 3소자를 이용한 관측에서 표면밝기의 비대칭성을 발견했고, 2005년부터 2006년에는 중력감광 모델을 이용해 분석함으로써 경사각이 논의되기에 이르렀다. 2007년에 모니에J. Monnier 연구진은 4소자를 이용해 화상합성을 수행했다. 그 결과 강체회전 모델은 감광을 충분히 설명할 수 없어 미분회전이 논의되고 있다. 고속자전 별은 극에서 적도까지의 온도 변화가 커서 어떤 각도에서 별을 보느냐에 따라 스펙트럼형이 바뀌어버릴 정도였다. 또 오랫동안 표준광원이었던 거문고자리의 베가(직녀성)도 극방향에서 본 고속자전 별임을 최근의 분광과 간섭계 두 가지 관측을 통해 알아냈다.

3소자 관측으로 적색거성 대부분이 표면밝기 분포에서 비대칭성을 보인다는 것을 알게 되었다. 또 쓰지 다카시辻隆는 적색초거성이나 미라별 주위로 따뜻한 분자층이 광구의 두 배 크기로 넓어질 것(분자광구)이라고 예측했는데, 2005년에 페랭G. Perrin 연구진이 물과 일산화탄소에 협대역 필터를 이용한 간섭계로 관측해 케페우스자리 μ별에서 분자광구가 광구의 1.3~2배 크기로 넓어지고 있음을 밝혀냈다.

그 밖에도 쌍둥이자리 제타(ζ)별의 세페이드[14]에서 실제로 별의 크기가

| **14** 1.4.2절 참조.

시간에 따라 달라지는 것을 관측했다. 또 수소의 α선과 Brγ에서 협대역 간섭계 관측으로 카시오페이아자리 γ별 같은 Be별[15]의 가스원반 크기와 기울기도 관측했다.

　앞으로 간섭계의 분광이 고분산화하거나 기선 길이가 길어지고, 관측할 수 있는 파장 영역이 넓어지거나 화상합성 등의 기술이 발달하면 위에서 소개하지 않은 자변성磁變星 같은 별들의 표면이나 주변 구조까지 상세히 밝혀낼 것으로 기대한다.

1.3 별의 자전과 자기장 관측

1.3.1 자전 관측

별이 자전하고 있음을 처음으로 관측한 것은 별의 일종인 태양을 통해서였다. 1610년 갈릴레오G. Galilei는 천문학 사상 처음으로 직접 만든(1609년) 망원경을 사용해 태양 흑점을 발견하고 그 움직임을 관찰해 태양이 자전하고 있음을 알아냈다. 현재 태양 자전에 관해서는 자세히 측정되고 있다. 태양은 적도 부분에서 가장 빨리 회전하고, 극으로 갈수록 속도가 느려지는 미분회전(차동회전差動回轉이라고도 함)을 하는 것으로 알려져 있다. 지구에서 관측한 태양의 자전주기는 적도지방이 약 27일, 극지방이 약 32일이다.

　태양이 아닌 별의 자전을 관측한 것은 1909년에 슐레진저F. Schlesinger가 식분광쌍성 천칭자리 δ별을 관측한 것이 맨 처음이다. 슐레진저는 이 별을 분광관측하고 성식이 일어나기 전후에 흡수선의 시선속도가 변화하는 모

---

15 1.8.2절 참조.

습에서 자전을 확인했다. 한편, 단독별의 자전은 1930년에 스트루베O. Struve 연구진이 계통적인 분광관측을 통해 연구했다. 그들은 관측된 스펙트럼선(흡수선)의 윤곽과 도플러 효과로 폭이 넓어진 이론적인 선윤곽을 비교해 자전속도를 구했다.

이 방법은 지금도 널리 이용되고 있으므로 좀 더 자세히 설명하겠다. 별이 시선방향과 일정 각도(경사각 i)를 이루는 자전축 주변을 자전한다고 하자. 자전하기 때문에 자전축에 대해 별 표면(구면이라고 가정하자)의 반은 관측자와 가까워지고 나머지 반은 관측자와 멀어지는 상대운동을 한다.

각각의 반구에서 방출된 빛은 상대운동으로 생기는 도플러 효과 때문에 가까워질 때는 파장이 짧아져 청색이동하고 멀어질 때는 파장이 길어져 적색이동한다. 이때 도플러 효과에 영향을 주는 속도는 시선방향뿐이다.

따라서 구면의 절반에 대해 생각하면, 속도의 시선방향은 자전축에서 겉보기거리에 비례하므로 별의 반지름에 해당되는 부분에서 속도의 최댓값이, 자전축의 위 지점에서 최솟값 0이 관측된다. 이 시선방향 성분을 따라서 도플러 효과로 파장이 바뀐 흡수선이 구면의 여러 부분에서 복사되고 서로 섞이면서 별 표면 전체에서 관측되는 흡수선을 만든다. 이 흡수선을 분광관측해 선윤곽을 살펴보면, 자전하지 않은 경우와 비교해 흡수선의 깊이가 얕은 동시에 윤곽의 폭이 넓다(그림 1.13 참조). 그림 1.14는 실제로 A형 주계열성에서 관측된 스펙트럼선의 폭을 보여준다.

그림 1.13에서 예시했듯이 자전속도는 회전광폭을 계산한 값과 관측된 선윤곽을 비교해 측정한다. 예전부터 주변감광, 균일회전, 구대칭을 가정한 회전광폭함수와 회전하지 않는 선윤곽함수의 회선적분[16]convolution으로 계산한다. 좀 더 정확히 계산하려면 미분회전, 비구대칭성, 중력감광

---

[16] 회전이 없는 선윤곽함수의 일정 파장에서의 강도를, 선윤곽함수의 전파장 영역에 걸쳐 회전광폭함수에 따라 주변의 파장으로 나누는 것.

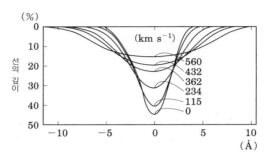

그림 1.13 자전으로 넓어진 스펙트럼 계산 예(Slettebak 1949, *ApJ*, 110, 498).

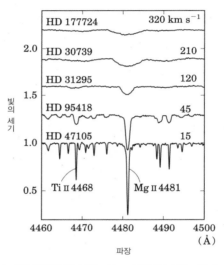

그림 1.14 A형 주계열성에 보이는 Mg II 4481 흡수선의 자전에 따른 확산.

등을 고려해야 한다.

여기에서 주의해야 할 점은 측정된 자전속도 V는 별의 적도자전속도 V_e가 시선방향에 투영된 겉보기자전속도로, $V = V_e \sin i$의 관계식을 보인다는 것이다. V_e를 구하려면 자전축의 경사각 i를 측정해야 하는데 식쌍성이 외에는 경사각을 구하기 어렵다. 일반적으로 경사각이 무질서하게 분

표 1.3 주계열성의 평균 적도자전속도.

스펙트럼형	질량($M_\odot$)	반지름($R_\odot$)	평균속도(km s^{-1})
O5	39.7	17.2	190
B0	17.1	7.6	200
B5	7.04	4.0	210
A0	3.57	2.6	190
A5	2.21	1.7	160
F0	1.76	1.4	95
F5	1.41	1.2	25
G0	1.06	1.05	12

McNally 1965, *The Observatory*, 85, 166에서 고침.

포한다고 가정해 통계적으로 V_e를 구한다.

　최근 들어 정밀도가 높은 광학간섭계 기술을 이용해 적도자전속도와 경사각을 동시에 구하는 방법을 고안했다. 자전속도는 O, B, A, 조기 F형 등 조기형 별에서 빠르고, 만기 F형이나 태양 같은 G형 별에서는 느리다. 표 1.3에 스펙트럼형마다 평균적인 적도자전속도를 기록했는데 겉보기자전속도는 이보다 느리다. 그림 1.15는 겉보기자전속도와 스펙트럼형의 관계를 보여준다.

　G형, K형, M형 별에는 흡수선의 폭을 자전처럼 넓게 만드는 거시적 난기류가 있는 대류대기층이 존재하므로 회전광폭을 계산해 자전속도를 정확히 파악하기는 매우 어렵다. 그러나 최근에 파장분해능이 10만을 넘는 고분해능이자 SN비가 수백이 넘는 고정밀도 관측과 푸리에 변환을 이용한 푸리에 분광학 분석으로 자전속도를 1 km s^{-1}의 정밀도까지 계산해 내고 있다.

1.3.2 자기장 관측

지구 이외에 자기장을 처음으로 관측한 천체는 태양이다. 1908년에 헤일

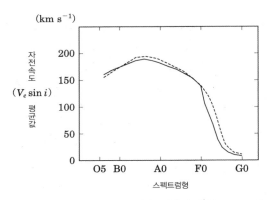

그림 1.15 자전속도와 스펙트럼형. 스펙트럼형에 대해서 관측된 자전속도($V_e \sin i$)의 평균값을 나타냈다. 실선은 낱별(field stars)[17]이고, 점선은 성단에 속한 별의 값이다(Stauffer & Hartmann, 1986, *PASP*, 98, 1233).

G.E. Hale은 태양 흑점의 고분산 스펙트럼[18]에 제만 효과Zeeman effect가 있음을 발견하고 태양 흑점에 강한 자기장이 있다는 사실을 밝혀냈다(그림 1.16).

태양 이외의 항성에서 자기장을 발견한 것은 태양의 자기장을 발견한 지 약 40년 후인 1947년으로, 밥콕H. Babcock이 스펙트럼형 Alp[19]의 처녀자리 78번 별에서 관측했다. 그 이후 항성의 자기장은 각기 다른 진화 단계에 있는 천체에서 발견되고 있다. 1967년에 발견된 펄서, 즉 중성자별에서는 $10^{10} \sim 10^{13}$가우스(G), 1970년 초에는 백색왜성에 $10^5 \sim 10^9$가우스(G), 1980년에는 저온도 주계열성에도 약 1,000 G의 자기장을 관측했다. 그 밖에 최근에는 황소자리 타우(τ)별 등 전기前期 주계열성에서도 자기장을 관측했다.

17 성단에 속하지 않는 별.
18 일반적으로 가시광의 파장분해능이 대략 2만 이상인 스펙트럼을 말한다.
19 스펙트럼형은 고온도부터 저온도의 항성에 대해 O, B, A, F, G, K, M을 부여하며, 각 형은 0~9까지의 숫자로 고온에서 저온 순서로 10단계로 나뉜다. 'p'는 스펙트럼선이 특이하다는 뜻이다.

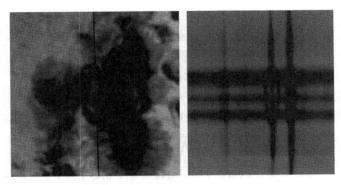

그림 1.16 태양의 흑점 스펙트럼에 보이는 제만 효과의 예(화보 4 참조, NOAO/AURA/NSF). 흑점 모양에서 중앙의 가느다란 선은 슬릿을 나타낸다(왼쪽). 슬릿을 통과한 빛이 분광한 스펙트럼의 일부로 오른쪽에서 두 번째 검은 선의 중앙 부분이 세 줄로 분리되어 보인다(오른쪽).

지금부터 자기장 검출법의 원리를 설명하겠다. 자기장은 1897년 제만P. Zeeman이 제만 효과를 발견하면서 스펙트럼선의 분열을 측정해 검출했다. 특정 흡수선 위아래의 에너지 준위는 자기장이 있으면 자기양성자수(M)에 따라 작은 에너지 차이로 분열하기 때문에 아래에서 위로 분열준위 사이를 천이할 때 근접한 흡수선(제만 성분) 무리를 만들어낸다. 천이에서는 자기양성자수(M)가 허용되는 변화(ΔM)에 0, ± 1이 있고, 0에 대응한 흡수선들은 자기장이 없을 때 중심파장에 대칭해서 분포하며, 이를 π성분이라고 한다. 한편, $\Delta M = \pm 1$에 대응한 것은 자기장이 없을 때 중심파장에 대칭적으로 단파장 쪽($+1$)과 장파장 쪽(-1)으로 벗어난 무리 형태로 분포하며, 이를 σ성분이라고 한다. 전형적인 π성분과 σ성분군 사이의 파장간격($\Delta \lambda_B$)은 다음 식으로 계산할 수 있다.

$$\Delta \lambda_B (\text{nm}) = 4.67 \times 10^{-3} \, \bar{g} B \lambda^2$$

여기에서 $\bar{g}$는 유효 랑데 인자,[20] B는 단위가 kG인 자기장, λ는 단위가

μm인 파장이다. 예를 들면 $B=1\,\text{kG}(0.1\,\text{T})$, $\lambda=0.5\,\mu\text{m}$, $\bar{g}=1$일 때 $\Delta\lambda_B\sim0.001\,\text{nm}$가 되므로 제만 효과를 검출하려면 고분산에다 고高 SN비의 분광관측이 필요하다. π성분은 직선편광을 하며, 세로성분 자기장의 경우에는 관측되지 않지만 가로성분 자기장의 경우는 자기장의 방향에 따른 편광으로 관측된다. 한편, σ성분은 원편광을 하며, 세로성분 자기장일 때 좌우로 두 개의 원편광으로 관측되지만, 가로성분 자기장일 때는 자기장과 직각 방향으로 직선편광한 성분으로 관측된다. 편광의 모양새나 종류는 편광판을 이용한 분광관측으로 알 수 있어 이제는 자기장의 구조와 강도를 구할 수 있다. 그림 1.17에 제만 분열한 π와 σ 성분을 예시했다.

그림 1.17의 별처럼 느린 속도로 자전하면 제만효과에 따른 스펙트럼선 분열을 자주 관측할 수 있으므로 이 같은 고분산 분광편광법으로 금속선의 편광성분을 검출해 자기장을 측정할 수 있다. 이 방법은 겉보기자전속도가 50 km s^{-1}보다 느리고 유효온도가 2만 K보다 낮은 별에서 가장 효과적이다. 스톡스Stokes 변수[21] I, Q, U, V로 자기장에 대해 자세히 알 수 있으며, 별에 관한 다른 요소들(자전, 원소조성, 대류 등)도 조사할 수 있어 편리하다. 태양 자기장도 이 방법으로 측정할 수 있다.

한편, 자전속도가 100 km s^{-1}보다 빠른 O형, 조기 B형 별은 금속선이 매끄러워 이 방법으로 자기장을 측정하기 어렵다. 그래서 자전속도에 그다지 영향을 받지 않는 수소와 헬륨의 흡수선을 저분산 분광하는 폭광선 편광법으로 측정한다. 예를 들면 유럽남반구천문대ESO에 구경 8.1 m의

---

20 자기양성자수가 1만큼 다른 준위간의 에너지 차이 ΔE와, 전자의 각운동량과 자기 모멘트 관계를 나타내는 보어 자기자(μ_B)와 자기장 B의 곱 $\mu_B B$와의 비 $\Delta E/\mu_B B$를 말한다. 스펙트럼 분리인자라고 한다.

21 별빛의 강도(I), 편광도(P), 편광면방위각(θ), 원편광도(P_c)를 나타내기 위해 정의된 네 가지 변수를 말한다. 여기에서 $I^2=Q^2+U^2+V^2$, $P=(Q^2+U^2)^{1/2}/I$, $\tan2\theta=U/Q$, $P_c=V/I$의 함수가 성립한다. 더 자세한 것은 제15권 4.3절을 참조할 것.

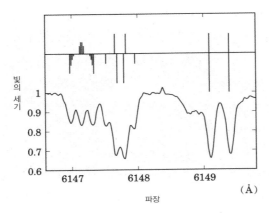

그림 1.17 저속자전 A형 특이별 HD 94660에서 관측된 Cr Ⅱ 6147.15 Å, Fe Ⅱ 6147.74 Å, 6149.26 Å 의 스펙트럼(아래)과 대응하는 π와 σ 성분을 각각 수평선(위) 위와 아래의 세로선으로 나타냈다. 6.4 kG 의 자기장에 대해 계산한 각 성분의 파장과 강도(세로선의 길이)는 관측된 스펙트럼과 잘 일치한다 (Mathys 1990, *AA*, 232, 151).

VLT FORS1인 저분산 분광편광계로 자기장이 4.5 kG나 되는 별(HD 66318)을 발견했다. 이것은 원리적으로 금속선의 제만 분열에 따른 편광성 분 검출법과 동일하다. 스톡스 변수 I와 V에서 시선방향의 세로성분 자기 장을 수십 G의 정밀도로 검출할 수 있다. 이 방법을 이용해 정상적인 A·B형 별, 목동자리 λ별, 거문고자리 RR별, A형 초거성 같은 세로성분 자 기장을 조사했고, 이 별들에는 확실한 자기장이 존재하지 않는 것으로 판 명되었다.

태양 이외에 G~M형 저온도별의 자기장 측정은, 제만 성분의 편광이 아니라 성분이 겹쳐져 흡수선의 폭이 넓어지는 것을 관측하는 경우가 많 다. 측정된 자기장의 예로 G~K형 주계열성은 1~2 kG이고, M형 주계열 성의 플레어별은 수kG이다. 일반적으로 거성이 되면 자기장이 수백 G 정 도로 감소하는데, 이는 자전속도가 줄어들기 때문으로 추측하고 있다.

자기장과 자기장 활동성의 기원에 관해 간단히 살펴보자. 자기장의 기원은 크게 나누어 다이나모(발전기) 이론과 화석설 두 가지를 생각할 수 있다. 다이나모는 태양처럼 대류층을 가지며, F형 별보다 온도가 낮은 별의 평균적 자기장의 기원이다. 별이 자전하면 표면에서 대류층까지 전도성 유체가 회전하면서 전류가 흐르며, 전자기학 법칙에 따라 항성 내부에 자전축 대칭인 쌍극자적 폴로이드poloidal 자기장이 만들어진다. 이 자기장은 미분회전[22]함으로써 적도 부근에서 경도 방향으로 뻗어 자기력선이 여러 겹 휘감기는 '소용돌이 모양'의 폴로이드 자기장이다. 그리고 대류의 영향으로 이 자기장이 뒤틀려 강한 자기력선 줄이 생기고, 이것이 부력을 받아 표면으로 떠오르면서 태양 흑점과 같은 강한 자기장이 된다. 이런 흑점 영역에는 플레어flare가 일어나 자기장 활동성이 활발한 영역이 된다.

F형 별보다 온도가 낮은 별에서는 자기장의 활동성이 자전속도와 매우 관계가 깊어 자전속도가 늦어지면 활동성이 줄어드는 것으로 알려져 있다. 다이나모 작용을 이해하려면 대류층, 자전, 미분회전에 얽힌 복잡한 문제를 풀어야 하는데, 다이나모 이론에는 아직까지 해결하지 못한 많은 문제들이 남아 있다.

화석설이란 대류층을 가지지 않는 O, B, A형 별에서 자기장의 존재를 설명하는 것이다. 자기장이 1~10 μG인 성간가스에서 중력수축으로 별이 탄생할 때 약한 자기장이 한꺼번에 별로 응집하면서 자기장이 강해진다. 별의 내부는 전기전도성이 높기 때문에 이 자기장은 별들의 일생(약 10억 년 이하) 동안 존재하게 된다. 이렇게 시원적 화석자기장을 가지는 별은 태양처럼 긴 주기의 자기장 변동은 관측되지 않는 대신 자전에 따라 일어나는 10일 이하의 주기적 변동이 자기장 강도, 스펙트럼선 강도, 광도 등에서 관측된다. 자기 A형 특이별이 좋은 예이다.

▌22 항성의 자전속도가 적도에서 극으로 가면서 늦어지는 현상을 말한다. 차동자전이라고도 한다.

지금까지 살펴본 것처럼 O형에서 M형 별까지 모든 별에서 자기장과
자전 사이에는 밀접한 관계가 있음을 알 수 있다.

1.4 별의 진동과 관측

1.4.1 별의 진동이란

변광성 중에는 별 스스로 주기적으로 팽창과 수축을 반복해 광도가 변하
는 맥동변광성pulsating star이라는 별들이 있다. 이 별들의 표면과 내부에는
어떤 원인으로 말미암아 진동, 즉 파동이 일어나는데 파동의 특징은 그것
을 전달하는 매질의 성질을 반영하므로 우리는 별의 진동을 관측해서 눈
으로 볼 수 없는 별의 내부를 탐색할 수 있다.

역사적으로 처음 발견한 맥동변광성은 고래자리 오미크론(o)별이다. 17
세기 중반에 이 별의 광도가 약 332일 주기에 8등급으로 변화하는 것을 알
게 되었고, 이 별에 라틴어로 '신비한 별'이라는 뜻으로 '미라Mira'라는
이름을 붙였다. 이어서 1784년에는 대표적인 맥동변광성인 세페이드와 독
수리자리 η별, 케페우스자리 δ별이 발견되었다. 이 별들은 약 6일 주기로
광도가 1등급씩 변한다. 그러나 에딩턴A. Eddington과 슈바르츠실트M.
Schwarzschild가 변광주기, 별 표면의 온도 변화, 스펙트럼선의 도플러 효과
로 측정한 시선속도의 변화라는 세 가지 방법으로 별이 진동하고 있음을
밝혀내면서, 20세기 이르러 별들이 변광하는 것은 별이 진동하기 때문이
라고 널리 알려졌다. 또 20세기 초에 리비트H. Leavitt가 소마젤란 성운의
세페이드에 주기-광도관계, 즉 주기가 길수록 별이 밝다는 관계를 발견하
자 별의 진동 현상은 우주의 거리지표를 세우는 데 널리 이용되기 시작했다.

그 후 관측 정밀도가 향상되면서 거리지표로서 세페이드의 역할이 확대

되었고 1970년부터는 다른 종류의 진동을 관찰할 수 있게 되었다. 미라별과 세페이드 변광성은 별 전체가 구형을 유지하면서 팽창하고 수축하는 동경진동動徑振動을 하는 데 반해, 별은 구 전체가 일률적으로 움직이는 것이 아니라 별의 어떤 부분은 팽창하지만 다른 부분은 수축하는 이른바 비동경진동非動徑振動을 하는 별도 관측되었다. 비동경진동이 관측되는 별에서는 별의 진동을 이용해 일반적으로 여러 주기(각각을 진동모드라고 한다)로 진동한다는 사실을 검출했고 최근에는 별의 진동을 이용해 별의 내부를 연구하는 성진학(星振學, astroseismology)이 이루어지게 되었다.

그림 1.18의 HR도에 지금까지 알고 있는 주요 맥동변광성의 위치를, 표 1.4에는 그 특징을 정리했다. 그림에서도 알 수 있듯이 오늘날에는 다양한 종류의 별이 진동한다는 것을 알 수 있다. 여기에서는 맥동변광성 몇 개를 소개하면서 지금까지 어떤 것들이 관측되었는지, 그리고 가까운 미래에 대해 살펴보자.

1.4.2 동경진동하는 별

맥동변광성의 대표라 할 수 있는 세페이드는 케페우스자리 δ형 별, 타입 I 세페이드, 또는 고전적 세페이드로 불리는데, 종족[23] I의 변광성이자 HR도에서는 세페이드 불안정띠로 불리는 좁은 띠 모양의 영역에 존재한다. 대부분의 세페이드는 별 전체가 동시에 팽창하고 수축하는 기준진동을 한다. 그러나 이 중에는 반지름 방향으로 진동하지 않는 하나 또는 여러 개의 '마디'가 있고 그 지점을 경계로 진동 양상이 뒤바뀌는, 즉 한쪽이 팽창할 때 다른 한쪽은 수축하는 배진동倍振動을 하는 별이나 여러 방식으로 진동하는 별들도 널리 알려져 있다.

| **23** 천체의 종족에 관해서는 제5권 4.2절 참조.

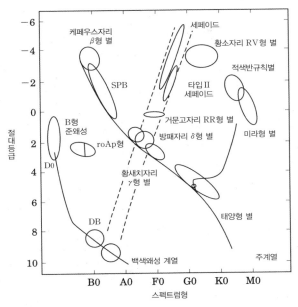

그림 1.18 HR도에서 맥동변광성의 대략적 위치. 점선 사이에 끼어 있는 영역이 세페이드 불안정띠.

표 1.4 맥동변광성의 종류와 특징.

종류	주기	변광폭(실시등급)	스펙트럼형 등
세페이드	1~200일	0.05~2등성	F~K 거성
거문고자리 RR형	0.2~1.2일	0.2~2등성	A~F, 종족 II의 거성
타입 II 세페이드	0.8~40일	0.3~1.2등성	F~K, 처녀자리 W형
황소자리 RV형	30~150일	1~4등성	F~K, 주극소와 부극소가 있다.
미라별	80~1000일	2.5~11등성	M~S~C, 방출선이 보인다.
적색반규칙별	20~2000일	1~2.5등성	F~S, 거성이거나 초거성
태양형 진동별	3~15분	~10 μ등성	F~K
방패자리 δ형	0.01~0.2일	0.2~0.9등성	A~F
황새치자리 γ형	0.3~2.6일	≤0.1등성	A~F
roAp별	4~20분	≤0.003등성	A
케페우스자리 β형	0.1~0.3일	≤0.1등성	O~B
SPB별*	1~5일	≤0.03등성	B
백색왜성	2~30분	≤0.3등성	DA, DB, DO형 등
B형 준왜성	2~80분	≤0.05등성	단주기와 장주기가 있다.

* slowly pulsating B stars(장주기 진동 B형 별).

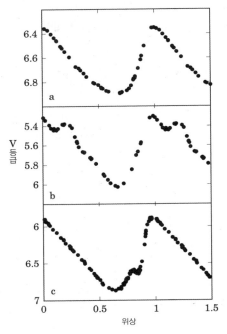

그림 1.19 세페이드의 광도곡선. (a) 남쪽삼각형자리 R별, 주기 3.39일, (b) 화살자리 S별, 주기 8.38일, (c) 백조자리 X별, 주기 16.4일(a는 Gieren 1981, *ApJS*, 47, 315: b와 c는 Moffett & Barnes 1980, *ApJS*, 44, 427).

세페이드 변광성의 광도곡선은 주기와 함께 헤르츠스프룽Hertzsprung 계열이라는 특징적인 형태를 나타낸다(그림 1.19 참조). 즉, 주기가 짧은 별일수록 극대값의 폭이 좁고 가파른 데 비해, 주기가 길어지면 극대값의 폭이 넓어짐으로써 8일부터 10일 주기의 별은 극대값이 두 번 나타난다. 그리고 20일부터 40일 주기인 별은 극소값에서 극대값으로의 증광이 가파르지만 주기가 더 커지면 변화는 사인 곡선이 된다. 또 종종 주기가 짧은 별에서는 감광할 때, 주기가 긴 별에서는 증광할 때 광도곡선에 '혹처럼 튀어나온 부분'을 볼 수 있다. 이 변화들은 별이 팽창하고 수축할 때 대기에 충격파가 생기기 때문이라고 설명할 수 있으며, 이 불룩 튀어나온 위치로 별의 질량을 계산할 수 있다.

세페이드는 주기−광도관계를 통해 우주의 표준광원으로서 중요한 역할을 하는데, 허블 망원경으로 관측한 결과 지금은 처녀자리 은하단 정도까지의 천체 거리를 측정할 수 있으며, 정밀도는 0.1등급 정도에 거리로 치면 5%를 측정한 셈이다. 세페이드를 이용한 거리측정의 정밀도는, 성간물질이 빛을 흡수하여 생긴 감광이나 적화의 영향, 주기−광도관계가 실은 주기−광도−색관계[24]를 투영한 것에 지나지 않는다는 점, 별의 금속량이 주기−광도관계에 미치는 영향으로 결정된다.

HR도에서 성간물질의 흡수를 이용한 겉보기광도의 이동 방향은 세페이드 불안정띠 안에서 세페이드 주기의 일정 방향과 가까운 경우도 있어, 다색 측광관측으로 성간물질 흡수를 보정하면 세페이드 주기−광도관계는 상당히 개선된다.

그림 1.20은 탄비어N. Tanvir 연구진이 V등급과 I등급, 성간물질의 흡수가 미치는 영향을 고려해 W_{VI}등급($=V-R(V-I)$)[25]으로 표시한 것을 바탕으로 대마젤란운의 세페이드 주기−광도관계를 나타낸 그래프인데, 그래프에서 보듯이 W_{VI}등급이 가장 적게 분산되어 있음을 알 수 있다. 우리와 가까운 은하에 관해 세페이드와 그 밖의 거리지표 결과를 비교하거나 세페이드 자체의 광도곡선 차이를 비교하는 등, 주기−광도관계의 정밀도를 높이기 위해서는 별의 금속량이 미치는 영향도 고려할 필요가 있는데, 이 문제에 대해서도 연구를 진행하고 있다.

현재까지 간섭계 관측으로 직접적이며 정밀하게 거리를 측정한 세페이드의 수는 아직 적지만 앞으로는 주변의 세페이드를 통해 주기−광도−색

---

24 Period-luminosity-color relation. 줄여서 PLC 관계라 한다.
25 별의 색지수(V−I) 적색화 양에서 성간적색화 양을 대략 계산하고 V등급에 보정을 더한 것으로 R은 그 계수이다.

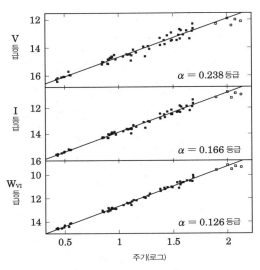

그림 1.20 세페이드의 주기−광도관계. 성간물질에 의한 흡수 등 주변 영향을 잘 보정하면 정밀하게 관계를 파악할 수 있다(Tanvir 1997, *The Extragalactic Distance Scale*, 91쪽).

관계가 확립되고, 주기−광도관계의 제로점이 더욱 잘 측정될 것으로 예상된다.

그런데 세페이드에 속하는 세페이드 불안정띠는 2차 이온화한 헬륨층이 대기표면 근처에 있어 대기가 진동 불안정한 지점에 해당되는데, 이 위치에는 세페이드 외에도 다양한 맥동변광성이 존재한다. 주계열성까지 세페이드 불안정띠를 넓게 잡으면 동경진동에서 비동경진동 방식도 많이 관측되는데, 종족 I인 방패자리 δ형 별이나 방패자리 δ형 별보다 진폭이 조금 더 큰 왜소성 세페이드, 또는 RRs형으로 불리는 맥동변광성도 있다. 또 종족 II의 천체로는 세페이드와 방패자리 δ형 별의 중간 광도인 거문고자리 RR형 별이 있고, 세페이드보다 광도와 표면온도가 조금 낮은 위치에 타입 II 세페이드, 또는 처녀자리 W형 별이라는 변광성이 있다. 세페이드는 태양보다 질량이 열 배나 큰 데 비해 종족 II의 별들은 태양보다 가

넓고 더 진화했다. 거문고자리 RR별은 성단형 변광성이라고 부르기도 하는데, 광도변화의 폭이 좁아 구상성단이나 은하계 헤일로 천체까지의 거리를 알아내는 데 오래 전부터 도움이 되었다. 타입 II 세페이드도 세페이드와 마찬가지로 주기 – 광도관계가 존재하는데 장주기 쪽, 즉 광도가 밝은 쪽으로 뻗은 곳에 황소자리 RV별이 있다. 황소자리 RV별은 종족 I과 종족 II 두 가지 모두 포함하며, 이를 구성하는 별들의 진화 단계가 서로 다르다.

한편, 저온의 적색거성이나 적색초거성도 진동이 다양하게 관측되는데 이들을 장주기변광성이라고 한다. 그중에 고래자리 오미크론별(o별)은 주기가 명확한 대표적인 미라별인 데 반해, 적색반규칙성, 불규칙변광성은 주기가 모호하다. 최근에는 암흑물질의 후보인 MACHO 찾기[26]를 주목적으로 마젤란운에서 대규모 변광성 탐사가 이루어지고 있으며, 또 성주물질과 성간물질에 잘 흡수되지 않는 적외선에 따른 관측이 발달하여 장주기 변광성의 성질도 상당 부분 밝혀냈다. 그림 1.21은 이타 요시후사가 MACHO 찾기의 하나로 오글(OGLE: Optical Gravitational Lensing Experiment) 프로젝트 자료에서 찾은 변광성과 K밴드(2.2 μm)의 광도를 분석한 것[27]으로, 여기에서 진폭이 큰 미라별은 대부분 C계열에서 기준진동을 하고 적색반규칙별에서는 주기 – 광도관계가 여러 계열(A나 B계열에 속한다)로 나뉜다는 사실을 밝혀냈다(그림의 F, G는 세페이드).

현재는 구상성단이나 은하 가까이에 있는 맥동변광성의 성질을 비교해 금속량이 주기 – 광도관계에 미치는 영향을 조사하거나 별의 진화 상태를 조사하는 연구도 진행되고 있는데, 이 연구는 성단 전체의 성질을 이용하

---

26 MACHO(MAssive Compact Halo Object의 약자)는 은하의 암흑물질을 중력렌즈효과를 이용해 찾아내는 프로젝트였는데 대마젤란 성운을 8년 동안 관측하면서 그 부산물로 많은 변광성을 발견했고 귀중한 자료도 얻었다.
27 1.5.6절도 참조.

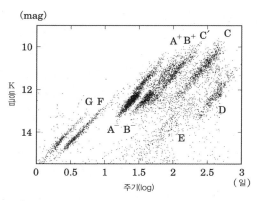

그림 1.21 대마젤란 성운에 있는 변광성의 주기-K등급 관계도. 변광성의 종류, 지배적인 진동모드의 차이에 따라 다양한 계열이 존재한다(Ita *et al.* 2004, *MNRAS*, 353, 3, 705를 바탕으로 작성).

기 때문에 앙상블 우주지진학이라고 한다. 한편, 간섭계를 이용해 직접 별의 지름을 측정하거나 대규모 서베이, 아마추어들의 장기 모니터 관측을 통해 비동경진동뿐 아니라 진동주기가 여러 개인 별도 찾아냈다. 이에 따라 별에 대해 더욱 정밀한 모델을 구축할 수 있을 것이다.

1.4.3 비동경진동하는 별

히파르코스Hipparcos 위성과 캐나다의 모스트MOST 위성 같은 인공위성을 이용해 우주를 정밀하게 측광관측하고, 대구경 망원경으로 고SN비 스펙트럼을 단시간에 얻을 수 있게 되면서, 또 관측자료의 양과 질을 향상시키기 위해 세계 각지의 천문대들이 손을 잡고 관측하는 국제적 협력 관측이 진행되면서 최근 비동경진동nonradial oscillation이 검출되는 별과 그 진동모드의 수가 급격히 증가하고 있다.

특히 모스트 위성은 2003년에 성진학을 주목적으로 진동폭을 100만 분의 1 수준에서 검출할 수 있도록 발사한 첫 번째 위성이다. 또 2006년 말에는 프랑스와 유럽우주국ESA에서 정밀측광 위성인 코로Corot 위성을 발사해 여러 유형의 별에서 지금까지와는 규모가 다른 진동모드를 검출하기 시작했다. 지상에서는 이 위성들과 연계해 중소구경 망원경으로 고분산 분광관측을 하는 것이 중요해졌다.

비동경진동이 관측되는 별은 HR도에서 주계열에 가까운 별이 많은데, 그 중에서도 현재 가장 중점적으로 관측하고 있는 별은 태양과 비슷한 태양형 별의 비동경진동(태양형 진동성)이다. 이 별들을 태양지진학helioseismology에 따라 만든 태양의 정밀한 모델을 바탕으로 별의 정교한 모델을 구축할 수 있고, 태양에서 일어나는 대류와 물질확산[28]에 관해 더욱 일반적인 지식을 얻을 수 있을 것으로 기대할 수 있기 때문이다.

태양형 별에서 진동모드의 진폭은 시선속도 변화로는 1 m s^{-1}이고 측광 변화로는 10만 분의 1 등급으로 매우 작아 과거에도 몇 번 검출되었지만 널리 받아들여지지 못했다. 그러나 베딩T. Bedding 연구진이 2000년 말에 태양계 외행성을 검출하는 데 이용한 시선속도 정밀측정법으로 물뱀자리 β별이 주기 13~23분, 최대진폭 0.5 m s^{-1}로 진동한다는 것을 밝혀내면서 상황이 바뀌었다. 그 후 2003년 유럽남반구천문대의 3.6 m 망원경용으로 제작되었고, 내부를 진공화하여 기계적으로 훨씬 안정화된 시선속도 정밀측정용 고분산 에셸분광기 하프스HARPS의 활약 덕분에 태양형 별 가까이에서 진동이 속속 발견되고 있다.

최근 세페이드 불안정띠를 주계열성 부근까지 연장된 별의 진동 양상이 다양해지고 있다. 이 영역은 이른바 원소조성이 일반적인 별뿐만 아니라 금속선 A형 별(Am별)과 강한 자기장이 관측되는 A형 특이별(Ap별) 등 화학조성이 특별한 특이별이 다수 관측되며, 항성대기에서의 물질확산 영향이 별의 스펙트럼에 분명하게 나타나는 영역으로 보인다.

| 28 항성복사의 영향을 잘 받지 않는 헬륨이 선택적으로 태양 안으로 빠져버리는 것.

이전에 자전속도가 비교적 빠른 방패자리 δ형 별은 진동이 관측된 반면 자전속도가 느린 Am별은 진동이 검출되지 않았는데, Am별에는 물질확산이 효과적으로 작용해 헬륨이 상대적으로 안쪽에 가라앉아 진동이 나타나지 않았을 것으로 추정하고 있다. 그러나 그 후 Am별처럼 자전속도가 느린 자변성 Ap별에서 주기 10분 정도의 진동을 차례로 확인했고(roAp별, 고속진동 Ap별로 불림), 최근에는 몇 개의 Am별도 진동하고 있음을 알아냈다. 그 결과 현재는 위와 같은 단순한 관측으로는 별들의 진동을 설명할 수 없게 되었다.

반면, 최근 roAp별의 고시간 분해능 고분산 분광관측을 통해 강한 항성복사의 영향으로 대기의 극표면으로 떠오르는 프라세오디뮴Pr과 니오브 Nb 등의 흡수선이 수소나 철의 흡수선과는 달리 선윤곽이 매우 크게 변한다는 것을 발견했다(그림 1.22). 또 철의 흡수선에서는 선윤곽 내부의 깊이, 즉 대기의 깊이에 따라 진폭과 위상이 다르고 선윤곽에 변화가 있음을 알게 되었다. 이 같은 관측 결과는 진동관측을 통해 항성 대기를 3차원적으로 진단할 수 있는 가능성을 열어주었다. 앞으로 관측을 재현할 수 있는 별모델을 제대로만 구축한다면 별에서 물질확산의 모습이나 roAp별의 진동 들뜸구조가 밝혀지리라 생각한다.

그 밖에도 조기형 별의 진동은 1990년대 초에 원소의 흡수계수가 개정되고 나서야 진동의 원인이 밝혀진 케페우스자리 β별이나 히파르코스 위성으로 발견한 SPB별이 있다. 케페우스자리 β형 별은 동경진동과 비동경진동이 동시에 관측되는 별이다. 또 아직 논의의 여지는 있지만 B형 별에서 특징적인 질량방출이 일어나는 Be별에서도 특징적인 비동경 진동모드가 들뜸상태로 나타나는 것 같다.

방패자리 δ형 별의 저온도 쪽에는 주기가 조금 긴 황새치자리 γ형 별이 있는데, 이 둘의 변광성 관계는 케페우스자리 β형 별과 SPB별의 관계와

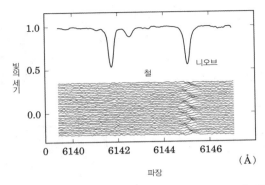

그림 1.22 roAp별 작은곰자리 γ별의 선윤곽 변화 모습. 아래의 시계열 스펙트럼은 평균적인 선윤곽에서 벗어난 모습을 보인다. 이 별의 대기 표면에는 중원소 니오브(Nb)가 모여 있는 것으로 보이는데 이런 표층에서의 속도장에 따라 선윤곽에 주기적인 변화가 일어난다(Kochukhov & Ryabchikova 2001, *AA*, 374, 615).

비슷하다. 조기형 별을 관측하는 데 특징적인 부분은, 많은 경우 별의 자전으로 흡수선이 넓어지기 때문에 선윤곽의 변화 모습을 보고 진동의 매개변수를 더욱 정확히 추정할 수 있다는 점이다.

그림 1.23은 모스트 위성이 정밀측광 관측과 함께 지상에서 고분산분광을 관측한 예인데 이 관측에서 그 어느 때보다도 많은 진동모드가 검출되었다. 실제로 항성의 내부구조가 비교적 단순해 모델을 만들기 쉬운 케페우스자리 β형 별에서는 여러 개의 진동모드가 검출되어 별의 나이나 질량, 내부 자전의 모습 등이 밝혀지고 있다.

성진학이 발전하면서 수십 개의 진동모드를 활용해 별 진화의 최종단계에 있는 백색왜성뿐 아니라 그 일보 직전의 B형 준왜성에서도 진동이 일어나고 있음을 발견했다. 반대로 HR도에서 방패자리 δ형 별과 가까운 위치에 있으며 전前주계열 단계로 추정되는 별이 진동하는 것도 발견했다. HR도에서처럼 빠르게 진화하는 별에서 비동경진동이 나타난다면 그 주기가 어떻게 변화하는지도 관측할 수 있어 별의 진화에 대해 직접적인 검

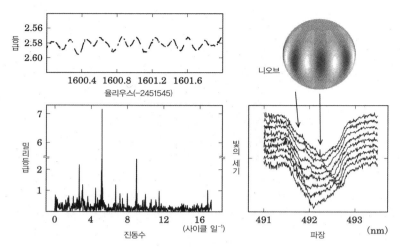

그림 1.23 고속자전성 땅꾼자리 ζ별의 변화 모습. 왼쪽 위는 모스트 위성이 관측한 데이터이며 왼쪽 아래는 그 주기를 분석한 것. 오른쪽은 공동관측한 군마천문대에서 얻은 중성헬륨의 시간변화에 따른 흡수선 윤곽. 분광관측으로 경도방향의 패턴을 알 수 있다(Walker *et al.* 2005, *ApJ*, 623, L145).

증도 가능해질 것이다.

성진학은 아직 여명기에 있다. 무엇보다 진동을 관측해 별 상태를 잘 탐색하기 위해서는 별의 모델을 만들고 거기에 더 발전된 간섭계로 반지름을 관측해 별까지의 거리를 관측하는 것이 중요하다. 앞으로 관측 정밀도가 더 높아지면 다양한 별들의 내부 상태를 상세히 밝혀낼 것으로 기대하고 있다.

1.5 별의 질량방출과 성주공간

1.5.1 고온도별의 질량방출 현상

항성이라는 낱말에 붙어 있는 '항恒'은 글자 그대로 별의 밝기가 일정하고 변하지 않는다는 뜻이다. 그러나 항성 중에는 하룻밤 사이에 일만 배나 밝아지는 별이 있다. 이런 별을 신성新星이라고 한다. 19세기 후반 사진기술이 천문학에 도입되면서 신성의 사진관측과 분광관측이 이루어지게 되었다. 그 결과 1891년 마차부자리 신성의 스펙트럼이 비정상적으로 폭이 넓은 방출선으로 보인다는 것을 알았다. 캠벨W. Cambell은 이를 별에서 가스가 빠른 속도로 분출되어 도플러 이동(편이)하기 때문이라고 설명했다. 그후 사진관측을 통해 별 주변에 고리가 존재함을 알 수 있었고 이것이 시간이 지나면서 넓어지는 것을 확인했다. 신성이 폭발하면 분출된 가스가 팽창하여 둥근 껍질을 만드는데, 그 단면에 고리 모양이 보인다. 이처럼 19세기 말에는 신성폭발을 하면 질량이 함께 방출된다고 알려졌다.

신성과 비슷한 스펙트럼선은 이미 다른 천체에서도 관측되었다. 백조자리 P별P Cygni이 대표적으로 이와 같은 스펙트럼선을 백조자리 P형 선이라고 한다. 이 선의 특징은 폭넓은 방출선 사이에 중심 파장이 끼어 있고 중심파장에서 단파장 쪽으로 흡수선이 함께 나타난다는 점이다. 이 같은 스펙트럼선은 크고 얇게 팽창하는 가스구름을 중심에 있는 별과 함께 관측했다고 생각하면 쉽게 이해할 수 있다.

즉, 광학적으로 얇은 팽창 가스구름에서는 폭넓은 방출선이 형성되는 한편, 별의 앞쪽에 있어 관측자 쪽으로 움직이기 때문에 단파장 쪽으로 도플러 이동을 보이는 가스구름이 별 본체의 빛을 배경으로 흡수선을 만든다. 그 결과 전체적으로 백조자리 P형 스펙트럼선이 나타나는 것이다.

이런 별의 대표적인 예가 울프-레이에Wolf-Rayet별이다. 울프-레이에별은 태양 질량의 스무 배 이상인 별이 진화한 단계에 속하는 별이다. 표면온도는 3만 도에서 10만 도이고 광도는 태양의 3만 배에서 100만 배로 HR도의 왼쪽 위 끝에 있다. 신성과 달리 폭발적으로 증광하지는 않지만 도플러 이동으로 가스속도를 측정하면 백조자리 P형 선의 가스속도는 매

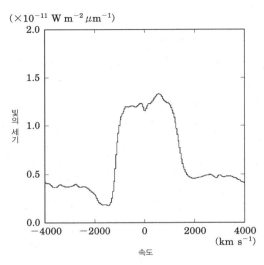

그림 1.24 울프−레이에별 WR 141의 헬륨 스펙트럼선. 폭이 매우 넓은 방출선의 단파장 쪽으로 강한 흡수선이 함께 나타나는 백조자리 P형 선의 특징을 잘 알 수 있다.

초 1000 km에 달한다. 빌즈C. Beals는 1929년 울프−레이에별에서 연속적으로 가스가 흘러나온다는 설을 제안했다. 그 후 1934년에 코지레프N. Kozyrev가 팽창 대기모델을 이용해 울프−레이에별에서 1년에 $10^{-5} M_\odot$의 질량이 방출하고 있다고 결론지었다.

그림 1.24는 다나카 마스오와 니시마키 유이치로가 국립천문대의 미타카캠퍼스에서 구경 1.5 m의 적외 시뮬레이터에 근적외 고분산분광기를 장착해 찍은 울프−레이에별 WR 141 헬륨선의 스펙트럼이다. 방출선의 폭이 매우 넓고 단파장 쪽에 흡수선이 나타나는 전형적인 백조자리 P형 스펙트럼임을 확실히 알 수 있다.

1.5.2 태양형 별의 질량방출 현상

울프−레이에별은 표면온도가 3만 도 넘는 고온도별이다. 그렇다면 고온도별보다 온도가 낮은 별에서는 질량방출이 일어날까? 중간온도별의 대표로 태양을 살펴보자. 태양은 코로나가 희박하다는 것이 큰 특징이다. 태양의 표면온도는 약 6000도인데 코로나의 온도는 100만 도로 대단히 높다. 태양에서 질량이 방출되고 있음을 고려할 때 코로나의 존재를 무시할 수는 없다.

타입 I인 혜성의 꼬리가 태양과 반대 방향으로 뻗어 있음은 익히 알려져 있었다. 비어만L. Biermann은 꼬리의 가속, 이온화, 들뜸을 분석한 1957년의 논문에서 태양으로부터 일정하게 모든 방향으로 복사되는 수소이온의 흐름이 원인이라고 결론지었다. 이 입자류가 변함 없이 일정한 성질을 가지고 있음은 오로라의 관측으로도 입증되었다.

파커E. Parker는 행성간 공간이 입자 자유행로free path의 크기보다 훨씬 크다는 점을 고려해 태양으로부터의 입자 복사를 유체역학으로 다루었는데, 1960년에는 정식으로 압력기울기를 이용해 태양 코로나가 팽창하는 모습을 태양풍 모델로 규정했다. 모델에 대한 자세한 내용과 이후의 발전 모습은 제10권 9장에 서술했다.

파커는 모델에서 도출한 해解 조사해 태양풍이 존재하기 위해서는 강한 중력장과 이를 웃도는 강한 압력기울기가 필요하다는 것을 발견했다. 두 가지 모두 공존하는 상황에서 가스는 코로나 하부에서 강하게 빨려들어간 상태로 코로나 상부에서는 약한 중력장 공간으로 단숨에 밀려올라가는데, 그 과정에서 초음속의 속도를 얻는다. 파커의 모델에서 태양풍의 질량방출률이 $2 \times 10^{-12} \, M_\odot \mathrm{y}^{-1}$이라는 값을 얻을 수 있었다. 파커는 코로나가 존재하기 위해서는 두터운 대류층이 필요하다는 생각에서 F형보다 만기형 별에 코로나가 존재하며 거기에서 항성풍이 뿜어져 나온다는 모델을 제안했다. 태양풍solar wind, 항성풍stellar wind이라는 말은 파커의 논문에서 비롯되었다.

태양의 질량방출률과 같은 중간온도의 별은 질량방출률이 작아서 항성의 질량을 크게 바꿀 수 없다. 그러나 태양 연구에서 태양풍을 일반화한 항성풍이라는 개념을 이끌어냈다는 점은 중요하다. 현재 발표되는 별에 대한 질량방출 모델은 파커의 태양풍 모델을 출발점으로 하는 것들이 많다.

1.5.3 저온도별의 질량방출 현상

질량이 방출되는 마지막 그룹은, 스펙트럼형으로 하면 K형, M형, 만기 C형이고 표면온도로 하면 4000도보다 낮은 적색거성이다. 진화 단계에 있는 별의 광도는 주계열 단계에 비해 100배에서 1만 배로 밝아지고 반지름도 주계열성의 10배에서 수백 배로 커진다. 적색거성은 진화 순서로 볼 때 주계열 단계 다음, 백색왜성 앞에 있다.

주계열성은 질량에 따라 나열한 계열임은 잘 알려져 있다. 그러나 관측적으로 계산한 백색왜성의 질량은 주계열성과 달리 $0.6\ M_\odot$ 근처에 모여 있다. 따라서 주계열 단계의 질량 M_{MS}와 백색왜성의 질량 M_{WD}의 차이 $M_{MS}-M_{WD}$는 진화과정 중 어디에선가 방출되어야 한다. 이 상당한 질량방출은 적색거성 단계에서 일어난다는 것이 현재의 정설이다.

적색거성의 질량방출에 대한 연구는 고온도별보다 30년 늦게 시작되었다. 1930년대에는 적색초거성의 흡수선에 단파장으로 이동된 성분이 발견되었으나 팽창대기에 따른 도플러 이동일 것으로 생각했다. 그러나 파장이동에 대응하는 속도가 매초 5 km로 낮아져 이 속도로는 별의 중력권을 탈출할 수 없다는 비판을 받았다. 1956년에야 도이치A. Deutsch가 헤라클레스자리 α별을 분광관측하면서 적색거성의 질량방출을 확인했다. 이 별은 M형 초거성과 700 AU(천문단위, 1 AU는 1억 4900만 km) 떨어져 그 주변을 도는 G형 별로 이루어진 실시쌍성이다. 따라서 M형 초거성의 흡수선 파장은 일정하지만 G형 별의 스펙트럼은 공전과 함께 흡수선 파장이 주기적으로 변화한다.

　도이치는 G형 별의 스펙트럼에서 파장이 움직이지 않는 정상흡수선이 존재하고 같은 파장의 정상흡수선이 M형 초거성에도 존재한다는 것을 발견했다. 정상흡수선의 파장이 두 별에서 일치하는 것을 보고 도이치는 M형 초거성에서 방출된 가스는 중력권을 탈출해 쌍성계 전체를 감싸는 팽창성주운膨脹星周雲을 형성하고, G형 별은 그 구름 속을 공전한다는 모델을 제안했다. 레이마스D. Reimers는 유사한 쌍성계 여섯 개의 데이터를 정리하고, 1975년에 질량방출률을 다음 식으로 간단히 나타냈다.

$$\frac{dM}{dt} = 4 \times 10^{-13} \eta \left(L \cdot \frac{R}{M} \right) \ [M_\odot \mathrm{y}^{-1}]$$

여기에서 L, R, M은 태양을 단위로 한 별의 광도, 반지름, 질량이고 $M_\odot$은 태양의 질량이다. η는 별의 타입별 보정항으로 대체로 1/3과 3 사이의 값이다. 이 식은 일반적인 적색거성의 질량방출률을 비교적 잘 표현하고 있다.

1.5.4 적외선과 전파의 관측

이렇게 해서 적색거성에서 질량이 방출된다는 것을 확인했는데 관측된 질량방출률이 낮아 별의 질량을 백색왜성의 질량으로까지 줄이기는 어렵다. 보다 큰 질량방출 현상을 발견한 것은 당시 걸음마 단계에 있는 적외선 천문학Infrared astronomy이었다.

　1965년에 노이게바우어G. Neugebauer와 마르츠D. Martz, 레이턴R. Leighton은 당시 캘리포니아공과대학에서 진행 중인 적외천체의 전천탐사sky survey 과정에서 색지수 I−K＝7이라는 매우 붉은 천체 두 개를 발견했다고 발표했다. 그 후 이 두 천체는 발견자의 머리글자를 따서 NML 황소자리Tau와 백조자리Cyg라 부른다. 이 별들은 파장이 0.9마이크론인 I밴드에 비해 파장 2.2마이크론인 K밴드에서 더욱더 밝았다. 이 색에 해당하는 흑체복사의 온도는 100 K였고, 이대로라면 지구보다 표면온도가 낮은 별이 된다. 그래서 이 이상한 천체에서 가스가 대량으로 뿜어져 나오고 저온의 두터운 구름이 별 전체를 뒤덮고 있을 것이라는 가설이 제기되었고, 이후 이 가설은 다양한 추가 관측으로 확인되었다. 이 발견은 적색거성에서 질량방출이 매우 강하게 일어나고 있음을 보여주는 첫 사례인 동시에 적외선 관측이 질량을 방출하는 별의 강력한 관측 수단임을 분명히 했다.

적외선 천체의 발견과 거의 비슷한 시기에 윌슨O. Wilson이 OH 메이저 원源[29]을 전파로 발견했다. 그리고 그중 다수가 적외천체라는 것을 알고는 OH/IR천체로 명명했다. 질량방출과 함께 먼지구름에 메이저 들뜸의 메커니즘이 작용할 것이라 예상했고, 실제로 1975년에는 가이후 노부오海部 宣男 연구진이 다수의 미라별에서 산화규소SiO 86 GHz 메이저 방출선을 발견했다. 이렇게 해서 전파 메이저 방출선이 질량방출별의 주요 지표임을 인식했고 전파를 이용한 질량방출률 관측도 활발해졌다.

그중에서도 일산화탄소 115 GHz의 전파 방출선이 질량방출률을 파악하는 데 가장 중요하다. 1985년에 모리스M. Morris와 냅G. Knapp이 발표한 일산화탄소 방출선 형성 모델은 별에서 방출되는 질량의 비율을 전파관측으로 계산하는 표준이론이 되었다. 이처럼 전파관측은 별의 질량방출을 연구하는 데 유력한 방법으로, 그 탐사에 관해서도 OH 은하면을 조사하기 위한 OH 전파원 목록은 미지의 질량방출별을 찾을 때 유일한 실마리였다. 그러나 OH 탐사관측은 위치결정 정밀도가 낮아서 1980년대 이후

[29] Microwave Amplification by Stimulated Emission of Radiation(증폭 마이크로파 유도복사)의 머리글자에서 딴 이름이다. 우주공간의 일정한 들뜸 조건 아래에서 일어나는, 유달리 강한 마이크로파 선복사를 말한다.

부터는 질량방출별을 탐사할 때 주로 적외관측을 하게 되었다.

NML 천체를 발견한 것을 시작으로 IRC 목록[30]과 AFGL 목록[31]으로 적외천체를 전천탐사해서 수많은 적외천체를 발견했다. 1983년에 적외천문위성 IRAS를 쏘아올리면서 적외천체의 전천탐사는 절정에 이르렀다.

IRAS 위성은 10개월간 작동하여 12, 25, 60, 100 μm의 네 가지 밴드에서 모든 천체 중 96%를 전천탐사해서 25만 개의 적외점광원을 검출했다. 대략적으로 말하면 반은 은하였고 반은 은하계 내부의 별이었다. 그 1/3이 질량을 방출하는 별로 추측된다. IRAS 위성으로 질량방출을 시작한 미라별부터 질량방출이 최고조에 달해 두터운 먼지구름에 뒤덮인 적외선별과 적색거성 단계가 끝난 행성상 성운planetary nebula에 이르기까지 다양한 단계에서 질량을 방출하는 별들을 한꺼번에 등록했다.

그 결과 중소질량성(1~8 $M_\odot$)은 적색거성 시기가 지난 뒤 한 차례 절대등급 0등급으로 어두워졌다가 다시 점근거성가지(Asymptotic Giant Branch: AGB)된다. 이후 미라형 변광을 시작하고 변광이 점점 격렬해지면서 질량방출이 일어나고 두터운 먼지구름에 뒤덮여 적외선별이 된다는 모델을 확립했다. 적외선별 말기에는 10^{-4} $M_\odot$ y^{-1}까지 질량을 방출할 것으로 예상된다. 렌니니A. Renzini가 항성폭풍super wind이라고 이름 붙인 항성풍의 발생 원리는 아직도 밝혀지지 않고 있다.

이어서 그림 1.25, 그림 1.26, 그림 1.27은 아직 질량방출을 시작하지 않은 K형 별 알데바란, 질량 10^{-7}에서 10^{-5} $M_\odot$ y^{-1}을 방출하는 M형 거성 안드로메다자리 UX별(UX And), 질량 10^{-5} $M_\odot$ y^{-1} 이상을 격렬하게

---

30 노이게바우어G. Neugebauer와 레이턴R. Leighton이 1969년에 발표했다. 파장 2.2마이크론으로 3등급보다 밝은 5612개의 천체를 게재했다.
31 프라이스S. Price와 워커R. Walker가 1976년에 발표한 파장 4.2, 11.0, 19.8, 27.4마이크론에서의 천체목록. 미국공군 지구물리연구소AFGL에서 발간되었다.

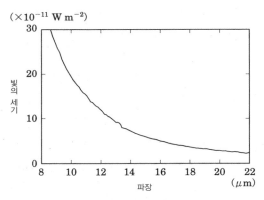

$(\times 10^{-11} \text{ W m}^{-2})$

빛
의
세
기

파장
(μm)

그림 1.25 K5형 거성 알데바란의 IRAS 중간적외 스펙트럼. 아직 질량방출이 일어나지 않았으므로 항성대기의 복사 스펙트럼이 직접 보인다.

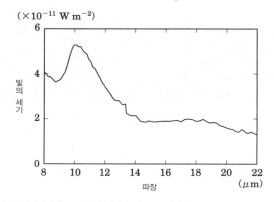

$(\times 10^{-11} \text{ W m}^{-2})$

빛
의
세
기

파장
(μm)

그림 1.26 질량방출을 시작한 M6형 적색거성 안드로메다자리 UX별. 먼지구름 속에 실리케이트성 미립자가 파장 10 μm 부근으로 강한 복사밴드를 내뿜는다.

방출하는 OH/IR별 OH 127.8 − 0.02의 IRAS 중간적외 스펙트럼을 보여준다. 파장 10마이크론의 복사띠는 실리케이트 밴드라고 한다.

　가미조 후미오上條文夫는 적외선 분광관측을 시작하기 훨씬 이전인 1963년에 미라별의 대기에 실리케이트성性 고체 미립자가 응결할 것이라고 예

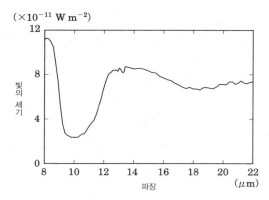

($\times 10^{-11}$ W m^{-2})

빛의 세기

파장

(μm)

그림 1.27 항성폭풍 시기로 보이는 OH/IR별 OH 127.8−0.02. 먼지구름이 광학적으로 두터워 안드로메다자리 UX별에서 나타난 10 μm 복사밴드가 흡수띠로 바뀐다.

측했는데 참으로 놀라운 일이다. 질량방출이 강하면 실리케이트 밴드 복사띠 또한 강해지는데, 항성폭풍처럼 질량방출이 강한 경우에는 그와 반대로 차가운 먼지구름 외층부에서 흡수가 잘되어 흡수띠가 된다는 것을 그림에서 알 수 있다.

1.5.5 먼지 관측

일본에서는 후지다 요시오藤田良雄, 야마시타 야스마사山下泰正, 쓰지 다카시辻隆 연구진이 탄소별을 중심으로 적색거성의 분광학적 연구를 활발히 진행해 왔는데 IRAS를 계기로 질량방출에 대한 연구도 시작하게 되었다. 1987년에 오나카 다카시는 더용T. de Jong과 함께 미라별의 변광곡선에 나타난 광도의 상승시기와 하강시기 길이의 비가 질량방출과 관련 있음을 밝혀냈다. 오나카 다카시가 M형 별 주변에 알루미나 입자가 맨처음 만들어진다고 주창한 설이 별 주변의 먼지 생성에 관한 연구에서 중요한 밑거름이 되었다. 이즈미우라 히데유키와 하시모토 오사무는 IRAS와 ISO의 화상자료를 분석해 적색거성을 둘러싼 먼지구름의 적외선상을 그려냈다

그림 1.28 C형 별 사냥개자리 Y별과 주변 먼지구름의 ISO 파장 100μm 화상. 가로폭은 28분각이다.

(그림 1.28). 그 후 이즈미우라와 나카타 고이치는 기소관측소의 슈미트 망원경을 이용해 가시반사광으로 먼지구름을 촬영하는 데 성공했다.

IRAS 위성은 성간흡수가 약한 중간적외와 원적외로 관측했으므로 탐사범위가 은하계 양끝에까지 이르렀다. 그 결과 적외천체를 이용한 은하계구조 연구라는 새로운 연구 분야가 탄생했다. 1991년에 나카다, 이즈미우라, 데구치는 은하계 벌지의 오른쪽과 왼쪽에 IRAS 천체의 평균광도가 다르다는 점에서 벌지의 형태가 축대칭이 아니라는 사실을 밝혀냈다. 그들은 노베야마 전파천문대의 45 m 전파망원경으로 벌지에서 산화규소SiO를 검출하는 데 성공했고, 그 시선속도 분포에서 벌지가 은하원반과 독립적인 속도로 회전한다는 것을 밝혀냈다. 이 관측은 SiO 메이저를 탐침probe으로 하는 은하계 항성원반 시선속도 탐사로 발전했다. 일본국립천문대는 전파간섭계로 SiO 메이저원의 초고정밀도 위치측정 프로젝트 VERA에서 질량방출별을 이용한 은하계 3차원 지도 완성을 목표로 삼았다.

IRAS 관측의 문제점은 검출된 질량방출별의 거리가 대부분 분명하지 않다는 것이었다. 이 때문에 IRAS 목록으로는 천체의 절대광도와 질량방출률을 파악할 수 없으며, 10만 개가 넘는 질량방출별을 관측하면서도 별의 거리를 정확히 알 수 없어 자료를 충분히 활용할 수 없다는 점에서 딜레마를 안고 있다.

1.5.6 마젤란 성운 관측

이 문제를 해결할 수 있는 방법 중 하나는 마젤란 성운처럼 그 안에 있는 별과 같은 거리에 있다고 여기는 근방의 은하에서 질량방출별을 관측하는 것이다. 실제로 1980년대 이후의 마젤란 성운 연구에서 질량방출 현상과 별의 절대등급 관계를 제시하는 중요한 성과를 많이 거두었다. 예를 들면 글래스I. Glass와 로이드 에번스T. Lloyd Evans는 대마젤란 성운 관측을 바탕으로 1981년에 대표적 질량방출별인 미라별의 적외주기 – 광도관계를 발표했다. 이 관계식은 질량방출별을 표준광원으로 이용할 수 있다는 가능성을 보여주었고, 또 그때까지 밝혀내지 못했던 은하계 내 질량방출별까지의 거리 추정방법을 제공했다는 점에서 중요하다. 또 1996년에 우드P. Wood와 세보K. Sebo가 마젤란 성운 변광성의 주기 – 광도관계에 여러 계열이 있음을 밝혀내 저온도거성의 질량방출을 변광과 관련하여 연구할 수 있는 틀이 마련되었다.

일본에서도 사토 슈지佐藤修二, 나가타 데쓰야長田哲也, 다무라 모토히데田村元秀를 중심으로 남아프리카에 적외탐사망원경 IRSF/SIRIUS를 세워 마젤란 성운 전면全面의 근적외선 사진관측을 실시했다. 이타 요시후사板由房는 이 망원경으로 마젤란 성운 내의 별을 적외변광 관측했고 미라별의 주기 – 광도관계는 두 가지 계열이라는 사실과 그중에서 C계열이 질량방출과 관계 있다는 중요한 성과를 거두었다(그림 1.21). 이런 성과는 앞에서 소개한 오나카 다카시의 결과와 맞물려 항성의 맥동모드와 질량방출의 관계를 더욱 깊이 이해하기 위한 주요 실마리가 되었다. 한편, 다케노우치 다카시竹內峯와 노다 사치요野田祥代는 일본과 뉴질랜드 공동의 마이크로렌즈 탐사관측 MOA의 데이터를 분석하고 대마젤란 성운의 가시변광성 성질에 대해 연구했다.

마젤란 성운에는 구상성단이 여러 개 속해 있다. 구상성단은 나이가 같은 별들의 모임으로 별의 진화를 관측적으로 연구하는 데 중요한 천체이다. 마젤란 성운은 100억 년이 넘는 나이 많은 별부터 수억 년에 이르는 별에 이르기까지 다양한 나이대의 성단이 존재한다. 다나베 도시히코田邊俊彥와 니시다 신지西田伸二는 10억 년에서 20억 년인 중간 나이의 성단을 관측하여 성단에 속한 적외선별을 발견했다. 이 적외선별은 질량방출별 중에서 유일하게 나이를 아는 별이므로 항성진화를 관측적으로 검증하는 데 매우 귀중한 천체이다.

한편, 우리은하계 구상성단의 나이는 그보다 훨씬 오래된 130억 년으로 추정하므로 여기에 속한 질량방출별은 고령인 소질량성의 질량방출을 연구하는 표본이 된다. 이 별들은 백색왜성 질량과 비교해 진화과정에서 $0.2 \sim 0.5\ M_\odot$의 질량을 방출해야 한다. 소질량성도 중질량성과 마찬가지로 질량방출이 격렬하며, 1만 년이라는 시간규모로 볼 때 위에 기술한 질량을 단숨에 잃는지, 아니면 수백만 년 동안 천천히 가스를 내보내는지는 앞으로 밝혀내야 할 과제이다. 이 문제에 관해서는 마쓰나가 노리유키松永典之가 발견한 은하계 구상성단에서 적외선이 지나치게 강한 미라별의 진화가 큰 의미로 자리매김하고 있다.

1.5.7 성주공간 관측

이 절의 앞에서 이야기한 대로 질량방출 연구에는 항성 스펙트럼 분석이 반드시 필요하다. 힝클K. Hinkle은 1978년에 미라별인 사자자리 R별의 적외 스펙트럼에서 CO와 OH선에는 온도가 1000 K 층에 성분이 나타난다는 것을 발견했다. 이어서 쓰지 다카시는 적색초거성 베텔기우스의 CO 흡수선을 분석해 항성대기의 표면과 별을 에워싼 먼지구름 중간에 비교적 고밀도의 가스층이 떠다니고 있음을 알아냈다. 쓰지 다카시는 가스층이 원자로 해리할 만큼 고온이 아니어서 가스는 주로 분자로 존재하지만 먼지가 응결할 만큼 저온도 아니라는 점 때문에 이 층을 기체분자층으로 부르기로 했다.

그 뒤 일본 최초의 적외인공위성 IRTS의 자료를 분석한 마쓰우라 미카코松浦美香子는 수증기가 존재하지 않는다고 생각했던 조기 M형 별에서 수증기 띠를 발견했다. 쓰지와 야마무라는 적외천문위성 ISO의 적외선 스펙트럼을 분석해 물리상태를 조사했다. 이 수증기가스도 기체 분자층에 속하는 것으로 추측된다. 또 질량방출로 생성된 먼지 자체도 미야타 다카시宮田隆志의 중간적외 스펙트럼 위치에 따른 변화관측에서 보여주듯이 단시간에 변성작용을 받는다. 실험실에 먼지를 만들고 그 물질의 성질과 광학적 성질을 측정한 고이케 지요에小池千代枝, 사카다 아키라, 와다 세쓰코의 연구는 먼지의 변성작용이라는 관점에서 중요하다.

이렇듯 관측적으로는 질량방출별 주변의 공간구조가 복잡해 보통의 정적靜的인 항성대기 모델로 설명하기는 어렵다. 특히 모르스피어 밀도를 설명하려면 어떤 동적인 메커니즘이 필요하며, 또 질량방출은 모르스피어를 출발점으로 하는 것이 아닐까 추정한다. 저온도별의 대기, 모르스피어, 먼지구름을 통일적으로 설명하기 위해서는 질량방출별의 공간구조를 이해하고 그 시간변화를 추적해야 하는데, 이점이 바로 현재의 천문학이 안고 있는 커다란 문제라 하겠다.

1.6 쌍성의 종류와 관측법

1.6.1 쌍성이란

밤하늘에 떠 있는 항성 사진들을 보면 별들이 모두 여기저기 흩어져 반짝이는데 간혹 별 두 개가 아주 가까이 있는 것을 볼 수 있다. 그중에 별 두 개가 중력으로 결합해 항성계를 형성하는 경우가 있는데 이 별들을 쌍성이라고 한다. 또 사진에는 별 하나가 빛을 내는 것 같아도 다른 방법으로 보면 두 개 또는 그 이상이라는 것을 발견하는 경우가 있다. 어떤 항성이 단독별이 아니라 쌍성일 때는 다음 세 가지 경우에 해당하며, 그 명칭은 각각 다르다.

(A) 항성 두 개가 가까이에 있으며 오랜 시간 동안 위치를 관측해 실제로 서로의 둘레를 공전한다는 것을 확인한 쌍성. 이런 식으로 알게 된 쌍성을 실시쌍성이라고 한다.

(B) 스펙트럼에 여러 항성의 스펙트럼선이 관측되고 시기마다 파장 방향으로 위치가 주기적으로 변하는 쌍성. 이런 식으로 알게 된 쌍성을 분광쌍성이라고 한다.

(C) 항성의 광도가 주기적으로 변하고 항성이 서로의 둘레를 공전하면서 성식star eclipse을 일으켜 서로를 가리는 쌍성. 이런 쌍성을 식쌍성이라고 한다.

쌍성으로 판정됐을 때 이런 식으로 부르며, 쌍성은 식쌍성이면서 분광쌍성일 수도 있고 실시쌍성이면서 분광쌍성일 수도 있다.

일반적으로 성식현상을 관측하려면 우리의 시선(관측자와 천체를 잇는 선)이 그 쌍성의 공전면에 가까워야 하는데 지구에서 관측할 때 그렇게 될 가능성은 제한적이다. 그러므로 식쌍성은 두 쌍성의 거리가 가까운 경우(근접쌍성)가 많다. 분광쌍성도 마찬가지이지만 근접쌍성보다는 덜 제한적이다. 한편 실시쌍성은 항성까지의 거리가 엄청나지만 두 개로 분리되어 보인다는 점에서 두 별의 간격이 상당히 떨어져 있다고 생각할 수 있다. 이런 쌍성을 원격쌍성이라고 한다.

쌍성은 희귀하지 않아서 발견 빈도가 대단히 높다. 최근 연구를 살펴보면 쌍성으로 판명된 항성이 과반수를 크게 넘어섰고, 태양과 같은 단독별보다 오히려 쌍성을 이루고 있는 것이 보통이라고 생각될 정도이다. 태양과 가까운 항성에 대해서 『이과연표理科年表』에 태양을 포함해 가까운 순서대로 30개를 실었는데, 동반성이 있거나 있는 것으로 추정되는 항성은 13개이다. 겉보기광도 순서대로 항성 20개를 추려 얼마나 겹쳐 있는지 살펴보면, 쌍성의 빈도는 한층 높아 동반성이 밝혀진 것만도 10개나 된다. 그리고 최근에는 쌍성(이중쌍성) 주변에 제3의 동반성, 제4의 동반성이 존재하는 항성계도 많다는 것이 거의 정설이며, 이런 계를 다중쌍성이라고 한다.

1.6.2 사진관측과 실시쌍성

높은 공간분해능으로 관측하면 두 개 또는 더 많은 별들이 매우 가까이 있는 것을 볼 수 있는데, 공전운동을 하면서 서로의 위치가 어떻게 변하는지 확인함으로써 우연히 그렇게 보이는 것이 아니라 실제로 짝을 이루는 실시쌍성인지 확인해야 한다. 예를 들면 큰개자리 α별, 즉 시리우스의 겉보기위치가 변동한다는 것은 오래 전부터 알고 있었지만, 19세기 후반에야 실제로 보통 주계열성과 상당히 어두운 백색왜성이 짝을 이룬다는 것을 알게 되었다(화보 5).

태양과 가장 가까운 켄타우루스자리 α별도 실시쌍성이다. 실시쌍성은 쌍성까지의 거리가 엄청나게 먼데도 두 개로 보이는 것에서 알 수 있듯이 두 별의 간격이 매우 크게 벌어져 있다. 즉, 공전주기가 길다는 뜻으로 실제로 실시쌍성을 관측하는 데 수십 년 또는 더 오랜 세월이 필요하다. 실시쌍성의 궤도는, 주성의 둘레를 동반성이 타원궤도운동을 한다고 표현할 수 있다. 이 경우 다음 일곱 개의 궤도 요소가 필요하다(그림 1.29).

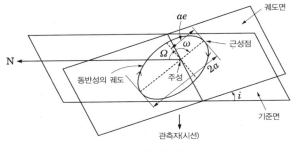

그림 1.29 실시쌍성의 궤도 요소.

궤도면 경사각 i, 승교점 경도 Ω, 근성점近星点 경도 ω, 궤도 긴반지름 a, 이심률 e, 공전주기 P, 근성점 통과시각 T_0

i와 Ω는 주성을 지나 시선방향과 수직인 기준면과 궤도면이 어떤 위치 관계에 있는지 결정하는 매개변수이다. i는 궤도면이 기준면과 이루는 각 도로 $i = 90°$인 경우에는 궤도면이 시선방향을 포함한다. Ω는 기준면에 서부터 북쪽에서 동쪽으로 측정해 교점까지의 각도를 말한다(시선속도를 모르면 이 점이 승교점인지 강교점인지 알 수 없다).

궤도면 안에서 궤도가 어떤 형태와 위치 관계에 있는지에 대한 매개변 수로 a, e 그리고 ω(궤도면 위 승교점부터 근성점까지의 일정한 운동방향을 측 정한 각도)가 있다. 그리고 궤도에서 동반성이 어느 위치에 있는지를 지정 하는 매개변수가 P와 T이다.

지상에서 사진관측을 하는 경우 대기가 흔들리거나 두 별이 겹쳐져 정 확한 위치를 알아내지 못하는 경우도 많다. 그럴 때는 대기가 흔들리는 시 간보다 노출시간을 짧게 촬영해 사진 여러 장을 적절히 겹치게 하는 스펙 트럼 기술을 이용하면 해상도가 비약적으로 높아진 항성 사진을 얻을 수 있다. 이 방법으로 확인한 쌍성을 스펙트럼 쌍성이라고 하는데 이것도 넓은 의미에서 실시쌍성이다. 이 관측방법은 근접쌍성 주변에서 제3의 동반성을 검출할 때도 사용한다.

1.6.3 분광관측과 분광쌍성

천체 스펙트럼선의 파장방향 이동으로 시선속도를 알 수 있는데 쌍성 연구에서도 도플러 효과를 이용한 관측방법이 매우 효율적이다. 쌍성은 두 항성이 서로의 둘레를 공전하므로 공전면 방향으로 별의 시선속도가 주기적 변화하면서 나타나는 스펙트럼선 이동을 관측할 수 있다. 이렇게 확인한 분광쌍성에 대해 별의 시선속도를 나타낸 그래프가 시선속도곡선이다(그림 1.30). 시선속도곡선의 최대 진폭비는 두 별의 질량비의 역수이다. 즉 두 별의 스펙트럼을 관찰할 수 있는 이중선 분광쌍성에서 두 별의 질량비를 계산할 수 있다. 두 별의 관측 파장대에서 광도의 차이가 크면 실제로 더 밝은 별의 스펙트럼선만 관측할 수 있다. 이런 분광쌍성을 단선單線 분광쌍성이라고 하는데 대부분의 경우 단선 분광쌍성이다.

쌍성의 공전운동에 따른 시선속도 $V_{1,2}$는 쌍성계의 공통중심에서 본 별 1, 2의 궤도긴반지름을 $a_{1,2}$라고 하고 진근점이각ture anomaly을 $v_{1,2}$라고 하면 다음과 같이 쓸 수 있다.

$$V_{1,2} = V_0 + K_{1,2}\{e\cos\omega + \cos(v_{1,2}+\omega)\} \tag{1.6}$$

$$K_{1,2} = \frac{2\pi a_{1,2}\sin i}{P\sqrt{1-e^2}} \tag{1.7}$$

여기에서 V_0는 공통중심의 시선속도이다. 관측으로 측정한 시선속도곡선에 따라서 진폭 $K_{1,2}$를 구할 수 있다.

질량과 길이는 태양단위 $M_\odot$, $R_\odot$이고 주기를 날수로 계산하면(K는 km s^{-1} 단위) 다음과 같다.

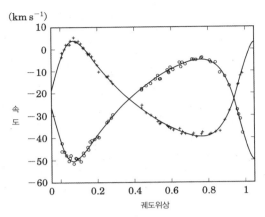

그림 1.30 시선속도곡선의 예. 분광쌍성 HR7000의 시선속도를 관측한 결과(○와 +)를 궤도위상에 대해서 그래프로 그린 것. 실선은 $e=0.37$, $\omega=307°$일 경우 예상되는 곡선이다(Griffin *et al.* 1997, *The Observatory*, 113, 52).

$$a_{1,2} \sin i = 1.976 \times 10^{-2} K_{1,2} P (1-e^2)^{\frac{1}{2}} \quad (R_\odot) \tag{1.8}$$

$$M_{1,2} \sin^3 i = 1.036 \times 10^{-7} (K_1+K_2)^2 K_{2,1} P (1-e^2)^{\frac{3}{2}} \quad (M_\odot) \tag{1.9}$$

단선 분광쌍성인 경우는 K_2의 값을 모르므로 (식 1.8)과 (식 1.9)에서 질량이 아니라 질량함수라고 하는 다음의 값을 구할 수 있다.

$$
\begin{aligned}
f(M) &= \frac{(M_2 \sin i)^3}{(M_1+M_2)^2} \\
&= 1.036 \times 10^{-7} K_1^3 (1-e^3)^{\frac{3}{2}} \quad (M_\odot)
\end{aligned}
\tag{1.10}
$$

더욱이 근접쌍성의 대부분은 원궤도인데 타원궤도인 분광쌍성의 경우는 시선속도곡선이 사인곡선이 아니다. 예를 들면 그림 1.30은 $e=0.37$이고, $\omega=307°$인 경우에 실선으로 시선속도곡선을 나타냈다. 이렇게 시선속도곡선을 분석하면 e, ω를 구할 수 있다.

1.6.4 측광관측과 식쌍성

항성의 변광 현상은 그 항성에 대해 다양한 정보를 알려주므로 측광관측은 중요한 관측방법이다. 1980년대 후반까지는 광전자증배관으로 정밀도가 높은 광전 측광관측을 했는데, 최근에는 양자量子 효율이 좋은 냉각 CCD 카메라를 이용한 CCD 측광관측이 주류를 이룬다. CCD의 높은 양자효율 덕분에 같은 화면에 찍은 비교별과의 상대광도 차이를 측정한 상대측광 기술을 사용하여 중소 망원경으로도 십수 등성까지 어두운 항성을 효율적이고 높은 정밀도로 측광관측할 수 있게 되었다.

그런데 쌍성계의 경우 공전궤도면이 시선방향에 아주 가까울 때는 두 별이 서로를 가리는 성식을 일으켜 항성의 주기적인 감광을 관측할 수 있다. 이처럼 식쌍성(변광하므로 식변광성이라고도 한다)을 측광관측해 광도변화를 측정한 값을 공전 위치별로 점을 찍어 그래프로 만든 것을 광도곡선이라고 한다. 광도곡선의 형태는 식쌍성마다 크게 다른데 그림 1.31은 전형적인 광도곡선의 형태를 나타낸 것이다.

광도곡선의 형태가 쌍성마다 크게 다른 까닭은 아래 기록한 여러 값(측광요소)이 각각 다르기 때문이다. 거꾸로 말하면 관측된 광도 변화를 설명하기 위해 이 값들을 취하는데 이 값들은 범위가 상당히 제한적이며, 광도변화를 관측해 이 요소들의 값을 계산할 수 있다. 즉 광도곡선을 분석하는 것이다. 광도곡선의 모습을 결정하는 이 측광요소들은 주로

- 두 별의 질량비 $q(=M_2/M_1)$
- 두 별 간격을 1로 할 때의 상대반지름 r_1, r_2
- 공전궤도면의 경사각 i
- 표면온도비 T_2/T_1 (또는 광도비 l_2/l_1)

등이 있다(첨자 1과 2는 별 1과 2의 값이다). 광도곡선은 주로 두 별의 상대적

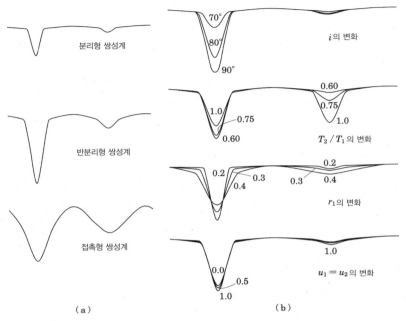

분리형 쌍성계

반분리형 쌍성계

접촉형 쌍성계

（a）

$70°$
$80°$
$90°$

i의 변화

1.0
0.75
0.60

0.60
0.75
1.0

T_2 / T_1의 변화

0.2
0.3
0.4

0.2
0.3
0.4

r_1의 변화

0.0
0.5
1.0

1.0

$u_1 = u_2$의 변화

（b）

그림 1.31 (a) 다양한 광도곡선과 (b) 측광요소가 광도곡선에 미치는 영향의 예.

인 값과 관련있다. 다섯 개의 값 외에 뒤에서 설명할 근접효과를 결정하는 아래과 같은 매개변수도 있다.

－ 주변감광계수 $u_{1,2}$

－ 중력증광지수 $\alpha_{1,2}$

－ 반사계수 $A_{1,2}$

식쌍성은 일반적으로 분광쌍성이기도 한데 광도곡선과 시선속도곡선을 동시에 분석해 항성의 기본적인 여러 값(질량, 반지름 등)을 얻을 수 있다. 이것은 천체물리학의 기초적인 요소들이다. 현재는 이론적으로 광도곡선을 계산하고 이 값과 관측한 값의 차이를 비교하면서 그 차이를 최소로 하는 매개변수의 조합을 정립하는 방법을 주로 사용하는데 이를 광도곡선

합성법이라고 한다.

이론 광도곡선을 계산하려면 항성의 형상을 모형과 비슷하게 하고 표면에 밝기분포를 주어 공전면경사각 아래 공전운동을 시킨 다음 공전 모습이 각각 어떻게 보이는지, 성식을 하는지 살펴보고 보이는 부분의 광도를 합한다. 형상을 표시하는 모형으로는 일반적으로 로시 모형(뒤에서 설명함)을 이용한다. 표면밝기분포를 계산할 때는 근접효과라고 하는 중력증광, 반사효과 등을 다루어야 한다.

일반적으로 별은 구형이지만 근접쌍성계는 상호작용을 함으로써 모양이 찌그러지고 표면중력의 크기가 위치마다 다르다. 이 때문에 표면의 밝기분포가 균일하지 않고 중력이 강한 위치일수록 표면온도가 높고 밝다. 이 효과가 중력증광이다(과거에는 주로 중력감광이라고 했다). 중력증광 효과는 표면밝기 $H \propto g^a$로 표시한다($0 \leq a \leq 1$).

근접쌍성계의 경우는 가까이 있는 상대별에서 빛을 받기 때문에 빛을 받는 지점의 온도가 상승하여 표면밝기분포가 크게 변한다. 따라서 빛을 받는 만큼 광도가 상당히 달라지는데 이것을 반사효과라고 한다. 빛을 받는 입사량 중에서 얼마나 반사하는지에 관여하는 매개변수가 반사계수($0 \leq A \leq 1$)이다.

또 근접효과는 아니지만 주변감광 효과edge extinction effect의 영향을 받아도 겉보기광도가 달라진다. 태양에서도 볼 수 있는데 항성의 겉보기 원반상 밝기는 주변으로 갈수록 조금씩 작아진다. 계산할 때는 이것의 영향도 고려해야 한다. 이 효과의 경우는 주변감광계수($0 \leq u \leq 1$)로 나타낸다. 지금까지 설명한 것 외에도 최근에는 항성 표면의 흑점이나 고온반점, 강착원반까지 포함한 이론계산이 활발하다.

1.6.5 쌍성의 형상과 타입

근접쌍성계를 구성하는 별의 형상을 표시할 때 로시 모형Roche model을 자주 이용한다. 로시 모형을 바탕으로 쌍성계의 형상을 분류하는 것은 쌍성계의 관측과 분석뿐 아니라 진화를 논의할 때도 상당히 중요하다.

로시 모형은 별의 질량이 모두 중심에 몰려 있다고 보고 중력장을 고려해, 여기에 공전운동과 상대별이 미치는 영향을 더한다. 질량이 M_1과 M_2인 별1과 별2가 중심으로부터 거리 a, 공전각속도 n으로 원운동을 한다고 하자. 주성 중심에 원점을 찍고 공전면에 xy면을 잡아 주성 1과 동반성 2를 연결해 x축을, 공전축에 평행으로 z축을 그어 회전직교 좌표계를 그린다. 이때 아래 값 ϕ을 로시 퍼텐셜이라고 한다.

$$\phi(x,\ y,\ z) = \frac{1}{r_1} + \frac{q}{r_2} + \frac{1+q}{2}\ (x^2+y^2) - qx \tag{1.11}$$

제1항과 제2항은 각각 별1, 별2가 가지는 중력 퍼텐셜이고, 제3항은 공전운동으로 발생하는 원심력 퍼텐셜이다. 여기에서 길이, 시간, 질량의 단위를 각각 a, n^{-1}, M_1+M_2로 하고 두 별의 질량비 $q=M_2/M_1$를 대입한다. r_1, r_2는 별1과 별2의 중심에서 원점까지의 거리이다.

위 식에서 알 수 있듯이 퍼텐셜 ϕ의 형태는 단지 하나의 매개변수(질량비 q)만으로 결정된다.

그림 1.32에 질량비가 $q=0.4$인 경우에 대해 공전면 위에 대표적인 등퍼텐셜면을 몇 개 그렸다. 그림에서 1, 2는 각각 별 1, 2의 중심이고 L_1~L_5는 라그랑주의 평형점이다. 이 중에 L_1~L_3는 x축 위에 있고 보통 L_1점은 두 별의 중간에, L_2점은 질량이 작은 별 뒤에, L_3점은 반대쪽에 있다. L_4, L_5 점은 각각 별1, 별2 중심과 정삼각형을 이루는 위치에 있다.

쌍성계를 생각할 때 L_1과 L_2 점을 통과하는 등퍼텐셜면은 특히 중요한

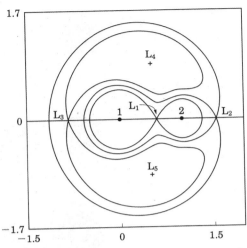

그림 1.32 공전궤도면 위의 대표적인 로시 등퍼텐셜면(equipotential). $L_1 \sim L_5$는 라그랑주 점. 질량비가 0.4인 경우.

데 각각 내부임계 로시면面, 외부임계 로시면이라고 한다. 또 각각이 에워싼 부분을 내부임계 로시로브lobe, 외부임계 로시로브라고 한다. 내부임계 로시면은 쌍성계를 구성하는 두 별이 각각 안정적으로 형상을 유지할 수 있는 임계곡면을 나타낸다. 만일 어느 한쪽 별이 임계면을 넘어가면 상대별의 인력 또는 공전에 따른 원심력 때문에 형태를 유지할 수 없다. 또 외부임계 로시면이란 이면을 넘으면 쌍성계로 형태를 유지할 수 없는 임계곡면임을 뜻한다.

쌍성계는 형상적으로 쌍성계를 구성하는 별이 모두 내부임계 로시면에 있으면 분리형 쌍성계라고 하고, 한쪽 별만 내부임계 로시면에 접해 있으면 반분리형 쌍성계라고 하며, 두 별 모두 내부임계면을 넘었으면 접촉형 쌍성계라고 해서 세 가지로 나뉜다(그림 1.33). 이것들은 쌍성계에서 중요한 개념으로 쌍성계의 관측과 분석뿐 아니라 진화를 논의할 때도 매우 중요한 개념이다.

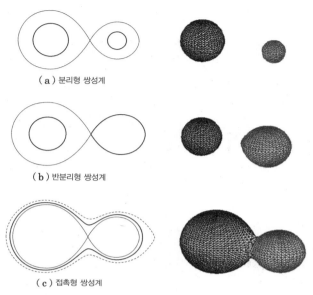

（a）분리형 쌍성계

（b）반분리형 쌍성계

（c）접촉형 쌍성계

그림 1.33 쌍성계 형상의 세 분류. 질량비 0.4에 대해 그린 것이다.

1.6.6 그 밖의 관측

쌍성계의 주요 관측방법은 가시광을 이용한 측광관측과 분광관측인데 이 방법들 외에도 다양한 방법으로 관측한다. 전파관측은 쌍성을 구성하는 항성의 표면활동성과 성주물질의 존재를 보여준다. 특히 8권에서 다루는 고밀도 천체를 포함한 쌍성계 연구는 관측위성으로 자외선과 X선을 관측하여 고에너지 현상을 밝혀내는 데 도움이 된다.

또 편광관측도 쌍성연구에서 중요하다. 예를 들면 측광관측을 분석할 때 궤도면 경사각 i가 필요한데 궤도면의 방향을 계산할 수 없는 경우 편광관측을 하면 궤도면 방향을 알 수 있으며, 성주원반에 관한 부가정보까지 얻을 수 있는 귀중한 관측방법이다.

그림 1.34 격변변광성 개념도. 동반성에서 강착원반으로 표면가스가 흘러든다. 강착원반의 물질은 천천히 백색왜성으로 가라앉는다.

1.7 격변변광성 관측

1.7.1 **격변변광성이란**

격변변광성이란 백색왜성(이하 주성이라고 한다)과 로시로브[32]를 채우는 만기형 주계열성(이하 동반성이라고 한다)이 중력으로 이어져 공통중심 궤도를 공전하는 근접쌍성계를 일컫는다(그림 1.34 참조). 쌍성 사이의 거리는 태양 반지름과 비슷하고 궤도주기는 한 시간에서 10여 시간 정도이다. 동반성 표면의 가스는 로시로브를 넘쳐흘러 라그랑주 점(L_1점)을 통해 주성 쪽으로 조금씩 흘러들어간다. 이 유입 가스는 일단 주성 주변에 강착원반accretion disk이라는 회전원반을 만들고 시간이 지나면 주성으로 내려앉는다(강착한다).

동반성에서 유입 가스와 강착원반이 만나는 지점이 밝게 빛난다고 해서

---

[32] 그림 1.33 참조.

핫스폿hot spot이라고 한다. 계마다 차이가 있지만 가시광에서는 강착원반 전체, 핫스폿, 주성, 동반성과 비슷한 광도로 관측된다. 핫스폿은 궤도 위치에 따라 다르게 보이고 계 전체의 광도가 변화한다. 이것을 궤도 험프 hump라고 하는데 궤도주기를 측정하는 유력한 수단이다. 그 밖에 궤도주기를 측정하는 수단에는 동반성이 핫스폿과 강착원반, 주성을 가려서 일어나는 성식현상이나 궤도운동으로 일어나는 스펙트럼선의 도플러 이동량 변화를 측정하는 방법이 있다.

강착원반은 원시행성계나 X선쌍성, 활동은하중심핵 등 다양한 우주 규모의 천체에서 활동성의 엔진 역할을 하며 최근에는 감마선폭발 현상에서도 큰 역할을 했다. 격변변광성은 강착원반의 기본적인 성질을 조사하기 위한 자료로 적당한 데다 중질량성, 소질량성의 쌍성진화에 관해서도 귀중한 정보를 제공한다.

이 절에서는 백색왜성 표면에 쌓인 수소가 열핵폭주반응을 일으켜 대규모로 폭발한 신성, 강착원반의 물리상태가 변화해 광도변화가 커진 왜신성, 백색왜성의 자기장이 강해서 강착원반이 형성되지 못하는 강자기장 격변성에 관해 주로 관측적인 관점에서 살펴보고자 한다.

1.7.2 신성

신성폭발이란 천체가 갑자기 밝아졌다가 몇 달에서 몇 년에 걸쳐 천천히 어두워지는 현상이다(그림 1.35). 증광폭은 8등급에서 15등급으로 백만 배 밝아지는 경우도 있다. 신성(nova, 라틴어로 nova stell는 새로운 별이라는 뜻)이란 아무것도 없는 곳에서 갑자기 별이 밝게 빛난다고 해서 붙인 이름이다. 이 현상은 오래 전부터 알려져 고대중국의 문헌에도 나온다. 예전에는 그 이름에서 알 수 있듯이 새로운 별이 태어나는 현상이라고 생각해 신성이라고 했다. 그러나 지금은 격변변광성 안에 가스가 백색왜성 표면에 쌓여

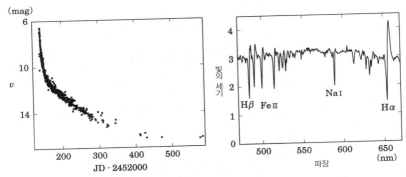

그림 1.35 2001년 제2 백조자리 신성 V2275 Cyg의 광도곡선. 데이터는 VSNET[33]에 보고된 것(왼쪽). 오카야마현 비세이美星천문대에서 얻은 2005년 궁수자리 신성 V5115 Sgr의 스펙트럼(오른쪽). 수소와 철의 방출선이 P Cyg형 선윤곽을 보인다. 나트륨의 흡수선은 성간물질에 따른 것이다.

일정 질량이나 온도에 이르면 수소의 열핵폭주반응이 일어나는 것임을 알고 있다.[34]

가스가 쌓인 곳에 폭발적인 핵반응이 일어나 백색왜성의 표면이 껍질 상태로 날아간다. 신성껍질의 광도는 태양광도의 10만 배나 되고 광도가 확산되는 속도는 최대 3000 km s^{-1}나 된다. 가시광 스펙트럼에는 강한 수소 발머선이 존재하며 그 밖에 헬륨과 탄소, 산소, 1차 이온화한 철이나 질소가 보이기도 한다. 이것들은 방출선으로 관측되는데 특히 최고로 밝을 때는 청색이동한 흡수선 성분이 뒤따르는 것이 특징으로 이른바 P Cyg형 선윤곽이라는 형태이다. 이 선윤곽은 껍질이 확산될 때 보이는 것으로, 껍질은 원래의 격변변광성이 커서 크게는 밖으로까지 퍼져 나간다.

신성껍질은 결국 밀도가 낮아지고 점점 껍질의 내측이 보이면서 복사에너지의 최대량이 가시광에서 자외선, 연질軟質 X선으로 옮겨간다. 껍질의

---

33 교토대학을 중심으로 아마추어까지 포함한 변광성 연구자로 구성되었으며, 온라인상에서 정보를 교환하는 국제적인 네트워크다.
34 6.3절 참조.

바깥 부분 온도가 2000 K까지 내려가면 탄소나 규소가 먼지를 만들어 가시광에서 갑자기 어두워지기도 한다. 이 경우에는 껍질이 더욱 널리 퍼지면 먼지 사이로 틈이 많아져 안쪽이 보여 마치 다시 증광하는 것으로 관측되기도 한다.

신성폭발 현상은 모든 격변성에서 질량강착률과 주성의 질량에 따라 천 년에서 수백만 년의 시간규모로 반복된다. 그중에는 수십 년마다 신성폭발을 반복해 회귀신성[35]이라 부르는 천체 무리도 존재한다. 또 동반성으로부터 가스 유입량이 너무 많아 백색왜성 표면에서 안정적인 핵융합반응을 일으키기도 한다. 이 천체는 수십 eV에서 복사의 최고값을 가지며 초연질超軟質 X선원이라고 한다.

Ia형 초신성은 백색왜성의 질량이 커져 찬드라세카르Chardrasekhar 한계질량을 넘을 때 일어나는 폭발 현상이다. 격변성 무리, 특히 초연X선원과 회귀신성이 Ia형 초신성이라는 추측이 유력하다.

1.7.3 왜소신성

왜소신성은 격변성의 일종으로 신성폭발보다 규모가 작은 폭발(전형적으로 2~5등급)을 열흘에서 수백 일 간격으로 반복한다. 왜소신성dwarf nova이라는 이름도 신성의 축소판이라는 뜻으로 붙은 것이다. 그러나 왜소신성의 폭발과 신성의 폭발은 전혀 다른 구조에서 일어난다. 즉 왜소신성의 폭발은 강착원반의 상태가 변하면서 일어난다.

왜소신성은 크게 백조자리 SS형(SS Cyg형: 쌍둥이자리 U형[U Gem형] 이라고도 한다), 기린자리 Z형(Z Cam형), 큰곰자리 SU형(SU UMa형)으로 분류되고, 대략 그림 1.36과 같은 광도곡선을 나타낸다. 백조자리 SS형(SS

| **35** 회귀신성 또는 반복신성이라고도 한다.

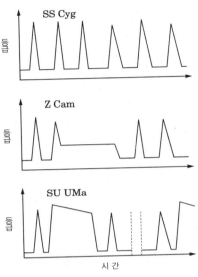

그림 1.36 각종 왜소신성의 전형적인 광도곡선. 백조자리 SS별(SS Cyg 또는 U Gem)은 지속기간이 여러 날인 아웃버스트를 수십 일 간격으로 반복한다. Z Cam형은 정온기보다 밝은 스탠드스틸이라는 시기가 있다. SU UMa형에서는 아웃버스트보다 약간 밝고 지속기간도 긴 슈퍼아웃버스트가 아웃버스트 틈틈이 한 번씩 나타난다.

Cyg형)은 며칠 동안 일상적인 광도보다 2~4등급 밝아지는 아웃버스트 outburst 현상을 몇 주 간격으로 반복한다. 기린자리 Z형(Z Cam형)은 일반적인 아웃버스트 외에 가끔 아웃버스트 상태와 정온기靜穩期의 중간광도가 열흘에서 수백 일 동안 지속되는 스탠드스틸standstill 상태를 보이기도 한다. 큰곰자리 SU형(SU UMa형)은 아웃버스트의 진폭이 3.5~6등급으로 크고, 일반적인 아웃버스트 외에 가끔은 이보다 0.5~1등급 더 밝게 2주일 정도 계속되는 슈퍼아웃버스트라는 폭발을 일으키기도 한다.

또 슈퍼아웃버스트 중에는, 보통의 아웃버스트에서 관측되지 않으며 궤도주기보다 몇 퍼센트 정도 주기가 긴 0.3등급의 주기적 미소변동도 볼 수 있다. 이것을 슈퍼험프라고 하는데 슈퍼아웃버스트에서 슈퍼험프 현상이 나타나야 큰곰자리 SU형(SU UMa형) 왜소신성이라고 할 수 있다. 전형적인 슈퍼아웃버스트의 반복주기(슈퍼 사이클)는 1년 정도이다.

1980년대까지 성식현상의 깊이나 폭의 차이, 또는 스펙트럼선의 변화에서 왜소신성이 아웃버스트일 때와 정온기일 때 강착원반의 온도나 분포가 달라진다는 것, 또 핫스폿의 광도는 거의 일정하다는 것이 밝혀졌다. 이것은 동반성의 질량이동률은 변하지 않지만 강착원반의 온도구조는 변한다는 것을 말해준다. 그리고 이것은 강착원반에는 온도가 다른 두 개의 안정상태, 즉 저온에서 수소가 거의 이온화하지 않으며 점성[36]이 약해 질량강착률이 작은 상태(정온기)와 고온에서 수소가 이온화하고 고점성으로 질량강착률이 큰 상태(아웃버스트 시기)가 있다는 것, 그리고 그 두 상태 사이를 강착원반의 밀도가 임계값을 넘으면 급격히 천이한다는 강착원반 불안정성 모형과 일치한다.

질량이동률이 일정값보다 큰 경우는 강착원반이 언제나 고온에 안정상태이고, 광도변화도 크지 않은 것으로 관측된다. 이런 계도 실제로 존재해 신성 유사 변광성nova-like variables이라고 한다. 기린자리 Z형(Z Cam형) 왜소신성의 스탠드스틸은 이 상태와 관계가 깊은데, 동반성으로부터의 질량이동률이 미묘하게 변동하여 질량이동률이 조금 낮을 때는 아웃버스트를 반복하고 질량이동률이 조금 높을 때는 스탠드스틸이 되는 것이 아닐까 추측한다. 큰곰자리 SU형(SU UMa형) 왜소신성에서 슈퍼아웃버스트와 슈퍼험프 현상이 일어나는 원인은 동반성에 따른 조석력 효과로 강착원반이 일그러지고 세차운동[37]을 하는 이심타원형이 되기 때문이다.

---

36 유체에서 속도가 빠른 입자가 느린 입자에 이끌리는 작용을 말한다. 강착원반에서는 안쪽만큼 빠르게 회전하기 때문에 어떤 장소에서 회전하는 가스는 바깥쪽 가스에 이끌려 각운동량을 잃고 안쪽으로 빠져든다. 이때 잃은 중력 퍼텐셜의 반이 열이 되어 빛으로 복사된다.
37 회전하는 팽이처럼 회전축이 천천히 방향을 바꾸어가는 운동을 말한다. 여기에서는 타원형으로 변형된 강착원반의 장축이 느리게 방향을 바꾸는 것을 말한다.

아웃버스트가 일어날 때 강착원반은 일시적으로 넓어지는데 궤도주기와 강착원반 내에서 물질이 회전(케플러 회전[38]이라고 생각해도 좋다)하는 주기가 3:1이 되는 위치에서 공명현상이 일어나면서 물질의 궤도가 타원형으로 일그러진다.

이때 타원원반의 장축방향과 동반성의 위치관계에 따라, 또 조석력 때문에 강착원반에서 각운동량을 끌어내는 효율이 바뀌면서 물질의 강착률이 약간 달라진다. 이에 타원원반의 세차운동주기와 궤도주기 사이의 '울림' 주기에서 광도변동을 나타내는 것이 슈퍼험프이다. 그리고 조석력이 효율적인 각운동량을 끌어내 강착원반이 고온상태를 계속 유지함으로써 슈퍼아웃버스트는 밝고 길게 계속된다. 이때 3:1 공명이 일어나는 곳까지 강착원반이 넓어질 수 있다는 것이 큰곰자리 SU형 왜소신성의 조건인데, 이것은 궤도주기가 약 3시간보다 짧은 왜소신성이 대부분 큰곰자리 SU형과 일치한다.

이처럼 기본적으로 왜소신성의 아웃버스트 현상을 강착원반의 불안정성으로 이해하지만, 아직도 밝혀지지 않은 다양한 현상들이 관측되고 있다. 예를 들면 수 초에서 수 분까지의 시간규모로 아웃버스트가 일어날 때 광도가 조금씩 변화하는 왜소신성 진동Dwarf Nova Oscillations, 준주기적 진동(Quasi Periodic Oscillations: QPOs), 슈퍼 준주기적 진동, 주기가 분명하지 않은 흩어짐flickering 현상 같은 단주기 미소변동 등이다.

또 질량이동률이 지극히 작고 아웃버스트 빈도가 매우 낮은 어떤 큰곰자리 SU형 왜소신성(특히 화살자리 WZ[WZ Sge형] 왜소신성이라고 한다)은 아웃버스트 직후부터 본격적인 슈퍼험프가 성장하기까지 나타나는 초기

---

38 중력과 원심력이 균형을 이루는 상태에서 회전하는 것을 말한다. 회전속도는 반지름의 −1/2제곱에 비례하고 안쪽일수록 회전이 빠르다.

슈퍼험프 현상을 특징적으로 관측할 수 있는데, 마찬가지로 화살자리 WZ 형에서 아웃버스트 직후에 보이는 다양한 재증광 현상이나 슈퍼험프 주기가 늘어나거나 줄어드는 현상도 최근 관측으로 밝혀지고 있다. 강착원반에는 우리가 아직 모르는 물리적인 측면이 존재하는 것 같다.

1.7.4 강자기장 격변성

강자기장 격변성이란 주성이 $100 \, \mathrm{kG} \sim 100 \, \mathrm{MG}$ 정도의 강한 쌍극자기장을 가지고 있어 강착원반의 안쪽 부분, 또는 전체를 형성할 수 없게 되면서, 동반성에서 유입되는 질량이 주성의 자기장을 따라 흘러들어 가는 천체를 말한다(그림 1.37 참조). 이 강자기장으로 말미암아 궤도주기와 주성의 자전주기가 완전히 같아지는 것을 폴라Polar라고 하고, 주기가 같지 않은 것을 중간 폴라Intermediate Polar라고 한다. 폴라라는 이름은 복사되는 빛에서 강한 편광Polarization이 관측된다는 것에서 유래한다.

　강자기장 격변성에서는 수십 keV의 경질硬質 X선이 관측되며, 이것은 물질이 강착降着할 때 주성 표면 바로 앞에서 충격파가 이는데, 거기서 가열된 영역으로부터 복사된다. 자력선을 휘감듯이 회전하면서 강착하는 전자로부터는 사이클로트론 복사를 통해 주로 가시광과 적외선이 복사된다. 이 스펙트럼들에서는 사이클로트론 조화진동수 지점에서 험프를 볼 수 있는데 이를 이용해 주성의 자기장 강도를 측정할 수 있다. 또 주성의 자전으로 강착류가 시작되는 지점의 양상이 바뀌면서 특히 X선 영역에서 강한 펄스가 관측되어 주성의 자전주기를 측정할 수 있다.

　중간 폴라 중에는 안쪽을 떼어낸 듯한 형태의 강착원반을 가진 것이 있고, 왜소신성에는 아웃버스트 같은 것이 관측되는 계가 존재한다. 그러나 그 형상은 증감광이 매우 빠르고 증광 지속시간도 짧아 왜소신성의 아웃버스트와는 약간 다르다. 강착원반의 형상이나 주성 자기장과 아웃버스트

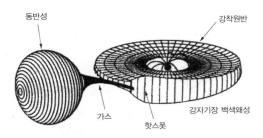

그림 1.37 강자기장 격변성 개념도. 백색왜성의 자기장에 의해 강착원반이 형성되지 못하고 자기장을 따라 강착한다(http://heasarc.gsfc.nasa.gov/docs/objects/cvs/cvstext.html을 개정).

의 관계는 앞으로 더 조사해 나갈 것이다.

주성의 강자기장이 진화에 미친 영향도 특히 폴라에서 강한데, 지금으로서는 알려진 것이 거의 없다. 이것도 앞으로 밝혀내야 할 과제라 하겠다.

1.8 HR도의 여러 가지 별

HR도에 별을 도시하면 대부분은 보통의 별이지만 일부 특이한 스펙트럼을 나타내는 별도 볼 수 있다. 이 별들을 크게 나누면 스펙트럼에 밝은 방출선을 나타내는 그룹과 몇몇 흡수 스펙트럼선이 유달리 강한 그룹이 있다. 이 별들은 더욱 세밀하게 분류되는데(그림 1.38 참조), 이 절과 다음 절에서 대표적인 별을 소개하기로 한다.

1.8.1 방출선을 보이는 별

2장에서 자세히 살펴보겠지만 별의 스펙트럼선은 보통 흡수선만 보인다. 이는 별이 내부일수록 고온이라는 점과 관계 있다. 그러나 더러는 방출선을 나타내는 별들도 있다. 방출선은 주변보다 온도가 높은 영역에서 나타난다. 별의 광구 밖에 대기가 희박하거나 항성풍 영역이 있으면 시선방향

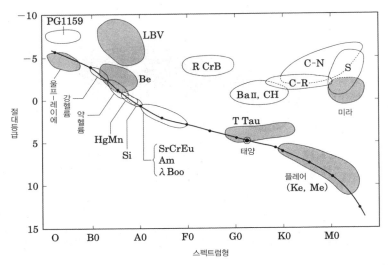

그림 1.38 HR도 위에 보이는 다양한 별들. 방출선을 보이는 별은 회색으로, 흡수선 강도의 특이점을 보이는 별은 흰색으로 표시했다.

이 광구와 겹치는 부분에서는 별빛을 흡수하지만 다른 부분은 복사를 일으키므로 관측되는 스펙트럼에는 휘선이 보인다. 별이 성주원반을 가지는 경우도 마찬가지이다.

이처럼 외층대기, 항성풍, 성주원반을 가지는 별에는 다양한 질량과 진화 단계의 방출선이 존재한다. 예를 들면 전前주계열 단계의 별은 강착원반이 있고 거기서 방출선이 나온다. 이 별들은 소질량성인 T-타우리T Tauri형 별과 중질량성인 허빅 Ae별(스펙트럼형이 A형), 허빅 Be별(스펙트럼형이 B형)이 있다. 뒤의 두 가지를 통틀어 허빅 Ae/Be별Herbig Ae/Be stars이라고 한다.

주계열 단계에서 거성 단계까지는 Be별로 불리는 그룹의 방출선별이 존재한다. Be형 별은 별 스스로 방출한 물질로 이루어진 성주원반을 가지며 거기서 방출선이 나오는 별이다. 주계열 단계를 지난 별 중에 방출선이 나타나는 것은 O형 초거성으로 방출선을 나타내는 Of별, 가장 밝은 별들의 그룹인 밝은 청색변광성Luminous Blue Variables, 질량방출이 큰 울프 – 레이에별이 있다. 그 밖에도 점근거성가지(AGB)에서는 고체 미립자(먼지) 때문에 방출선이 적외선 영역에서 보인다. 전주계열 단계의 별에 관해서는 제6권에서 자세히 다루었으므로 여기에서는 주계열성과 진화한 단계의 별 중에 가시광 영역에서 방출선을 보이는 별 몇 가지만 살펴보자.

1.8.2 Be형 별

1866년 이탈리아의 천문학자 세키 신부P.A. Secchi는 카시오페이아자리 감마별(γ Cas)이 수소 방출선 스펙트럼을 나타낸다는 것을 발견했다. 이것이 Be형 별의 첫 발견이다. Be형 별은 광도등급이 III–V(거성, 준거성, 주계열성) 등급으로 과거에 한 번이라도 수소 방출선을 보인 적이 있는 별을 의미한다. 그러나 이렇게 정의하면 허빅 Ae/Be별도 포함되므로 방출선별들과 혼동을 피하기 위해서 고전적인 Be형 별이라는 말을 많이 사용한다.

　일반적으로 대질량성(O형 별과 B형 별을 OB형 별이라고 총칭한다)은 별빛이 가속한 강한 항성풍을 가진다. Be형 별도 강한 항성풍을 가지는데 별 주변(적도면 방향)에 가스원반을 가진다는 점에서 OB형 별과 다르다. Be형 별의 방출선은 가스원반에서 나온다. 가스원반은 별 스스로 방출한 가스로 만들어지는데, 동경방향으로는 원심력으로 지탱되고 원반의 적도면과 수직인 방향(이하 z방향)으로는 가스 압력으로 지탱된다.

　회전속도는 수백 km s^{-1}인 데 반해 음속은 20 km s^{-1}이므로 Be형 별의 가스원반은 동경방향으로 넓어지는 반면 z방향으로는 1/10 이하로 줄어드는 얇팍한 원반이다. 회전은 케플러 회전[39]을 하는데 동경방향의 속도

---

39 88쪽 각주 36 참조.

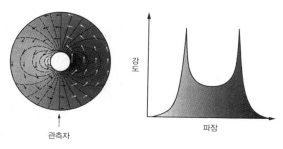

그림 1.39 Be별 가스원반으로부터의 방출선 스펙트럼 개념도.

성분이 매우 작아 상한값이 약 1 km s⁻¹로 계산될 정도이다.

회전으로 지탱되는 원반의 방출선은 파장이 긴 쪽과 짧은 쪽 모두 최고 값을 나타낸다(그림 1.39 참조). 두 최고값의 파장은 원반 바깥쪽의 회전속 도에 대응하므로 방출선을 관측해 Be형 별의 가스원반 반지름(정확하게는 방출선을 내는 반지름)을 알 수 있다. 이는 대략적으로 별 반지름의 약 10배 이다.

앞에서 설명했듯이 Be형 별의 가스원반은 별 스스로 방출한 가스로 만 들어진다. 케플러 회전을 하는 원반은 단위질량당 각운동량이 별의 거리 r과 함께 $r^{1/2}$에 비례해 증가한다. 즉 별에서 방출되는 가스는 각운동량을 받지 않는 한 바깥으로 퍼져 원반을 형성할 수 없다. 그렇다면 가스원반의 각운동량은 어디서 오는 것일까. Be형 별에는 단독별이 많으므로 동반성 과 같이 외부에서 그 원인을 찾을 수 없다. 사실 필요한 각운동량은 중심 별이 부여하는 것이다. 별이 가스원반 안쪽 끝에 회전력을 보내고 그 회전 력이 점성[40]을 통해 원반 전체로 전달됨으로써 강착원반을 뒤집은 것 같은, 점성으로 더 커진 가스원반이 만들어진다. 이 시나리오는 1991년에 이우

40 가스원반은 난기류 상태가 되며 난기류의 충돌을 통하여 각운동량이 전달된다.

민李宇珉, 사이오 히데유키齊尾英行, 오자키 요지尾崎洋二가 제안했지만 너무나 독특한 견해라 10년이 지나서야 연구자들 사이에서 인정받았다.

그렇다면 별은 어떻게 가스에 각운동량을 주는 것일까. 실은 아직도 그 답을 찾지 못하고 있다. 이것은 Be형 별의 활동성을 이해할 때 가장 중요하면서도 해결하기 어려운 문제이다. Be형 별이 거의 임계속도[41]로 자전하고 있어, 비동경진동이 회전방향으로 가속하면서 가스가 밖으로 나가는 것은 아닐까 하는 견해와, 강체회전하는 대역大域자기장이 방출물질에 각운동량을 부여한다는 견해가 있는데 결론을 내려면 아직 많은 연구가 필요하다.

Be별은 또 X선 펄서Pulsar의 동반성으로 종류가 가장 많은 별이다. Be형 별과 X선 펄서(중성자별)의 조합을 Be/X선 쌍성이라고 하는데 대질량 X선 쌍성(중성자별이 블랙홀과 OB형 별로 이루어진 X선 쌍성)의 3분의 2 이상을 차지한다. 궤도주기는 수십 일에서 수백 일로 대체적으로 궤도이심률이 크다. Be/X선 쌍성은, 근성점에서 Be별 가스원반으로부터 중성자별로 가스가 공급되는데 이 구조를 포함해 Be/X선 쌍성의 상호작용 메커니즘에 대해서는 앞으로 좀 더 연구가 필요하다.

1.8.3 LBVLuminous Blue Variables별

1600년 여름 백조자리에 갑자기 밝은 별이 출현하면서 몇 년 동안 목격되었다. 이 별은 1655년에 다시 밝아져 몇 년 동안은 맨눈으로도 보였다. 그 후 1700년부터 다시 보이기 시작해 점차 밝아지더니 지금은 5등급 광도로 빛을 낸다. 백조자리 P별(P Cyg)인 이 별은 훨씬 오래 전부터 관측되는 밝은 청색변광성이다. 밝은 청색변광성은 이름 그대로 매우 밝고 파란, 즉

| 41 적도상에서 원심력과 중력이 균형을 이루는 회전속도를 말한다.

고온의 변광성으로 HR도에서 가장 밝은 곳에 위치한다. O형 별 중에서도 질량이 특히 큰 별(탄생할 때 질량이 약 $50\,M_\odot$ 이상)인데 주계열 단계가 막 끝난 것으로 보인다.

LBV별의 광도는 ~30만—300만 $L_\odot$로, 이는 복사를 거부하고 중력에 따라 별로 정리될 수 있는 한계값에 가깝다. 가시광 영역에서 광도는 불안정하며 수 시간에서 수백 년 주기로 불규칙하게 변한다. 그러나 별의 전체 광도는 거의 변하지 않는 것으로 보아 가시광에서 밝을 때는 별이 팽창하고 표면온도가 감소하며, 가시광에서 어두울 때는 별이 수축하고 표면온도가 증가한다는 것[42]을 알 수 있다.

가시광이 최고일 때는 $R=150{\sim}500\,R_\odot$이고 $T_{eff}=8000{\sim}9000$ K이며, 최소일 때는 $R=40{\sim}180\,R_\odot$으로 $T_{eff}=1$만~3만 K이다. LBV별의 가시광 스펙트럼은 P Cyg형 선윤곽이라는 형태로 스펙트럼선이 여러 줄 나타난다. P Cyg형 선윤곽은 장파장 쪽이 방출선으로, 단파장 쪽이 흡수선으로 나타나는 것이 특징이며, 항성풍에서 복사된 것임을 보여준다. 단파장 쪽이 흡수 스펙트럼이 되는 것은 별 바로 앞쪽에 항성풍 영역(관측자 쪽으로 움직인다)에서 흡수된 파장이 도플러 효과로 말미암아 원래 파장보다 짧아지기 때문이다(그림 1.40 참조).

몇몇 LBV별에서는 물질을 대량으로 분출하는 현상이 관측된다. 분출할 때는 별에서 한꺼번에 태양 한 개 분량보다 많은 물질을 분출하고 별은 크게 증광한다. 많은 LBV별 주변에 가스가 퍼져 있는 것으로 보아 LBV별은 수천 년에 한 번 이와 같은 대량 분출을 반복하는 것 같다. 백조자리 P별 주위에 가스가 퍼져 있는데 이것은 1600년에 대폭발할 때 분출된 물질로 추정된다.

| 42 밝은 청색변광성(LBV)의 반지름 R과 유효온도 T_{eff}에 $R \propto T_{eff}^{-2}$의 관계가 있다.

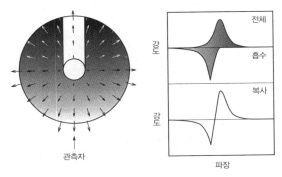

그림 1.40 항성풍에 의한 방출선 스펙트럼 개념도. 이런 형태의 스펙트럼은 밝은 청색변광성 백조자리 P별(P Cyg)로 P Cyg 선윤곽이라고 한다.

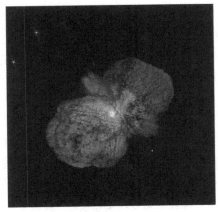

그림 1.41 LBV별 용골자리 에타별의 주변 성운(화보 2 참조). 19세기 중반에 가스와 먼지가 대량방출되면서 생성되었다. 허블 우주망원경으로 찍은 사진.

대량 분출한 가스가 가장 극적으로 퍼져 있는 것은 용골자리 에타별η Carinae이다(그림 1.41 참조). 이 별은 1837년부터 1860년까지 약 $10\,M_\odot$이나 되는 대량의 가스와 먼지를 방출했는데 이때 광도가 약 $5 \times 10^7 L_\odot$이나 되면서 남쪽 하늘에서 가장 밝은 별이 되었다. 그 후 방출된 대량의 먼지로 어두워졌다가 20세기 중반에 먼지가 줄어들며 빛을 덜 막게 되자 별이

다시 밝아졌다. 허블 우주망원경이 멋진 사진으로 보여주는 것처럼 용골자리 에타별은 대량의 가스와 먼지를 양쪽 극방향으로 분출했다. 이는 이 별이 쌍성계를 이루고 있다는 점과 관련 있을지도 모른다.

LBV별로 존재하는 기간은 거의 10^4년인데 별은 그동안 수소외층에 있는 수소 대부분을 방출하고 울프 – 레이에별로 진화한다. LBV별이 보여주는 불규칙한 가시광변동이나 대규모 가스방출 구조에 대해서는 여전히 잘 모른다.

1.8.4 울프 – 레이에별

1867년에 울프C.J.E. Wolf와 레이에G. Rayet는 보통의 항성과 달리 스펙트럼에 폭이 넓은 방출선으로 가득한 기묘한 별이 존재한다는 것을 발견했다. 이 별들은 발견자의 이름을 따서 울프 – 레이에별Wolf-Rayet stars이라고 하는데, 울프 – 레이에별은 HR도에서 가장 위의 왼쪽 영역을 차지한다.

울프 – 레이에별은 스펙트럼의 특징에 따라 WN별, WC별, WO별 이렇게 세 그룹으로 분류한다. WN별은 헬륨과 질소 방출선이 뚜렷하고 수소와 탄소 방출선도 보인다. WC별의 스펙트럼에는 헬륨과 탄소 방출선이 두드러지지만 수소와 질소 방출선은 보이지 않는다는 점이 특징이다. WO별 스펙트럼의 특징은 탄소의 방출선이 강하고 다른 타입의 울프 – 레이에별보다 고高이온화한 방출선이 보인다는 점을 제외하면 WC별의 스펙트럼과 비슷하다. 이런 분류방식 외에도 이온화도의 높이로 더욱 세분화하는 방법도 있다.

울프 – 레이에별은 O형 별의 분포처럼 나선팔과 H_2 영역에 분포하고 있다. 울프 – 레이에별은 공간분포와 스펙트럼에 보이는 특이한 원소조성으로 볼 때 O형 별이 진화한 것 같다. 울프 – 레이에별의 질량은 약 5 $M_\odot$에서 수십 $M_\odot$까지 폭넓다. 탄생할 때 질량이 25 $M_\odot$보다 큰 별은 모두 울프 – 레이에별로 진화한다. 울프 – 레이에별은 다른 별들과 달리 대기가 매우 넓어지고 있다.

실제로 스펙트럼으로 관측한 영역은 연속광에서는 별 광구 가까운 영역인 데 반해, 방출선에서는 항성풍 영역이다. 또 광학적 깊이가 2/3인 반지름은 관측하는 파장에 따라 다르므로 반지름과 유효온도를 판단하기는 모호하다. 항성풍에 따른 질량방출률은 매우 커서 $10^{-5} M_\odot \mathrm{y}^{-1}$을 넘는다. 울프 – 레이에별 단계가 10^5년이라는 점을 생각하면 항성풍에 따른 질량방출이 별이 진화하는 데 영향을 미친다는 것을 알 수 있다.

울프 – 레이에별을 포함한 진화과정은 다음과 같다. 탄생할 때 질량이 $50 M_\odot$보다 큰 O형 별은 초거성 단계를 거쳐 밝은 청색변광성으로 진화한 후 WN별을 거쳐 WC별이 된다. 탄생할 때 질량이 $25\sim50 M_\odot$인 O형 별은 초거성으로 진화한 후 WN별을 거쳐 WC별이 된다.

모든 별들은 초신성폭발[43]로 일생을 마감한다. WN별은 질소와 헬륨의 조성비가 큰데 이것은 수소가 많은 외층을 잃었기 때문에 CNO순환의 생성물이 표면에 보이는 것이다. 또 WC별에서는 수소와 질소가 보이지 않는데 이것은 WN별 단계에서 질량이 더 많이 방출되면서 헬륨 연소층이 밖으로 드러나게 된 것이다.

울프 – 레이에별의 약 60%가 동반성을 가진다. 동반성의 대부분은 OB형 별이다. 단독별인 울프 – 레이에별은 X선 광도가 가시광 광도의 10^{-7} 정도밖에 안 되지만 쌍성계 울프 – 레이에별 중에서는 이 광도가 10^{-3}이나 되는 것이 있다. 그 이유는 울프 – 레이에별의 항성풍과 동반성인 O형 별의 항성풍이 충돌해 충격파가 발생하면서 X선이 방출되기 때문으로 생각한다.

| **43** 7장 참조.

1.9 특이한 스펙트럼을 보이는 별

앞 절에서 설명한 것 중에 방출선을 보이는 별 외에 흡수선 스펙트럼에 특이한 점이 나타나는 별에 관해서 설명하겠다. 일반적으로 흡수선이 독특한 별은 대기의 화학조성과 구조, 그리고 진화단계가 원인인 것이 많으며 화학 특이별로 불리는 것도 있다. 여기에서는 대표적인 종류 가운데 표면온도가 높은 것부터 순서대로 이야기하겠다.

1.9.1 강헬륨별과 약헬륨별

강헬륨별의 원형은 1956년에 발견된 스펙트럼형 B2Vpe[44]형의 오리온자리 σ별 E이다. 헬륨 흡수선이 유달리 강하고 헬륨 조성도 태양 조성의 무려 두 배에서 열 배 정도나 많으므로 헬륨 초신성이라고도 한다. 반대로 수소 흡수선이 약해 수소 결핍성 무리로 분류되는 경우도 있다. 스펙트럼형은 B1~B2형에 해당하고 표면온도는 1만 8000~2만 8000 K이다. 또 수백에서 수kG의 강한 자기장을 가진다. 헬륨 구성의 특이성은 빠른 자전속도와 강한 자기장, 그리고 성주물질과의 상호작용이 관련되어 있다.

약헬륨별은 1967년 개리슨R.F. Garrison이 발견했다. B형 주계열성인데 표면온도가 강헬륨성보다 낮아 1만 3000~1만 8000 K에 분포하며 헬륨 흡수선이 수소 발머선으로 분류되는 스펙트럼형에 비해 약하게 관측된다. 이 그룹의 별은 다시 자기장을 가지는 그룹(B3~B7형에 해당)과 가지지 않는 그룹(B4~B5형에 해당)으로 분류된다. 자기장을 가지는 별은 자기磁氣 A형 특이별 중의 규소별, 티탄별과 마찬가지로 규소별(Si별), 티탄스트론튬별(SrTi별)의 스펙트럼선이 유달리 강하고 그것들의 구성도 지나치게 나

---

[44] B2는 B0, B1보다 표면온도가 높고, V는 주계열성, p는 '특이한 스펙트럼'을 가지며, e는 방출선이 있다는 것을 의미한다.

타난다. 한편 자기장을 가지지 않는 별은 수은망간별(HgMn)과 마찬가지로 인P과 갈륨Ga의 구성이 지나치게 나타난다. 헬륨 구성은 두 그룹 모두 태양조성비보다 2~15분의 1로 부족하다. 약헬륨별은 프레스톤(G.W. Preston, 1974) 이 CP(Chemically Peculiar)별로 명명한 CP1별부터의 CP4별까지의 화학특이별 중에서 CP4별로 분류된다. 일반적으로 이 CP별 구성의 특이성은 자기장과 확산이론[45]의 큰 틀에서 비교적 잘 설명할 수 있다.

1.9.2 수은망간(HgMn)별(CP3별)

이 그룹은 모건W.W. Morgan이 1933년에 발견했다. 약헬륨별보다 저온도 영역인 1만~1만 4000 K에 분포하고, 스펙트럼형은 B6~B9형으로 분포하며 CP3별이라고도 한다. 이 그룹에 속한 별의 자전속도($v \sin i$)는 100 km s^{-1} 이하로 느린데 이 경향은 다른 CP별과 같다. 스펙트럼과 광도의 시간적인 변화는 관측되지 않으며, 또 지금까지 약 십여 개의 별에서 100~300 G의 자기장이 관측되기는 했지만 대부분은 관측되지 않았다. 이름에서 알 수 있듯 수은망간별(HgMn별)은 수은과 망간의 흡수선이 아주 강하게 관측된다. 스펙트럼의 예를 그림 1.42에 나타냈다.

고분산 분광관측으로 많은 별의 원소조성을 조사했는데 수은망간별의 특징은 많은 별에서 베릴륨Be, 망간Mn, 갈륨Ga, 이트륨Y, 지르코늄Zr, 제논Xe, 플라티늄Pt, 수은Hg, 비스무트Bi 등이 태양 조성비보다 수천 배에서 백만 배나 많이 관측된다는 점이다. 특히 망간은 만 배, 수은은 백만 배가 넘는 별이 있다는 사실에서, 정상별과 비교해 이들의 흡수선이 매우 강하게 관측됨으로써 수은망간별로 분류되는 이유를 이해할 수 있다. 헬륨 구

---

[45] 1970년대 초에 G. 미쇼Michaux가 제안한 이론. 화학 특이별의 특이한 조성을 대기에서 원소확산과정의 결과로 설명한다.

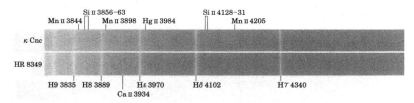

그림 1.42 HgMn별의 스펙트럼. HR 8349와 게자리 κ별(κ Cnc)에 HgⅡ 3984 Å의 흡수선이 보인다(Yamashita, Nariai & Norimoto 1977, *An Atlas of Representative Steller Spectra*, University of Tokyo Press(이하 YNN으로 약칭)에서 개정).

성은 약헬륨별과 유사하지만 태양조성비의 평균 6분의 1 정도로 부족하다.

1.9.3 A형 특이(Ap)별(CP2별)

자기 A형 특이별이라고도 하며 CP2별로 분류한다. 백여 년 전에 하버드식 분류를 할 때 특이하다는 뜻으로 P(Peculiar)를 붙여 분류했다. 이 그룹의 원형은 1897년 모리A.C. Maury가 특이별로 처음 분류했다(사냥개자리 α^2별). 이 별에서는 Si Ⅱ 4128−31 Å, Hg Ⅱ 3984 Å이 강하게 보인다.

1933년에 모건이 처음으로 스펙트럼이 특이한 여러 별들이 광도와 흡수선 형성에서 들뜸온도를 보인다는 것을 밝혀낸 이후 다양한 연구가 이루어지고 있다. Ap별 그룹에서는 규소Si, 크롬Cr, 스트론튬Sr, 유로퓸Eu의 흡수선에 나타나는 특이한 점에 따라 다섯 개로 세분하는데, 여기에서는 규소 흡수선이 강하게 관측되는 것과 스트론튬, 크롬, 유로퓸 흡수선이 강하게 관측되는 것으로 크게 두 그룹으로 나누어 설명하기로 한다. 규소가 강한 별은 실리콘별이라고 하는데 1만∼1만 4000 K의 고온도 영역에 분포한다. 스펙트럼형은 B8−A2형에 해당한다. 한편 스트론튬, 크롬, 유로퓸이 강한 별은 스트론튬크롬유로퓸(SrCrEu)별이라고도 하며 7000∼1만 K의 저온도 영역에 분포한다. 스펙트럼형은 A3−F0형에 해당하며, 이 별들을 그림 1.43에 나타냈다.

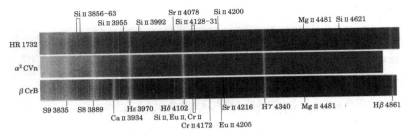

그림 1.43 규소별(Si별)과 SrCrEu별의 스펙트럼. 규소별로서 특이별의 원형인 α^2 CVn과 HR 1732를 보여준다. HR 1732에서는 SiⅡ 3856−63, 3955, 3992, 4128−31, 4200 Å이 강하게 관측되었다. SrCrEu별의 β CrB(왕관자리 베타별)의 스펙트럼에는 SrⅡ 4087, 4216 Å, CrⅡ 4172 Å, EuⅡ 4205 Å이 강하게 나타났다(YNN에서 수정).

이 Ap별들은 모두 자기장을 가지는데 자기장의 강도는 별마다 다르다. 수백 G부터 20~30 kG로 아주 강한 별도 있지만 평균적으로는 수kG이 다. 자기장의 자극과 자전축의 극이 서로 어긋한 경사회전성 모형으로 스펙트럼선의 강도와 윤곽의 변동, 광도변동을 잘 설명할 수 있다. 자전속도 가 대체로 늦어 100 km s^{-1} 이하라는 특징이 있다.

1.9.4 금속선 A형(Am)별(CP1별)

이 그룹은 금속선별이라고도 하는 CP1별이다. Am별은 1940년대의 과거 의 정의에서는 금속선의 스펙트럼형에 비해 Ca Ⅱ 3934 Å 선이 상당히 약 한 별로 분류되었다. 그러나 1970년에 콘티P.S. Conti는 칼슘Ca 또는 스칸 듐Sc이 약한 별, 또는 금속선이 강한 별이라면 Am별로 분류할 것을 제안 했다. 그 결과 Am별로 분류되는 별이 조기 A형까지 넓어졌다. 예를 들어 유명한 시리우스(A1V)별도 Am별이다. 표면온도는 7000~1만 K에 분포 하고 스펙트럼형은 A0 − F1형에 해당된다. 이름처럼 정상적인 A형 별보 다 금속원소의 조성비가 높다. 그림 1.44에 스펙트럼을 예시했다.

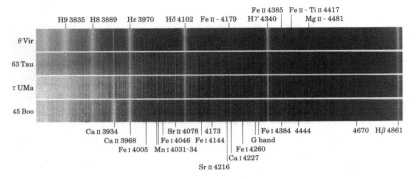

그림 1.44 Am별 황소자리 63번 별(63Tau)과 큰곰자리 타우별(τ UMA)의 스펙트럼. A형 비교별 처녀자리 θ별(θ Vir)과 Ca K선(3934 Å)이 비슷한 강도라서 A형으로 분류됐음에도 F형 비교별 목동자리 45번 별(45 Boo)처럼 금속흡수선이 많이 나타난다(YNN).

1.9.5 목동자리 람다별(λ Boo형 별)

원형은 목동자리 람다별이고 A0p의 스펙트럼형으로 분류된다. 이 그룹은 수소 발머선으로 스펙트럼형을 결정할 때는 A0에서 F0형에 해당하며 스펙트럼형에서는 금속선이 약하게 나타나는 특징이 있다. 특히 Mg II 4481 Å 선이 약한 것으로 알려져 있다. 실제로 조성 분석에서 철족원소가 부족하다는 것이 밝혀졌다. 스펙트럼형 영역은 Am별과 겹치는 데다 자기장이 관측되지 않는다는 점도 Am별과 비슷한데 이 그룹에서는 철족원소가 적다는 것이 흥미롭다. 단 Am별과 다른 점은 자전속도가 Am별보다 빠르다는 것이다.

1.9.6 수소결핍성

수소흡수선이 약하거나 나타나지 않아 수소가 부족한 별로 분류되는데 이 별들은 종류가 매우 다양하다. 예를 들면 1.9.1절에서 설명한 강헬륨별과 저온도별도 수소결핍이 특징이다. 여기에서는 고온그룹과 저온그룹 두 가지를 예로 들어 간단히 설명하겠다.

PG 1159형 별

PG 1159-035(GW Vir)가 원형으로 이 그룹은 HR도에서 행성상 성운 중심성과 고온도 백색왜성에 해당하는 고온(6만~18만 K)의 표면온도 영역에 분포하는 후점근거성가지post Asymptotic Giant Branch이다. 스펙트럼에는 수소흡수선이 전혀 보이지 않고 헬륨과 탄소, 산소의 선이 강하게 나타난다. 수소의 결핍 원인은 점근거성가지 또는 그 직후의 진화 단계에서 수소의 외층대기가 항성풍으로 방출되어 소실되었을 것으로 추정한다.

북쪽왕관자리 R별(R CrB별)

스펙트럼형 G0Iab의 북쪽왕관자리 R별이 원형이다. 1795년에 피곳E. Pigott이 원래 6등급으로 빛나던 별이 갑자기 보이지 않다가 약 열 달 뒤에 다시 원래 광도로 돌아온 것을 관측한 이후, 오랫동안 연구가 이어지고 있다.

이런 종류의 변광성은 현재 약 40개가 알려져 있고 최대 8등급이라는 커다란 변광폭을 가진다. 별 대부분은 주기가 40~100일로 맥동하고 스펙트럼은 F-G형 초거성과 비슷하다. 표면온도는 5000~7000 K 범위에 속한다. 이런 종류의 별은 스펙트럼에 수소흡수선이 약하거나 거의 보이지 않는 대신 중성탄소와 탄소분자C_2, 시안CN 같은 탄소계 분자의 흡수선이 강하게 나타나는 것이 특징이다. 그래서 수소결핍탄소별이라는 별명도 있다. 그림 1.45는 북쪽왕관자리 R별의 스펙트럼이다.

1.9.7 바륨(BaⅡ)별과 CH별

바륨별과 CH별은 모두 G-K형 거성으로, 탄소와 느린 중성자포획과정(s과정)으로 생성된 원소인 바륨Ba과 스트론튬Sr의 흡수선이 강하게 나타난다. 두 개의 차이는 바륨별이 종족 I의 젊은 별인 반면 CH별이 종족 II의 오래된 금속결핍성이라는 점이다. 바륨별은 BaⅡ와 SrⅡ의 흡수선이 특히

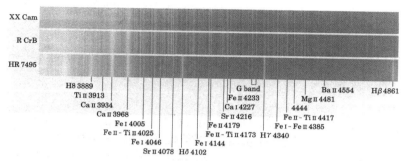

그림 1.45 수소가 결핍된 왕관자리 R별의 스펙트럼. 기린자리 XX별(XX Cam, G1lab형)과 왕관자리 R별(R CrB, G0lab형)이 왕관자리 R별이며 아래의 HR 7495는 F5Ⅱ형의 비교별이다. 비교별과 비교해 보면 왕관자리 R형 별에서는 수소 발머선($H\beta$, $H\gamma$, $H\delta$ 등)이 거의 보이지 않음을 알 수 있다(YNN에서 개정).

강해서 1951년에 비델먼W.P. Bidelman과 키넌P.C. Keenan이 이렇게 이름 지었고, CH별은 바륨과 스트론튬도 강하지만 CH 분자흡수선이 더욱 강하다고 해서 1942년에 키넌이 이름 지었다. 탄소가 풍부하므로 넓은 의미에서 탄소별의 일종이라고 할 수 있다. 왜 탄소나 s과정원소가 특히 풍부한가에 대한 의문에는 두 그룹 모두 쌍성이기 때문으로 분석된다.

현재 바륨별이나 CH별로 진화하는 별은 원래는 쌍성계의 동반성이었고, 주성이 먼저 진화해 점근거성가지가 될 때 내부에서 만들어진 탄소와 s과정원소가 대류에 따라 표면으로 옮겨지면서 질량을 방출해 동반성 표면에 쌓였을 것으로 추정한다. 바륨별의 스펙트럼을 그림 1.46에 실었다.

1.9.8 S형 별

스펙트럼 분류에서 S형에 속하는 그룹이다. 탄소가 풍부한 별의 일종으로 대기에 탄소와 산소 조성비가 C/O > 1일 때 탄소별이라고 하고, C/O < 1일 때에는 S형 별로 구분한다. S형 별은 1922년에 메릴P.W. Merrill이 M형으로나 탄소별(R, N형)로도 분류할 수 없으면서 산화지르코늄ZrO 분자의

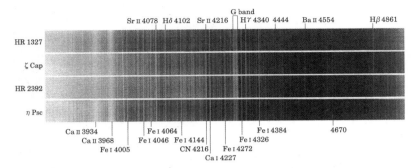

그림 1.46 바륨별의 스펙트럼. 바륨별 염소자리 ζ별(ζ Cap, G4II)과 HR 2392(G9.5III)의 스펙트럼, 그 위아래의 비교별 HR 1327(G4III)과 물고기자리 η별(η Psc, G8III)의 스펙트럼을 비교해 보면 바륨별에서는 Ba II 4554 Å과 Sr II 4078, 4216 Å이 특히 강한 것을 알 수 있다(YNN에서 개정).

흡수띠가 눈에 띄게 강한 별이라서 새로이 도입했다.

 S형 별이나 탄소별 같은 저온도별에 대해 일본에서는 1930년대부터 후지다 요시오藤田良雄 연구진이 정열적으로 연구해 왔다. S형 별은 스트론튬과 바륨의 흡수선도 강하게 나타나고 방사성 s과정원소(스트론튬, 지르코늄, 바륨)도 풍부하다. 또 흥미로운 것은 방사성 s과정원소인 테크네튬Tc이다. 테크네튬은 반감기가 2.1×10^5년밖에 되지 않아 이 원소가 관측되는 S형 별에서는 최근 점근거성가지 단계에서 s과정으로 만들어지는데, 이 점이 대류를 통해 별에서 표면으로 옮겨진다는 증거가 된다. 그림 1.47은 S형 별의 스펙트럼 예를 나타낸 것이다.

1.9.9 탄소별

1868년 세키A. Secchi 신부가 단파장 쪽으로 흡수선이 약해지는 탄소분자나 시안처럼 탄소화합물의 특징을 보이는 별을 발견했다. 대기에 탄소/산소(C/O)>1이고 탄소가 풍부한 별이어서 이런 이름을 붙였다. 그 종류로는 R CrB형 별, CH별, 탄소동위원소 이상별(J형), 강리튬선별 등도 포함

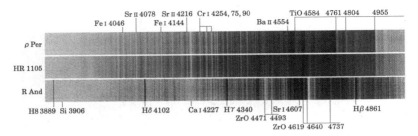

그림 1.47 S형 별 HR 1105와 안드로메다자리 R별(R And), 그리고 그 비교별인 M형 별 페르세우스자리 ρ별(ρ Per)의 스펙트럼. 비교별과 비교해볼 때 S형 별에서는 장파장 쪽으로 가면서 서서히 약해지는 ZrO 흡수띠(4471~4737 Å)나 Sr, Ba 등의 흡수선이 강하다는 것을 알 수 있다. 안드로메다 R별은 미라변광성이기도 해서 수소 발머선에 방출선이 보인다(YNN에서 개정).

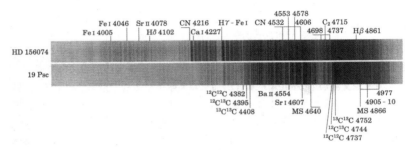

그림 1.48 탄소별의 스펙트럼. C–R형과 C–N형의 예로 HD 156074(C–R2)와 19 Psc(물고기자리 19번별, C–N6)의 스펙트럼을 나타냈다. C_2와 CN 분자흡수띠의 강도가 단파장 쪽으로 가면서 약해지는 것은 음화사진의 흰색 부분이 서서히 옅어지는 것을 봐서도 알 수 있다(YNN에서 개정).

되는데 여기에서는 R형과 N형에 관해서 설명하겠다.

1993년 키넌이 탄소별의 분류를 개정해 R형은 C–R0에서 C–R6으로, N형은 C–N1에서 C–N9로 각각 세분했다. 숫자는 표면온도가 높은 쪽에서 낮은 쪽으로 갈수록 커진다. C–R계열은 G4형에서 M2형으로, C–N계열은 G7형에서 M8형에 해당하는 온도 영역에 분포한다. C–N 계열은 특히 Ba II 4554 Å과 Sr I 4607 Å이 강하게 나타난다. 그림 1.48 에서도 알 수 있듯이 탄소분자와 시안의 분자흡수대는 C–N형인 물고기자리 19번 별(19 Psc)과 C-R형인 HD 156074 양쪽 모두에 나타나는데 C-N형을 판단할 때 사용되는 바륨과 스트론튬의 흡수선은 물고기자리 19번 별(19 Psc)에서 두드러진다.

1.10 저금속별 관측과 은하의 화학진화

1.10.1 별의 금속량 분포와 저금속별

태양과 가까운 별을 살펴보면 화학조성도 대부분 태양과 비슷하다. 그러나 간혹 태양보다 중원소[46] 구성이 훨씬 낮은 별이 존재한다. 이 별들을 저금속별(또는 금속결핍성)이라고 한다. 태양 가까이 있는 별의 금속량 분포를 다양하게 연구하고 조사했는데 그 예를 그림 1.49에 나타냈다. 그래프를 보면 금속량이 적은 영역에서 별의 비율이 크게 감소하는 것을 알 수 있다. 이것은 단순한 화학진화 모형으로는 설명할 수 없을 만큼 감소가 급격하여 G형 왜소성 문제[47]로 오랫동안 연구되고 있다.

저금속별은 은하계에서는 기본적으로 나이가 많은 별, 즉 은하 초기에 탄생한 별로 종족 II[48]에 속한다. 저금속별 대부분은 원반구조보다 헤일로 구조가 두드러지며, 거리가 가까운 저금속별은 커다란 고유운동[49]을 나타낸다. 그러므로 고속도성으로 검출되는 경우가 많아 시선속도가 매초 수

---

[46] 수소와 헬륨 이외의 원소를 중원소라고 한다. 원소조성은 원자개수의 비로 나타내며, 태양과의 상대값을 로그 규모로 나타내는 경우가 많다. 원소 A와 원소 B에서 원자개수의 밀도를 N이라고 하면 $[A/B]=\log(N_A/N_B)-\log(N_A/N_B)_\odot$이다. 예를 들어 $[Fe/H]=-2$라면 철의 조성이 태양의 100분의 1임을 뜻한다.

[47] 제5권 4장 참조.

[48] 제5권 4장 참조.

[49] 천구상에서 위치 변화로 관측되는 겉보기 운동을 말한다.

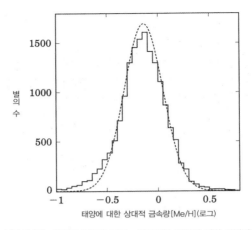

그림 1.49 태양 부근에 있는 별들의 금속량 분포. 가로축은 태양에 대한 상대적인 금속량(로그 규모)이고 0은 태양과 같은 값을 나타낸다. 실선과 점선은 다른 측정결과와 비교한 것이다(Nordstrom *et al.* 2004, AA, 418, 989).

백 km에 이를 만큼 빠른 것도 많다. 또 구상성단 중에는 금속량이 매우 낮은 것도 있다. 그리고 최근에는 은하계를 포함해 국소은하군에 속하는 왜소은하별의 화학조성도 자세히 조사하고 있는데 거기에서도 저금속별의 존재가 확인되고 있다.

1.10.2 저금속별을 관측해서 무엇을 알 수 있을까

저금속별의 화학조성에서 우주의 원소합성, 별의 진화, 은하의 화학진화에 관해 중요한 정보를 얻을 수 있다. 1957년에 출판된 버비지E.M. Burbidge 연구진과 카메론A.G.W. Cameron의 논문을 기점으로 빅뱅 이후의 원소합성에 관한 방대한 연구가 쌓여왔다. 중요한 관측적 근거는 태양과 태양계의 조성을 자세히 분석해서 얻을 수 있는데, 이는 태양계가 형성되기까지 수십억 년 동안의 원소합성 결과가 집적된 것이어서 그 후에 일어난 개개의 원소합성 과정에 연결하는 것이 결코 쉬운 일은 아니다.

그렇지만 저금속별은 우주 초기에 형성된 별로 그 조성은 소수의 원소합성과정에서 찾아낼수 있다. 그러므로 그 조성비를 분석해 개개의 원소합성과정을 직접 찾아낼 수 있다는 이점이 있다.

저금속별의 조성에 영향을 준 것은 빅뱅 원소합성 외에 대질량성과 중력붕괴형 초신성,[50] 그리고 특수한 경우에는 중소질량성의 원소합성이다. 따라서 저금속별의 조성은 빅뱅과 별의 진화, 초신성 모형으로 제한한다.

또 별에 조성된 다양한 금속량을 계통적으로 조사해 은하의 화학진화 모형에 대한 범위도 얻을 수 있다. 특히 저금속별의 화학조성은 은하헤일로와 두꺼운 은하원반이 형성되는 것을 이해하는 데 반드시 필요하다. 구체적인 예는 1.10.4절에서 다루기로 하고, 먼저 저금속별의 조성분석의 실제에 관해서 살펴보자.

1.10.3 저금속별의 화학조성 분석

저금속별의 자외선과 가시광 영역의 스펙트럼에 나타나는 흡수선의 수는 일반적으로 태양 스펙트럼보다 훨씬 적다(그림 1.50). 따라서 분석에 이용하는 스펙트럼선에 다른 선이 거의 겹치지 않아 스펙트럼 분석도 비교적 용이하다. 금속별의 경우는 조성 분석에 필요한 대기 모델[51]을 계산하는 데 비교적 편리하다. 대기 모델을 계산할 때 흡수계수에 대한 여러 스펙트럼선의 영향을 어떻게 정확히 도입할지가 문제인데 저금속별에서는 스펙트럼선의 영향이 원래 작기 때문이다.

한편, 저금속별에 나타나는 스펙트럼선은 태양의 스펙트럼선과 강도가 전혀 다르기 때문에 태양과 비교하는 상대적 구성방법을 이용해 분석하는

---

50 7장 참조.
51 2장 참조.

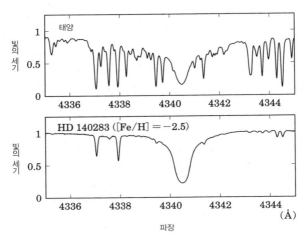

그림 1.50 태양과 저금속별의 스펙트럼 비교. HD 140283의 유효온도는 태양과 비슷하며 수소 발머 선(중앙은 Hγ)의 강도도 비슷하지만 금속에 의한 흡수선은 매우 약하다.

것이 일반적이지는 않다. 이 점은 구성을 측정할 때 어려운 문제 가운데 하나이다. 또 저금속별의 대기에서는 자외광의 투과가 상대적으로 강하기 때문에 국소열역학적 평형(local thermodynamics equilibrium: LTE)[52]을 가정했을 때의 차이가 커진다. 최근 개발되고 있는 3차원 대기 모델에 따르면 그 효과도 저금속별일수록 일반적으로 강해지는 것으로 보인다. 저금속별 구성을 바탕으로 논의할 때는 이것들의 부정확성을 고려할 필요가 있다.

1.10.4 빅뱅 원소합성

표준적인 빅뱅 원소합성 모델에 따르면 우주탄생 이후 약 10분 동안 수소와 헬륨, 아주 적은 양의 리튬이 합성된 것으로 예상하는데, 그 구성은 모델의 매개변수인 바리온 밀도[53]에 따라 달라진다. 이 중 리튬^{7}Li은 저금속별

|52 2장 참조

의 스펙트럼으로 구성을 측정할 수 있어 우주의 바리온 밀도 제한에 이용할 수 있다.

실제로 스피트 부부(M. Spite와 F. Spite)는 1982년의 논문에서 저금속의 주계열성과 준거성의 리튬 구성을 측정해 그 구성이 거의 일정값을 가진다는 것을 알아냈다. 훗날 이는 스피트의 평단부plateau라 불리게 되었다. 리튬은 비교적 낮은 온도(2×10^6 K)에서 파괴되기 때문에 표면대류층이 발달한 별에서는 리튬 구성이 지극히 낮아진다. 그러나 비교적 온도가 높은 저금속별은 표면대류층이 얕아 리튬 구성은 별이 형성될 때의 값을 그대로 유지한다고 본다. 리튬이 일정값을 나타낸다는 것은 별에서 원소가 합성되기 전에 리튬이 먼저 공급된다는 것을 의미하며, 그 값은 빅뱅이 일어날 때 합성된 리튬의 양으로 추정한다. 단 진화한 거성 등, 온도가 낮은 저금속별에서는 리튬이 파괴되어 조성비가 훨씬 낮아진다. 또 관측된 리튬의 대부분은 리튬^{7}Li으로, 동위원소 리튬^{6}Li의 존재량은 작은 것으로 계산한다.

그림 1.51은 최근 주계열성과 준거성에서 리튬 구성을 측정한 결과이다. 대부분의 별이 스피트의 평단부값(리튬/수소~$1-2 \times 10^{-10}$)을 나타낸다는 것을 알 수 있다. 이 값에서 도출된 바리온 밀도는, 퀘이사 흡수선계에 대해 측정된 중수소 구성[54]이나 우주마이크로파 배경복사의 진동[55]에서 도출된 바리온 밀도보다도 두세 배 낮다. 저금속별의 리튬 구성은 오랫동안 빅뱅 원소합성에서 큰 제한으로 여겨져 왔는데, 이런 큰 문제를 안고 있어 항성대기 모델, 항성 내부의 혼합과정, 빅뱅 원소합성을 포함한 리튬의 합성과 파괴과정 등 다양한 관점에서 재검토가 필요한 시점이다.

---

53 양성자나 중성자(또는 이보다 무거운 불안정입자)로 이루어진 물질의 밀도로 암흑물질과는 구별된다.
54 제3권 1장 참조.
55 제3권 5장 참조.

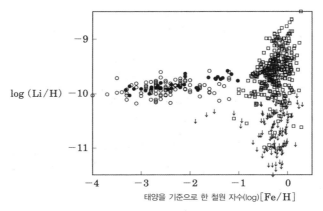

그림 1.51 주계열성과 준거성의 리튬 구성(화살표는 상한값). □와 화살표는 Lambert *et al.* 2004, *MNRAS*, 349, 757에, 그 밖에는 Ryan *et al.* 1996, *ApJ*, 458, 543; Ryan *et al.* 1999, *ApJ*, 523, 654; Ryan *et al.* 2001, *ApJ*, 549, 55에 따른다. 금속량이 많은 영역에서는 비교적 표면대류층이 두껍기 때문에 리튬 구성이 감소하는 별도 많다. 저금속별에서는 그 효과가 적어 대부분의 별이 log(Li/H)=−9.8 안팎의 값을 가진다.

1.10.5 1세대 별의 탐사

빅뱅 후에 남은 수소와 헬륨 가스에서 수억 년 후 별이 태어나고 더욱 무거운 원소가 합성되기 시작했다. 이 시기에 형성된 1세대 별을 '종족 III 별'이라고 한다. 별형성 연구에 따르면 중원소가 존재하지 않는 상황에서는 매우 질량이 큰 별이 형성될 것으로 예측하는 등, 질량이 우주의 재이온화[56]와 그 후의 은하형성에 막대한 역할을 한 것으로 추정한다. 한편, 그때 태양과 같은 소질량성이 생성되었는지에 관해서는 의견이 엇갈린다.

대질량인 종족 III 별의 자외선복사는 적색이동으로 적외선 영역에서 관측되며, 적외선 배경복사로 이를 검출하기 위해 노력 중이다. 한편 은하계 내에 종족 III 별이 남아 있는지 찾아보려는 탐사도 오랫동안 계속되어

---

[56] 우주탄생 이후 한번 중성이 된 수소가스가 어떤 단계에서 자외선에 의해 이온화하여 현재에 이르고 있다. 이원화의 시기나 원인이 된 자외선원이 현재 중요한 연구 대상이다.

왔다. 현재 우주나이보다 수명이 긴 소질량성만 검출될 가능성이 있는데 만약 우주나이보다 수명이 긴 소질량성을 찾는다면 종족 III 별 형성이론에 커다란 의미를 부여할 것이다.

지금까지 저금속별 탐사로 별의 금속량은 태양의 1/10,000이 하한값이라는 결과를 얻었다. 만약 그렇다면 종족 III의 소질량성은 존재하지 않거나 존재했다 해도 극소수였다는 결론에 이른다. 최근에는 철 구성이 태양의 1/100,000보다 작은 별이 발견되면서 종족 III 별이 남아 있을 가능성도 논의되는데, 이 별들은 탄소와 산소 구성이 여간해서 낮아지지 않는 등 화학조성이 특이해 종족 III 별의 기원에 관해서는 여러 가지 해석이 있다.

1.10.6 초기 세대 별의 원소합성

금속량이 태양의 1/1000보다 적은 초저금속별에서는 몇 가지 원소의 조성비가 별마다 크게 다르다. 이 결과는, 초저금속별이 형성된 은하 초창기에 중원소가 초신성에 공급되었으나 중원소가 성간물질에 충분히 혼합되지 않은 채 차세대별이 생성되었음을 보여준다.

이 때문에 각 초저금속별의 화학조성은 천체(별) 하나의 원소합성 결과로 거의 결정되는 것으로 볼 수 있다. 예를 들면 어떤 초저금속별의 탄소에서 철족원소까지의 구성형태를 보면, 어느 대질량성이 일으킨 초신성의 원소합성 결과인지 추정할 수 있는 것이다.

철족원소보다 무거운 원소에서 이런 예는 더욱 두드러진다. 이런 중원소는 쿨롱력의 반발로 원자핵반응으로는 합성되지 않으며, 중성자가 풍부한 환경에서 원자핵이 중성자를 포획해 성장함으로써 만들어진다(중성자포획원소[57]라고 한다). 주요 기원은 중소질량성의 진화 말기(점근거성가지 단계)

| **57** 제1권 3장 참조.

에 경과시간이 긴 반응(s과정)과 초신성과 같은 폭발적인 환경에서 일어나는 경과시간이 극히 짧은 반응(r과정)이 있는데, 그 메커니즘과 해당 천체에 관해서는 풀지 못한 문제들이 많다.

초저금속별에서 중성자포획원소의 구성은 분산도가 매우 크게 나타난다. 이는 철족원소를 합성하는 천체가 아닌 다른 천체에서 중성자포획반응이 주로 일어나며, 그 결과 성간물질 내에서 충분히 혼합되지 않고 차세대별(현재 관측되는 초저금속별)로 포획되었음을 의미한다. 특히 상대적으로 중성자포획원소가 풍부한 천체의 구성 형태를 조사해 보면 태양계 구성으로 추정할 수 있는 r과정의 구성 형태와 정확하게 일치하는 것을 볼 수 있다(그림 1.52). 스바루 망원경을 이용해 이런 천체를 집중적으로 관측하고 있는데, 이는 r과정의 이론 모델에서 주요 제한점이 되고 있다.

1.10.7 은하의 화학진화

우주 초창기에는 수명이 훨씬 짧은 대질량성과 초신성이 폭발하면서 중원소가 공급되었는데 이때 질량이 좀 더 작은 천체로부터 영향을 받기도 했다. 별의 화학조성비 관측결과를 통해 그 모습도 살펴볼 수 있다.

널리 알려진 예는 산소나 마그네슘, 규소 같은 알파원소[58]와 철족원소의 조성비이다. 대질량성이 일으키는 중력붕괴형 초신성(주로 II형 초신성)에서는 산소와 알파원소가 다량 공급되는 한편, 별 중심에서 형성되는 철은 많은 부분 방출되지 못하고 블랙홀이나 중성자별에 둘러싸이게 된다. 이에 반해 쌍성계에 속하는 중질량성이 일으키는 Ia형 초신성은 다량의 철을 방출한다. 그 효과는 중질량성이 진화해 백색왜성이 만들어지고, 동반성에서 질량을 받아 폭발할 때까지 성장한 뒤 충분한 시간이 지나고 나서야

---

[58] 탄소로부터 먼저 알파입자(헬륨의 원자핵)를 포획해 합성되는 원소. 원자번호는 짝수가 된다.

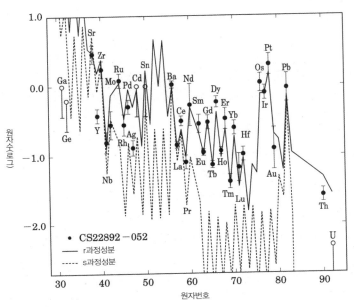

그림 1.52 중성자포획원소의 초과를 보이는 별 CS22892−052의 구성형태. 실선은 태양계 구성의 r 과정성분(위쪽)과 s과정성분으로 이 별의 구성은 r과정성분과 잘 일치한다(Sneden *et al.* 2003, *ApJ*, 591, 936).

나타난다.[59]

그림 1.53은 태양과 가까운 별의 마그네슘/철 조성비를 철 구성(금속량)에 대응해 나타낸 것이다. [철/수소(Fe/H)]=−1의 비율로 금속량이 증가하면서 조성비가 감소한다는 것은 위에서 보았듯이 (1) 이른 단계에서 중력붕괴형 초신성에서 다량의 마그네슘이 공급된 것에 비해, (2) 대부분의 철은 Ia형 초신성에서 시간을 들여 공급되었다는 것을 의미한다. 이런 조성비의 금속량의존성은 몇 가지 원소에 대해 연구되고 있는데, 이는 화학진화 모델에서 주요 제한점이 되고 있다.

| **59** 제5권 4장 참조.

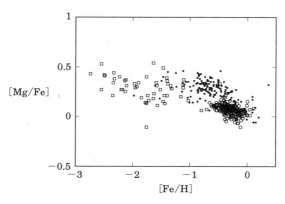

그림 1.53 은하원반 헤일로별의 마그네슘과 철의 조성비. ○는 Reddy *et al.* 2003, *MNRAS*, 340, 304, ●는 Reddy *et al.* 2006, *MNRAS*, 367, 1329, □는 Stephens & Boesgaard 2002, 2002, *AJ*, 123, 1647.

1.10.8 구상성단과 왜소은하

은하계에서 약 150개의 구상성단을 찾아냈는데 하나같이 별의 나이가 높았으며, 각 성단 내에서 별의 금속량은 거의 일정했다. 한편, 성단의 금속량 분포는 폭이 넓어 태양 비슷한 것에서부터 태양의 1/100까지 다양한 금속량 성단이 존재한다. 구상성단이 어떻게 형성되었는지는 여전히 밝혀내지 못하고 있지만 소질량성의 진화 모델 검증을 위해 주요 관측대상임은 분명하다.

구상성단의 화학조성을 정밀하게 측정해 보면 원소에 따라 각 성단마다 조성에 차이가 있음이 밝혀졌다. 비교적 가벼운 원소(산소, 나트륨 등)들의 편차가 크며, 그 상관관계도 상세히 조사되고 있다(그림 1.54). 먼저 가장 쉽게 관측할 수 있는 밝은 적색거성부터 조성을 측정했기 때문에 조성의 분산도를 소질량성의 진화 결과로 분석하려는 노력이 이루어졌다. 그러나 최근에는 주계열 단계에 가까운 별에도 조성에 편차가 있음이 확인되면서 그 기원은 성단이 형성될 때로 거슬러 올라가야 한다는 가설이 유력해지

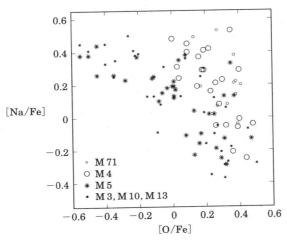

그림 1.54 구상성단의 별에서 볼 수 있는 산소와 나트륨 구성의 상관관계(Ivans *et al.* 2001, *AJ*, 122, 1438).

고 있다.

한편, 은하계와 안드로메다은하 주변에는 수많은 왜소은하들로 국소은하군을 이루고 있다. 왜소은하는 은하계와 상호작용을 하면서도 독립적인 화학진화를 거듭해 화학진화 모델을 검증하는 데 중요한 천체이다.

왜소은하에 속하는 별의 화학조성을 분석하는 연구도 최근 큰 발전을 보이고 있는데, 각 은하 내에서 폭넓은 금속량 분포를 보이는 것으로 밝혀졌다. 원소별 조성비에 대해서도 연구하고 있다. 특히 1.10.7절에서 설명한 알파원소와 철족원소의 조성비는 우리은하 내에서도 차이가 있음을 알게 되면서 별형성률과 초기질량함수(형성된 별의 질량빈도분포)[60]의 차이 등도 논의되고 있다.

▎**60** 제5권 4장 참조.

제2장
항성대기와 스펙트럼

항성의 진짜 모습은 중심부에서 핵융합으로 생성된 에너지로 빛을 내는 고온 작열灼熱의 가스구인데 외계로 직접 방출되는 빛은 얇은 표면층(광학적 깊이[1]가 ~1인 층)에서 복사된 것이다. 즉 우리가 눈으로 보는 것은 이 표층에 지나지 않는다. 이 표층을 대기라고 하는데 바로 이 대기층의 구조가 복사한 빛과 스펙트럼의 성질을 결정하므로 항성을 광학관측해 정보를 얻기 위해서는 기본적으로 대기층을 바르게 이해해야 한다. 2장에서는 항성대기의 구조와 복사된 빛의 성질 관계, 또 별의 스펙트럼에서 어떻게 화학조성의 정보를 얻는지 따위의 기초적인 사항을 다루고자 한다(이 내용들에 관해서 더욱 많은 것을 공부하고 싶다면 책 뒤의 참고문헌을 참조하기 바란다).

2.1 기초 물리과정과 복사전달

항성대기에는 상대적으로 고온인 깊은 층에서 상대적으로 저온인 얇은 층으로 에너지가 흐르는데, 가스가 희박하므로 복사 형태로 더욱 효율적으로 전달된다는 점이 중요한 포인트이다. 따라서 복사에 따른 에너지 전달 모습, 바꿔 말하면 대기 위치마다 복사장을 밝혀내는 것은 대기의 물리적 구조를 파악하기 위한 필수요소인데 여기에서는 이에 관한 기초지식을 다룬다.

2.1.1 복사의 발생과 흡수

원자는 중성자와 양성자로 구성된 원자핵과 그 주변을 도는 전자로 이루어져 있고 외각전자가 어떤 궤도로 돌고 있느냐에 따라 에너지 상태가 달라진다. 외각전자가 원자에 묶여 있는 경우는 이산적인 에너지 단위, 속박

[1] 2.2.1절 참조.

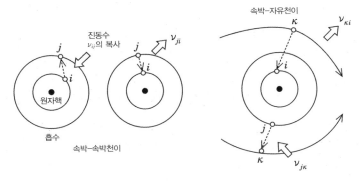

그림 2.1 전자파의 발생구조 개념도(속박 – 속박천이와 속박 – 자유천이).

에서 떨어져 자유롭게 움직이고 있는 경우는 연속적인 에너지 단위가 된다는 것을 양자역학을 통해 알아냈다. 그리고 전자파의 발생과 흡수는 원자의 에너지 상태가 일정 단위에서 다른 준위로 이동할 때 일어나는 현상으로 아래 세 가지 경우로 나뉜다(이산적離散的 에너지는 E_i와 E_j $[i<j]$ 두 개가 있고 [이온화] 연속에너지 영역 E_κ가 있다고 하자).

(1) 속박 – 속박천이(선스펙트럼)

E_j의 이산상태에서 E_i의 이산상태로 떨어질 때 $v_{ij}=\dfrac{E_j-E_i}{h}$ 라는 진동수의 전자파가 방출된다(h는 플랑크 상수). 반대로 E_i의 이산상태인 계에 $\nu_{ij}=(E_j-E_i)/h$라는 진동수의 전자파가 입사하면 계는 그것을 흡수해 E_j의 이산상태로 올라간다(그림 2.1 왼쪽).

(2) 속박 – 자유천이(연속스펙트럼)

E_κ의 이온화 자유상태에서 자유전자가 결합해 E_i의 이산상태로 떨어질 때 $\nu_{\kappa i}=\dfrac{E_\kappa-E_i}{h}$ 라는 진동수의 전자파가 방출된다. 반대로 E_j가 속박상태인 계에 $\nu_{j\kappa}=\dfrac{E_\kappa-E_j}{h}$ 라는 진동수의 전자파가 입사하면 계는 그것을

흡수해 전자를 풀어주고 E_κ의 이온화 자유상태로 올라간다(그림 2.1 오른쪽)

(3) 자유 – 자유천이(연속스펙트럼)

자유롭게 운동하는 전자가 원자핵 옆을 통과할 때 궤도를 휘게 하는 가속운동으로 전자파를 흡수하고 방출하는데 이것이 고전적 전자기학에서 말하는 제동복사이다.

정량적으로는 어떤 천이($i \rightarrow j$) 선스펙트럼의 흡수세기를 결정하는 것은 흡수계수로, 이것은 천이확률과 흡수 가능한 준위 i에 있는 원자 수밀도 n_i를 곱한 값에 좌우된다. 반대로 $j \rightarrow i$ 선스펙트럼의 복사세기를 결정하는 것은 복사계수로, 이것은 천이확률과 복사 가능한 준위 j에 있는 원자 수밀도 n_j의 곱이다. 여기에서 천이확률은 원자 고유의 상수로 항성분광학에서는 주로 '진동자 강도(f_{ij})'라는 동등한 값을 이용한다. 복사를 다루는 경우에 본질적으로 중요한 것은 항성대기에서 정해진 에너지 수준 i를 점거하는 원자의 수밀도 n_i를 계산하는 것이다. 이것은 뒤에 2.2.3절에서 설명하겠지만 대기온도 T와 압력 P가 주어지면 계산할 수 있는데 다음에 설명할 볼츠만–사하식이 그 바탕이 된다.

2.1.2 원자의 들뜸과 이온화

고전물리학에서 표현하듯이 열평형상태에서는 자유운동하는 단입자계의 에너지는 기본적으로 온도 T로 나타내고 각 입자의 운동에너지 $E = \frac{1}{2}mv^2$의 분포는 볼츠만 상수 k를 이용해 $f(E) \propto \exp\left(-\dfrac{E}{kT}\right)$라는 이른바 맥스웰 분포를 따르며, 입자 한 개당 평균 에너지는 $(3/2)kT$이다.

사실상 이 지수함수분포는 모든 것의 기본으로 이산적 수준의 에너지 분포나 이온화 상태를 나타내는 식도 여기에서 이끌어낸다. 식을 풀기 위해 들뜸 정도를 아래첨자 $i = 0, 1, 2, \cdots$로 나타내기로 하자(0이 바닥상태이고 나머지는 들뜸상태).

한편, 이온화도를 명시적으로 지정할 때는 위첨자 $\alpha = 0, 1, 2, \cdots$를 사용한다($\alpha = 0$: 중성원자, $\alpha = 1$: 1차 이온화 이온, $\alpha = 2$: 2차 이온화 이온, $\cdots$). 이온화도 α수준 i의 들뜸에너지를 E_i^α라고 하고, 통계중률(축퇴도)을 g_i^α라 하고, 점거원자 수밀도는 소문자 n을 붙여 n_i^α이라고 하자.

자유입자계의 맥스웰 분포에서 유추한 것으로 온도 T의 열평형상태에서 n_i^α의 분포는 $n_i^\alpha \propto g_i^\alpha \exp\left(-\dfrac{E_i^\alpha}{kT}\right)$으로 예상되는데 실제로 이것은 통계역학에서 엄밀히 증명되었으며 볼츠만 분포라고 한다. 이 분포에서 단계 j와 i의 점거수의 비는 다음과 같다.

$$\frac{n_j^\alpha}{n_i^\alpha} = \frac{g_j^\alpha}{g_i^\alpha} \exp\left[\frac{(E_j^\alpha - E_i^\alpha)}{kT} \right] \tag{2.1}$$

또 일정 이온화도 α에 속하는 모든 수준에 대한 원자 수밀도(i에 관한 총합)를 대문자 N을 써서 $N^\alpha = \sum_i n_i^\alpha$ 라고 쓰면 다음과 같다.

$$\frac{n_j^\alpha}{N^\alpha} = \frac{g_i^\alpha}{U^\alpha} \exp\left(-\frac{E_i^\alpha}{kT}\right) \tag{2.2}$$

단, U^α는 분포함수로 $U^\alpha \equiv \sum[g_i^\alpha \exp(-E_i^\alpha/kT)]$ 식의 T에 관한 함수로 정의된다. 볼츠만식(식 2.2)에서 정해진 이온화 단계 α 내에서 일정값은 온도가 높아질수록 더 높은 에너지 수준에서 들뜨는 원자의 비율이 높아짐을 알 수 있다.

이온화에 대해 살펴보자. 먼저 바닥상태 E_0^α에서 이온화도가 1계 높은 바닥상태 $E_0^{\alpha+1}$로 옮기는 데, 즉 이온화시키는 데 필요한 최소의 에너지 I^α(E_0^α와 $E_0^{\alpha+1}$의 에너지 차이)를 이온화도 α에서 $\alpha+1$로 옮겨가는 이온화 퍼텐셜이라고 정의한다. 외부에서 에너지 E_{input}가 주입되고 수준 E_i^a인 원자 X가 이온화하는 경우, $X_i^a \rightarrow X_0^{a+1} + e^-$가 되어 자유전자를 방출하는 데 주입된 에너지에서 $I^a - E_i^a$만큼은 이온화하는 데 소비되므로 방출전자의 운동에너지는 $\frac{1}{2}m_e v^2 = E_{input} - (I^a - E_i^a)$이다. 바닥상태 E_0^a의 점거수 n_0^a과 1차 높은 이온화도의 바닥상태 E_0^{a+1}의 점거수 n_0^{a+1} 사이의 관계를 구하자. 이 경우에도 본질적으로 볼츠만 분포의 관계가 성립하는데 전자는 '이온화도 a의 바닥상태 원자' 뿐인 반면, 후자는 '이온화도 $a+1$의 바닥상태 원자 + 자유전자' 라는 복합계이므로 특별히 살펴보아야 한다.

지금 자유전자의 속도가 $[v,\ v+dv]$의 범위에 있는 경우, 운동에너지는 $\frac{1}{2}m_e v^2$이므로 전자와 후자 사이에 있는 계로서의 에너지 차이는 $I^a + \frac{1}{2}m_e v^2$이다. 한편, 자유전자의 통계중률重率을 $g_e(v)$라고 쓰면 후자에 있는 복합계의 통계중률은 $g_0^{a+1} \times g_e(v)$이다. 결국 볼츠만 분포의 (식 2.1)에서

$$\frac{n_0^{a+1}(v)}{n_0^a} = \frac{g_0^{a+1} g_e(v)}{g_0^a} \exp\left[\frac{-\left(I^a + \frac{1}{2}m_e v^2 \right)}{kT} \right] \qquad (2.3)$$

라고 형식적으로 쓸 수 있다. 또 위치 – 운동량의 6차원 위상공간에서는 불확정성의 원리로부터 $dx\,dy\,dz\,dp_x\,dp_y\,dp_z = h^3$($h$는 플랑크 상수)의 단위가 하나의 불가분한 에너지 상태로 계산되고 전자는 위로 향하는 것과 아래로 향하는 것 두 방향의 스핀 상태를 차지하므로 속도가 $[v,\ v+dv]$ 사이에 있는 자유전자의 통계중률 $g_e(v)$는 $g_e(v) = 2(dx\,dy\,dz\,dp_x\,dp_y\,dp_z)/h^3$가 된다. 구체적으로는 전자밀도가 $N_e(\mathrm{cm}^{-3})$인 경우, 자유전자 한 개는 공간적으로 $1/N_e\mathrm{cm}^3$의 영역을 차지하므로 $dx\,dy\,dz = 1/N_e\mathrm{cm}^3$이다. 또 운동량 공간요소를 속도의 크기로 나타내 $dp_x\,dp_y\,dp_z = 4\pi p^2 dp = 4\pi m_e^3 v^2 dv$가 되므로 결국 $g_e(v) = \frac{1}{N_e h^3} 8\pi m_e^3 v^2 dv$이다. 이것을 (식 2.3)에 대

입하고 v에 관해서 $[0, \infty]$의 범위로 적분하면 다음과 같다.

$$\frac{n_0^{\alpha+1}}{n_0^{\alpha}} = \int_0^{\infty} \frac{g_0^{\alpha+1}}{g_0^{\alpha}} \exp\left[\frac{-\left(I^{\alpha}+\frac{1}{2}m_e v^2\right)}{kT}\right] \frac{8\pi m_e^3 v^2}{N_e h^3} dv$$

$$= \frac{g_0^{\alpha+1}}{g_0^{\alpha}} 2\left(\frac{2\pi m_e kT}{h^2}\right)^{\frac{3}{2}} \frac{\exp\left(-\dfrac{I^{\alpha}}{kT}\right)}{N_e} \tag{2.4}$$

여기에서 상수 C를 $C \equiv \dfrac{h^3}{2(2\pi m_e k)^{3/2}}$ 라고 정의하고 볼츠만식 (식 2.1)을 대입하면

$$n_i^{\alpha} = n_0^{\alpha+1} \times N_e \frac{g_i^{\alpha}}{g_0^{\alpha+1}} C T^{-\frac{3}{2}} \exp\left[\frac{+(I^{\alpha}-E_i^{\alpha})}{kT}\right] \tag{2.5}$$

라고 쓸 수 있다. 이것이 일반적으로 사용하는 사하–볼츠만식이다. 그리고 $n_0^{\alpha+1}$을 $N^{\alpha+1}g_0^{\alpha+1}/U^{\alpha+1}$로 바꾸고 i에 관해서 n_i^{α}을 모두 합해 N^{α}이라고 하면 분배함수 U와 일정 이온화 단계 모두에 대한 총합밀도 $N(\equiv \sum_i n_i)$ 사이의 관계식

$$\frac{N^{\alpha+1}}{N^{\alpha}} N_e = \frac{U^{\alpha+1}}{U^{\alpha}} C^{-1} T^{\frac{3}{2}} \exp\left(-\frac{I^{\alpha}}{kT}\right) \tag{2.6}$$

을 이끌어낼 수 있는데 이것도 사하의 이온화식으로 잘 알려져 있다. 이 식에서 알 수 있듯이 일반적으로 온도가 높을수록 또 전자압(전자밀도)이 낮을수록 이온화가 진행된다는 점(즉 $N^{\alpha+1}/N^{\alpha}$이 증가한다)에 주의해야 한다.

2.1.3 광학적 깊이와 복사전달방정식

복사의 세기를 나타내는 가장 기본적인 값은 비강도 I_{ν}이다. I_{ν}의 단위는

erg cm^{-2} s^{-1} str^{-1} Hz^{-1}이고 어떤 공간에서 일정한 방향으로 통과하는 단위면적, 단위시간, 단위입체각, 단위진동수당 복사에너지의 크기이다. 첨자 ν는 단위진동수당 값을 나타낸다.

마찬가지로 단위파장(λ)당 I_λ를 정의할 수도 있는데, 둘의 관계는 $I_\nu d\nu = I_\lambda d\lambda$이다. 여기에서는 파장과 진동수를 나타내는 첨자를 생략하겠다. 원자 한 개의 흡수단면적을 a(cm^2)라고 하고 수밀도가 n(cm^{-3})이고 질량밀도가 ρ(g cm^{-3})인 가스가 있다고 하자. 입사한 빛이 깊이가 ds(cm)인 층에서 흡수되어 사라질 확률은 $na\,ds$이다. 즉, 입사되기 전에 빛의 세기를 I라고 하면 층을 통과하고 나서의 세기는 $I+dI$ ($dI<0$)로 약해지며, 그 감소량은 $dI=-Ina\,ds$가 된다. 일반적으로 물질의 흡수계수는 흡수에 부여되는 원자의 밀도와 흡수단면적에 의존하기 때문에 곱 na에 비례하는데 단위부피당 흡수계수 k (cm^{-1}) [$\equiv na$]와 단위질량당 흡수계수 κ (cm^{2}g^{-1}) [$\equiv na/\rho$] 두 종류가 경우에 맞게 이용된다.

복사전달론에서는 광학적 깊이(또는 두께)가 중요한 값이다. 거리 ds에 얇은 층의 광학적 깊이 dt(무차원의 양)를 $dt=\kappa\rho\,ds=na\,ds=k\,ds$라고 정의하면, 위의 이온화 변화식은 $dI=-I\kappa\rho\,ds=-Ina\,ds=-Ik\,ds$ $=-I\,dt$이므로 이것을 풀면 $I=c\exp(-t)$이 된다. 여기에서 c는 상수이다. 즉 세기 I_0의 빛이 광학적 깊이 t의 물질을 통과하면 $I=I_0\exp(-t)$로 감쇠한다. 흡수계수는 파장 또는 진동수에 좌우되므로 광학적 깊이도 당연히 마찬가지이고 이것을 명확히 하기 위해 경우에 따라서는 κ_ν나 t_ν 또는 κ_λ 나 t_λ로 첨자를 붙여 나타낸다. 그러나 흡수계수와 광학적 깊이(I와 같은 복사장의 세기와 다르다)는 진동수로 측정할지 파장으로 측정할지 '단위(밴드 폭의 차이)'에 좌우되지 않는다는 점에 주의해야 한다.

이어서 복사는 물질을 통과하면서 어떻게 변화하는지를 설명하는 일반적인 방정식을 이끌어내 보자. 대기물질인 가스는 스스로 복사를 흡수하기도 하고 복사를 하기도 한다. 이 경우 복사장을 지배하는 방정식은 물질의 복사항을 덧붙여야 한다. 흡수의 경우와 마찬가지로 복사복사항$+j^2\rho\,ds$ 를 넣어서 $dI=-I\kappa\rho\,ds+j\rho\,ds$이 된다. 원천함수를 $S\equiv\dfrac{\kappa}{j}$로 정의하면 $dI=-\kappa\rho\Big(I-\dfrac{j}{\kappa}\Big)ds=-\kappa\rho(I-S)ds$이 된다. 결국 $\dfrac{dI}{ds}=-\kappa\rho$ $(I-S)$가 임의의 방향에 따라 복사세기의 변화를 나타내는 미분방정식이고 광학적 깊이 $dt=\kappa\rho\,ds$를 이용하면 다음 식과 같이 간단히 정리된다.

$$\frac{1}{\kappa\rho}\frac{dI}{ds}=\frac{dI}{dt}=-(I-S) \tag{2.7}$$

이것이 한 방향으로 향하는 복사장의 변화를 설명하는 가장 기본적인 복사전달방정식이다.

그런데 ρ, κ 및 j가 위치함수로 주어진 경우를 생각하면 광학적 깊이 t도 원천함수 S도 모두 각각의 위치에서 계산할 수 있다. 특히 주로 가정하는 국소열역학적 평형상태(local thermodynamical equilibrium 줄여서 LTE)[3]는 $S\equiv\dfrac{j}{\kappa}=B(T)$이고 원천함수는 온도와 진동수에만 의존하는 플랑크 함수가 되므로 온도분포가 주어지면 $S(=B)$는 일의적으로 정해진다. 이 경우 1차 미분방정식 (식 2.7)은 직접 풀어서, 예를 들면 발광과 흡수를 하는 물질[각 점 t의 원천함수는 $S(t)$]에 $I(0)$의 세기로 빛이 입사하면 경계조건이 $\tau=0$, $I=I(0)$이므로 일반적으로 τ 위치에서의 세기 $I(\tau)$는

$$I(\tau)=I(0)\exp(-\tau)+\int_0^{\tau}S(t)\exp[-(\tau-t)]\,dt \tag{2.8}$$

---

2 j는 단위질량당 복사계수.
3 2.2.4절이나 2.3.4절 참조.

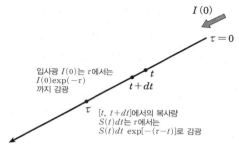

입사광 $I(0)$는 τ에서는
$I(0)\exp(-\tau)$
까지 감광

$[t, t+dt]$에서의 복사량
$S(t)dt$는 τ에서는
$S(t)dt \exp[-(\tau-t)]$로 감광

그림 2.2 복사전달에서 형식해를 구성하는 흡수와 복사.

이 되어 복사장을 위치함수로 구할 수 있다(그림 2.2). 이것을 형식해라고 한다. 일반적으로 공간의 각 지점에서 물질의 복사계수와 흡수계수가 주어졌다면 복사전달(복사장 계산)은 매우 간단하고 단순하게 적분해서 형식해를 구할 수 있다.

그런데 복사전달 문제는 옛날부터 어려운 문제였는데 그 이유는 흡수계수와 복사계수 모두에 순흡수와 순복사뿐 아니라 '산란'이라는 요소가 포함되기 때문이다. 이 경우 $\kappa+\sigma$는 흡수계수이고, σ는 산란계수, $j+\sigma J$는 복사계수이다. 여기에서 $J \equiv \int \dfrac{I d\omega}{4\pi}$는 평균세기, 즉 복사세기의 모든 방향(전입체각)에 걸친 평균이다. 다시 말해 산란 때문에 복사 방향이 바뀌므로 관측하는 방향의 복사세기는 결과적으로 약해져 흡수와 같은 효과가 나타나고, 반대로 다른 여러 방향에서 입사한 복사가 산란으로 방향이 바뀌고 관측하는 방향으로 복사가 들어오면 세기가 강해지므로 복사의 효과가 나타난다. 복사장의 변화는 $dt = -I(\kappa+\sigma)\rho\, ds + (j+\sigma J)\rho\, ds$인데 광학적 깊이는 $dt = (\kappa+\sigma)\rho\, ds$이므로 결국 조금 전과 마찬가지로

$$\frac{1}{(\kappa+\sigma)\rho}\,\frac{dI}{ds} = \frac{dI}{dt} = -(I-S) \tag{2.9}$$

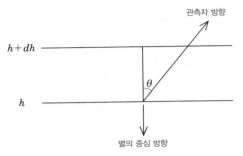

관측자 방향

$h+dh$

θ

h

별의 중심 방향

그림 2.3 항성대기의 평행평면근사.

라고 쓸 수 있다. 단, 원천함수는 $S \equiv \dfrac{j+\sigma J}{\kappa+\sigma}$ 이다. 그러면 LTE(국소열역

학적 평형상태)인 경우에도 $S = \dfrac{\kappa B+\sigma J}{\kappa+\sigma}$ 이 되고, S에 J(I의 적분함수)

가 포함되어 I에 관한 단순한 1차 미분방정식이 아니라 더 복잡한 연립적

분미분방정식이 되면서 훨씬 어려워진다. 즉, 형식적으로 I에 관한 해는

(식 2.8)과 같이 쓰지만 더 이상 이런 방법으로는 단순하게 적분해 I를 구

할 수 없다. 빛이 산란해 복사전달이 어려워지기 때문이다. 그래서 뒤에서

설명할 복사 모멘트를 이용해 해를 구하는 효과적인 해법을 찾아야 했다.

2.2 항성대기 모델

2.1절에서 일반적인 복사전달방정식에 관해 설명했는데 항성대기에 적용

하는 경우, 대기 표면층의 깊이가 반지름에 비해 매우 얇다는 점을 이용해

평행평면대기라는 이름으로 단순하게 나타낼 수 있다. 이 절에서는 복사

전달을 항성대기에 맞춰 특별히 응용해 다루었다. 그리고 항성대기 모델

을 구축하는 데 기본적인 가정과 방정식을 중심으로 설명하겠다.

2.2.1 항성대기에서의 복사전달

일반적으로 항성대기는 항성 반지름에 비해 깊이가 훨씬 얕기 때문에[4] 평면으로 생각해 관측자 방향인 복사진행 방향(s방향)과 평면대기의 법선(대기의 높이 h 방향)이 이루는 각도를 θ라고 하면 $\cos\theta\,ds=dh$이므로(그림 2.3), (식 2.9)는 $\cos\theta\,\dfrac{dI}{dh}=-(\kappa+\sigma)\rho(I-S)$이 된다. 그리고 대기에서 수직으로 위에서 아래로 증가하는 광학적 깊이 τ를 $d\tau=-(\kappa+\sigma)\rho\,dh$라고 정의하고 관례에 따라 $\mu\equiv\cos\theta$라고 쓰면 결국 다음 식과 같다.

$$\mu\frac{dI}{d\tau}=I-S \tag{2.10}$$

국소열역학적 평형상태에서는 $S\equiv\dfrac{\kappa B+\sigma J}{\kappa+\sigma}$이다. 이것이 보통 이용되는 평행평면대기 모델을 이용한 복사전달방정식이고 이 형식해는 (식 2.8)의 경우와 마찬가지로 바깥 방향인 $\mu>0$일 때와 안쪽 방향인 $\mu<0$일 때

$$I(\tau,\ \mu)=\int_{\tau}^{\infty}S(t)\exp\left[\frac{-(t-\tau)}{\mu}\right]\frac{dt}{\mu}\qquad(\mu>0), \tag{2.11}$$

$$I(\tau,\ \mu)=\int_{0}^{\tau}S(t)\exp\left[\frac{-(\tau-t)}{-\mu}\right]\frac{dt}{-\mu}\qquad(\mu<0) \tag{2.12}$$

이다. 후자는 복사가 표면에서 안쪽으로 입사하지 않는다는 경계조건을 고려했다. 전자는 무한하게 깊은 t까지 적분하므로 아래쪽 경계의 입사는 무시해도 좋다.

▎**4** 예를 들면 태양대기의 경우 가시연속광에서 광학적 깊이가 1이 되는 거리는 태양반지름의 1/1000이다.

2.2.2 복사장 모멘트에 따른 정식화

지금부터 설명을 위해서 편의상 복사장 모멘트로 불리는 값을 J, H, K 라고 정의하겠다. 이는 각각 I에 μ^0, μ^1, μ^2을 곱하고 모든 방향에 관해서 적분[5]해 평균한 값인데 μ에 관한 I의 함수 형태를 구하면 계산할 수 있다. 물리적으로 J는 모든 방향에 관해서 평균한 평균세기, H는 복사에너지의 실질적인 흐름(위 방향 세기 − 아래 방향 세기)의 지표가 되는 플럭스flux값이다. 이 J, H, K라는 형식해는 (식 2.11)과 (식 2.12)에서 나타난 I의 형식해와 지수적분함수라고 하는 상수 n을 매개변수로 하는 함수 $En(x)$ $\left(\equiv \int_1^\infty \frac{\exp(-xt)}{t^n}dt\right)$를 이용해

$$J(\tau) = \int \frac{I(\tau,\ \mu)d\omega}{4\pi} = \frac{1}{2}\int_{-1}^{+1} I(\tau,\ \mu)d\mu \qquad (2.13)$$

$$= \frac{1}{2}\left[\int_\tau^\infty S(t)E_1(t-\tau)\,dt + \int_0^\tau S(t)E_1(\tau-t)dt\right],$$

$$H(\tau) = \int \frac{\mu I(\tau,\ \mu)d\omega}{4\pi} = \frac{1}{2}\int_{-1}^{+1} I(\tau,\ \mu)\mu d\mu \qquad (2.14)$$

$$= \frac{1}{2}\left[\int_\tau^\infty S(t)E_2(t-\tau)\,dt - \int_0^\tau S(t)E_2(\tau-t)dt\right],$$

$$K(\tau) = \int \frac{\mu^2 I(\tau,\ \mu)d\omega}{4\pi} = \frac{1}{2}\int_{-1}^{+1} I(\tau,\ \mu)\mu^2 d\mu \qquad (2.15)$$

$$= \frac{1}{2}\left[\int_\tau^\infty S(t)E_3(t-\tau)\,dt + \int_0^\tau S(t)E_3(\tau-t)dt\right]$$

이 된다. 모멘트값을 복사전달방정식에 이용하면 해를 예측할 수 있거나 효율적으로 수치해를 계산할 수 있다는 점에서 유용하다. 예를 들면 복사

[5] $\int \frac{d\omega}{4\pi} = \int_0^{2\pi}\int_0^\pi d\phi d\theta \frac{\sin\theta}{4\pi} = \frac{1}{2}\int_{-1}^{+1} d\mu$에 주의.

전달방정식 (식 2.10)의 양변에 μ^0 또는 μ^1를 곱해서 모든 방향에서 적분해 평균하면

$$\frac{dH}{d\tau} = J - S, \tag{2.16}$$

$$\frac{dK}{d\tau} = H \tag{2.17}$$

이므로 두 식을 합해

$$\frac{d^2K}{d\tau^2} = J - S = J - \frac{\kappa B + \sigma J}{\kappa + \sigma} \tag{2.18}$$

라는 미분방정식이 성립된다. 뒤에서 설명하겠지만 정식화를 함으로써 안정적이고 정밀도가 높은 수치해를 구할 수 있다는 장점이 있다.

예를 들어 간단한 해를 구할 때 대기의 깊은 곳(τ는 1보다 훨씬 크다)에서는 확산근사로 다룰 수 있어 복사장이 간단히 표현된다.

이 경우 광학적 깊이 t가 $\tau(\gg 1)$ 가까이 있는 경우라면 원천함수 S는 $S(t) = B(\tau) + \left(\dfrac{dB}{dt}\right)_\tau (t - \tau) + \cdots$ 로 전개되고[6] 이것을 (식 2.11)과 (식 2.12)의 형식해에 대입해 적분하면 $I(\tau, \mu) \simeq B(\tau) + \mu\dfrac{dB}{d\tau}$ 가 되므로 복사의 모멘트 J, H, K는 다음과 같이 쓸 수 있다.

$$J(\tau) \simeq B(\tau), \tag{2.19}$$

$$H(\tau) \simeq \frac{1}{3}\frac{dB}{d\tau}, \tag{2.20}$$

$$K(\tau) \simeq \frac{1}{3}B(\tau) \tag{2.21}$$

---

6 차수가 올라갈수록 상대적인 중요성은 떨어지므로 1차 항까지 취하면 충분하다.

이 표식들은 매우 편리하고 항성 내부의 복사전달에 그대로 적용된다. 예를 들면 H_ν는 $H_\nu = \dfrac{1}{3} \dfrac{dB_\nu}{dT} \left| \dfrac{dT}{dr} \right| \dfrac{1}{\kappa_\nu \rho}$ 라고 쓸 수 있고(r은 중심으로부터의 거리) 이 표면의 값을 전체 진동수에 걸쳐 적분한 것은 $4\pi \displaystyle\int_0^\infty H_\nu \, d\nu = \sigma_{\mathrm{SB}} \, T_{\mathrm{eff}}^4 = \dfrac{L}{4\pi R^2}$ 처럼 T_{eff}나 L(광도), R(반지름)과 관계되므로 온도기울기 $\dfrac{dT}{dr}$에 관해서도

$$\left| \frac{dT}{dr} \right| = \sigma_{\mathrm{SB}} \, T_{\mathrm{eff}}^4 = \left(\frac{4\pi}{3\rho} \right)^{-1} \left[\int_0^\infty \frac{dB_\nu}{dT} \frac{1}{\kappa_\nu} \, d\nu \right]^{-1} \tag{2.22}$$

라고 T_{eff}를 포함하는 형태로 쓸 수 있다(단 σ_{SB}는 스테판-볼츠만 상수이다).

확산근사와 밀접하게 관련된 또 하나의 중요한 근사가 에딩턴 근사이다. 지금 확산근사를 적용할 수 있는 대기의 비교적 깊은 위치를 생각하면 (식 2.19)와 (식 2.21)로부터 $K \simeq \dfrac{1}{3} J$가 된다. 이것을 확장해 일반적으로 $K = \dfrac{1}{3} J$가 성립한다고 가정하는 것을 에딩턴 근사라고 한다. 즉 확산근사가 성립하는 $\tau \gg 1$일 때는 동시에 $K = \dfrac{1}{3} J$도 성립하는데 이것을 더욱 확장해 더 얕은 일반대기에 대해서도 이것을 가정하려는 것이 에딩턴 근사이다. 이 근사를 이용한 경우 복사전달방정식 (식 2.18)은

$$\frac{1}{3} \frac{d^2 J}{d\tau^2} = J - S = J - \frac{\kappa B + \sigma J}{\kappa + \sigma} \tag{2.23}$$

산란항이 들어가는 경우에도 J에 관해서 닫힌 2차 미분방정식이 되어 간단히 해를 얻을 수 있어 매우 편리하다. 항성 맥동이나 항성 내부구조를 계산하는 경우 표면경계 조건으로 이 에딩턴 근사를 자주 이용한다.

그러나 실제로 표면 가까이에는 에딩턴 근사가 성립하지 않으므로 이 근사를 이용해 얻은 해는 물론 엄밀해가 아니다. 하지만 엄밀해를 수치로 구하는 매우 효율적인 방법이 있다. 바로 변동 에딩턴 인자법因子法이다. 지금은 형식적으로 $K=fJ$라 쓰고 $f\left(\equiv \dfrac{K}{J}\right)$를 에딩턴 인자라고 하자(즉, 에딩턴 근사는 $f=\dfrac{1}{3}$라고 가정한다). 이것을 이용하면 복사전달방정식은

$$\frac{d^2(fJ)}{d\tau^2} = J - S = J - \frac{\kappa B + \sigma J}{\kappa + \sigma} \qquad (2.24)$$

로 미지의 인자 f를 포함하는 J에 관한 2차 미분방정식이 되는데 이것을 바탕으로 다음과 같은 순서를 반복해 구한다. 구체적으로는

(1) 먼저 모든 깊이를 $f=\dfrac{1}{3}$라고 가정한다.

(2) 이것으로 방정식 (식 2.24)는 J에 관해서 닫혀 있어 풀 수 있기 때문에 그 해를 구한다.

(3) 잠정적인 $J(\tau)$를 구하면 동시에 대응하는 $S(\tau)$값을 알 수 있어 $S(\tau)$에서 (식 2.11) 또는 (식 2.12)로 $I(\tau, \mu)$의 형식해를 구한다.

(4) 잠정 $I(\tau, \mu)$로부터 (식 2.13)과 (식 2.15)를 이용해 $J(\tau)$, $K(\tau)$을 계산할 수 있고 새로운 $f(\tau)$을 구한다.

(5) 새로 계산한 $f(\tau)$에서 (2)로 돌아간다.

(2)부터 (5)를 하나의 주기로 해를 수렴할 때까지 반복한다. 실제로 계산은 아주 빠르게 수렴되고 여러 번 반복하면 대부분 엄밀해가 된다. 또 2차 미분방정식은 1차 미분방정식(예를 들면 I에 관한 방정식)보다 수치해는 더욱 안정적이므로 이런 의미에서 정식화定式化가 유리하다.

2.2.3 대기 모델의 본질 : 온도와 압력

항성대기 모델을 계산하는 것은 항성대기에서 온도와 압력이 깊이에 따라 어떻게 변하는지를 파악하는 것이라고 할 수 있다. 에너지 분포(스펙트럼)를 계산할 때 필요한 대기가스의 복사에 대한 성질(흡수계수, 산란계수, 복사계수)은 온도와 가스압력만 알면 계산할 수 있기 때문이다. 바꾸어 말하면 흡수계수(κ_ν)나 산란계수(σ_ν)는 광학적 깊이 τ_ν의 척도와 원천함수 깊이의 의존성을 파악할 수 있다. 예를 들면 $\kappa_\nu = \sum_a \sum_\beta \sum_i n_{a,i}^\beta \dfrac{\alpha_\nu}{\rho}$ 처럼(α_ν는 흡수 단면적), 원소 각각의 에너지 수준마다 점거수 $n_{a,i}^\beta$을 계산할 수 있으면 각각의 원소(a), 각각의 이온화 단계(β), 각각의 들뜸 정도 i에서 총합을 내 계산할 수 있다. 또 한편으로는 화학조성이 주어졌을 때 온도 T와 가스압력 P_g를 알면 원소 각각의 에너지 수준마다 점거수 $n_{a,i}^\beta$을 볼츠만-사하식으로 계산할 수 있기 때문이다.

이어서 후자에 관해서 좀 더 자세히 설명하겠다. 먼저 입자수 보존조건이다. T와 P_g가 주어지면 전체 입자밀도는 이상기체방정식으로 $\dfrac{P_g}{kT}$가 되는데 이는 모든 원소의 총원자밀도(중성+각 차의 이온) N과 전자밀도 N_e의 합이므로

$$N + N_e = \frac{P_g}{kT} \tag{2.25}$$

이다. 한편, 어떤 원소 a의 원자밀도 N_a는 그 원소의 구성 A_a[7]을 이용해 $A_a N$이 되는데 이것은 중성과 각 단계 이온밀도의 총합이기 때문에 예를

---

7 여기에서 구성 A_a는 해당원소 a의 원자수 N_a의 전체원소 원자수 $N = (\equiv \sum_a N_a)$에 대한 비라고 정의한다.

들면 2차 이온화까지 고려한 경우,[8] 입자수 보존식은 다음과 같이 쓸 수 있다.

$$N_a^0 + N_a^1 + N_a^2 = N_a^1 \left(\frac{N_a^0}{N_a^1} + 1 + \frac{N_a^2}{N_a^1} \right) = A_a N \qquad (2.26)$$

여기에서 사하식 (식 2.6)에서 인접한 이온화 단계의 원자밀도비 두 개를 N_e와 T의 함수로 나타내면 괄호 안쪽을 $F_a(T, N_e)$라고 쓰면

$$N_a^1 F_a(T, N_e) = A_a N \qquad (2.27)$$

이 된다.

다음은 전하보존의 조건이다. 전자는 원소 각각이 이온화해 제공되므로

$$N_e = \sum_a (0 N_a^0 + 1 N_a^1 + 2 N_a^2)$$
$$= \sum_a \left[N_a^1 \left(1 + 2 \frac{N_a^2}{N_a^1} \right) \right] = \sum_a [N_a^1 G_a(T, N_e)] \qquad (2.28)$$

이 된다. 여기에서는 앞에서처럼 $\left(1 + 2 \frac{N_a^2}{N_a^1} \right)$을 $G_a(T, N_e)$라고 썼는데 앞의 (식 2.27)에서 얻은 N_a^1의 표식을 (식 2.28)에 대입하고 N을 위에 설명한 이상기체의 (식 2.25)를 사용해 P_g, T, N_e로 나타내면 다음과 같다.

$$N_e = \left[\frac{P_g}{kT} - N_e \right] \sum_a \left[A_a \frac{G_a(T, N_e)}{F_a(T, N_e)} \right] \qquad (2.29)$$

따라서 가스는 원소 각각의 화학조성 A_a를 계산해 T와 P_g가 주어지면

---

[8] 여기에서는 2차 이온화 단계까지만 고려했는데 더 높은 단계에서도 마찬가지다. 또 N_a^0, N_a^1, N_a^2은 각각 원소 a의 중성 단계, 1차 이온화 단계, 2차 이온화 단계의 원자밀도이다.

이 비선형방정식을(예를 들면 뉴턴랩슨법 등으로) 풀어서 전자밀도 N_e를 구한다. 그 결과 N_e와 T가 분명하므로 볼츠만–사하식을 이용해 원소 각각의 에너지 수준마다 점거수 n_i^β을 계산할 수 있다.

지금까지 계산한 것을 보면 '조성이 주어졌을 때 깊이의 함수로 항성대기의 T와 P_g를 구하는 것이 대기 모델을 계산하는 목적이다' 라는 뜻을 이해할 수 있을 것이다. 이것만 가능하다면 나머지 P_e와 N_e 또는 κ와 σ 등 다른 값은 계산해서 알 수 있다. 아니면 이미 구해져 있을 것이다.

2.2.4 기본 가정과 방정식

표준적인 항성 모델에서는 대기에 대해 기본적으로 LTE(국소열역학적 평형상태),[9] 정유체 압력평형,[10] 복사평형[11] 세 개를 가정한다.

한편, 평행평면 항성대기 모델을 구축할 때 지정하는 기본 매개변수는 T_{eff}(유효온도), $\log g$(중력가속도), A_a(각 원소의 조성) 이렇게 세 종류이다. T_{eff}는 2.2.2절에서 이미 언급했는데 항성 표면에서 입사되고 방출되는 복사에너지 플럭스($H_{bol} \equiv \int_0^\infty H_\nu d\nu$: 즉, 바깥으로 항성 표면의 단위면적을 통과하는 에너지 총량)도 $4\pi H_{bol} = \sigma_{SB} T_{eff}^4$의 관계로 연결된다($\sigma_{SB}$는 스테판–볼츠만 상수).

즉, 별의 광도는 표면 전체에서 방출되는 에너지 총합이기 때문에 반지름을 R로 해 $L = (4\pi R^2)(4\pi H_{bol}) = (4\pi R^2)(\sigma_{SB} T_{eff}^4)$라고 쓸 수 있다. 표면중력가속도 g는 정의에 따라 항성질량을 M으로, 중력상수를 G라고 써서 $g \equiv \dfrac{GM}{R^2}$이다. 그리고 2.2.3절에서 정의했듯이 원소 a의 구성 A_a은

---

9 국소적으로 열역학적 평형상태가 성립되었으며, 원자의 각 에너지 상태로의 점거수 분포는 국소적인 온도와 압력에서 사하–볼츠만식으로 계산할 수 있다. 2.3.4절도 참조.
10 대기는 정적으로 안정되고 중력과 압력은 각 점에서 균형을 이룬다는 조건이다.
11 대기의 각 점에서는 흡수되는 에너지와 복사되는 에너지가 서로 동등하게 분출하지도 흡수되지도 않으므로 전체 파장에 걸쳐 적분한 복사 플럭스는 깊이에 상관없이 일정하다는 조건이다.

그 원소의 원자수 N_a의 전체 원소의 원자수 $N(\equiv \sum_a N_a)$에 대한 비율이다. 깊이를 나타내는 지표는 기준파장[12]에서 광학적 깊이 τ_{5000}이기 때문에 결국 우리가 의도한 대로 T_{eff}, $\log g$, A_a가 주어진 조건에서 $P_g(\tau_{5000})$와 $T(\tau_{5000})$의 분포를 구하게 된다.

우선 정유체 압력평형의 방정식은 $\dfrac{dP_\mathrm{g}}{dh} = -\rho g$이며, 중력가속도 g가 이 식에 들어 있다는 점에 주의해야 한다. 한편, $d\tau_{5000} = -\rho(\kappa_{5000} + \sigma_{5000})dh$ 이기도 하므로 다음 식이 된다.

$$\frac{dP_\mathrm{g}}{d\tau_{5000}} = g(\kappa_{5000} + \sigma_{5000}) \tag{2.30}$$

다음은 복사전달방정식인데 (식 2.24)를 이용하면 각각 진동수 ν에서

$$\frac{d^2(f_\nu J_\nu)}{d\tau_\nu^2} = J_\nu - S_\nu = J_\nu - \frac{\kappa_\nu B_\nu + \sigma_\nu J_\nu}{\kappa_\nu + \sigma_\nu} \tag{2.31}$$

이다. 깊이의 변수는 $d\tau_\nu = \dfrac{\kappa_\nu + \sigma_\nu}{\kappa_{5000} + \sigma_{5000}} d\tau_{5000}$의 관계식을 이용해 τ_ν에서 τ_{5000}로 변화할 수 있다. 즉, 가장 깊은 경계점(아래쪽 경계)에서 경계조건은 (식 2.17)에 H에 대한 확산근사$\left(\simeq \dfrac{1}{3}\dfrac{dB}{d\tau}\right)$를 이용해

$$\frac{d(f_\nu J_\nu)}{d\tau_\nu} = \frac{1}{3}\frac{dB_\nu}{d\tau_\nu}$$
$$= -\frac{1}{3}\frac{dB_\nu}{dT}\frac{dT}{dh}(\kappa_\nu + \sigma_\nu)^{-1} \tag{2.32}$$

가 되고, 이 식에서 앞의 확산근사에서 도출한 $\dfrac{dT}{dh}$의 (식 2.22)를 $\dfrac{dT}{dr}$에 대입해 T_{eff}를 집어넣어 표시한다(이 경계조건에 의해서 T_{eff}가 양[+]이 되어 문제 안에 들어가게 된다).

마지막으로 복사평형식을 도출한다. (식 2.16)의 $\dfrac{dH_\nu}{d\tau_\nu}=J_\nu-S_\nu$에서 $\dfrac{dH_\nu}{dh}=-\rho(\kappa_\nu+\sigma_\nu)(J_\nu-S_\nu)$이므로 h는 대기 내의 높이이고 전체 진동수에 대해 적분한 플럭스 $H_{\mathrm{bol}}\left(\equiv\displaystyle\int_0^\infty H_\nu d\nu\right)$는 방정식

$$\frac{dH_{\mathrm{bol}}}{dh}=\frac{d}{dh}\int_0^\infty H_\nu d\nu=-\rho\int_0^\infty(\kappa_\nu+\sigma_\nu)(J_\nu-S_\nu)d\nu$$
$$=-\rho\int_0^\infty \kappa_\nu(J_\nu-B_\nu)d\nu \tag{2.33}$$

를 만족시킨다. S_ν를 J_ν와 B_ν로 쓰고 정리하면 σ는 소거된다. 복사평형의 조건이란 전체 복사에너지의 흐름(전체복사 플럭스)이 보존되고 H_{bol}이 높이에 상관없이 일정값(유효온도 정의에서 $H_{\mathrm{bol}}=\sigma_{\mathrm{SB}}T_{\mathrm{eff}}^4/(4\pi)$)을 가지므로 $\dfrac{dH_{\mathrm{bol}}}{dh}=0$, 즉

$$\int_0^\infty \kappa_\nu(J_\nu-B_\nu)d\nu=0 \tag{2.34}$$

이 대기의 곳곳에서 성립한다.

그런데 이 방정식이나 관계식에 나오는 값을 정리하면 B는 T의 함수이고 κ와 σ은 앞에서 설명했듯이 T와 P_g의 함수이기 때문에 $J_\nu(\tau_{5000})$, $T(\tau_{5000})$, $P_g(\tau_{5000})$의 해를 구해야 한다. 지금 수치해를 구할 때 실제 진동수(파장) 점의 수를 L이라고 하고, 깊이 점의 수를 D라고 하면 구해야 하

는 미지수는 모두 $L \times D + D + D = D \times (L+2)$이다. 한편, 미분방정식을 차분화했다고 생각할 때 식의 수는 D(정유체 압력평형식)와 $L \times D$(복사전달 미분방정식), D(복사평형식)을 모두 합해 $D + L \times D + D = D \times (L+2)$이다.

항성대기 모델의 계산이란 다름 아니라 수학적으로 말해 $D \times (L+2)$개의 미지수 $[J_\nu(\tau_{5000}), T(\tau_{5000}), P_g(\tau_{5000})]$가 복잡하게 뒤얽힌 $D \times (L+2)$개의 비선형 연립방정식의 해를 구하는 것이다. 이 구체적인 수치해법에 관해서는 옛날부터 많은 사람들이 다양하게 고민하며 방법을 모색해 왔다. 일반적으로 어떤 $T(\tau_{5000})$의 초기해에서 시작해 복사평형식에 보정을 더하는 $T(\tau_{5000})$의 개선을 반복하는 반복법iteration에 기초한 것들이 많다. 더 자세한 내용을 알고 싶다면 책 뒤의 참고문헌을 참조하기 바란다.

2.2.5 대류의 취급

2.2.4절에서 복사평형상태인 대기 모델에 관해서 설명했는데 실제로 항성대기는 복사로만 에너지를 전달하는 것이 아니라 특히 온도가 비교적 낮은 별에서는 대류가 중요한 역할을 한다. 그러나 대류를 다루기는 매우 어렵고 대류가 영향을 미친다는 것만으로 문제의 난이도는 훨씬 높아진다. 즉 대류의 문제는 복사전달의 문제와 마찬가지로 전체적으로 생각해야 해를 구할 수 있다.

대표적으로 가장 간단한 고전적인 대류이론인 혼합거리이론이 보통 이용되지만 간단하다고 해도 이해하기 쉽지는 않다. 이 이론은 어떤 점의 물리량 또는 그 미분값만으로 대류 플럭스를 계산하는 국소적 이론이라는 점이 특징이며, '뜨거운 기포가 생겨 상승해서 주변에 에너지를 전달하고 사라질 때까지 얼마나 움직일까' 라는 혼합거리 l을 평균적인 거리매개변수로 도입하고 이를 이용해 대류로 옮겨지는 에너지 플럭스의 크기를 나타낸다. 혼합거리는 주로 압력의 높이척도(H_p)를 단위로 표시하고 일반적으로 이 인자의 크기는 1 정도(예를 들면 ~0.5 — 2)이다.

대기에 대류가 일어날 경우 보존되어야 하는 전체 에너지 플럭스의 계산에서 복사로 전달되는 에너지는 물론, 대류로 전달되는 에너지도 함께 고려해야 한다. 그 경우 다음과 같은 순서로 계산한다.

(1) 먼저 복사평형 모델을 계산한다.

(2) 복사평형 모델에서 대류가 일어나는 조건이 충족되면 대류 플럭스 $H_{\mathrm{conv}}(\tau_{5000})$를 계산한다. 이를테면 혼합거리이론을 이용할 수도 있다.

(3) 일반적으로 $H_{\mathrm{conv}}(\tau_{5000})$와 복사 플럭스 $H_{\mathrm{rad}}(\tau_{5000})$를 합한 전체 플럭스 $H_{\mathrm{tot}}(\tau_{5000})$는 아직 $\sigma_{\mathrm{SB}}\,T_{\mathrm{eff}}^4/(4\pi)$과 동등하지 않아서 $\Delta H(\tau_{5000})\equiv H_{\mathrm{rad}}(\tau_{5000})+H_{\mathrm{conv}}(\tau_{5000})-\sigma_{\mathrm{SB}}\,T_{\mathrm{eff}}^4/(4\pi)$의 나머지를 계산하고 이것이 0에 가깝도록 온도분포 $T(\tau_{5000})$를 보정한 후 이를 바탕으로 모델을 재계산한다.

(4) (1)로 돌아가서 이 과정을 반복하고 수렴될 때까지 계속한다.

일반적으로 대류 플럭스가 들어가면 복사평형의 경우보다 모델 계산의 수렴이 늦어져 정밀한 해를 구하기 어렵다.

2.2.6 흡수계수의 역할

실제로 별의 스펙트럼(에너지 분포형태)을 재현할 수 있는 대기 모델을 계산할 수 있느냐는 얼마나 현실적인 이론적 흡수계수를 이용하는지가 가장 중요한 포인트이다. 대기구조에 대한 영향에 관해서는 본질적으로 연속흡수계수(κ, σ)가 중요하지만, 더불어 선흡수계수(l_ν : 뒤에 2.3.1절에서 상세히 설명한다)의 역할도 무시할 수 없다.

2.1.1절에서 설명한 것처럼 연속흡수에 관해서는 '속박 — 자유' 천이와 '자유 — 자유' 천이 두 종류가 있다. 연속흡수계수에 관해서는 갖가지 원소

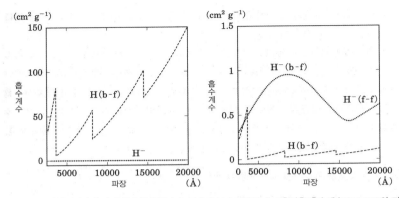

그림 2.4 항성대기에서 가장 중요한 중성수소 흡수계수(긴 점선)와 수소음이온 흡수계수(짧은 점선)의 파장에 대한 의존도. 왼쪽 그림과 오른쪽 그림은 각각 유효온도(T_{eff})가 1만 K과 6000 K 모델(log g=4.0, 태양구성)의 τ_{5000}=1인 지점의 상태에 대응한다. 그림의 b-f는 속박-자유천이의 흡수, f-f는 자유-자유천이의 흡수를 나타낸다.

가 얽혀 있는데 더욱 중요한 것은 수소에 따른 것(중성수소의 속박-자유, 수소음이온에 따른 속박-자유와 자유-자유)이다. 일반적으로 F형보다 저온인 별은 수소음이온의 연속흡수가 본질적으로 중요한데 이 수소음이온(H⁻)의 흡수는 진동수에 따른 변화가 완만하다(그림 2.4 오른쪽). 한편 상대적으로 고온인 별에서는 중성수소의 속박-자유흡수가 더욱 중요하며, 연속흡수계수에는 라이만 계열과 발머 계열 등 수소원자의 각 수준에 맞는 몇 가지 계열이 있는데 전체적으로 보면 진동수에 대해 복잡하고 커다란 변화를 보인다(그림 2.4 왼쪽).

또 다른 원소(예를 들면 탄소, 규소, 망간)의 속박-자유천이에서 비롯되는 연속흡수도 자외영역에서 특히 중요하다. 그리고 매우 고온인 별(O형 별 등)에서는 자유전자에 따른 산란(톰슨 산란)도 효과적이라는 것을 잊어서는 안 된다. 그림 2.4의 두 그래프를 비교해 알 수 있듯이 조기형 별(그림 2.4 왼쪽) 흡수계수의 크기 또는 파장에 대한 변화의 폭은 만기형 별(그림 2.4 오른쪽)보다 눈에 띄게 약 100배 크다는 점에 주의하기 바란다.

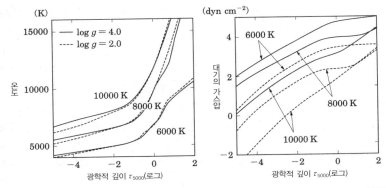

그림 2.5 대기의 온도구조(왼쪽)와 압력구조(오른쪽)의 대표적인 모델. $T_{\text{eff}}=6000$, 8000, 1만 K과 $\log g(\text{cm s}^{-2})=2.0$(점선), 4.0(실선)의 조합으로 이루어진 태양구성 모델을 나타냈다.

한편, 선흡수계수는 이산 수준 사이의 '속박–속박' 천이인데 이것은 여러 가지 원소가 관련되어 있으므로 당연히 가지각색이다. 보다 고온인 조기형 별에서 특히 강하며 중요한 선은 수소선(가시광 영역에서는 발머 계열)이다. 일반적으로 저온인 만기형 별일수록 흡수선이 중요해지고 세기가 아주 강한 스펙트럼선들은 더 이상 서로 분리할 수 없게 달라붙어 하나가 되어 마치 의연속흡수疑連續吸收처럼 되는 일도 있다.

2.2.7 대기구조와 매개변수 의존성

이렇게 구축된 LTE의 항성대기 모델에 따르면 항성대기 구조의 기본적 매개변수에 대한 의존성은 일반적으로 다음과 같은 경향을 보인다. 온도 T는 얕은 층에서 깊은 층을 향하여 완만하게 증가하고 기준파장의 광학적 깊이 $\tau_{5000}\sim1$에서 대체로 $T\sim T_{\text{eff}}$이 된다(즉 우리는 $T\sim T_{\text{eff}}$의 층을 보고 있다). 그리고 정해진 광학적 깊이로 비교한 경우 T는 $\propto T_{\text{eff}}$처럼 유효온도 T_{eff}에 거의 비례하는데 $\log g$에는 그다지 영향을 받지 않는다(그림 2.5 왼쪽).

대기의 가스압 P_g도 얕은 층에서 깊은 층으로 완만하게 증가하고 정해진 광학적 깊이로 비교한 경우 P_g는 $\log g$가 커짐에 따라서 증대한다(그림 2.5 오른쪽). 표면중력이 강할수록 중력의 압박이 강해져 가스의 압력도 높아지기 때문이다. 더불어 $\log g$ 값이 같아도 T_{eff}가 높으면 P_g가 작아지는데 그 이유는 흡수계수가 보다 크기 때문에(τ_{5000}가 같다는 조건) 더욱 얕아이에 따라 압력이 낮은 층을 보고 있기 때문이다.

대류는 $T(\tau_{5000})$에 영향을 줄 수 있다. 에너지를 전달하는 데 대류가 중요한 역할을 했다면(혼합거리에 영향을 받는다) 기여도에 따라(복사평형의 경우에 비해) 온도기울기가 작아진다. 그림 2.5 왼쪽의 저온도 모델은 대류효과가 나타나 $T_{\text{eff}}=6000$ K인 별 모델에서 $\tau_{5000}>1$일 때 온도기울기가 다른 모델에 비해 두드러지게 작아졌다. 이는 확산근사에서 $|dT/dr|$는 H_{rad}와 관련이 있고 $H_{\text{rad}}+H_{\text{conv}}$는 일정하기 때문에 H_{rad}는 H_{conv}가 커지면서 감소하기 때문이다.

2.3 스펙트럼선 형성과 화학조성 분석

19세기의 철학자 오귀스트 콩트는 "인류는 절대로 천체가 어떤 물질로 이루어졌는지를 알아낼수 없다"고 말했는데 이는 콩트의 오판이었다. 천체 스펙트럼에 새겨진 무수한 흡수선 프라운호퍼선이 항성의 표면물질 조성을 확실히 보여주기 때문이다. 항성분광학은 '흡수선 스펙트럼을 분석해 항성의 화학조성을 파악하고 그 결과를 이용해 천체(항성과 은하)의 진화를 연구한다' 라는 목표가 뚜렷했기 때문에 이만큼 발전할 수 있었다. 최근에는 2.2절에서 배운 항성대기 모델을 응용해 계산기로 수치를 계산하고 이를 바탕으로 조성을 주로 분석하는데 여기에서는 선배들이 걸어온 길을 되돌아보며 고전적인 분석 모델을 기초로 계산하는 방법을 중심으로 설명하겠다.

2.3.1 선흡수계수의 윤곽

가느다란 이산 수준 사이의 속박 – 속박천이로 스펙트럼선 한 줄이 만들어 지는데, 흡수든 발광이든 일정 진동수만으로 일어나는 δ함수로 보이지만, 실제로 진동수 범위는 그리 좁지도 않고 연속적으로 세기가 변화하며 일정 폭을 가진다.

그리고 윤곽형상은 원자가 임의의 열운동에 따른 흐림현상(열 도플러 효과)과 원자 고유의 성질이나 외부에서 오는 요란에 따른 흐림현상(감쇠효과 damping effect), 이렇게 두 가지 요소로 결정된다. 우선 원자가 임의적으로 열운동을 해 도플러 효과에 따른 흐림현상은 원자의 열 운동의 시선방향 성분분포에 좌우된다. 이는 일반적으로 통계역학에서 배우는 맥스웰 분포 (온도에 따른 가우스 분포)로 설명할 수 있다.

한편, 바닥상태가 아닌 들뜸상태에 있는 원자는 평균수명(Δt)이 있어 안 정적으로 그 상태를 계속 보전하는 것이 아니라, 언젠가는 다른 상태로 천 이하기 때문에 불확정성 원리에 따라 $\Delta E \sim h/\Delta t$의 수준으로 확산되며 흐 릿해진다. 이런 이유로 스펙트럼선에 폭이 생긴다. 이것을 감쇠효과라고 하는데 크게는 자발적인 하락으로 생기는 것(자연감쇠natural damping γ_{rad} : 일정)과 주변입자의 요란(충돌)으로 일어나는 것(충돌감쇠collision damping) 두 종류로 나눌 수 있다.

충돌감쇠에서는 중성수소 충돌로 생기는 반데르발스 감쇠van der Waals damping(γ_{H} : 저온도별에서 중요)와 자유전자 충돌로 생기는 슈타르크 감쇠 Stark damping(γ_{e} : 고온도별에서 중요)가 중요하다. 두 가지 모두 충돌입자의 밀도와 속도(열운동)에 따라 충돌 크기가 달라지므로 충돌감쇠효과는 깊이 에 따라 달라진다. 전체 감쇠폭(각진동수 $\omega \equiv 2\pi\nu$로 나타낸 흐림윤곽의 반값 폭)은 이것들을 전부 합해 $\Gamma_{\mathrm{tot}} = \gamma_{\mathrm{rad}} + \gamma_{\mathrm{e}}(\tau) + \gamma_{\mathrm{H}}(\tau)$이다.

선흡수윤곽을 표현하는 함수를 구체적으로 알아보자. 우선 도플러 효과에 따른 흐림현상은 원자의 열운동 시선방향성분 분포에 좌우된다. 이것은 보통 맥스웰 분포이므로 윤곽은 $f_g(x) \propto \exp(-x^2)$처럼 가우스함수이다. 여기에서 $x \equiv \dfrac{\nu - \nu_0}{\Delta\nu_D}$이고 ν_0는 선 중심의 진동수이며, $\Delta\nu_D$는 열운동에 대응하는 도플러 폭($(\nu_0/c)\sqrt{2kT/m}$)이다(m은 원자의 질량).

한편, 감쇠효과를 구체적인 선윤곽 표식으로 나타내면 이른바 분산함수인 $f_d(x) \propto \dfrac{1}{a^2 + x^2}$의 형태로 $\left(a \equiv \dfrac{\Gamma_{tot}/2}{2\pi\Delta\nu_D}\right)$, 선 중심에서 떨어지더라도 완만하게 역 2제곱으로 감소한다. 결국 이 두 가지를 계산해서 합한 것이 최종적인 선흡수계수 윤곽으로 $\phi(x) \propto f_g(x) * f_d(x) \equiv \displaystyle\int_{-\infty}^{+\infty} f_g(y) f_d(x-y)\,dy$로 나타낸다. 규격화한 $f_g(x) * f_d(x)$를 힐팅함수 $H(a, x)$라고 하고 다음 식과 같이 나타낸다.

$$H(a, x) \equiv \frac{a}{\pi} \int_{-\infty}^{+\infty} \frac{\exp(-y^2)}{(x-y)^2 + a^2}\,dy \qquad (2.35)$$

$H(a, x)$는 $|x| \sim 3$을 경계로 선 중심의 핵(도플러 부분)에서는 $\sim \exp(-x^2)$이고, 중심에서 훨씬 떨어진 날개(감쇠부)에서는 $\sim \left(\dfrac{a}{\sqrt{\pi}}\right) x^{-2}$라고 근사할 수 있다(그림 2.6). 따라서 핵에서는 $\phi(x) \sim f_g(x)$이고, 날개에서는 $\phi(x) \sim f_d(x)$라는 특징을 충족해야 한다.

지금까지 원자의 도플러 운동폭($\Delta\nu_D$)과 감쇠상수(a)에 따라 달라지는 선흡수윤곽 형상에 관해서 설명했는데 선흡수단면적 $a_{i \to j}(\nu)$을 전체 윤곽을 보충하듯 진동수 전체로 적분한 값(전체 흡수량)은 천이 $i \to j$의 선흡수 윤곽 매개변수($\Delta\nu_D$나 a)와 상관없이 천이확률(진동자 강도라고도 한다) f_{ij}에만 비례하는 상수여야 한다. 즉, 전체 흡수량은 원자의 운동 상태와 주변

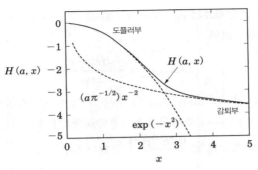

그림 2.6 힐팅함수 $H(a, x)$ 의 형상, 그리고 핵 영역과 날개 영역에서 함수근사.

환경에 관계없는 원자의 고유상수이기에 f_{ij}의 정의에서 $\int \alpha_{i \to j}(\nu) d\nu = \dfrac{\pi e^2}{m_e c} f_{ij}$가 되어야 한다. 그리고 여기에서 $\alpha_{i \to j}(\nu)$는 $\Delta \nu_D$에 반비례해야 한다. 즉, $x \equiv \dfrac{\nu - \nu_0}{\Delta \nu_D}$에서 $d\nu = \dfrac{dx}{\Delta \nu_D}$로 변수 변환하면 $\int \alpha_{i \to j}(\nu) d\nu \propto \Delta \nu_D \int H(a, x) dx = \Delta \nu_D$가 되므로, $\int \alpha_{i \to j}(\nu) d\nu$가 $\Delta \nu_D$에 의존하지 않으려면 $\alpha_{i \to j}(\nu)$가 $(\Delta \nu_D)^{-1}$라는 인자를 포함해야 $\alpha_{i \to j}(\nu) \propto H(a, x)$가 성립된다. 결국

$$\alpha_{i \to j}(\nu) \propto \frac{f_{ij} H(a, x)}{\Delta \nu_D} \tag{2.36}$$

가 되고 $\alpha_{i \to j}(\nu)$는 a를 매개로 해 f_{ij}, $\Delta \nu_D$, Γ_{tot}라는 세 매개변수를 포함하는 윤곽이 된다. 단위질량당 선흡수계수 l_ν는 a를 이용해 레벨 i에 있는 원자밀도를 n_i이라 하고 $l_\nu \equiv \dfrac{n_i \alpha_{i \to j}(\nu)}{\rho}$로 쓸 수 있다.[13]

---

13 엄밀하게는 n_j에 의존하는 유도복사(이 진동수를 외부에서 복사받아 $j \to i$의 아래 방향으로 천이하면서 대응하는 광자의 방출을 일으키는 것)의 보정인자 $1 - (n_j/g_j)/(n_i/g_i)$를 곱하는데(국소열역학 평형상태인 경우 이 인자는 $1 - \exp(-h\nu/\kappa T)$가 된다), 대부분 이 보정은 작아서 별로 중요하지 않다.

2.3.2 등가폭과 성장곡선

그렇다면 선흡수계수를 이용해 관측한 별의 스펙트럼 선윤곽을 시뮬레이션해 보자. 실제로 항성대기와 비슷해 자주 이용되는 모델은 이른바 밀른-에딩턴 모델Milne-Eddington model로 이것은 반무한의 평행평면대기에서 다음을 가정한다.

(1) 원천함수가 연속흡수의 광학적 깊이 τ_c에 관해 $B(\tau_c) = B_0 + B_1\tau_c$와 같은 1차함수로 여기에서는 간단하기 때문에 순흡수를 가정해 산란은 무시하기로 한다.

(2) 선흡수와 연속흡수의 비율 $\eta_\nu \left(\equiv \dfrac{l_\nu}{\kappa_c} \right)$은 깊이에 상관 없이 일정하다.

여기에서 선흡수 윤곽은 정식의 힐딩함수 $H(a, x)$를 이용해 $\tau_\nu = \tau_c(1+\eta_\nu) = \tau_c(1+\eta_0 H(a, x))$라고 쓴다. 단, η_0는 선 중심에서의 η이다. 점으로 보이는 별에서 관측되는 빛은 원반 전체의 영향이 합쳐진 것이기 때문에 표면에서 입사되고 방출된 플럭스 H_ν[14]의 스펙트럼을 구해야 한다. 지금의 경우 $S = B = B_0 + B_1\tau_c$으로 주어지므로 2.2.2절에서 설명한 형식해의 식을 직접 적용할 수 있고 표면 플럭스 $H_\nu(0)$는 직접 적분할 수 있어서 다음과 같이 쓸 수 있다.

$$H_\nu(0) = \frac{1}{2}\int_0^\infty [B_0 + B_1\tau_c(1+\eta_\nu)^{-1}] E_2(\tau_\nu) d\tau_\nu$$

$$= \frac{1}{2}\left[\frac{B_0}{2} + \frac{1}{3}\frac{B_1}{1+\eta_\nu} \right]$$

$$= \frac{B_0}{4} + \frac{B_1}{6}\frac{1}{1+\eta_0 H(a, x)} \tag{2.37}$$

| **14** 비강도 I_ν를 방향 코사인direction cosine μ를 겹쳐 전체 방향으로 적분한 것.

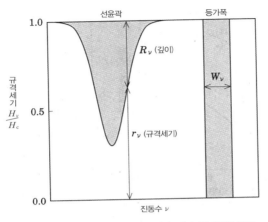

그림 2.7 스펙트럼선 윤곽의 규격세기, 깊이, 등가폭의 정의.

여기에서 중요한 관측값인 등가폭(적분세기)을 정의해 보자. 연속 레벨 세기를 H_c라고 하고, 스펙트럼선 내의 진동수가 ν인 부분의 세기를 H_ν라고 하면, 규격화 세기는 $r_\nu \equiv H_\nu/H_c$이고, 깊이는 $R_\nu \equiv 1 - r_\nu = 1 - H_\nu/H_c$로 정의되는 값이다. 그리고 스펙트럼선의 등가폭 W는 R_ν의 전체 윤곽 범위에 걸친 적분값이다(그림 2.7 왼쪽). 즉, $W = \int R_\nu d\nu = \int \left(1 - \dfrac{H_\nu}{H_c}\right) d\nu$

이다. 등가폭은 폭의 차원을 가지고 파장이든 진동수든 모두 정의할 수 있는데 실제 분석에서는 파장으로 측정하는 경우가 많다. 단 여기에서는 편의상 진동수로 설명하겠다. 등가폭은 흡수량(흡수부의 적분면적)을 가리키는 검은 부분인 세기 0의 선폭으로 생각할 수 있다(그림 2.7 오른쪽).

그렇다면 위에서 설명한 밀른－에딩턴 모델에서 항성 외부의 관측자가 관측한 스펙트럼선의 깊이 R_ν와 등가폭 W를 계산해 보자. 앞에 $H_\nu(0)$의 (식 2.37)에서 $\eta_0 = 0$이라면 $H_c = \dfrac{B_0}{4} + \dfrac{B_1}{6}$이기 때문에[15]

▌**15** 항성의 표면값을 나타내는 '0'은 편의상 생략했다.

$$R_\nu = 1 - r_\nu = 1 - \frac{H_\nu}{H_c}$$

$$= \left(1 + \frac{3}{2}\frac{B_0}{B_1}\right)^{-1} \left(\frac{\eta_\nu}{1+\eta_\nu}\right) \tag{2.38}$$

이 된다. 이것이 스펙트럼선 윤곽을 나타내는 식이다. η_ν를 늘려가면 R_ν도 함께 증가하는데 $\eta_\nu \gg 1$이면 R_ν는 $\left(1 + \frac{3}{2}\frac{B_0}{B_1}\right)^{-1}$ 라는 값으로 포화하는 것에 주의해야 한다(그림 2.8 왼쪽 : 이는 아래 설명한 성장곡선의 변화와 관련 있다). 등가폭 W는 이것을 적분해 다음 식이 된다(이 변수 변환에서는 $dx = d\nu/\Delta\nu_D$를 이용했다).

$$W = \int \left(1 - \frac{H_\nu}{H_c}\right) d\nu$$

$$= \left(1 + \frac{3}{2}\frac{B_0}{B_1}\right)^{-1} \Delta\nu_D \left[\int_{-\infty}^{+\infty} \eta_0 \frac{H(a, x)}{1 + \eta_0 H(a, x)} dx\right]$$

$$= \left(1 + \frac{3}{2}\frac{B_0}{B_1}\right)^{-1} \Delta\nu_D w^* \tag{2.39}$$

여기에서 w^*는 무차원값으로 다음과 같이 정의한다.

$$w^* \equiv \int_{-\infty}^{+\infty} \eta_0 \frac{H(a, x)}{1 + \eta_0 H(a, x)} dx \tag{2.40}$$

그런데 w^*를 적분해 W를 η_0와 a의 함수로 나타낼 수 있는데, 특히 $\log W$의 $\log \eta_0$에 대한 관계를 나타낸 그림을 성장곡선이라고 한다(그림 2.8의 오른쪽). 성장곡선은 η_0값에 따라서 수학적으로 세 부분으로 나뉜다.

(1) $\eta_0 \ll 1$일 때 선의 세기가 약하면 $w^* \simeq \left(\frac{\sqrt{\pi}}{2}\right) \eta_0$이 되고 W는 η_0에 대해 선형적으로 변한다(선형부).

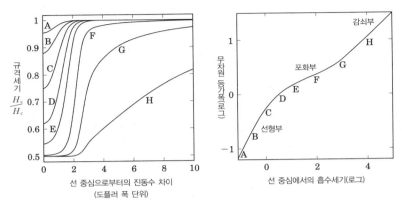

그림 2.8 η_0(선 중심에서 선흡수 대 연속흡수의 비)가 증대함에 따른 선윤곽 H_ν/H_c의 변화(왼쪽) 및 등가폭 ω^*의 변화(오른쪽, 성장곡선). 이 예는 선흡수 밀른-에딩턴 모델로 $B_1/B_0=3/2$, $a=10^{-2}$인 경우이다. 그림 안의 각 알파벳은 η_0의 각각 다른 값(log $\eta_0=$−1, −0.5, 0, +0.5, +1, +2, +3, +4)에 대응한다.

(2) $\eta_0 \gg 1$일 때 선의 세기가 강하면 $w^* \simeq \dfrac{\sqrt{\pi a \eta_0}}{2}$가 되므로 W는 $a\eta_0$의 1/2제곱으로 변한다(감쇠부).

(3) 선형부와 감쇠부의 중간에 위치하는 적당히 강한 선은 $w^* \simeq \sqrt{\ln\eta_0}$ 이므로 W의 η_0에 대한 의존성은 훨씬 약해진다(포화부).[16] 여기에서는 일반 적인 별의 표면 플럭스 $H_\nu(0)$를 생각하는데 태양의 원반 각 지점에서 $I_\nu(0, \mu)$의 스펙트럼도 (식 2.39)와 거의 같은 식을 도출할 수 있어서 함께 논의할 수 있다.

2.3.3 성장곡선을 이용한 화학조성의 결정

이렇게 W를 $f(\eta_0, \Delta\nu_D, a)$와 같은 매개변수 함수로 나타냈는데 여기에서 가장 중요한 것은 η_0이다. 이것은 선 중심에서 선흡수계수와 연속흡수계수

---

16 이 분석해를 도출하는 것은 책 뒤의 참고문헌 참조.

의 비[17]이므로 선흡수에 주어진 천이의 아랫부분에 들뜸상태인 점거밀도 n_i와 그 원소의 화학조성 A와 직접 관련 있다. 지금 어떤 원소의 원자는 실질적으로 정해진 하나의 이온화 단계(예를 들면 중성)에 집중적으로 존재하고 다른 이온화 단계는 무시해도 좋을 때가 있다. 이 경우 볼츠만 분포식 (식 2.2)로부터 $n_i \propto g_i \exp\left(-\dfrac{E_i}{kT}\right)$이고 $i \to j$의 천이확률을 주로 이용하는 진동자 강도 f_{ij}로 나타내면 $\eta_0 \propto A g_i f_{ij} \exp\left(-\dfrac{E_i}{kT}\right)$가 되기 때문에 결국

$$\log \eta_0 \simeq \log A + \log (g_i f_{ij}) - E_i \left(\frac{5040}{T_{\mathrm{exc}}}\right) + C \qquad (2.41)$$

라고 쓸 수 있다. 여기에서 E_i는 전자볼트를 나타낸다. 또 C는 상수[18]로 모델이 주어지면 정해진다. 따라서 선형성층의 들뜸온도 T_{exc}[19]를 미리 추정할 수 있다면 관측되는 각 스펙트럼선의 등가폭 $\log W$를 $\log (g_i f_{ij}) - E_i \left(\dfrac{5040}{T_{\mathrm{exc}}}\right)$에 대해 그래프(경험적 성장곡선)로 만들고(예를 들면 그림 2.9의 검은 점), 그것을 이론적 성장곡선인 $\log W$ 대 $\log \eta_0$ 그림과 비교해 가로축 방향과 세로축 방향으로 적당히 옮겨 두 개를 일치시키고 가로축을 얼마나 이동했는지 알면 그 후 이 원소의 화학조성 $\log A$를 알 수 있다. 이것이 성장곡선을 이용한 고전적 화학조성 분석법이다.[20]

---

17 선의 세기는 선흡수계수 자체가 아니라 선흡수/연속흡수의 비로 결정된다는 것이 중요하다.

18 실제로는 약한 파장 의존성이 있지만 여기에서는 무시했다.

19 여기에서는 온도 T를 이른바 들뜸온도 T_{exc}로 치환하는데 이것은 (실제 T는 깊이에 의존하고 균일하지 않으므로) 대기의 들뜸상태를 대표하는 온도라는 의미로 사용했다. T_{exc}의 값으로 유효온도를 대신 사용하는 것은 비교적 좋은 근사이다. 또 경험적 성장곡선점의 편차가 가장 작아지도록 T_{exc}를 구하는 경우도 많다.

20 단, 이렇게 해서 구한 $\log A$(절대조성)의 값은 가정의 타당성과 선의 gf값 등에 직접 영향을 받으므로 계통오차를 포함하는 경우가 많다. 그러나 목표가 되는 별과 기준이 되는 별 모두에 이 성장곡선법을 적용해 두 가지의 조성 차이($\Delta \log A$: 상대조성)를 구하는 경우(이른바 차분해석 방법)에 이런 오차를 크게 줄일 수 있다.

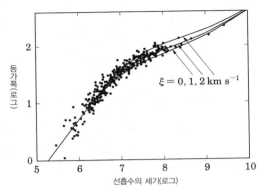

그림 2.9 태양 플럭스 스펙트럼의 중성철 스펙트럼선의 등가폭에서 들뜸온도를 $T_{exc} = T_{eff} = 5780\,K$ 로 가정해서 그린 경험적인 성장곡선(검은 점)과 태양대기 모델에서 미소난기류 속도가 0, 1, 2 km s^{-1} 등의 세 가지 값으로 계산한 이론적 성장곡선(실선). 두 선이 서로 모이듯 가로축과 세로축의 그래프를 조절하고 있다.

　여기에서 마이크로 난기류(미소微小난기류)라고 하는 특별한 매개변수에 관해 언급하기로 한다. 방금 전 밀른–에딩턴 모델의 W를 계산했을 때 $W \propto \Delta\nu_D w^*$이고 w^*의 η_0의 의존성은 선형부에서 $\propto \eta_0$, 포화부에서 $\propto \sqrt{\ln\eta_0}$, 감쇠부에서 $\propto \sqrt{\eta_0}$였다. 여기에서 η_0는 선 중심에서 선흡수계수에 비례하기 때문에 $\eta_0 \propto (\Delta\nu_D)^{-1}$처럼 $\Delta\nu_D$에 반비례하는 것에 주의하면[21] W는

(1) 선형부에서는 $\Delta\nu_D$에 의존하지 않고

(2) 포화부에서는 $W \propto \Delta\nu_D$로 강하게 의존하고

(3) 감쇠부에서는 $W \propto (\Delta\nu_D)^{1/2}$로 약하게 의존한다.

　즉, W는 포화부에서 $\Delta\nu_D$에 대해 가장 민감하다는 결론이 나온다. 여기

---

21 2.3.1절에서 $ai \rightarrow j(v)$의 논의 참조.

에서도 원래 정의는 $\Delta\nu_D = \dfrac{\nu_0}{c}\sqrt{\dfrac{2kT}{m}}$ 라서 원자의 임의적인 열운동의 도플러 효과를 나타내는데, 이 열운동만 고려하면 많은 경우 포화부 선의 세기가 관측과 맞지 않는 것으로 나타났다. 이는 아마도 항성대기에 미세한 난기류운동이 존재하고 그 효과로 도플러 폭이 더욱 증대하는 것으로 해석된다. 그래서 마이크로 난기류 매개변수 ξ를 도입해 $\Delta\nu_D = \dfrac{\nu_0}{c}\sqrt{\dfrac{2kT}{m} + \xi^2}$ 로 다시 정의했다. ξ는 구성분석을 할 때 부산물처럼 나타나는 매개변수로 본다. ξ는 포화부의 선에 크게 영향을 주지만 선형부의 약한 선에는 거의 영향을 주지 않으므로 두 개를 이용해 파악할 수 있다. 그림 2.9의 경우는 $\xi = 1\ \mathrm{km\ s^{-1}}$이 최적임을 알 수 있다.

성장곡선의 감쇠 매개변수는 대기의 밀도에 따라 보통 $10^{-4} \sim 10^{-1}$의 값을 가지는데 이 매개변수는 매우 강한 감쇠부 선에 가장 효과적이다 ($W \propto \sqrt{a}$처럼). 한편, $a \propto \Gamma_{\mathrm{tot}}$에서 Γ_{tot}는 자연감쇠뿐 아니라 충돌감쇠도 포함하므로 대기의 밀도에 영향을 받고 대기의 밀도는 중력가속도가 커질수록 높아지므로 성장곡선의 감쇠부는 대기의 중력 가속도에 영향을 준다. 일반적으로 말해서 감쇠상수의 크기는 불확정성이 커서 감쇠부에 있는 강한 선은 조성비를 파악하는 분석에는 사용하지 않는 것이 좋다.

2.3.4 대기 모델을 이용한 화학조성 분석과 non-LTE 효과

지금까지 선이 형성되는 것을 분석적으로 설명할 때 밀른–에딩턴 모델을 이용했는데 현재 이 모델은 고전적인 의미만 가질 뿐이다. 지금은 이론성장곡선을 바탕으로 조성을 분석하는데 이것은 T_{eff}, $\log g$, 각 원소의 조성 A_a를 매개변수로 하는 더욱 실제적인 대기 모델로, 이론적 스펙트럼선 윤곽에서 선등가폭을 조성 A와 마이크로 난기류 ξ에 대해 수치적으로 계산했다.

최근에는 등가폭(적분세기)을 이용하기보다 일정 파장 범위에서 이론적으로 스펙트럼 형상 윤곽을 세밀하게 계산하고(스펙트럼 합성계산), 이것을 실제로 스펙트럼과 직접 비교해 맞춰보는 방법을 주로 이용한다. 이 방법을 이용하면 스펙트럼선끼리 서로 섞이고 달라붙어 등가폭을 세밀하게 측정할 수는 없어도 어려움 없이 분석할 수 있다.

최근에는 계산기를 이용해 간단하면서도 신속하고 정밀도가 높은 분석결과가 나오기 때문에, 등가폭 데이터를 끈기있게 수작업해 그래프를 만들고 전통적인 성장곡선을 분석하는 것은 현실적으로는 거의 도움이 되지 않는다. 그러나 고전적인 방법을 기초로 분석해 보는 것은 매우 교육적이므로 천문학을 공부하는 사람은 한 번쯤 시도해볼 만하다.

이어서 지금까지 암묵적인 전제조건이었던 LTE의 가정에 관해서 간단히 살펴보자. 이 LTE는 '국소열역학 평형상태'를 말하며, 이것을 가정하면 각 레벨의 점거수에 관해서는 볼츠만-사하 분포가 성립하고 원천함수도 $S_\nu = B_\nu$처럼 국소적인 온도에만 의존하는 플랑크 함수가 된다. 이 가정은 편리하지만 언제나 타당한 것은 아니다. 실제로 광학적 깊이 τ가 큰 값일 때는 확실히 LTE가 성립하지만 표면 근처의 광학적으로 얕은 층에서는 분명 타당하지 않다(광자가 빠져나가 잃게 된다).

LTE를 가정하지 않은 경우를 non-LTE라고 하는데, 이 경우 레벨의 점거수 밀도는 이른바 통계평형식으로 결정된다. 즉, 레벨 i에서 레벨 j로 이행할 확률을 P_{ij}라고 하고 정상상태에서는 출입의 총합이 0이 되는 $\sum_j P_{ij} n_j = 0 (i=1, \cdots, N)$으로 n에 관한 선형방정식으로 결정된다. 이것은 언뜻 간단해 보이지만 실은 P_{ij}는 $C_{ij} + R_{ij}$라고 쓰고 충돌에 따른 효과(C_{ij})와 복사에 따른 효과(R_{ij})로 나뉜다.

전자는 주로 전자밀도와 온도에 따라 국소적으로 결정되므로 대기 모델 구조가 주어지면 계산할 수 있어 문제가 없지만, 후자는 각 스펙트럼선 내의 복사장(J_ν)을 모르면 계산할 수 없다. 그리고 J는 흡수계수(n에 의존)를 파악해 복사전달을 풀지 않으면 값을 구할 수 없다. 즉, J에 관한 복사전달방정식과 n에 관한 통계평형식은 서로 얽혀 있어서 실제로 문제가 매우 어렵다(n은 J의 영향을 받고 반대로 J는 n의 영향을 받는다).

그렇지만 최근에는 가속 람다 반복법 등 유력한 수치해법이 나온 데다 계산기까지 좋아져 이 non-LTE를 계산하는 것은 예전에 비해 훨씬 편해졌다. 단, 원자 데이터[22]가 심각하게 부족하다는 불확정성의 문제는 여태껏 해결되지 못한 상태여서 현재 하고 있는 non-LTE의 계산 효과가 항상 올바른 것은 아니다.

2.3.5 더욱 정교한 모델을 만들기 위해

태양 표면을 자세히 관찰하면 부글부글 끓고 있는 것처럼 쌀알무늬 granulation가 보였다 안 보였다 하는 결코 조용하지도, 매끄럽지도 않다. 실은 지금까지 설명한 1차원 정적 대기 모델[23]은 지금껏 잘 사용해 왔고 확실히 유용하지만, 엄밀한 관점에서 보면 조금은 비현실적인 가정에 기초한 데다 지나치게 단순화했다고 할 수 있다.

그러나 최근 몇 년간 계산기가 급속히 발달하면서 대기속도장 모의실험에 기초해 여하튼 모델화할 수 있게 되었다. 즉, 고전 모델에서 사용하던 가정과 단순화한 방정식 대신 정밀하고 실제적인 물리를 도입한 차세대 동적 대기 모델이다.

구체적으로 고전적 모델에서 가정했던 것들이 동적 모델에서는 어떻게 바뀌는지 비교하면 다음과 같다.

---

[22] 천이확률 데이터와 감쇠상수 데이터 등.
[23] 복사평형, 대류는 혼합거리이론, 정유체 압력평형 또는 국소열역학적 평형상태.

(ⅰ) 1D[24]는 2D[25]나 3D[26]에서 가로 방향의 물리량 변화도 고려하도록 바뀌었다.

(ⅱ) 정적 모델은 시간 변동 모델로 가정하고 방정식에 $\partial/\partial t$의 항을 값에 포함한다.

(ⅲ) 정유체 압력평형의 가정은 운동량방정식으로 치환한다.

(ⅳ) 복사평형의 가정은 에너지방정식으로 치환한다

(ⅴ) 정유체 압력평형과 복사평형의 가정과 함께 복사전달방정식을 풀어서 대기 모델 계산으로 각 깊이에서의 물리량을 계산했는데(모두 시간항을 포함한다) 운동량방정식, 에너지방정식, 복사운동방정식, 질량보존방정식을 연립해 수치로 풀고 공간점 각각에서 시간의 물리량 변화를 결정하는 것으로 치환한다.

고전 모델과 비교했을 때 동적 모델의 장점은 혼합거리 같은 불확정성이 큰 대류의 매개변수는 크기를 나타낼 수 없다는 점과 구성분석에도 마이크로 난기류 같은 편의적 또는 가상적 매개변수를 도입할 필요가 없어진다는 것이다. 그렇더라도 공간격자보다 작은 규모의 속도장(난기류이므로 여러 가지 모드가 존재한다)은 당연히 정해지지 않으므로 '커다란 규모의 대기속도장'에만 집중하고, 정해지지 않은 작은 규모의 난기류는 '난기류 점성' 항을 추가로 도입해야 한다. 이 부분에 관해 부정확한 점이 남아 있다는 것을 기억해야 한다.

동적 모델로 계산했다 해도 그것이 옳은지 확인하기 위해서는 관측과 비교해야 하는데 이럴 때 태양의 관측자료와 비교해 모의실험의 좋고 나

---

24 1차원: 물리량은 높이 z의 영향만 받는다는 가정.
25 2차원: 원통좌표로 z와 r에 영향을 받는다.
26 3차원: 일반적으로 완전히 z, x, y에 영향을 받는다.

뽑을 판단한다. 태양은 현재 우리가 그 표면을 면밀히 조사할 수 있는 유일한 별이므로 중요한 시금석이 된다.

구체적으로는 매 순간 선윤곽을 더해서 평균한 (정적) 선윤곽과 관측된 태양의 정적영역 스펙트럼 선윤곽을 자주 비교한다. 또 고분해능 관측으로 직접 입수한 태양 표면의 쌀알무늬 운동 양상(변동 시간이나 공간적 스펙트럼)을 시뮬레이션한 결과와 비교해 보는 것도 유용하다. 동적 대기 모델은 이론과 실제라는 높은 장벽 때문에 전세계에서도 매우 한정된 연구진만 시도하고 있어, 아직은 일반적이라고 할 수 없으며 여러 문제점도 많지만 그만큼 커다란 발전이 기대되는 분야이기도 하다.

제3장
항성 내부구조와 진화의 기초론

3.1 기초방정식

항성은 자기중력으로 가스가 뭉쳐 있어 그 구조와 진화는 힘의 균형, 열의 발생과 흐름의 균형에 지배를 받는다.

3.1.1 힘의 균형

여기에서는 편의상 자전과 자기장의 효과를 무시하고 항성이 구대칭이라고 가정하자. 항성 중심에서의 거리가 r인 위치에서 가스에 대한 단위부피 운동방정식을 나타내는데, 이때 가속도를 a라고 쓰면

$$\rho a = -\frac{\partial P}{\partial r} - \frac{GM_r}{r^2}\rho \tag{3.1}$$

로 나타낼 수 있다(그림 3.1 참조). 여기에서 ρ는 밀도, P는 압력, G는 중력상수를 나타낸다. 그리고 M_r은 항성 중심으로부터 거리 r이 반지름인 구의 질량으로

$$M_r = \int_0^r 4\pi r^2 \rho dr \;\; \text{또는} \;\; \frac{dM_r}{dr} = 4\pi r^2 \rho \tag{3.2}$$

라고 쓴다. (식 3.1)에 압력기울기의 힘과 중력이 균형을 이루면 정유체 압력평형상태가 되고

$$\frac{dP}{dr} = -\rho\frac{GM_r}{r^2} \;\; \text{또는} \;\; \frac{dP}{dM_r} = -\frac{GM_r}{4\pi r^4} \tag{3.3}$$

라고 나타낼 수 있다. 여기에서 첫 번째 식은 중심으로부터의 거리 r을 독립변수로 한 것이고 반면에 두 번째 식은 M_r을 독립변수로 한 것이다. (식

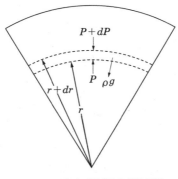

그림 3.1 항성 내부에서의 힘의 균형

3.2)의 미분방정식은 r을 독립변수로 한 것인데 M_r을 독립변수로 할 때

$$\frac{dr}{dM_r} = \frac{1}{4\pi r^2 \rho} \tag{3.4}$$

이다. (식 3.1)의 우변에 중력과 압력기울기의 힘이 균형을 이루지 않으면 시간적 변화가 일어나고 유한한 가속도 a가 생긴다. 그렇게 변화하는 시간척도를 τ라고 하자. 가속도를 대략적으로 $|a| \sim R/\tau^2$라고 나타내기로 한다. 여기에서 R은 별의 반지름이다. (식 3.1)의 우변에 중력이 커지면

$$\frac{R}{\tau^2} \sim \frac{GM}{R^2} \rightarrow \tau \sim \sqrt{\frac{R^3}{GM}} \sim \frac{1}{\sqrt{G\bar\rho}} \tag{3.5}$$

라고 쓸 수 있다. 여기에서 $\bar\rho$는 항성 내부의 평균밀도이다. 이 식은 역학적 균형이 붕괴될 때 자유낙하시간free-fall time이 변화하는 것을 가리킨다. 자유낙하시간은 태양에서는 30분인 데 반해 태양보다 반지름이 수백 배더 큰 적색거성에서는 1년이다. 항성 진화는 이것보다 훨씬 더 오랜 시간

이 걸린다. 이것은 곧 맥동성 이외의 항성에서 정유체 압력평형 (식 3.3)은 매우 좋은 근사가 된다는 것을 나타낸다.

정유체 압력평형은 (식 3.3)에서 알 수 있듯이 항성을 구성하는 가스의 자기중력과 여기에 반발하는 압력기울기의 힘이 균형을 이루게 된다. 정유체 압력평형 (식 3.3)을 대략적으로 계산하면

$$P_c \sim \frac{GM}{R}\bar{\rho} \rightarrow T_c \propto \frac{M}{R} \qquad (3.6)$$

이라는 관계를 얻을 수 있다. 여기에서 P_c와 T_c는 각각 중심의 압력과 온도를 나타낸다. 위의 두 번째 관계식을 얻기 위해 이상기체를 가정하여 $P_c \propto T_c \rho_c \propto T_c \bar{\rho}$의 관계를 사용했다. 이것은 일정 질량을 가지는 별은 반지름이 작을수록 중심온도가 높고, 별의 반지름이 같으면 질량이 큰 쪽이 중심온도가 높은 것을 의미한다. 중력이 강하면 거기에 대항해 압력기울기도 커야 하므로 중심온도가 높지 않으면 균형을 이루지 못해 이런 관계가 성립한다. 이 관계는 항성의 중력에너지와 열에너지가 관계 있음을 시사한다. 이것은 비리얼 정리virial theorem(뒤에서 설명)를 통해 밝혀졌다.

또 음속의 제곱인 c_s^2가 P/ρ에 비례한다는 점을 이용하여 (식 3.6)이 $c_s^2/R^2 \sim G\bar{\rho}$의 관계를 나타낸다는 것을 알 수 있다. 음파가 항성을 가로지르는 시간과 자유낙하시간이 비슷하다는 의미이다.

3.1.2 정유체 압력평형상태에 대한 비리얼 정리

비리얼 정리는 중력에너지와 열에너지의 관계를 이끌어낸다. 이 관계를 도출하기 위해서 먼저 중력에너지에 대한 정의를 명확히 해야 한다.

중력에너지

항성은 가스로 구성되어 있는데 중력으로 가스를 끌어당기고 있어 엷고 균일한 분포일 때보다 에너지 상태가 낮다. 따라서 무한대 영역으로 펼쳐진 상태의 에너지를 0이라고 하면, 항성의 중력에너지는 항성 구성 가스를 모두 한없이 멀리 이동하는 데 필요한 에너지를 부호를 바꿔 표현한 것이다.

항성의 전체 질량 M 중에 M_r보다 바깥쪽 질량을 한없이 멀리 이동한 후 다시 dM_r의 질량을 한없이 멀리 이동하는 데 필요한 에너지 dW는 다음 식과 같이 쓸 수 있다.

$$dW = dM_r \int_r^\infty \frac{GM_r}{r^2} dr = \frac{GM_r}{r} dM_r \tag{3.7}$$

항성의 중력에너지 E_g는 항성의 질량에 대해 dW를 적분하여 부호를 바꾼 것이므로

$$E_g = -\int_0^M \frac{GM_r}{r} dM_r \approx -q\frac{GM^2}{R} \tag{3.8}$$

라고 할 수 있다. 여기에서 두 번째 관계에 나타난 q는 1 정도의 값이다.

비리얼 정리

정유체 압력평형을 나타내는 (식 3.3)에 두 번째 식의 양변에 $4\pi r^3$을 곱하고 M_r에 대해 별 전체에 대해서 적분하면

$$-3 \int \frac{P}{\rho} dM_r = E_g \tag{3.9}$$

라는 관계식을 얻을 수 있다. 여기에서 좌변을 구할 때 한 번 부분적분을

하고 압력 P가 표면에서 0이 되도록 (식 3.2)를 이용했다. 이상기체에 대해서 $P = (c_p - c_v) \rho T$이므로

$$P/\rho = (\gamma - 1) e_i \qquad (3.10)$$

의 관계이다. 여기에서 e_i는 단위질량당 내부에너지(이상기체에서 $c_v T$)를 나타내고 γ는 등압비열 c_p과 등압비열 c_v의 비를 나타낸다.

일반적으로 P/ρ와 e_i의 차원이 같으므로 이상기체가 아니어도 (식 3.10)이 성립한다(단, 일반적으로 γ는 c_p/c_v라고 하지 않는다). (식 3.10)을 (식 3.9)에 대입해 γ가 별 내부에서 변하지 않으면, 또는 평균값을 나타내면

$$E_g = -3 \int_0^M (\gamma - 1) e_i \, dM_r = -3(\gamma - 1) E_i \qquad (3.11)$$

을 얻는다. 이것이 항성의 중력에너지 E_g와 내부에너지 E_i의 관계를 보여주는 비리얼 정리이다. 이상기체일 때 $\gamma = 5/3$이므로 $E_g = -2E_i$가 된다.

항성의 전체 에너지

중력에너지와 내부에너지의 합을 전체에너지 E_t라고 하면 (식 3.11)을 사용해

$$E_t = E_g + E_i = -(3\gamma - 1) E_i = -\frac{3\gamma - 4}{3(\gamma - 1)} (-E_g) \qquad (3.12)$$

라고 나타낸다. 이 식은 $\gamma > 4/3$일 때 전체에너지는 음의 값이고 반대로 $\gamma < 4/3$일 때 양의 값이 된다. 전체에너지가 음이라는 것은 가스가 중력에 속박받는 상태이고 반대로 양인 경우는 속박받지 않아 항성이 존재할 수

없는 것으로 볼 수 있다. 이상기체의 경우는 $\gamma=5/3$이고 전체에너지는 음이다. 온도가 극도로 높아지면 복사압력($aT^4/3$)과 복사 내부에너지 ($\rho e_i=aT^4$)가 우세해지고 γ는 4/3에 가까워지기 때문에 속박상태가 약해진다. 대질량성은 복사압이 세지므로 밀도가 낮은 구조가 되고 표면에서 가스가 쉽게 유출된다(항성풍).

중력수축

중심부의 온도가 별로 높지 않아서 핵융합반응으로 에너지가 발생하지 않는 경우 항성은 빛을 냄으로써 에너지를 잃는다. 항성 내부에는 정유체 압력평형을 유지하기 위해 온도기울기가 필연적으로 발생하고 열에너지는 안에서 바깥쪽으로 흐르므로 항성 내부에서는 열융합반응 여부에 상관없이 빛을 내야 한다. 항성의 광도Luminosity[1]를 L이라고 하면

$$L = \frac{dE_t}{dt} = (3\gamma-4)\frac{dE_i}{dt} = -\frac{3\gamma-4}{3(\gamma-1)}\frac{dE_g}{dt} \tag{3.13}$$

로 나타낸다. 이 식은 핵융합반응으로 에너지가 공급되지 않는 경우 항성이 빛을 냄으로써($L>0$) 전체에너지는 감소하지만 내부에너지 E_i는 증대하는 것을 나타낸다. 이상기체일 때 $E_i \propto T$이므로 에너지를 잃고 온도가 상승한다. 이것을 곧 항성이 '음의 비열'을 가진다고 표현할 수 있다. 이 에너지는 감소하는 중력에너지 E_g(별이 수축한다)에서 가져온다.

중력에너지 $E_g=-qGM^2/R$(식 3.8)라는 형태로 dE_g/dt를 쓰면 (식 3.13)은

■ 1 항성 표면에서 매초마다 방출되는 에너지.

$$L = -q\frac{3\gamma-4}{3(\gamma-1)}\frac{GM^2}{R^2}\frac{dR}{dt} \tag{3.14}$$

라고 쓸 수 있다. 따라서 내부온도가 낮아서 핵융합반응이 일어나지 않는 상태일 때 항성은 수축($dR/dt<0$)한다. 이것을 중력수축이라고 한다. 별은 막 태어나서 내부온도가 충분히 높지 않을 때 중력수축을 해서 내부온도가 상승한다. 내부온도가 충분히 높아져 수소에서 헬륨이 생성되는 핵융합반응을 하여 에너지 발생률이 광도와 균형을 이루면 중력수축을 멈추고 주계열성이 된다.

중력수축으로 중력에너지가 감소하고 자유로워진 일부 에너지는 내부에너지가 증가하는 데 사용되고 나머지 에너지는 별의 표면으로 옮겨져 빛으로 방출되어 에너지 수지를 이룬다. 중력수축의 시간규모time scale τ_g는 (식 3.14)를 이용해 다음과 같이 계산할 수 있다.

$$\tau_g = \left|\frac{dt}{d\ln R}\right| \approx q\frac{GM^2}{RL} \sim \frac{|E_g|}{L} \sim \frac{E_i}{L}$$
$$\approx 2\times 10^7 \frac{(M/M_\odot)^2}{(L/L_\odot)(R/R_\odot)} \quad [\text{y}] \tag{3.15}$$

τ_g는 켈빈 – 헬름홀츠Klevin-Helmholtz 시간이라고 한다. 위 식에서 알 수 있듯이 τ_g는 자유낙하시간보다 매우 길다. 즉, 항성이 중력수축할 때도 정유체 압력평형이 매우 좋은 근사로 균형을 이룬다는 것을 의미한다.

3.1.3 중력수축에 따른 항성 내부의 온도 변화

중력수축에 따른 항성 내부의 온도 변화를 상동相同, homologous수축 근사를 이용해 살펴보자. 정유체 압력평형 (식 3.3)의 두 번째 식을 시간으로 미분($(\partial/\partial t)_{M_r}$)하면

$$\frac{\partial \dot{P}}{\partial M_r} = 4\frac{GM_r}{4\pi r^4}\frac{\dot{r}}{r} = -4\frac{\dot{r}}{r}\frac{\partial P}{\partial M_r} \qquad (3.16)$$

이다. 여기에서 검은 점은 시간미분을 나타낸다. 상동수축은 $\dot{r}/r$의 위치에 상관없이 일정하다고 가정한다.

$$\frac{\dot{r}}{r} = \frac{\dot{R}}{R} \qquad (3.17)$$

(식 3.16)은 M_r에 대해 적분할 수 있고 표면에서 압력이 0이라고 하면

$$\frac{\dot{P}}{P} = -4\frac{\dot{R}}{R} \qquad (3.18)$$

라는 관계를 얻을 수 있다. 마찬가지로 (식 3.4)를 시간으로 미분해 (식 3.17)을 이용하면 다음의 식을 얻을 수 있다.

$$\frac{\dot{\rho}}{\rho} = -3\frac{\dot{R}}{R} \qquad (3.19)$$

따라서 온도 변화를 압력과 밀도의 변화로 나타내면 다음과 같다.

$$\begin{aligned}
\frac{\dot{T}}{T} &= \left(\frac{\partial \ln T}{\partial \ln P}\right)_{\rho}\frac{\dot{P}}{P} + \left(\frac{\partial \ln T}{\partial \ln \rho}\right)_{P}\frac{\dot{\rho}}{\rho} \\
&= \left[4 - 3\left(\frac{\partial \ln P}{\partial \ln \rho}\right)_{T}\right]\left(\frac{\partial \ln T}{\partial \ln P}\right)_{\rho}\left(-\frac{\dot{R}}{R}\right)
\end{aligned} \qquad (3.20)$$

밀도가 그다지 크지 않는 상황에서 항성의 내부 가스는 이상기체로 근사할 수 있다. 이때 $P \propto \rho T$이므로 $(\partial \ln P / \partial \ln \rho)_T = 1$, $(\partial \ln T / \partial \ln P)_\rho = 1$이고 (식 3.20)은

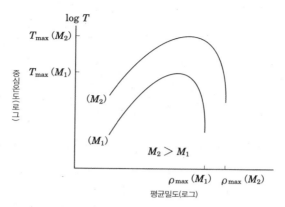

그림 3.2 중력수축에 따른 중심온도의 변화를 나타낸 개념도. 평균밀도가 크지 않을 때는 중력수축에 따라 중심온도는 상승하지만 밀도가 커져 전자축퇴가 일어나면 온도는 상승하지 않는다. 별의 중심온도에는 그 질량에 대응해 도달할 수 있는 최고온도가 존재한다. 그 최고온도는 질량이 클수록 높다.

$$\frac{\dot{T}}{T} = -\frac{\dot{R}}{R} = \frac{1}{3}\frac{\dot{\rho}}{\rho} \quad \text{(이상기체)} \tag{3.21}$$

이 된다. 이 식은 수축에 따라 항성의 내부온도가 상승하는 것을 나타낸다.

밀도가 어느 정도 커지면 전자가 축퇴를 시작한다. 전자가 축퇴한 가스는 이온의 분압 P_i(이상기체)보다 전자의 분압 $P_e \propto \rho^{5/3}$(비상대론적 축퇴를 가정)이 매우 커지므로 $(\partial \ln P/\partial \ln \rho)_T \approx 5/3$이 된다. 또 압력의 온도의존성은 이상기체에 가까운 이온의 분압에서 오므로 $(\partial \ln P/\partial \ln T)_\rho \approx P_i/P$가 된다. 따라서 전자가 축퇴한 상태에서 (식 3.20)은

$$\frac{\dot{T}}{T} \approx -\frac{P}{P_i}\left(-\frac{\dot{R}}{R}\right) = -\frac{P}{3P_i}\frac{\dot{\rho}}{\rho} \quad \text{(전자의 축퇴상태)} \tag{3.22}$$

이다. 중력수축 때문에 밀도가 충분히 커지고 전자축퇴가 강해지면 중력수축 때문에 온도가 감소하기 시작한다. 이것은 항성 중심부가 올라갈 수

있는 최고온도 T_{max}까지 올라갈 수 있음을 의미한다.

　아직 중력수축되지 않고 이상기체로 근사할 수 있는 상태에서는 정유체 압력평형의 요청으로 $T_c \propto M/R \propto \bar{\rho}^{1/3}M^{2/3}$(식 3.6 참조)이므로 평균밀도에 대한 중심온도는 질량이 클수록 높다. 따라서 T_{max}는 질량이 클수록 높은 값을 가진다(그림 3.2 참조). 그러므로 주계열성이 되려면 최고온도 T_{max}라도 중심에서 수소가 핵융합반응을 통해 헬륨으로 변하면서 에너지가 충분히 발생해야 하는데 질량이 너무 작으면($M < \sim 0.08M_\odot$) 그것이 불가능해진다. 이 별들은 갈색왜성brown dwarfs이 된다.

3.1.4 에너지 전달

정유체 압력평형을 설명하는 (식 3.3)과 (식 3.2) 두 식에서 M_r을 독립변수라고 할 때 미지변수는 P, ρ, r 세 개이므로 방정식이 닫혀 있어 구조를 풀 수 없다. 방정식이 닫히게 하려면 열(복사)에너지의 보존과 전달을 고려해야 한다. 단, 예외가 있는데 백색왜성의 내부처럼 압력이 전자의 축퇴압으로 근사할 수 있을 때 상태방정식에 온도가 포함되지 않고 압력 P와 밀도 ρ가 관계된 경우에는 역학적 균형의 식만으로 계가 닫혀 열에너지 분포와 무관하게 구조가 결정된다.

　항성 내부에서는 복사, 전자 열전도, 대류로 열에너지가 전달된다. 대류는 단열적 온도기울기보다 온도기울기가 빨라졌을 때 발생한다.

복사에 따른 에너지 전달

　일정 평면을 그 면의 수직방향과 각도 θ방향인 미소입체각 $d\Omega$의 방향으로, 진동수 ν인 빛이 통과할 때 단위면적당 또는 단위진동수당 단위시간에 통과하는 에너지는

$$I_\nu(\theta) \, \cos\theta \, d\Omega \qquad\qquad (3.23)$$

라고 볼 수 있다. 여기에서 $I_\nu(\theta)$는 θ방향으로 나아가는 진동수 ν인 빛의 세기Intensity를 나타낸다. 위 식에서 $\cos\theta$는 광선이 면과 수직인 방향으로 기울어져 있어 유효면적이 감소하는 효과를 나타낸다. (식 3.23)을 모든 방향(전입체각)에 대해 적분한 것이 그 평면을 단위면적당 단위시간당에 통과하는 에너지, 에너지 플럭스 F_ν는 다음과 같다.

$$F_\nu = \oint_{4\pi} I_\nu(\theta) \, \cos\theta \, d\Omega \qquad\qquad (3.24)$$

이 식에서 알 수 있듯이 만일 빛의 세기 I_ν가 완전히 등방적이었다면 플럭스가 0, 즉 에너지가 흐르지 않는 것이다. 항성 내부에서 빛의 세기는 대부분 등방적인데 온도기울기가 있어 미미하게 안에서 바깥쪽으로 빛이 강해지고 에너지는 안에서 바깥으로 흐른다. 빛의 세기 I_ν의 비등방성은 항성 표면 근처에서 크고 표면에는 안쪽으로 빛의 세기가 0이 된다.

빛의 세기는 가스입자에 따른 발광, 흡수, 산란 때문에 변화하고

$$\frac{dI_\nu}{ds} = -(\kappa_\nu + \sigma_\nu)\rho I_\nu + \rho\eta_\nu \qquad\qquad (3.25)$$

로 나타낸다. 이것을 복사전달radiative transfer의 식이라고 한다. 위 식에서 ds는 빛이 나아가는 방향의 선소線素, line element를 나타내고 κ_ν, σ_ν, η_ν는 각각 단위질량당 흡수계수, 산란계수, 발광계수를 나타난다. 여기에서는 편의상 빛의 산란과 발광이 등방적으로 일어난다고 가정하자.

ds의 방향을 면의 천정 방향과 각도 θ를 이루는 방향으로 하고, 면의 천정 방향이 항성의 중심에서 멀어지는 방향이면 $ds = dr/\cos\theta$이다. 이 관

계를 이용해 (식 3.25)에 $\cos\theta$을 곱한 후에 전입체각으로 적분하면

$$F_\nu = -\frac{1}{(\kappa_\nu + \sigma_\nu)\rho}\frac{d}{dr}\oint_{4\pi} I_\nu(\theta;r)\cos^2\theta\, d\Omega \qquad (3.26)$$

을 얻을 수 있다. 여기에서 에너지 플럭스의 정의식 (식 3.24)를 사용했다.

항성 내부에는 빛의 세기가 거의 등방적이고 $I_\nu(\theta;r) \approx B_\nu(T)$이다. $B_\nu(T)$는 플랑크 함수를 나타낸다. 이 근사를 사용하면 (식 3.26)은

$$F_\nu = -\frac{4\pi}{3(\kappa_\nu + \sigma_\nu)\rho}\frac{dB_\nu}{dT}\frac{dT}{dr} \qquad (3.27)$$

이 된다. 흡수계수 κ_ν는 여러 가지 흡수과정을 포함하고 빛의 진동수에 대해 매우 복잡한 함수인 로스랜드 평균불투명도Rosseland-mean opacity κ를

$$\frac{1}{\kappa} = \int_0^\infty \frac{1}{\kappa_\nu + \sigma_\nu}\frac{dB_\nu}{dT}\,d\nu \left(\int_0^\infty \frac{dB_\nu}{dT}\,d\nu\right)^{-1} \qquad (3.28)$$

에 대입하면 반지름 r인 구면을 단위시간당 통과하는 복사에너지 $L_{\text{rad}}(r)$는 다음 식으로 나타낸다.

$$L_{\text{rad}}(r) = 4\pi r^2 \int_0^\infty F_\nu\, d\nu = -4\pi r^2 \frac{4ac}{3\kappa\rho}T^3\frac{dT}{dr} \qquad (3.29)$$

로스랜드 평균불투명도는 그냥 불투명도opacity라고 하기도 하는데 주어진 조성에 대해 밀도와 온도의 함수로 변화한다. 그림 3.3은 미국의 로렌스 리버모어 국립연구소에서 계산한 로스랜드 평균불투명도(OPAL 불투명도라고 하기도 함)의 크기이다. 가스의 불투명도는 전자산란과 전자의 속박 – 자유(b – f)천이(이온화), 자유 – 자유(f – f)천이, 속박 – 속박(b – b)천

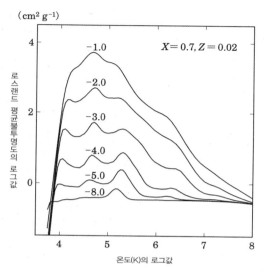

그림 3.3 표준적인 원소조성에 대한 로스랜드 평균불투명도. 각 곡선 위에 기록한 숫자는 $\log(\rho/T_6)$ 값이다. 여기에서 ρ는 밀도, T_6은 10^6K을 단위로 한 온도이다(OPAL 불투명표 사용).

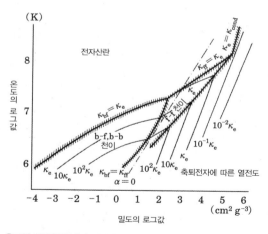

그림 3.4 밀도-온도의 어떤 영역에서 어떤 흡수산란 과정이 중요한지 보여주는 그림. 저밀도에 고온인 가스에서는 전자산란이 중요하고 전자가 축퇴한 고밀도 물질에서는 전자전도가 중요하다(Hayashi et al, 1962, PTPS, 22, 1).

이(선흡수) 과정에 영향을 미친다(그림 3.4 참조). 온도가 5000~1만 도 사이에서 수소 음이온에 따른 흡수가 중요하며 온도가 상승해 불투명도가 급격히 커진다. 수만 도에서는 수소와 헬륨이 속박-자유천이를 해 불투명도가 최고에 이른다. 그보다 고온일 때는 온도가 상승하면서 감소한다. 이 온도범위에서 불투명도는 근사적으로 크래머스형

$$\kappa \approx \kappa_0 \rho T^{-3.5} \tag{3.30}$$

으로 나타낸다. κ_0은 가스의 원소조성에 결정되는데 일반적으로 수소함유량이 많을수록, 또 중원소함유량이 많을수록 값이 커진다. 고온에 밀도가 낮은 가스는 자유-자유 불투명도가 낮아진다. 이런 환경에서는 전자산란에 따른 불투명도가 중요하다. 전자산란 불투명도 κ_{el}는 톰슨 전자산란 단면적에 1 g당 존재하는 전자수를 곱한 것으로, 완전이온화 상태에서는

$$\kappa_{el} = 0.2\,(1+X) \qquad [\mathrm{cm^2\,g^{-1}}] \tag{3.31}$$

로 나타내고 밀도와 온도의 영향을 받지 않는다. 여기에서 X는 수소의 질량 함유량을 나타낸다. 전자산란 불투명도는 완전이온화한 가스 불투명도의 최소값을 부여한다.

복사압

압력은 임의적으로 움직이는 입자와 입자가 충돌할 때(복사압의 경우는 광자와 가스입자), 입자의 운동량 변화에 대응하는 힘으로 운동량 플럭스라고 생각할 수 있는데, 위에서 살펴본 에너지 플럭스와 마찬가지로 복사압력을 구할 수 있다. 광자의 운동량은 에너지를 광속으로 나눈 것이다. 빛이 천정에서 각도 θ 기운 쪽으로 나아가면서 운동량을 면으로 전달하는데

운동량은 수직방향이고 (식 3.23)에 $(\cos\theta)/c$를 곱한 것이므로 그것을 전 입체각으로 적분해 진동수 ν의 빛의 복사압

$$P_{\text{rad},\nu} = \frac{1}{c} \oint_{4\pi} I_\nu(\theta) \, \cos^2\theta \, d\Omega \qquad (3.32)$$

을 얻을 수 있다. 이 형태는 복사에너지 플럭스를 나타내는 (식 3.26)의 우 변에서도 볼 수 있으므로 (식 3.26)은 다음과 같이 나타낼 수 있다.

$$\frac{dP_{\text{rad},\nu}}{dr} = -(\kappa_\nu + \sigma_\nu)\rho F_\nu/c \qquad (3.33)$$

이 식은 가스가 빛을 흡수하거나 산란하면 복사의 힘(복사압력기울기)을 받 는다는 것을 나타낸다. 항성 내부에서는 빛의 세기는 거의 등방적으로 $I_\nu \approx B_\nu(T)$가 되므로 (식 3.32)의 입체각적분을 할 수 있어 $(4\pi/3)B_\nu/c$가 된다. 빛의 진동수에 대해 적분해 모든 파장의 빛에 따른 복사압을 다음과 같이 얻을 수 있다.

$$P_{\text{rad}} = \int_0^\infty P_{\text{rad},\nu} \, d\nu = \frac{1}{3}aT^4 \qquad (3.34)$$

이 식을 사용하면 (식 3.29)는 다음과 같이 쓸 수도 있다.

$$L_{\text{rad}}(r) = -4\pi r^2 \frac{c}{\kappa\rho} \frac{dP_{\text{rad}}}{dr} \qquad (3.35)$$

항성의 한계광도(에딩턴 광도)
(식 3.35)와 정유체 압력평형식을 조합하면 일정 질량을 가진 항성에 대

한 한계광도를 이끌어낼 수 있다. 정유체 압력평형인 (식 3.3)에서 압력을 가스압과 복사압 $P = P_{gas} + P_{rad}$로 나누어 (식 3.35)를 이용하면

$$\frac{dP_{gas}}{dr} = -\frac{GM_r\rho}{r^2}\left[1 - \frac{\kappa L_{rad}(r)}{4\pi cGM_r}\right] \tag{3.36}$$

을 얻을 수 있다. 항성의 표면에서는 $M_r = M$, $L_{rad}(r) = L$이고, $\kappa \approx \kappa_{el}$ $= 0.2(1+X)$이다. 여기에서 표면온도가 충분히 높고 주요 구성원자가 거의 완전이온화한다고 가정한다. 또 표면 가까이에서 $dP_{gas}/dr < 0$이어 야 하므로 위 식에서 항성의 광도 L에 대해

$$L < L_{Edd} \equiv \frac{4\pi cGM}{\kappa_{el}} \approx 6.5 \times 10^4\,\frac{M/M_\odot}{1+X}\,L_\odot \tag{3.37}$$

의 상한값을 얻을 수 있다. L_{Edd}는 에딩턴 광도Eddington luminosity라고 한다.

전자 열전도에 따른 에너지 전달

전자에 따른 열전도계수를 k_{cond}라고 하면 열전도 플럭스 F_{cond}는

$$F_{cond} = -k_{cond}\frac{dT}{dr} \tag{3.38}$$

라고 쓸 수 있다. 여기에서 열전도 불투명도 κ_{cond}를 다음과 같이 정의하면

$$\frac{1}{\kappa_{cond}} \equiv \frac{3\rho k_{cond}}{4acT^3} \tag{3.39}$$

(식 3.38)은 복사에 따른 열전달에 대한 (식 3.29)와 같은 형태가 된다.

$$F_{\text{cond}} = \frac{L_{\text{cond}}}{4\pi r^2} = -\frac{4ac}{3\kappa_{\text{cond}}\rho} T^3 \frac{dT}{dr} \tag{3.40}$$

따라서 두 식을 합해

$$L_{\text{rad}}(r) + L_{\text{cond}}(r) = -4\pi r^2 \frac{4ac}{3\rho} \left(\frac{1}{\kappa} + \frac{1}{\kappa_{\text{cond}}} \right) T^3 \frac{dT}{dr} \tag{3.41}$$

을 얻을 수 있다. 이 식이 보여주는 것처럼 열전도 불투명도 κ_{cond}가 작을 수록 열전도에 따른 에너지 전달이 중요하다.

항성 내부에서 전자가 축퇴하지 않은 상태에서는 광자의 평균자유행로 보다 전자의 평균자유행로가 짧으므로 전자 열전도로 전달되는 에너지량 은 복사로 전달되는 에너지량보다 작다. 그러나 전자가 축퇴한 상태에서 는 비어 있는 공간이 적어 전자가 충돌하면서 에너지 상태가 달라지기 어렵고 충돌하지 못해 평균자유행로가 길다. 그러므로 전자가 축퇴한 상태에서는 전자열전도에 따른 에너지 전달이 중요하다(그림 3.4 참조).

대류의 발생

가스의 불투명도가 큰 경우 에너지 플럭스를 복사와 전자 열전도로 전달하려면 커다란 온도기울기가 필요하다. 그러나 온도기울기의 크기가 일정 임계값을 넘으면 대류가 발생하면서 에너지 플럭스의 대부분을 대류가 운반한다.

대류는 가스덩어리가 조금씩 움직여 미소거리 dr만큼 상승하면 가스덩어리 내부의 밀도가 주위보다 작아져 계속 상승하는 상황일 때 발생한다. 가스덩어리 내부의 값에 첨자 i를 붙여서 표시하고 원래 위치에서 dr 상승한 위치일 때 값에 *를 붙여서 나타내기로 한다. 가스덩어리가 원래 위치에 있을 때에는 가스덩어리 내부와 외부의 온도, 밀도, 압력이 같다고 할 때 주위와 압력평균 $(P_i = P)$을 유지하면서 상승한다. dr만큼 상승할 때 가스덩어리 내부와 주변의 밀도 차이는 다음과 같다.

$$\rho_i^* - \rho^* = \left(\frac{\partial \rho}{\partial T}\right)_P (T_i^* - T^*) = \left(\frac{\partial \rho}{\partial T}\right)_P \left(\frac{dT_i}{dP} - \frac{dT}{dP}\right) \frac{dP}{dr} dr \quad (3.42)$$

가스덩어리가 상승했을 때 내부 밀도가 주위보다 작으면 $\rho_i^* < \rho^*$이고, 가스덩어리는 위로 향하는 부력을 받아 더욱 상승한다. 이는 가스의 포괄적인 운동, 대류가 발생하는 것을 의미한다. $(\partial \rho / \partial T)_P < 0$이고 $dP/dr < 0$이므로 대류가 발생하는 조건은 위 식에서

$$\frac{dT}{dP} > \frac{dT_i}{dP} \quad (3.43)$$

인 것을 알 수 있다. 일반적으로 열을 교환하는 데 필요한 시간은 역학적 시간규모에 비해 매우 길므로 가스덩어리의 운동은 단열적으로 일어난다고 근사한다. 따라서 위의 대류발생 조건은

$$\frac{dT}{dP} > \left(\frac{dT}{dP}\right)_{ad} \quad (3.44)$$

로 나타낼 수 있다. 즉, 단열적 온도기울기보다 급하게 온도기울기가 일어날 때 대류가 발생한다.

복사와 열전도만으로 에너지가 옮겨졌다고 가정했을 때 예상되는 온도기울기에 첨자 rad를 붙여서 나타내면 (식 3.41)과 (식 3.3)에서

$$\left(\frac{dT}{dP}\right)_{\text{rad}} = \left(\frac{dT}{dr}\right)_{\text{rad}} \frac{dr}{dP} = \frac{3\kappa L_r}{16\pi GM_r acT^3} \tag{3.45}$$

로 나타낼 수 있다. κ는 열전도효과를 포용한다고 하자. 여기에서 L_r은 반지름 r의 구면을 단위시간으로 통과하는 에너지를 나타낸다. 항성의 내부구조를 설명할 때 온도기울기는 압력에 대한 로그의 온도기울기 $\nabla_{\text{rad}} \equiv (d\ln T / d\ln P)_{\text{rad}}$를 주로 사용한다. 단열온도기울기도 로그의 기울기 $\nabla_{\text{ad}} \equiv (d\ln T / d\ln P)_{\text{ad}}$를 사용하면 대류가 일어나는 조건식 (식 3.44)는 다음과 같이 나타낼 수 있다.

$$\nabla_{\text{rad}} > \nabla_{\text{ad}} \tag{3.46}$$

단원자분자 이상기체에 대해서는 $\nabla_{\text{ad}} = 0.4$이다. 대류가 발생하면 대류에 의해서 에너지가 옮겨진다. 그리고 대류에 의해서 물질이 혼합된다.

대류에 따른 에너지 전달

항성은 규모가 크기 때문에 항성 내부에서 대류가 일어나면 레이놀즈 수reynold's number가 높은 난기류가 형성된다. 우리는 항성 내부에서 일어나는 난기류에 대해 이해가 부족하고 어떻게 다뤄야 할지도 잘 모르는데, 이것이 항성진화이론에서 해결하지 못한 가장 큰 문제점이다.

여기에서는 가장 단순한 모델인 혼합거리이론을 바탕으로 대류에 따른 에너지 플럭스에 대해 살펴보자. 혼합거리이론에서는 주변보다 온도가 약간 높은 가스덩어리가 혼합거리 ℓ만큼 상승한 후 주변 가스와 서로 섞이며 가스덩어리가 가지고 있던 에너지 초과를 주변에 개방하는 반면, 주변보다 온도가 약간 낮은 가스덩어리는 혼합거리 ℓ만큼 하강한 후 주변 가스와 서로 섞이는 현상을 대류라고 한다. 대류에 따른 에너지 플럭스는

$$F_{\text{conv}} = C_p \rho \overline{v \Delta T} \qquad (3.47)$$

로 나타낸다. 여기에서 C_p는 정압비열을, v는 가스의 상승속도 또는 하강속도를, ΔT는 운동하는 가스 내부와 주변의 온도 차이를 나타내며 $\overline{v \Delta T}$는 $v \Delta T$의 평균값을 나타낸다. 주변보다 밀도가 작아 가스덩어리가 상승하므로 상승하는 가스는 $v > 0$이고, $\Delta T > 0$이며, 하강하는 가스는 $v < 0$이고 $\Delta T < 0$이므로 어떤 경우든 에너지는 바깥쪽으로 옮겨간다.

가스덩어리의 내부온도가 단열적으로 변화한다고 가정하면 주변 가스와의 온도 차이 ΔT는 가스덩어리가 원래 위치에서 Δr만큼 이동할 때

$$\Delta T(\Delta r) \approx \left[\left(\frac{dT}{dr} \right)_{\text{ad}} - \frac{dT}{dr} \right] \Delta r = (\nabla_T - \nabla_{\text{ad}}) \frac{\Delta r}{H_p} \qquad (3.48)$$

로 나타낸다. 여기에서 $\nabla_T \equiv d \ln T / d \ln P$는 주변 가스의 평균 대수적 온도기울기를 나타내고 H_p는 압력높이척도pressure scale height인데

$$H_p \equiv -\frac{dr}{d \ln P} = \frac{P}{g \rho} = \frac{P r^2}{G M_r \rho} \qquad (3.49)$$

로 정의할 수 있고 압력이 $e(=2.718\cdots)$배만큼 변화하는 거리를 나타낸다. g는 국소적 중력가속도를 나타낸다.

가스덩어리는 주변과 압력평형을 유지하면서 이동하므로 주변과의 밀도 차이는 $\Delta \rho = (\partial \rho / \partial T)_p \Delta T$로 주어진다. $(\partial \rho / \partial T)_p < 0$이므로 주변보다 온도가 높으면($\Delta T > 0$) 주변보다 밀도가 작고 ($\Delta \rho < 0$) 위쪽으로 부력을 받는다. 다음은 가스덩어리에 대한 근사적인 운동방정식이다.

$$\rho \frac{dv}{dt} = -g \Delta \rho = -g \left(\frac{\partial \rho}{\partial T} \right)_p (\nabla_T - \nabla_{\text{ad}}) \frac{T \Delta r}{H_p} \qquad (3.50)$$

두 변에 $v=d\Delta r/dt$를 곱해 계수가 변하지 않는다고 보고 적분하면

$$v^2 \approx \frac{1}{2} g \delta (\nabla_T - \nabla_{\text{ad}}) \frac{(\Delta r)^2}{H_p} \qquad (3.51)$$

를 얻을 수 있다. 여기에서 $\delta \equiv -(\partial \ln \rho / \partial \ln T)_p$는 정압팽창률을 나타낸다. 또 위 식에 있는 1/2은 가스덩어리가 이동할 때 에너지의 반이 주위가스를 밀어내는 데 사용된다는 점을 고려한 것이다.

일정 면을 통과하는 가스덩어리가 이동한 거리의 평균을 $\ell/2 (\overline{\Delta r} = \ell/2)$라고 하고 (식 3.47)에서 $\overline{v \Delta T} \approx \sqrt{\overline{v^2}} \, \overline{\Delta T}$이라고 근사하면

$$F_{\text{conv}} \approx \frac{\rho C_p T}{4\sqrt{2}} \sqrt{\delta P/\rho} (\nabla_T - \nabla_{\text{ad}})^{\frac{3}{2}} \left(\frac{\ell}{H_p} \right)^2 \qquad (3.52)$$

와 같이 나타낼 수 있다. 이 식을 보면 알 수 있듯이 대류에 따른 에너지 플럭스는 이론으로는 주어지지 않는 매개변수 ℓ/H_p에 의존한다.

항성 안쪽 깊은 곳에서 일어나는 전형적인 예로, 태양 대류외층의 바닥 가까이 상태 $\rho \sim 1\,\text{g}\,\text{cm}^{-3}$인 $T \sim 10^6\,\text{K}$, $r \sim 10^{10}\,\text{cm}$을 위 식에 적용하면

$$L_{\text{conv}}(r) = 4\pi r^2 F_{\text{conv}} \sim 10^{41} (\nabla_T - \nabla_{\text{ad}})^{\frac{3}{2}} (\ell/H_p)^2 \quad \text{erg s}^{-1}$$

이 된다. 따라서 매초 태양 표면에서 나오는 에너지 $\sim 4 \times 10^{33}\,\text{erg s}^{-1}$을 대류로 옮기는 데 필요한 온도기울기는 $\nabla_T - \nabla_{\text{ad}} \sim 10^{-6}$이다(여기에서 ℓ/H_p는 1 정도로 했다). 이는 항성 내부 깊은 곳의 대류층에서는 ℓ/H_p 값에 상관없이 온도기울기가 매우 좋은 근사로 단열적 온도기울기($\nabla_T \approx \nabla_{\text{ad}}$)가 된다.

그러나 항성의 표면 가까이는 밀도가 작기 때문에 대류의 효율이 나쁘고 내부에서 나오는 에너지를 대류로 옮기기 위해 필요한 $\nabla_T - \nabla_{\text{ad}}$가 작

으면 대류는 일어나지 않으며, 혼합거리 ℓ/H_p을 가정한 값에 따라 이 값은 달라진다. 또 표면 가까이에서 대류하는 가스덩어리는 단열적으로는 움직이지 않고 열의 유출이 커진다는 점에서도 대류에 따른 에너지 전달 효율이 나빠진다. 이렇게 온도기울기는

$$L_r = L_{\rm rad}(r) + L_{\rm conv}(r) \tag{3.53}$$

이라는 조건으로 구할 수 있고, 항성 표면에 가까운 층에서는 $\nabla_T \approx \nabla_{\rm rad}$이고 내부 깊숙한 층에서는 점차 $\nabla_T \approx \nabla_{\rm ad}$에 가까워진다.

중간 영역에서 ∇_T는 혼합거리 ℓ/H_p를 가정해 이 값에 따라 달라지기 때문에 부정확하다. 즉 표면 부근의 대류층 구조는 ℓ/H_p의 값을 얼마로 가정했느냐에 따라 달라진다. 그러므로 온도가 비교적 낮은 항성에 대한 이론 모델의 반지름은 혼합거리라고 가정한 값에 의존한다.

온도기울기 ∇_T를 파악하면 온도에 대한 미분방정식은

$$\frac{dT}{dM_r} = \nabla_T \frac{T}{P} \frac{dP}{dM_r} = -\nabla_T \frac{T}{P} \frac{GM_r}{4\pi r^4} \tag{3.54}$$

로 나타낸다. 말할 것도 없이 대류가 일어나지 않은 층은 $\nabla_T = \nabla_{\rm rad}$이다.

3.1.5 에너지 수지

구면껍질의 깊이가 dr인 구에서 중심으로부터의 거리가 r과 $r+dr$인 지점의 에너지 수지energy budget를 살펴보자. 안쪽 경계에서 단위시간당 L_r인 에너지가 구면껍질로 흘러들고 바깥쪽 경계에서 $L_r + dL_r$의 에너지가 흘러나간다. 구면껍질 내부에서 핵반응에 따른 단위질량당 에너지 발생률을 ε_n라고 하고, 단위질량당 뉴트리노 에너지 발생률을 ε_ν라고 쓴다. 뉴트

리노가 발생하면 항성의 내부물질과 상호작용하지 않고 별 밖으로 나가므로 에너지가 손실된다. 예상되는 구면껍질의 질량은 $4\pi r^2 \rho dr = dM_r$이므로 에너지 보존은 다음과 같다.

$$T\frac{dS}{dt}dM_r = L_r - (L_r + dL_r) + (\varepsilon_n - \varepsilon_\nu)dM_r \qquad (3.55)$$

식에서 S는 단위질량당 엔트로피를 나타낸다. dM_r로 나눠 미분방정식

$$\frac{dL_r}{dM_r} = \varepsilon_n - \varepsilon_\nu - T\frac{dS}{dt} \qquad (3.56)$$

을 얻는다. 우변의 마지막 항은 가스가 에너지를 흡수하고 방출하는 것에 해당한다. $dS/dt > 0$일 때 가스가 에너지를 흡수해 팽창하므로

$$\varepsilon_g = -TdS/dt \qquad (3.57)$$

라고 쓰고 ε_g를 중력수축에 따른 에너지 발생률이라고 한다. 핵융합반응에 따른 에너지 발생률 ε_n에 관해서는 3.2절에서 논의하므로 여기에서는 뉴트리노 발생 메커니즘에 관해서 간단히 다루기로 한다.

뉴트리노 복사

뉴트리노의 산란 단면적 σ_ν는 약 10^{-44} cm^2[2]로 작아 평균자유행로는 매우 길다. 평균자유행로는 입자밀도를 n이라고 하고

| 2 전자의 산란 단면적은 약 7×10^{-25} cm^2.

$$\ell_\nu = \frac{1}{(n\sigma_\nu)} \sim \frac{1}{(6\times10^{23}\sigma_\nu)\rho} \sim 2\times10^{20} \text{ cm}/\rho \quad \text{(cgs 단위)}$$

라고 나타내며 밀도 ρ에 태양의 중심값 $\sim10^2$ g cm^{-3}을 대입해도 평균자유행로는 태양 반지름의 수천만 배나 된다. 따라서 뉴트리노가 발생하면 주변 물질과 전혀 상호작용하지 않고 거의 빛의 속도로 별 밖으로 나간다. 그러므로 뉴트리노의 발생은 항성 물질에는 에너지 손실이 된다. 초신성 폭발을 할 때는 예외로 이때는 $\rho\sim10^{14}$ g cm^{-3}이므로 $\ell_\nu \sim 20$ km가 되고 뉴트리노와 물질의 상호작용을 정확히 다루어야 한다. 뉴트리노는 수소에서 헬륨으로 바뀌는 핵융합반응에서 베타 붕괴를 일으킬 때 방출되는데 그 효과는 보통 ε_n에 포함된다.

ε_ν에는 핵융합반응에 뒤따르지 않는 뉴트리노 발생을 고려할 수 있다. 여기에는 쌍소멸 뉴트리노, 광光뉴트리노, 제동복사 뉴트리노, 플라스마 뉴트리노 과정이 있다.

• 쌍소멸pair annihilation 뉴트리노: 고온 $T>10^9$ K인 상태에서 광자끼리 충돌해 전자, 양전자쌍의 생성과 그 반대 반응이 일어나는데, 후자의 반응이 일어나는 대신 $1:10^{-19}$라는 미미한 확률로 뉴트리노, 반뉴트리노 쌍이 생성되는 반응이 일어난다.

$$\gamma+\gamma \longleftrightarrow e^-+e^+ \longrightarrow \nu_e+\bar{\nu}_e$$

• 광photo뉴트리노: 광자가 전자와 충돌해 산란되는 과정(컴프턴 산란 Compton scattering)에서 빛이 산란하는 대신 뉴트리노, 반뉴트리노 쌍이 생성된다.

$$e^-+\gamma \longrightarrow e^-+\nu_e+\bar{\nu}_e$$

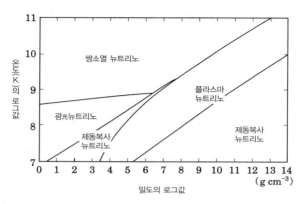

그림 3.5 각 뉴트리노 발생구조가 밀도-온도 영역의 어떤 영역에서 중요한지 보여주는 그림(N. Ito et al. 1989, ApJ, 339, 354).

• 제동복사bremsstrahlung 뉴트리노 : 전자가 이온을 만드는 전기장에서 가속도운동에 따른 자유-자유방출free-free emission로 광자 대신 뉴트리노, 반뉴트리노쌍을 생성한다.

• 플라스마 뉴트리노 : 각진동수 ω, 파수 k의 플라스마 속을 전파하는 빛에 대한 분산관계식은 다음과 같이 표시한다.

$$\omega^2 = k^2 c^2 + \omega_p^2$$

ω_p는 플라스마 진동수($\omega_p^2 = 4\pi e^2 N_e / m_e$)이고 $\omega > \omega_p$일 때 빛을 전파한다. 이 식과 상대론적 에너지 관계식인 $E^2 = p^2 c^2 + m^2 c^4$를 비교하면 플라스마 속을 전파하는 빛은 정지질량 $\hbar\omega_p / c^2$로 하는 입자인 플라스몬으로 여길 수 있다. 플라스몬이 붕괴해 뉴트리노, 반뉴트리노 쌍이 생성된다.

그림 3.5에 이 과정들이 어떤 온도와 밀도 영역에서 중요한가를 나타냈다. 여기에서 μ_e는 전자의 평균분자량mean molecular wight으로 1 g 중의 전

자수는 아보가드로수/μ_e로 주어진다. 원자핵의 무게는 수소보다 무거운 완전이온화 기체에서 $\mu_e \simeq 2$인 $1/\mu_e = 0.5 \times (1+X)$이다. 어떤 과정이든 주계열성 내부보다 훨씬 고온, 고밀도일 때만 별의 구조에 영향을 미친다.

쌍소멸 뉴트리노는 아주 고온일 때 중요하고 플라스마 뉴트리노와 제동 복사 뉴트리노는 고밀도일 때 중요하다. 백색왜성 내부에서는 대부분 $T \sim 10^8 - 10^7 \, \text{K}$, $\rho \sim 10^6 - 10^5 \, \text{g cm}^{-3}$이므로 플라스마 뉴트리노에 따른 냉각효과가 중요하다.

• 우르카 과정urca process : 이 밖에도 진화가 진행되는 단계에서 우르카 과정에 따른 뉴트리노 방출이 중요해지는 경우가 있다. 그 경우는 원자핵의 전자포획에 이어 β 붕괴를 통해 원래의 원자핵으로 돌아가는 순환과정에서 전자포획 때는 전자 뉴트리노가 방출되고 β 붕괴 때는 반전자 뉴트리노와 전자가 방출된다.

$$e^- + (Z, A) \rightarrow (Z-1, A) + \nu; \quad (Z-1, A) \rightarrow (Z, A) + e^- + \bar{\nu}$$

이 과정에서 원자핵은 변화가 없지만 뉴트리노와 반뉴트리노가 방출되어 물질은 에너지를 잃는다.

3.1.6 기초방정식 정리

지금까지 도출한 항성의 내부구조를 설명하는 미분방정식을 정리하면

$$\frac{dP}{dM_r} = -\frac{GM_r}{4\pi r^4}$$

$$\frac{dr}{dM_r} = \frac{1}{4\pi r^4 \rho}$$

$$\frac{dT}{dM_r} = \frac{GM_r T}{4\pi r^4 P} \nabla_T$$

(3.58)

$$\frac{dL_r}{dM_r} = \varepsilon_n - \varepsilon_\nu + \varepsilon_g$$

이다. 여기에 복사층에서는 $\nabla_T = \nabla_{rad}$이고,

$$\nabla_{rad} = \frac{3\kappa L_r P}{16\pi G M_r acT^4} \tag{3.59}$$

이다. 한편, 대류층에서는 $\nabla_{ad} < \nabla_T < \nabla_{rad}$이고, 표면층 외에는 $\nabla_T = \nabla_{ad}$
이 아주 적절한 근사이다.

중심 ($M_r = 0$)에서 경계조건은

$$r = 0 \ \text{및} \ L_r = 0 \tag{3.60}$$

이다. 한편, 표면에서 경계조건은 단순하지 않아서 얼마나 근사를 잘 하는
지에 따라 달라진다. 가장 간단한 것은 제로 경계조건이므로 표면에서

$$T = 0 \ \text{및} \ P = 0 \tag{3.61}$$

로 설정한다. 표면온도가 비교적 높고 복사평형이 되는 별에서는, 표면 내
부 바로 안쪽에서 원래 값으로 빠르게 다가가기 때문에 이 경계조건이 허
용된다. 그러나 표면 가까이에 대류가 일어나고 있어 표면온도가 비교적
낮은 별은 좋지 않은 근사가 된다. 일반적으로 외부온도는 에딩턴 근사를
사용해 (L, R)의 함수로 나타낸다.

일정 시점 (t)에서의 온도, 압력, 밀도의 물리량 분포 등 항성의 내부구
조가 주어지면 그 시점에서부터 유한한 시간 (Δt)가 경과했을 때 ($t + \Delta t$)
의 원소조성 분포는 다음 식을 적분해 얻을 수 있다.

$$\left(\frac{\partial X_i}{\partial t}\right)_{M_r} = \left(\frac{\partial X_i}{\partial t}\right)_{\text{nuc}} + \frac{\partial}{\partial M_r}\left(D\frac{\partial X_i}{\partial M_r}\right) \qquad (3.62)$$

여기에서 우변의 첫 항은 핵융합반응으로 원소 i의 조성이 변화하는 것을 나타낸다. 또 우변의 두 번째 항은 대류와 느린 난기류에 따라 물질혼합이 확산되는 형태를 나타낸 것으로 D는 이 과정에 대한 확산계수이다. 이렇게 $t+\Delta t$에서 원소조성 분포가 결정되면 미분방정식 (식 3.58)을 경계조건에서 풀 수 있고, 그 시점 $(t+\Delta t)$에서 항성의 내부구조가 결정된다. 이것을 여러 번 반복해 항성 내부구조의 시간변화(진화)를 추적할 수 있다.

3.1.7 항성의 대략적 성질

여기에서는 (식 3.58)의 미분방정식으로 항성의 대략적인 성질을 살펴보자. 먼저 (식 3.58)의 첫 번째 정유체 압력평형식에서 항성의 중심압력 P_c, 질량 M, 반지름 R 사이에 다음과 같은 관계가 있음을 알 수 있다.

$$P_c \propto M^2 R^{-4} \propto \bar{\rho} M/R \qquad (3.63)$$

여기에서 $\bar{\rho}$는 항성 내부의 평균밀도를 나타내고 M/R^3에 비례한다. 이상기체의 관계 $P \propto \rho T/\mu$(μ는 가스의 평균분자량)을 (식 3.63)에 사용하면

$$T_c \propto \mu M/R \qquad (3.64)$$

의 관계를 얻을 수 있다. 여기에서 $\rho_c \propto \bar{\rho}$인 관계를 가정했다. 이 식은 앞에서 도출한 (식 3.6)과 같은데 여기에서는 평균분자량 μ의 의존성도 나타낸다. 질량과 반지름이 같아도(자기중력의 세기는 같다) 가스의 평균분자량이 크면 중심온도가 높은데 단위질량당 가스 입자수가 적어 자기중력을 지탱

하기 위한 압력기울기를 만들려면 더욱 높은 온도가 필요하기 때문이다.

또 (식 3.58)의 세 번째 식에서 복사로 에너지가 전달되는 경우 ($\nabla_T =$ ∇_{rad})라는 대략적인 관계로

$$L \propto \frac{R^4 T_c^4}{\kappa M} \propto \frac{\mu^4 M^3}{\kappa} \tag{3.65}$$

를 얻을 수 있다. 여기에서 두 번째 관계를 도출할 때 (식 3.64)를 이용했다. 이 식은 항성의 광도 L이 정유체 압력평형과 에너지 전달로 결정된다는 것을 보여준다. 항성 내부에서 정유체 압력평형을 유지하기 위해 필연적으로 발생하는 온도기울기에 따라, 항성 내부에서 바깥쪽으로 흘러나간 열에너지가 표면에 도달하면 빛으로 방출하는 것으로 이해할 수 있다.

불투명도 κ가 전자산란의 지배를 받을 때(식 3.31), 즉 κ가 상수일 때 (식 3.65)는

$$L \propto \mu^4 M^3 \quad \text{(전자산란에 따른 불투명도)} \tag{3.66}$$

이다. 대질량 ($\gtrsim 10 M_\odot$)의 주계열성은 전자산란이 가스의 불투명도를 결정하기 때문에 광도는 근사적으로 질량의 3제곱에 비례한다. 그러나 이 관계는 이상기체를 가정해 도출한 것이다.

질량의 상한값 ($M \sim 100 M_\odot$)에서 압력은 복사압이 우세해 $P \sim P_{rad}$ $\propto T^4$ (식 3.34)가 된다. 이 관계를 위 (식 3.63)과 조합하면 (식 3.64) 대신 $T^4 \propto M^2 R^{-4}$인 관계가 되므로 (식 3.65)는 $L \propto M$이 된다. 따라서 질량이 매우 커지면 광도의 질량의존성은 3제곱보다 완만해지고 한계질량에 이르면 1제곱에 가까워진다.

위 관계식에서 알 수 있듯이 전자산란으로 불투명도가 결정되는 경우

항성의 광도는 항성의 반지름에 좌우되지 않는다. 이런 성질 때문에 대질량성은 주계열 단계 후의 진화에서도 광도에는 큰 변화가 없다.

한편, 불투명도가 크래머스형 (식 3.30)으로 주어진 경우

$$\kappa \propto \rho T^{-3.5} \propto (M/R^3)(\mu M/R)^{-3.5} \propto \mu^{-3.5}M^{-2.5}R^{-7.5} \qquad (3.67)$$

과 같이 쓸 수 있으므로 이것을 (식 3.65)에 대입하면

$$L \propto \mu^{7.5}M^{5.5}R^{-0.5} \qquad \text{(크래머스형 불투명도의 경우)} \qquad (3.68)$$

를 얻을 수 있다. 뒤의 3.4절을 보면 크래머스형의 불투명도가 우세한 중소질량 주계열성에서는 $R \propto M^{0.7}$임을 알 수 있는데, 이 관계를 이용하면 위 식은 $L \propto M^{5.1}$이고 대질량성보다 중소질량성의 경우에 질량이 광도에 더 영향을 미친다는 것을 알 수 있다. 또 이 경우 항성의 광도는 반지름의 영향을 받는데 진화과정에서 반지름이 커지면 광도가 감소한다[적색거성가지가 밝아지는 것은 적색거성 바깥층에서 대류에 의해 에너지가 옮겨지기 때문이므로 (식 3.68)을 적용할 수 없다].

3.2 항성 내부에서 일어나는 핵융합반응

항성 내부에서 일어나는 핵융합반응을 열핵반응이라고 한다. 가스를 구성하는 입자가 열운동을 하면서 다른 입자와 충돌해 핵반응을 일으키기 때문이다. 질량 m_a의 입자 a와 질량 m_b의 입자 b가 핵융합해 질량 m_c을 가지는 입자 c가 될 때 방출되는 에너지 E는

$$c^2(m_a + m_b - m_c) = E \qquad (3.69)$$

로 나타낼 수 있다. 즉, 핵융합하기 전에 입자 a와 b의 정지질량의 합과 생성된 입자 c의 정지질량의 차만큼 에너지가 발생한다. 예를 들면 수소원자핵 네 개의 질량은 원자질량단위로 $4 \times 1.0078 = 4.0312$인 데 반해 헬륨원자핵 한 개의 질량은 4.0026이므로, 수소 네 개에서 헬륨원자핵 한 개가 생기면 0.0286 원자질량단위, 즉 약 0.7 %의 질량이 에너지로 방출된다.

이 질량차는 헬륨원자핵 내의 양성자와 중성자가 결합한 에너지 E_B 분량만큼 에너지가 줄어들기 때문이다. 양성자 Z개, 중성자 N개로 구성된 원자핵의 질량 m_i는 다음과 같이 나타낸다.

$$m_i = Zm_p + Nm_n - E_B/c^2 \tag{3.70}$$

여기에서 m_p과 m_n는 각각 양성자와 중성자의 질량이다.

그림 3.6은 1핵자당 결합에너지 E_B/A를 원자핵 질량수($A = Z + N$)의 함수로 나타낸 것이다. 1핵자당 결합에너지는 수소(0)에서 헬륨, 탄소로 가면서 급격히 증가하는데 이보다 질량수가 크면 대략 $8\,\mathrm{MeV}$[3]로 천천히 변화한다. 그 값은 질량수 ~60인 철그룹의 원자핵에서 최고에 이르고, 그보다 무거운 원자핵에서는 질량수가 증가함에 따라 천천히 감소한다. 즉 수소에서 헬륨, 탄소, 산소로 철이 만들어지기까지 철의 원자핵이 가장 안정적인 핵융합반응을 보이며, 여기에서 에너지가 발생하면서 항성의 에너지원이 되는 것이다.

3.2.1 열핵반응률

원자핵 a와 b가 단위부피당 단위시간당 일으키는 핵반응 r_{ab}(단위부피당 핵

---

[3] MeV는 에너지 단위로 100만 전자볼트를 나타낸다. 전자볼트는 1볼트의 전위차로 전자를 가속했을 때 얻을 수 있는 전자의 운동에너지로 1.6×10^{-19}줄(J)에 해당한다.

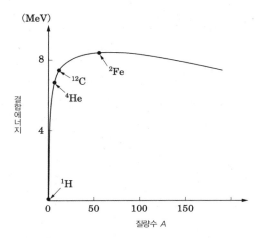

그림 3.6 원자핵 내의 1핵자당 결합에너지가 원자핵의 질량수 A의 함수로 그려져 있다. 곡선은 자잘한 요철(凹凸)을 고르게 꾸민 것이다(Kippenhan & Weigert 1991, *Stellar Structure and Evolution*, Springer).

반응률)는

$$r_{ab} = \frac{N_a N_b}{1+\delta_{ab}} \int_0^\infty \sigma_{ab}(\mathcal{E}) v(\mathcal{E}) f(\mathcal{E}) d\mathcal{E} = \frac{N_a N_b}{1+\delta_{ab}} \langle \sigma v \rangle_{ab} \quad (3.71)$$

로 나타낸다. 여기에서 N_a, N_b는 원자핵 a, b의 수數밀도이고 $\mathcal{E}$은 상대 운동에너지이며, σ_{ab}는 반응단면적이고 v는 상대속도이며, $f(\mathcal{E})$은 상대 운동에너지 $\mathcal{E}$을 가지는 입자쌍의 존재확률(분포함수)을 나타낸다. δ_{ab}는 원자핵 a, b가 같은 종류의 원자핵일 때는 1이고 다른 종류이면 0이 된다.

$f(\mathcal{E})$은 규격화된 다음과 같은 맥스웰 분포로 주어진다.

$$f(\mathcal{E}) d\mathcal{E} = \frac{2}{\sqrt{\pi}} (kT)^{-\frac{3}{2}} e^{-\frac{\mathcal{E}}{kT}} \sqrt{\mathcal{E}}\, d\mathcal{E} \quad (3.72)$$

반응단면적은 입자의 상대 운동에너지 $\mathcal{E}$에 강하게 의존한다. 특히 항성 내부에서 일어나는 핵반응에서 에너지가 낮을 때 급격히 변화한다. 그 원인은 원자핵이 충돌하면서 양의 전하가 생길 때 일어나는 쿨롱 반발력 때문이다. 질량수 A인 원자핵의 반지름은 근사적으로 $\approx 1.2 \times 10^{-13} A^{1/3}$ cm로 나타내므로 원자핵 a, b의 질량수를 A_a, A_b로, 전하를 Z_a, Z_b로 하면 이 둘 사이의 쿨롱에너지 최대값 E_C는

$$E_C \approx \frac{Z_a Z_b e^2}{1.2 \times 10^{-13}(A_a^{1/3} + A_b^{1/3})} \; \text{erg} \approx 1.2 \frac{Z_a Z_b}{A_a^{1/3} + A_b^{1/3}} \quad [\text{MeV}] \quad (3.73)$$

으로 나타낸다. 이 쿨롱에너지에 대해 중심온도 $10^7 \sim 10^8$ K에 대한 열운동에너지($\sim kT$)는 $1 \sim 10$ keV이다. 따라서 원자핵 두 개가 융합을 일으키기 위해서는 양자역학적인 터널효과에 따라 쿨롱에너지 벽을 통과해야 한다 (그림 3.7 참조). 이때 투과율은 $\exp(-\zeta/\sqrt{\varepsilon}\,)$에 비례한다. 여기에서 $\zeta = \pi Z_a Z_b e^2/\sqrt{A_{ab} m_u}/\hbar$이고, $A_{ab} \equiv A_a A_b/(A_a + A_b)$이다($m_u$는 1원자질량단위의 질량).

또 반응단면적 σ_{ab}는 원자핵 두 개의 상대운동에 대한 드브로이 파장 $h/\sqrt{2A_{ab} m_u \varepsilon}$의 2제곱에 비례한다. 이 에너지 의존성들을 앞으로 빼내어 반응단면적을

$$\sigma_{ab} = S(\varepsilon)\varepsilon^{-1} \exp(-\zeta/\sqrt{\varepsilon}\,) \quad (3.74)$$

로 나타낼 수 있다. 여기에 나타나는 $S(\varepsilon)$는 비공조반응에 대해서 천체물리학적 S요소Astrophysical S-factor라 부르며(비공명반응에 대해서는), 에너지에 대해 완만하게 변화한다.

반응단면적에 (식 3.74)를 이용하면

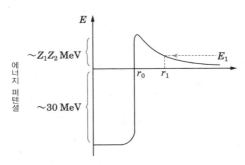

그림 3.7 입자 사이의 거리에 대한 에너지 퍼텐셜 변화와 열운동에너지 개념도.

$$\langle \sigma v \rangle = \sqrt{\frac{8}{\pi A_{ab} m_u}} (kT)^{-3/2} \int_0^\infty S(\varepsilon) \exp\left(-\frac{\varepsilon}{kT} - \frac{\zeta}{\sqrt{\varepsilon}}\right) d\varepsilon \quad (3.75)$$

를 얻을 수 있다. 위 피적분함수에서 $S(\varepsilon)$는 상수이지만 다른 부분은 에너지에 따라서 크게 변화한다. $\exp(-\varepsilon/kT)$는 맥스웰분포로, 에너지가 높은 입자의 존재 확률이 급격히 감소하는 현상을 나타내고, $\exp(-\zeta/\sqrt{\varepsilon})$는 에너지가 클수록 터널효과에 따른 쿨롱벽 투과율이 커지는 모습을 보인다. 그러므로 곱하는 값들은 일정 에너지 ε_0에서 뾰족하게 정점을 그린다. 이것을 가모브 피크Gamow peak라고 한다(그림 3.8 참조).

가모브 피크의 위치에너지 ε_0는 $-\varepsilon/kT - \zeta/\sqrt{\varepsilon}$가 최대 에너지이므로

$$\varepsilon_0 = \left(\frac{\zeta kT}{2}\right)^{2/3} ; \qquad -\frac{\varepsilon_0}{kT} - \frac{\zeta}{\sqrt{\varepsilon_0}} = \frac{3\varepsilon_0}{kT} \qquad (3.76)$$

임을 알 수 있다. 가모브 피크는 가파르게 올라가고 (식 3.75)의 적분에서 피크 근처에 기여하므로

$$-\frac{\varepsilon}{kT} - \frac{\zeta}{\sqrt{\varepsilon}} \approx -\frac{3\varepsilon_0}{kT} + \frac{3}{4kT\varepsilon_0}(\varepsilon - \varepsilon_0)^2 \qquad (3.77)$$

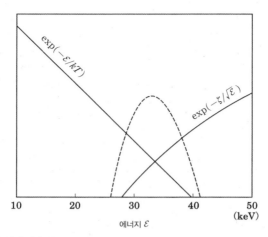

그림 3.8 (식 3.75)의 피적분함수 중에서 강한 에너지 의존성을 보이는 함수 $\exp(-\varepsilon/kT)$와 $\exp(-\zeta/\sqrt{\varepsilon})$의 움직임과 그 곱이 만드는 가모브 피크.

처럼 가모브 피크 부근에서 전개해 (식 3.75)을 적분하고

$$\langle \sigma v \rangle = \frac{8\hbar}{3^{5/2} A_{ab} m_u \pi e^2} \frac{S_0}{Z_a Z_b} \left(\frac{3\mathcal{E}_0}{kT} \right)^2 \exp\left(-\frac{3\mathcal{E}_0}{kT} \right) \tag{3.78}$$

을 얻을 수 있다. 여기에서 $S_0 = S(\mathcal{E}_0)$를 나타낸다.

이 핵반응의 1회당 방출되는 에너지를 Q라고 쓰면 단위질량당 에너지 발생률 ε_n은 다음과 같이 쓸 수 있다.

$$\varepsilon_n = \frac{Q}{\rho} \frac{N_a + N_b}{1 + \delta_{ab}} \langle \sigma v \rangle \tag{3.79}$$

이 에너지 발생률의 온도의존성은 다음과 같다.

$$\left(\frac{\partial \ln \varepsilon_n}{\partial \ln T} \right)_\rho = -\frac{2}{3} + \frac{\mathcal{E}_0}{kT} \tag{3.80}$$

강한 온도의존성은 $\exp(-3\varepsilon_0/kT)$에서 오는 것임을 알 수 있다.

전자차폐효과

자유전자는 양의 전하를 띤 원자핵에 끌리므로 원자핵끼리 쿨롱 반발력을 약화시키는 효과가 나타난다. 이것을 전자차폐electron screening라고 한다. 전기장에 퍼텐셜 ϕ 아래서 단위부피당 원자핵의 수 N_i와 전자수 N_e가 볼츠만 분포를 따른다고 하면

$$N_i = N_{0i}e^{-Z_ie\phi/(k_BT)} \approx N_{0i}[1-Z_ie\phi/(kT)]$$
$$N_e = N_{0e}e^{e\phi/(k_BT)} \approx N_{0e}[1+e\phi/(kT)]$$

$$(3.81)$$

라고 나타낸다. 여기에서 Z_i는 원자핵 안의 양성자수를 나타내고 $Z_ie\phi/(kT)\ll1$라고 가정했다. 또 N_{0i}와 N_{0e}는 평균의 수밀도를 나타내며 중성가스의 조건에서 $N_{0i}=Z_iN_{0e}$의 관계가 성립된다.

정전 퍼텐셜 ϕ은 푸아송의 식

$$\nabla^2\phi = -4\pi(N_iZ_i-N_e)e \approx 4\pi(N_{0i}Z_i^2+N_{0e})\frac{e^2\phi}{kT} = \frac{\phi}{r_D^2} \quad (3.82)$$

로 주어진다. 여기에서 r_D는 드브로이 파장의 길이로, 이 거리만큼 떨어져 있으면 전자차폐효과로 원자핵의 전하가 약 1/3로 보인다. 퍼텐셜이 원자핵 근처에서 구대칭이 된다는 가정 아래 이 식을 풀면

$$\phi = \frac{Z_ie}{r}e^{-r/r_D} \quad (3.83)$$

를 얻을 수 있다. $\exp(-r/r_D)$을 곱하는 것으로 원자핵에서 전하의 효과

가 약해졌음을 알 수 있다.

드브로이 파장은

$$r_D \approx 0.9 \times 10^{-8} \sqrt{\frac{T_6 \mu_1}{Z_i (Z_i + 1) \rho}} \quad [\text{cm}] \tag{3.84}$$

라고 나타낸다. 여기에서 T_6은 10^6 K을 단위로 하는 온도이다. 태양 중심부에서 드브로이 파장은 원자핵 크기 ($\sim 10^{-13}$ cm)에 비해 매우 길다. 이런 상태에서는 전자차폐효과가 약하고 전하 Z_a와 Z_b의 원자핵이 가까워질 때 쿨롱에너지는

$$\frac{Z_a Z_b e^2}{r} e^{-r/r_D} \approx \frac{Z_a Z_b e^2}{r} - \frac{Z_a Z_b e^2}{r_D} \tag{3.85}$$

로 근사적으로 일정값 $U_0 \equiv Z_a Z_b e^2 / r_D$만큼 내려가는 것을 알 수 있다. 이 효과에 따라 터널효과의 투과율이 오르며 반응단면적이 커진다. 이 효과는 입자가 U_0만큼 큰 에너지로 충돌한다고 생각할 수 있다. 전자차폐효과를 고려한 값에 첨자 s를 붙이고 고려하지 않은 값에는 아래 첨자 ns를 붙여 나타내고 $U_0 \ll \varepsilon$임을 이용해 반응률 $\langle \sigma v \rangle_s$을 나타내면

$$\begin{aligned} \langle \sigma v \rangle_s &= \int_0^\infty \sigma_{ns}(\varepsilon + U_0) v(\varepsilon) f(\varepsilon) d\varepsilon \\ &= \int_0^\infty \sigma_{ns}(\varepsilon') v(\varepsilon' - U_0) f(\varepsilon' - U_0) d\varepsilon \\ &\approx \langle \sigma v \rangle_{ns} e^{\frac{U_0}{kT}} \end{aligned} \tag{3.86}$$

라고 쓸 수 있고, 약한 전자차폐효과는 $e^{\frac{U_0}{kT}}$ (전자차폐 인자)를 곱해 나타낼 수 있다.

3.2.2 수소연소

수소원자핵(양성자) 4개에서 헬륨원자핵이 합성되어 에너지가 발생하는 현상을 수소연소라고 한다. 수소연소는 온도가 $\sim 10^7\,\mathrm{K}$인 주계열성의 중심부에서 일어나며 이것들의 에너지원이다. 수소연소는 주로 태양과 질량이 비슷하거나 태양보다 작은 주계열성에서 일어나는 양성자–양성자pp 연쇄반응과 대중질량 주계열성에서 일어나는 CNO순환이 있다.

pp연쇄반응　　양성자–양성자pp 연쇄반응은 수소원자핵(양성자) 두 개가 중수소가 되고(양성자–양성자반응) 여기에서 만들어진 중수소가 다시 수소원자핵과 융합해 ^{3}He이 되는 반응을 기점으로 한다. 후속 반응의 종류에 따라서 pp1, pp2, pp3 반응으로 나뉜다. pp1에서는 pp반응이 두 번 일어난 후에 ^{3}He 두 개가 융합해 헬륨이 합성되는 데 비해 pp2, pp3에서는 한 번의 pp반응에서 만들어진 ^{3}He이 기존의 보통 헬륨원자핵 ^{4}He과 융합해 ^{7}Be이 합성된다.

　pp2에서는 ^{7}Be이 전자를 포획하는 데 비해 pp3에서는 양성자와 반응한다(그림 3.9 참조). 태양에서는 대부분 pp1과 pp2에 따른 pp연쇄반응이 일어난다. pp3은 에너지 발생에서는 무시해도 좋을 만큼 영향이 작지만, 이 반응에서는 에너지가 높은 뉴트리노가 발생하기 때문에 태양 뉴트리노의 관측에서 중요한 반응이다.

　pp연쇄반응 중에서 가장 먼저 일어나는 pp반응의 반응률이 가장 작다. 그러므로 pp연쇄반응에서 헬륨 합성률은 pp반응이 가장 큰 영향을 미친다. pp반응에서는 관여하는 전하가 작아서 반응률이 온도에 거의 의존하지 않으며, pp연쇄반응에 따른 에너지 발생률은 온도의 4제곱 정도에 비례한다.

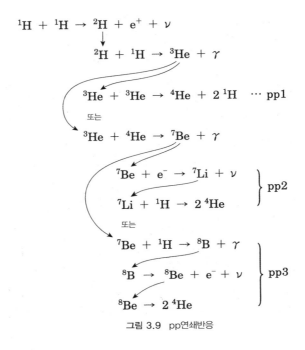

$$^1H + {^1H} \rightarrow {^2H} + e^+ + \nu$$
$$^2H + {^1H} \rightarrow {^3He} + \gamma$$
$$^3He + {^3He} \rightarrow {^4He} + 2\,^1H \quad \cdots \text{pp1}$$

또는

$$^3He + {^4He} \rightarrow {^7Be} + \gamma$$

$$^7Be + e^- \rightarrow {^7Li} + \nu$$
$$^7Li + {^1H} \rightarrow 2\,^4He$$
$$\left.\vphantom{\begin{array}{c} a \\ b \end{array}}\right\} \text{pp2}$$

또는

$$^7Be + {^1H} \rightarrow {^8B} + \gamma$$
$$^8B \rightarrow {^8Be} + e^- + \nu$$
$$^8Be \rightarrow 2\,^4He$$
$$\left.\vphantom{\begin{array}{c} a \\ b \end{array}}\right\} \text{pp3}$$

그림 3.9 pp연쇄반응

CNO순환   CNO순환은 수소원자핵이 탄소, 질소, 산소의 원자핵에 차례로 포획되어, 수소원자핵 4개로 헬륨원자핵 1개를 만든 후 탄소·질소·산소 원자핵은 원래로 돌아가는 반응으로, 탄소·질소·산소 원자핵은 촉매작용을 한다(단 탄소·질소·산소 원자핵 전체의 양은 변화하지 않으나 원소 개개의 조성비는 변화한다).

CNO순환은 탄소와 산소가 관여하는 CN순환과 산소가 관여하는 NO순환 두 가지가 있다(그림 3.10 참조). 두 순환은 $^{15}N + {^1H}$의 반응으로 $^{12}C + {^4He}$가 생성되는 것 외에도 약 10^{-4}의 비율로 $^{16}O + \gamma$가 생성된다.

CN순환에서 $^{14}N + {^1H} \rightarrow {^{15}O} + \gamma$ 반응이 가장 늦게 일어나기 때문에, 이 반응으로 CNO순환에 따른 수소연소율을 알 수 있고, 이 반응률에 한 번 순환할 때마다 발생하는 에너지를 곱하면 CNO순환에 따른 에너지 발

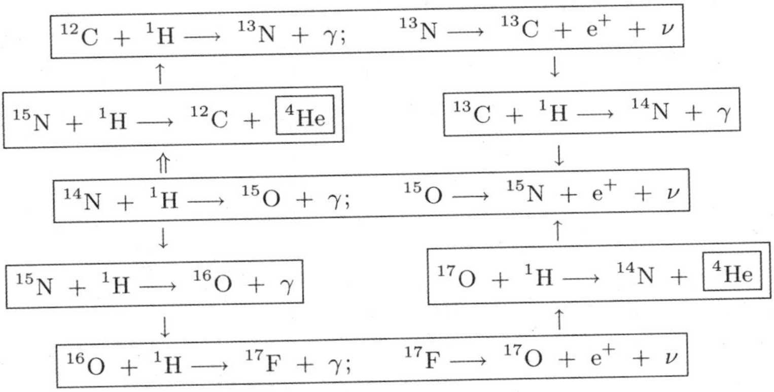

$$^{12}\text{C} + {}^1\text{H} \longrightarrow {}^{13}\text{N} + \gamma; \qquad {}^{13}\text{N} \longrightarrow {}^{13}\text{C} + e^+ + \nu$$

$$^{15}\text{N} + {}^1\text{H} \longrightarrow {}^{12}\text{C} + {}^4\text{He} \qquad\qquad {}^{13}\text{C} + {}^1\text{H} \longrightarrow {}^{14}\text{N} + \gamma$$

$$^{14}\text{N} + {}^1\text{H} \longrightarrow {}^{15}\text{O} + \gamma; \qquad {}^{15}\text{O} \longrightarrow {}^{15}\text{N} + e^+ + \nu$$

$$^{15}\text{N} + {}^1\text{H} \longrightarrow {}^{16}\text{O} + \gamma \qquad\qquad {}^{17}\text{O} + {}^1\text{H} \longrightarrow {}^{14}\text{N} + {}^4\text{He}$$

$$^{16}\text{O} + {}^1\text{H} \longrightarrow {}^{17}\text{F} + \gamma; \qquad {}^{17}\text{F} \longrightarrow {}^{17}\text{O} + e^+ + \nu$$

그림 3.10 CNO순환

생률을 얻을 수 있다.

$^{14}\text{N} + {}^1\text{H}$반응은 pp반응에 비해 전하가 크게 관여하기 때문에 반응률의 온도의존성은 pp반응보다 크다. CNO순환에 따른 에너지 발생률은 대략 10^7 K으로 온도의 거의 20제곱에 비례한다. CNO순환이 pp연쇄반응보다 에너지 발생률의 온도의존성이 크므로, 중심온도가 비교적 높은 대소질량성에서는 CNO순환에 따른 수소연소가 중요한 반면, 소질량성에서는 pp 연쇄반응이 주로 일어난다(그림 3.11 참조). 대질량성과 소질량성의 경계는 약 $1.1\ M_\odot$으로 태양 중심에서는 수소연소 중 약 2 %만 CNO순환으로 일어난다.

CN순환에서 $^{14}\text{N} + {}^1\text{H}$ 반응이 맨 나중에 일어나므로 CNO순환이 평형 상태에 이르면 원래 있던 탄소, 질소, 산소의 대부분은 질소(^{14}N)가 된다. 또 탄소의 동위원소비 $^{12}\text{C}/^{13}\text{C}$는 보통 $\sim 10^2$ 정도인데 CNO순환이 평형상태에 이르면 이 비율은 ~ 4로 작아진다. CNO순환에서 $^{12}\text{C} + {}^1\text{H}$ 반응과 $^{13}\text{C} + {}^1\text{H}$의 반응비가 이 값이다.

일반적으로 적색거성의 표면에서는 $^{14}\text{N}/^{12}\text{C}$의 비, $^{14}\text{N}/^{16}\text{O}$의 비,

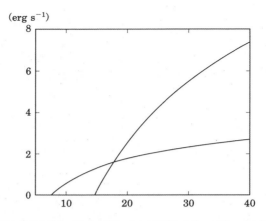

(erg s^{-1})

그림 3.11 pp반응과 CNO순환에 따른 수소연소 에너지 발생률의 온도 변화. 여기에서 T_6은 $T/10^6$을 나타내고 밀도는 $100\,\mathrm{g\,cm^{-3}}$, 수소의 질량구성은 0.7, CNO의 질량구성은 0.01로 했다.

^{12}C/^{13}C의 비율이 주계열성의 경우와 전혀 달랐다. 적색거성 내부에는 깊은 대류외층이 존재하는데 이전에 CNO순환이 일어났던 위치의 물질이 대류층으로 흡수되었음을 알 수 있다.

헬륨연소와 그다음의 핵연소

온도가 $\sim 10^8$ K이 되면 헬륨원자핵(α입자) 세 개가 융합해 탄소원자핵이 되는 반응, 즉 삼중알파과정triple-alpha process이 일어난다. 이것은 두 단계의 반응으로 일어난다.

$$^4\mathrm{He} + {}^4\mathrm{He} \rightleftarrows {}^8\mathrm{Be}, \quad {}^8\mathrm{Be} + {}^4\mathrm{He} \rightarrow {}^{12}\mathrm{C} + \gamma$$

^{8}Be은 매우 불안정한 원자핵이고 수명이 $\sim 10^{-16}$초로 원래 He 원자핵 두 개로 붕괴한다. 이에 따라 ^{4}He과 ^{8}Be 사이의 반응은 평형상태가 되며 $T = 10^8$ K이고, $\rho = 10^5$ g cm^{-3}일 때 개수의 비가 ^{8}Be/^{4}He$\sim 10^{-9}$이 된다. 아주 적은 양의 ^{8}Be에 ^{4}He이 융합해 ^{12}C가 생성된다. 삼중알파과정에

서 1 g의 헬륨이 탄소로 변화할 때 발생하는 에너지는 약 6×10^{17} erg로 수소연소할 때의 약 1/10이다.

삼중알파과정에서 생성되는 탄소의 일부는 헬륨과 반응해 산소가 생성된다.

$$^{12}C + {}^{4}He \rightarrow {}^{16}O + \gamma$$

따라서 헬륨연소로 생성되는 원소는 주로 탄소와 산소다.

헬륨연소 후 온도가 6~7억 도가 되면 탄소연소가 일어나는데 탄소원자핵은 주로 산소, 네온, 마그네슘, 소량의 실리콘으로 바뀐다. 따라서 중심부에서 헬륨연소로 생성된 탄소 · 산소 중심핵은 탄소연소를 통해 산소 · 네온 · 마그네슘 중심핵이 된다. 1 g의 탄소가 탄소연소해 에너지 약 4×10^{17} erg를 방출한다.

온도가 15억 도를 넘으면 에너지가 큰 광자가 네온원자핵을 붕괴해 산소원자핵과 α입자로 분해하고, 생성된 α입자가 네온원자핵에 포획되어 마그네슘이 생기며,

$$^{20}Ne + \gamma \rightarrow {}^{16}O + \alpha; \qquad {}^{20}Ne + \alpha \rightarrow {}^{24}Mg + \gamma$$

라는 네온연소가 일어난다. 네온 1 g에서 에너지 1.1×10^{17} erg가 발생한다. 온도가 약 20억 도가 되면 산소연소가 일어난다. 고온이므로 여러 핵반응이 일어나고 최종적으로는 다량의 실리콘과 황, 칼슘이 남는다. 산소 1 g에서 방출되는 에너지는 약 5×10^{17} erg이다.

온도가 30억 도를 넘으면 에너지가 높은 광자가 실리콘원자핵을 붕괴시키는 것을 시작으로 여러가지 반응이 일어나는데, 에너지가 가장 낮은 실리콘연소가 일어나 철의 원자핵이 생성된다. 실리콘 1 g에서는 에너지 약 2×10^{17} erg가 방출된다.

탄소연소 이후의 핵연소는 온도가 매우 높아서 뉴트리노가 많이 발생한
다. 뉴트리노는 주변 물질과 거의 상호작용 없이 별 밖으로 나가므로 핵연
소로 생성된 에너지 대부분은 뉴트리노에 의해 유실된다.

3.3 전주계열성

분자운 중에서 밀도가 높은 부분이 중력붕괴해 항성이 태어난다. 자유낙
하시간은 $\sim(G\rho)^{-1/2}$이므로 중심부의 밀도가 높아 중력붕괴가 빠르게 진
행된다. 처음에는 중심에 정유체 압력평형을 이룬 고온의 원시별이 생성
된다. 원시별은 주변으로부터 가스가 쌓여 질량이 증가한다. 이 단계에서
는 질량강착과 함께 중력에너지가 날아가면서

$$L \sim \frac{GM_*\dot{M}}{R_*} \approx 3 \times 10^2 \left(\frac{M_*}{M_\odot}\right)\left(\frac{\dot{M}}{10^{-5}M_\odot \mathrm{y}^{-1}}\right)\left(\frac{R_*}{R_\odot}\right)^{-1} L_\odot \qquad (3.87)$$

의 에너지가 방출된다. 여기에서 M_*과 R_*은 각각 원시별의 질량과 반지
름을 나타내고 $\dot{M}$은 원시별에 대한 질량강착률을 나타낸다. 원시별에서
는 이렇게 엄청난 에너지가 방출하는데, 이것은 원시별 주변에 있는 먼지
에 흡수되었다가 다시 방출하기 때문에 적외선으로 방출한다. 따라서 원
시별은 가시광으로 관측할 수 없다.

어느 시점에 항성풍이 강하게 불기 시작해 주변의 가스 먼지가 날리고
물질이 빠르게 가라앉으면 더 이상 질량은 증가하지 않는다. 이때 일정 질
량이 되면 전체적으로 정유체 압력평형을 이루면서 항성이 형성된다. 이
때부터 이 별은 가시광으로 관측할 수 있다.

그림 3.12는 별 생성 영역에서 관측되는 항성의 HR도이다. 이 그림에서
별은 왼쪽 위에서 오른쪽 아래로 길게 분포하며, 밝거나 표면온도가 낮은

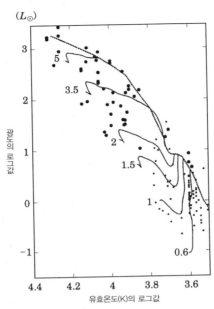

$(L_\odot)$

광도의 로그값

유효온도(K)의 로그값

그림 3.12 전주계열성과 이론적 진화경로를 보여주는 HR도. 비교적 커다란 점은 허빅 Ae/Be별이고 작고 검은 점은 T 타우리별을 나타낸다. 전주계열성의 출발점을 이은 선을 탄생선(birth-line)이라고 한다. 탄생선의 오른쪽 위로는 전주계열성이 존재하지 않는다(Palla & Stahler 1993, *ApJ*, 418, 414).

영역에는 존재하지 않는다. 원시별 주변에 있던 가스와 먼지가 흩어지고 급속한 질량강착이 멈춰 가시광으로 관측할 수 있게 된 신생별은, 분포도 경계선에 맨처음에 나타났다가 중력수축을 하며 주계열 방향으로 진화한 다. 이 경계선을 항성의 탄생선birth-line이라고 한다. 이 그림에서는 질량에 따라 별이 중력수축하는 진화경로를 실선으로 그려놓았다. 주계열 위치에 태양질량단위로 별의 질량을 기록했다.

이 진화 단계에 있는 별을 전주계열성pre-main-sequence star이라고 한다. 이 별의 중심온도는 수소연소가 일어날 만큼 높지 않으므로 정유체 압력 평형을 유지하면서 중력수축하고, 중력에너지가 해방되어 일부는 내부에 너지(온도) 상승에 이용되고 나머지 에너지는 정유체 압력평형과 함께 온 도기울기에 맞추어 항성 내부를 흐르며 표면에서 별빛으로 방출한다. 중력수축이 어느 정도 진행되어 중심온도가 약 10^7 K이 되면, 수소연소에 따른 에너지 발생률이 항성의 정수압평형을 유지하는 데 필요한 에너지 흐름을 유지할 수 있게 되므로 중력수축이 멈추고 별은 주계열성이 된다.

그림 3.12는 탄생선이 $M \sim 8\,M_\odot$에서 주계열과 교차하며 $M \gtrsim 8\,M_\odot$인 별은 전주계열 단계가 존재하지 않는다는 것을 보여준다. 즉 이런 별들은 질량강착이 급속히 일어나 질량이 증가하는 원시별 단계일 때 별 중심에서 수소연소가 일어나기 시작해 질량강착이 끝난 단계에서 주계열성이 된다.

전주계열성에서 질량이 비교적 작은 별($M < 2M_\odot$)은 T 타우리 변광성으로 관측된다(그림 3.12에서 작은 점). 또 이보다 질량이 크고 표면온도가 높은 전주계열성은 주로 발머선에 방출선이 나타나는데 이를 허빅 Ae/Be 별이라고 한다(그림 3.12에서 큰 점).

3.4 주계열성과 수명

주계열성은 중심부에서 수소에서 헬륨이 합성되는 핵융합반응을 일으켜 에너지 발생률과 표면의 에너지 방출률(광도)이 서로 균형을 이룬다. 핵융합반응에 따른 단위질량당 에너지 발생률 ε_n을 밀도 ρ와 온도 T의 함수로 $\varepsilon_0 \rho T^\nu$라고 나타내면 광도 L과 항성 내부의 에너지 발생률이 서로 균형을 이루는데 그 관계는

$$L \sim \overline{\varepsilon_n} M \propto M \left(\frac{M}{R^3} \right) \left(\frac{M}{R} \right)^\nu = \frac{M^{2+\nu}}{R^{3+\nu}} \approx \frac{M^{18}}{R^{19}} \qquad (3.88)$$

로 나타낸다. 여기에서 $\bar{\rho} \propto M/R^3$와 $\overline{T} \propto M/R$(식 3.64)의 관계를 이용하고 마지막 관계는 $\nu = 16$을 대표값으로 사용했다. 대질량성은 전자산란이

가스의 불투명도를 결정하므로 $L \propto M^3$(식 3.66)을 위 관계에 대입하면

$$R \propto M^{\frac{15}{19}} \approx M^{0.8} \quad \text{(전자산란 불투명도)} \tag{3.89}$$

를 얻을 수 있다. 한편, 중소질량성의 경우는 $L \propto M^{5.5} / R^{0.5}$(식 3.68)을 같은 방식으로 해서

$$R \propto M^{\frac{12.5}{18.5}} \approx M^{0.7} \quad \text{(크래머스형 불투명도)} \tag{3.90}$$

의 관계식을 얻을 수 있다. 주계열성의 광도는 질량의 3~5제곱에 비례하는 데 비해 반지름은 질량의 0.7~0.8제곱에 비례한다. 즉 주계열성은 HR도에서 반지름의 일정한 선과 조금 기울어진 선 위에 분포한다.

그림 3.13은 연령이 0인 주계열성 모델의 질량과 광도, 질량과 반지름의 관계를 나타낸다. 질량이 커지면서 광도의 질량의존성이 미미하게나마 약해지는 것을 볼 수 있다. 질량과 반지름의 관계 그래프에서 $\log M/M_\odot \approx 0.15$ 지점에서 휘어진 것은 $0.15 M_\odot$보다 질량이 작은 주계열성이 대류외층을 가지기 때문이다. 소질량 주계열성의 외층은 온도가 낮아서 가스가 불투명하며(식 3.68), 복사에 따른 에너지 전달의 효율이 떨어지고 온도기울기가 빨라지면서 대류가 발생한다.

(식 3.89)와 (식 3.90)의 반지름과 질량의 관계에서 주계열성의 평균밀도($\propto M/R^3$)는 M^{-1}에 비례한다는 것을 알 수 있다. 즉, 질량이 클수록 평균밀도는 작다(그림 3.14 참조). 또 중심온도가 M/R에 비례하는 관계식 (식 3.64)를 이용하면 $T_c \propto M^{0.3 \sim 0.2}$를 얻을 수 있고 중심온도는 질량이 클수록 높다는 것을 알 수 있다. 그러므로 대중질량성(≥ 1.2)은 CNO순환으로 수소연소가 일어나고 소질량성은 pp연쇄반응이 주로 일어난다.

CNO순환에 따른 에너지 발생률은 온도에 매우 민감하므로 대중질량

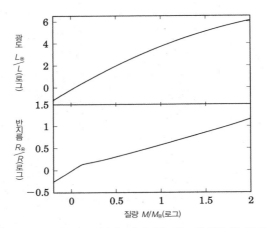

그림 3.13 연령이 0인 주계열성 모델의 질량-광도 및 질량-반지름 관계.

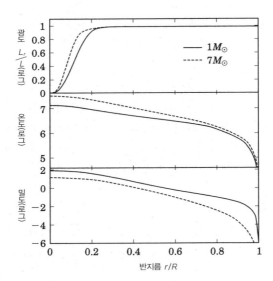

그림 3.14 나이가 0인 주계열성 내부의 L_r, 온도 및 밀도 분포. 에너지 발생은 CNO순환으로 수소연소를 하는 $7 M_\odot$ 별이, pp연쇄반응을 일으키는 $1 M_\odot$ 별보다 더 중심에 집중되어 있어 중심 부근에서는 $L_r \approx L$에 달한다. 또 질량이 큰 편이 온도는 높고 밀도는 낮다.

성은 중심부의 매우 한정된 영역에서 대부분의 에너지를 만들어낸다. 그러므로 중심부의 에너지 플럭스($L_r/(4\pi r^2)$)가 매우 커지면서 대류가 발생한다. 따라서 CNO순환으로 에너지가 발생하는 대중질량 주계열성은 중심부에서 대류가 일어난다(대류중심핵).

한편, pp연쇄반응이 우세한 소질량 주계열성은 에너지 발생률이 4제곱정도로 온도의존성이 별로 크지 않으므로 중심부의 비교적 넓은 영역에서 에너지가 발생한다. 그러므로 중심부에서는 복사로 에너지를 전달한다.

주계열성 중심부에서는 수소가 헬륨으로 변할 수 있으므로 가스의 평균 분자량이 증가하고 단위질량당 가스입자수가 감소한다. 같은 밀도와 온도에서는 압력이 작아지므로 주계열 진화에 따라 중심부는 조금씩 수축하고 광도와 반지름은 커진다. CNO순환으로 수소연소가 우세하고 질량이 비교적 큰($\geq 1.5 M_\odot$) 별은 중심부에서 대류가 일어나 항상 가스가 혼합되므로, 주계열성 단계의 진화가 진행됨에 따라 대류핵 전체의 수소는 감소한다.

한편, 소질량성에서 pp반응으로 수소연소가 일어나면 중심부는 복사로 말미암아 에너지가 이동하면서 대류가 일어나지 않는다. 그러므로 가스는 혼합되지 않으며 중심에 가까운 층일수록 수소연소에 따라 수소함유량이 빠르게 감소한다(그림 3.15 참조).

반대류

대질량성($\geq 10 M_\odot$) 가스의 불투명도는 주로 전자산란의 영향을 받으므로 중심부의 대류핵 주변에는 반대류semi-convection가 발생한다. 전자산란의 불투명도 κ는 $(1+X)$에 비례하고 온도밀도에는 영향을 받지 않는다. 수소함유량에 기울기가 있는 층에서 대류가 일어난 경우($\nabla_{ad} < \nabla_{rad} \propto \kappa$) 수소함유량을 균일하게 하면, 바깥쪽 경계 부근은 혼합하기 전보다 수소함유량이 줄어든다. 그 때문에 불투명도가 낮아지고 $\nabla_{ad} > \nabla_{rad}$가 되므로

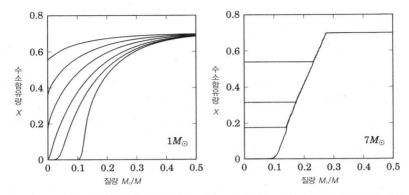

그림 3.15 주계열 진화에 따른 수소함유량의 분포 변화. 소질량성(왼쪽)에서는 중심부에서 물질이 혼합되지 않으므로 중심에 가까운 층일수록 수소함유량이 빨리 감소한다. 각 선들은 여러 시점에서의 수소함유량을 보여준다. 한편, CNO순환으로 수소연소가 일어나는 대중질량성(오른쪽) 중심부는 대류가 발생해 항상 물질혼합이 일어나므로 수소함유량은 대류핵 전체적으로 점점 감소한다. 오른쪽 그래프 왼쪽에 있는 선 세 개는 다양한 시점에서 본 대류중심핵 내의 수소함유량이다. 대류중심핵 바깥쪽은 수소함유량이 변하지 않기 때문에 선이 한 줄이다.

더 이상 대류가 일어나지 않는다. 이것은 대류층에서 수소함유량이 균일해질 때까지 혼합이 제대로 이뤄지지 않았음을 보여준다. 이런 모순된 대류층에서는 수소함유량이 정확히 $\nabla_{ad} = \nabla_{rad}$이 될 때까지 혼합된다. 이렇게 혼합된 층은 원소조성의 변화로 대류에 대해 중성의 구조를 가지게 된다. 이것을 반대류층이라고 한다. 주계열성에서 일어나는 반대류는 전자산란 불투명도가 원인이므로 반대류층은 대질량성일수록 발달한다.

주계열성 단계는 중심부에서 질량의 10 %(대중질량성에서는 대류중심핵의 질량)의 수소가 모두 헬륨으로 바뀔 때까지 계속된다. 따라서 주계열성의 수명 τ_{ms}은

$$\tau_{ms} \approx \frac{0.1 \times 0.007 Mc^2}{L} \approx 10^{10} \frac{M/M_\odot}{L/L_\odot} \quad [\text{y}] \qquad (3.91)$$

로 나타낸다. 여기에서 c는 광속을 말하고 0.007은 수소에서 헬륨이 만들

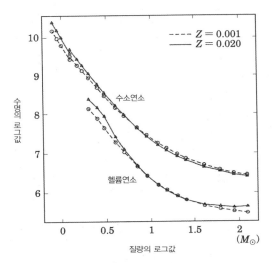

그림 3.16 주계열성 단계와 헬륨연소 단계의 수명(Schaller *et al.* 1992, A&AS, 96, 269).

어지면 그 질량의 0.7 %가 에너지로 바뀐다는 것을 의미한다. 이 식에서 현재 주계열성인 태양의 수명이 약 100억 년이고, 앞으로 약 50억 년 후에 적색거성이 될 것임을 알 수 있다.

주계열성의 광도 L은 $M^a(5 \geq a > 1)$에 비례하므로 주계열성의 수명은 M^{1-a}에 비례하고 질량이 큰 별일수록 수명이 짧다. 그림 3.16은 수명과 질량의 관계를 이론 모델에 기초해 그린 것이다. 질량이 아주 큰 별의 경우 수명이 질량에 크게 좌우되지 않는 것은 복사압이 영향을 미쳐 위의 a값이 차츰 1에 가까워지고 질량이 커지면서 대류중심핵의 질량과 전체 질량의 비가 커지기 때문이다.

한 성단의 별들은 거의 동시에 탄생했다고 유추할 수 있으며, 밝은(질량이 큰) 별일수록 단시간에 주계열 단계를 지나게 되므로 오래된 성단일수록 가장 밝은 주계열성의 광도가 어둡다. 따라서 가장 밝은 주계열성의 광도와 이론적 모델을 비교해 그 성단의 나이를 파악할 수 있다.

제**4**장
중소질량성의 진화

4.1 주계열 단계에서 적색거성으로의 진화

주계열성의 중심에서 수소가 헬륨으로 바뀌면서 HR도에서 별은 주계열 내에서 약간 밝아지고 반지름은 커진다. 중심부에 수소가 모두 헬륨으로 바뀌면 별은 주계열 단계를 지나 적색거성으로 진화한다. 그림 4.1은 HR 도에 진화경로를 나타낸 것이다. 주계열 단계가 끝나고 헬륨연소 단계로 들어가기까지는 중력수축(팽창)으로 항성이 진화하므로 그 시간규모는 주계열 단계보다 짧다(약 1 %).

그림에서 A-B는 주계열 진화로, 그동안 중심부의 수소는 헬륨으로 바뀌면서 줄어든다. B점에서 대류중심핵의 수소는 거의 없어진다. 이때 수소연소 에너지 발생률이 항성 내부의 정유체 압력평형을 유지하는 데 필요한 온도기울기에 대응하는 에너지 플럭스와 균형을 이루지 못해 별 전체가 중력수축을 한다(B-C). B-C에서 중심부의 수소가 완전히 고갈해 대류가 소멸하고 대류중심핵 내에 있던 영역은 헬륨중심핵이 된다. 중력수축으로 항성 내부온도가 상승하면서 헬륨중심핵 바로 바깥층에서 수소연소(수소연소껍질)가 활발해지고 이 층보다 바깥쪽의 정유체 압력평형을 유지하는 데 필요한 에너지 발생률을 얻게 되어 외층의 중력수축이 멈춘다(C점).

그러나 수소연소껍질보다 안쪽에서는 핵융합반응으로 에너지가 발생하지 않으므로 별 전체에서 중력수축이 멈추려면 헬륨중심핵에서 에너지가 흐르지 않는 등온상태로 정유체 압력평형을 이루도록, 즉 밀도기울기로만 얻을 수 있는 압력기울기로 자기중력이 지탱되어야 한다. 헬륨중심핵의 질량이 별 전체 질량의 10 %보다 작을 때 이 상태가 만들어진다. 헬륨중심핵에 대한 이 질량한계를 찬드라세카르 한계라고 한다.

질량이 $3M_\odot$보다 큰 별은 주계열 진화가 끝난 단계일 때 헬륨중심핵의 질량이 찬드라세카르 한계보다 크다. 또 $3M_\odot$보다 질량이 작은 경우에도

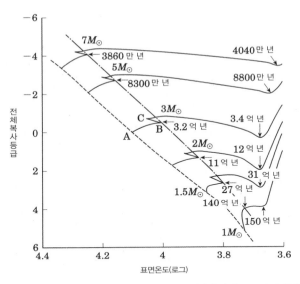

그림 4.1 주계열 단계 및 적색거성으로의 진화경로와 주요 단계별 나이. A→B가 주계열 단계로, 그 이후 진화하는 시간은 짧아진다.

수소연소껍질 활동으로 헬륨중심핵의 질량이 증가하므로 모두 이 질량한 계를 넘는다.

헬륨중심핵의 질량이 찬드라세카르 한계보다 크면 정유체 압력평형을 유지하기 위해 온도기울기가 필요하다. 그래서 열에너지가 중심에서 바깥 쪽으로 흐르고 헬륨중심핵은 에너지를 잃으므로 중력수축하여 중심핵 내 의 온도가 상승한다. 헬륨중심핵이 중력수축해 바로 바깥쪽에 있는 수소 연소껍질의 온도가 상승하면서 에너지 발생률이 높아진다. 이 때문에 외 층에서 흐르는 에너지보다 더 많은 에너지가 흘러들어가 외층은 에너지를 흡수하고 팽창한다. 따라서 표면온도가 내려가고 별은 HR도에서 오른쪽 으로 진화한다. 즉, 헬륨중심핵은 수축하고 수소연소껍질 바깥쪽에 있는 외층은 팽창해 적색거성으로 진화한다.

진화할 때 별의 광도는 표면온도가 낮은 쪽으로 내려가거나 거의 일정하다. 이것은 정유체 압력평형 아래서 복사에 따라 에너지가 전달되기 때문이다. 가스의 불투명도가 크래머스형(식 3.30)인 경우는 별의 광도가 $R^{-0.5}$에 비례한다(식 3.68). 한편 별의 질량이 크면 가스의 불투명도는 전자산란(식 3.31)에 가까워지고 광도는 반지름에 의존하지 않게 된다(식 3.66). 별이 진화하는 동안 별 표면에서의 에너지 방출률(별의 광도)보다 수소연소껍질에서 훨씬 더 많은 에너지가 발생한다. 별 표면으로 나오지 않는 에너지는 외층에 흡수되어 외층을 팽창시키는 데 사용된다.

그림 4.1을 보면 알 수 있듯이 진화경로에서 적색거성가지가 되면 그래프가 휘어지며 광도가 상승한다. 이것은 외층에서 대류가 발생하기 때문이다. 외층이 팽창하면서 온도가 내려가고 가스가 불투명해지면(식 3.30), 복사에 의한 에너지 전달효율이 나빠져서 온도기울기가 빨라지기 때문에 외층에서 대류가 발생한다. 대류는 매우 효율적으로 에너지를 전달하므로 수소연소껍질에서 발생한 에너지를 효율적으로 표면까지 옮겨 방출한다. 수소연소껍질의 에너지 발생률은 헬륨중심핵이 중력수축하면서 커지므로 이에 따라 별도 밝아진다.

소질량성 ($M \leq 1M_\odot$)은 위에 기록된 진화와는 조금 다르게 진화한다. 소질량성은 pp연쇄반응으로 주계열 단계에서 수소연소가 일어나기 때문에 중심부에 대류가 일어나지 않아 가스가 혼합되지 않는다. 이 경우 중심부의 수소가 고갈된 시점에도 중심에서 조금 떨어진 층에는 수소가 여전히 있어 중심연소 구조에서 껍질연소 구조로 순조롭게 변화한다. 헬륨중심핵의 질량이 0에서 조금씩 증가한다(그림 3.15 참조). 따라서 저질량성 진화에는 대중질량성의 진화과정에서 나타나는 B-C 단계가 없다.

소질량성이 진화할 때 수소연소껍질의 바깥 영역에서 에너지가 대류로 전달되면 수소연소껍질의 에너지 발생률이 증가하면서 별의 광도가 증가하는데 수소연소껍질의 에너지 발생률이 증가하는 원인은 중질량성의 경우[1]와 조금 다르다. 소질량성은 중심밀도가 크므로 주계열 단계 후 어느 정도 중력수축하면 헬륨중심핵에서 전자가 축퇴해 전자축퇴압이 세진다. 축퇴압은 온도에 상관 없이 밀도의 5/3제곱($\rho \lesssim 106 \, \text{g cm}^{-3}$)에 비례한다. 압력은 온도의 영향을 받지 않으므로 헬륨중심핵에서는 밀도기울기에서 생기는 압력기울기를 이용해 자기중력을 지탱하고 온도는 거의 일정하다. 그러므로 헬륨중심핵은 중력수축을 멈추고 헬륨중심핵 내부의 밀도분포가 근사적으로 지수 1.5인 폴리트로프[2]로 나타난다.

중심핵의 평균밀도는 외층에 비해 매우 큰데 헬륨중심핵 경계, 즉 수소연소껍질을 경계로 바깥쪽으로 가면서 밀도가 급격히 감소한다. 따라서 근사적으로 헬륨중심핵을 지수 1.5인 단독 폴리트로프 가스 구polytropic gas sphere로 여길 수 있고 헬륨중심핵의 반지름이 질량의 $-1/3$ 제곱에 비례한다는 관계가 성립한다. 따라서 수소연소껍질의 작용으로 헬륨중심핵의 질량 M_a이 커지면 그 반지름은 $M_a^{-1/3}$에 비례해 작아진다. 헬륨중심핵의 반지름이 작아지고 수소연소껍질 중심에서의 거리가 감소하면 온도가 상승하고 에너지 발생률은 커지므로 적색거성가지가 되어 밝아진다. 이처럼 소질량 적색거성가지 진화의 광도는 거의 헬륨중심핵의 질량으로만 결정되며 전체 질량과는 무관하다.

---

[1] 헬륨중심핵의 중력수축.
[2] 압력과 밀도 사이에 $P = K\rho^{1+\frac{1}{n}}$의 폴리트로프 관계를 가정하고 정유체 압력평형의 미분방정식 (식 3.3), (식 3.4)를 수치로 풀어서 구한 구조를 폴리트로프 가스 구球라고 한다. 여기에서 K는 상수이고 n은 폴리트로프 지수이다.

4.2 헬륨연소

4.2.1 세페이드 루프

질량이 $2\,M_\odot$보다 큰 별은 헬륨중심핵이 중력수축해 중심온도가 약 1억 도까지 올라 헬륨연소가 시작될 때 전자가 축퇴하지 않기 때문에 섬광 flash[3]과 같은 급격한 현상은 일어나지 않는다. 헬륨중심핵이 중력수축해 중심온도가 상승하면서 수소연소껍질에서 에너지 발생률이 증가하므로 별의 광도도 상승한다. 중심에서 헬륨연소가 시작되고 에너지가 발생하기 시작하면 헬륨중심핵의 수축이 멎고 흡수된 에너지에 따라 팽창을 시작한 다. 헬륨중심핵이 팽창하면 수소연소껍질의 온도가 내려가고 에너지 발생 률도 내려간다. 헬륨연소가 점화되면서 별의 광도는 약간 감소한다.

헬륨중심핵이 팽창하면서 중심온도가 조절되고 중심의 헬륨연소와 헬 륨중심핵 주변에서 일어나는 수소연소껍질이라는 두 가지 에너지 발생원 을 얻게 된다. 헬륨연소의 온도의존성은 T^{25}로 CNO순환의 경우보다 온 도의존성이 높으므로 중심부에 대류가 발생한다. 헬륨연소로 대류 중심핵 내의 헬륨이 탄소, 산소로 바뀌면서 HR도에서 별의 광도에는 거의 변화 가 없으나 진화경로를 따라가면 루프loop를 그린다. 루프는 질량이 클수록 발달한다. 또 외층의 중원소 함유량이 적을수록 루프를 길게 그린다. 이 루프가 세페이드 불안정띠를 길게 가로지르면 그 단계에서 별의 외층은 맥동을 하고 세페이드형 맥동변광성이 된다(그림 4.2 참조). 따라서 이 루프 를 세페이드 루프라고 한다.

---

3 핵융합반응이 폭주하여 짧은 시간에 엄청난 에너지가 분출하는 현상을 플래시라고 한다. 전자가 축퇴한 상태 또는 얇은 껍질에서 일어나기 때문에 압력이 온도에 의존하지 않을 때 핵융합반응이 일어나면 온도 가 상승해도 압력이 변하지 않으므로 팽창이 일어나지 않고 온도가 내려가지 않아 핵반응이 폭주한다. 많은 경우 섬광으로 발생한 어마어마한 에너지는 외층에 흡수되어 항성 표면으로는 나오지 않는다.

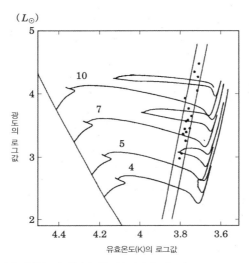

그림 4.2 중질량성의 진화경로와 세페이드형 맥동변광성(검은 점). 중질량성이 헬륨연소 단계로 진화를 시작하면 루프(세페이드 루프)를 그린다. 도중에 세페이드 불안정띠(두 직선 사이의 영역)로 들어가면 외층이 맥동해 세페이드형 맥동변광성이 된다. 그림의 숫자는 각각의 진화경로에 대응하는 항성의 질량($M_\odot$)을 나타낸다.

대류 중심핵 내에서 헬륨이 고갈되면 중심 헬륨연소 단계가 끝나고 HR도에서 별은 적색거성 영역으로 되돌아간다. 질량이 $8\,M_\odot$보다 큰 경우는 그 후에 형성된 탄소산소 중심핵이 중력수축해 온도가 상승하고 탄소연소가 일어난다. 한편, $8\,M_\odot$보다 질량이 작은 경우는 탄소산소 중심핵에서 전자가 축퇴하여 탄소연소는 일어나지 않고 점근거성가지가 된다(4.3절).

4.2.2 열적 불안정성과 헬륨섬광

질량이 $2\,M_\odot$보다 작은 경우는 주계열 단계가 끝난 후 헬륨중심핵이 중력수축해 밀도가 커지고 헬륨연소가 시작되기 전에 전자가 축퇴한다. 전자가 축퇴한 상태에서는 압력이 온도에 좌우되지 않으므로 헬륨연소가 시작되고 온도가 상승해도 압력은 그대로이며 팽창하지 않는다. 이 때문에 헬륨연소가 폭주해 헬륨섬광이 일어난다. 이 현상은 전자가 축퇴한 상태에서 헬륨연소가 동반되어 열적으로 불안정해져 일어난다.

구조의 열적 안정성은 (식 3.58)의 변수를 불안정하게 해 $P \rightarrow P+\Delta P$와 $S \rightarrow S+\Delta S$라고 하고 불안정성에 일차항을 남겨

$$\frac{d}{dM_r}\left(\frac{\Delta P}{P}\right) = -\frac{d\ln P}{dM_r}\left(4\frac{\Delta r}{r}+\frac{\Delta P}{P}\right)$$

$$\frac{d}{dM_r}\left(\frac{\Delta r}{r}\right) = -\frac{d\ln r}{dM_r}\left(3\frac{\Delta r}{r}+\frac{\Delta \rho}{\rho}\right)$$

$$\frac{d}{dM_r}\left(\frac{\Delta T}{T}\right) = \frac{d\ln T}{dM_r}\left[\frac{\Delta L_r}{L_r}+(\kappa_T-4)\frac{\Delta T}{T}+\kappa_\rho\frac{\Delta \rho}{\rho}-4\frac{\Delta r}{r}\right]$$

$$\frac{d}{dM_r}\left(\frac{\Delta L_r}{L_r}\right) = \frac{\varepsilon_\mathrm{n}}{L_r}\left(\varepsilon\frac{\Delta T}{T}+\varepsilon_\rho\frac{\Delta \rho}{\rho}-\frac{\Delta L_r}{L_r}\right)-\frac{sT}{L_r}\Delta S$$

(4.1)

을 풀어 검증할 수 있다. 여기에서 불안정해지는 시간적 변화는 $\exp(st)$로 나타냈다($s>0$일 때 열적으로 불안정). 또 $\kappa_T \equiv (\partial\ln \kappa/\partial\ln T)_\rho$, $\kappa_\rho \equiv (\partial\ln \kappa/\partial\ln \rho)_T$, $\varepsilon_T \equiv (\partial\ln \kappa/\partial\ln T)_\rho$, $\varepsilon_\rho \equiv (\partial\ln \kappa/\partial\ln \rho)_T$이다. 경계조건은 중심에서 $\Delta r=0$이고, $\Delta L_r=0$, 표면에서 $\Delta P=0$과 $\Delta L/L=2\Delta R/R+4\Delta T/T$라고 할 수 있다. 마지막은 흑체복사의 함수인 $L \propto R^2 T^4$라는 1차섭동식이다.

상동섭동

여기에서는 편의상 상동homologous섭동으로 가정했다. 이 가정에서는 (식 4.1)의 좌변을 모두 0으로 한다. (식 4.1)의 처음 두 식에서

$$\frac{\Delta r}{r} = -\frac{1}{4}\frac{\Delta P}{P} = -\frac{1}{3}\frac{\Delta \rho}{\rho}$$

(4.2)

를 얻을 수 있다. 이 중에 ΔP와 $\Delta\rho$의 함수를 이용하면

$$\frac{\Delta T}{T} = \left(\frac{\partial \ln T}{\partial \ln P}\right)_\rho \frac{\Delta P}{P} + \left(\frac{\partial \ln T}{\partial \ln \rho}\right)_P \frac{\Delta\rho}{\rho} = \frac{4-3\chi_\rho}{3\chi_T} \frac{\Delta\rho}{\rho} \quad (4.3)$$

의 관계식을 얻을 수 있다. 여기에서 $\chi_T \equiv (\partial \ln P/\partial \ln T)_\rho$, $\chi_\rho \equiv (\partial \ln P/\partial \ln \rho)_T$라는 기호를 사용했다.

이 관계식들을 열역학 에너지 보존식으로 이용하면

$$T\Delta S = C_V \Delta T - \frac{P\chi_T}{\rho}\frac{\Delta\rho}{\rho} = \left(C_V - \frac{P}{\rho T}\frac{3\chi_T^3}{4-3\chi_\rho}\right)\Delta T \equiv C_* \Delta T \quad (4.4)$$

라고 쓸 수 있다. C_*는 별의 비열specific heat에 해당하는 값이다. 가스 상태를 이상기체+복사압으로 나타낸다고 하면 $\chi_T=4-3\beta$와 $\chi_\rho=\beta(\beta\equiv P_\text{gas}/P)$에서 $C_*=-\frac{3}{2}\beta P/(\rho T)<0$이 되고 음의 비열을 가진다. 즉, 별은 에너지를 얻으면 팽창해 온도가 내려간다.

한편, 전자가 축퇴한 가스는 $\frac{5}{3} \geq \chi_\rho > \frac{3}{4}$이므로 $C_* > 0$이고 보통의 물질과 마찬가지로 에너지를 얻으면 온도가 상승한다.

상동섭동의 근사에서 (식 4.1)의 아래 두 식에 (식 4.3)과 (식 4.4)를 사용하면 s에 관해서 풀 수 있고

$$s = \frac{\varepsilon_\text{n}}{C_* T}\left[\varepsilon_T + \kappa_T - 4 + \frac{\chi_T(3\varepsilon_\rho + 3\kappa_\rho + 4)}{4-3\chi_\rho}\right] \quad (4.5)$$

를 얻을 수 있다. 전형적인 κ_T와 κ_ρ 값은 각각 ~-3과 ~1이고 헬륨연소인 경우 $\varepsilon_T \sim 25$이므로 위 식의 [ ]는 양의 값을 가진다. 전자가 축퇴하지 않는 가스는 $C_* < 0$이므로 $s < 0$이 되며 이 경우에는 헬륨연소가 열적으로

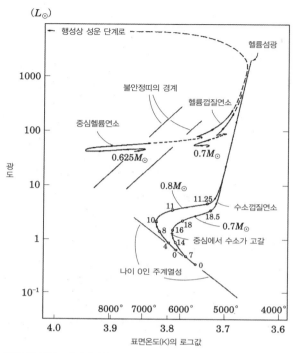

$(L_\odot)$

- 행성상 성운 단계로

헬륨섬광

1000

불안정띠의 경계

헬륨껍질연소

100

중심헬륨연소

$0.625M_\odot$

$0.7M_\odot$

광도

10

$0.8M_\odot$

11.25

수소껍질연소

11

18.5

$0.7M_\odot$

10

18

8 16

중심에서 수소가 고갈

1

4 14

0 7

나이 0인 주계열성

0

10^{-1}

8000° 7000° 6000° 5000° 4000°

4.0 3.9 3.8 3.7 3.6

표면온도(K)의 로그값

그림 4.3 소질량성의 진화. 소질량성은 주계열진화 후 헬륨중심핵에서 전자가 축퇴한다. 수소연소껍질에 따라 헬륨중심핵의 질량이 증가하면서 밝아진다(진화경로에서 흰 점 옆의 숫자는 그 점까지 진화하는 데 경과한 시간[10억 년 단위]을 나타낸다). 헬륨중심핵의 질량이 약 $0.5M_\odot$이면 중심부의 온도가 ~10^8K이 되어 갑자기 헬륨연소가 시작되면서 헬륨섬광을 일으킨다. 헬륨섬광으로 중심핵이 팽창해서 전자축퇴가 풀어지면 안정된 헬륨연소 단계로 들어선다. 외층의 중원소조성이 태양과 비슷한 종족 I의 별인 경우, 헬륨연소 단계는 HR도에서 적색거성가지 부근에 위치하고 레드클럼프별이라고 한다. 한편, 중원소 함유량이 적은 종족 II의 별은 비교적 고온 영역에 위치하며 수평가지라고 한다. 수평가지가 세페이드 불안정띠에 위치하면 RR형 변광성이 된다. 헬륨연소 단계가 끝나면 점점 밝아지면서 점근거성가지가 된다. 그 후 외층의 대부분을 잃고 백색왜성으로 진화한다.(Iben 1991, *ApJS*, 76, 55).

안정된다. 한편, 전자가 축퇴하는 가스는 $C_* > 0$이므로 열적으로 불안정하다. 그러므로 전자가 축퇴한 상태에서 온도가 약 1억 도가 되고 헬륨연소가 점화되어 열적 폭주, 헬륨섬광이 일어난다.

헬륨섬광이 일어나면 중심온도가 급격히 상승한다. 온도가 충분히 높아지면 전자축퇴가 느려지고 압력의 온도의존성을 회복하기 위해서 중심핵이 팽창하여 온도가 내려간다. 마지막에는 근사적으로 이상기체를 나타내는 가스 상태가 되어 열적으로 안정된 중심헬륨연소 단계(수평가지 또는 레드클럼프별)의 구조가 된다. 헬륨섬광은 헬륨중심핵의 질량이 약 $0.5\,M_\odot$일 때 일어나며 이때 별의 광도는 약 $3000L_\odot$이다. 헬륨섬광으로 중심핵이 팽창하고 수소연소껍질 온도가 떨어지면서 에너지 발생률이 내려가 광도가 급격히 감소하고 안정적인 헬륨연소가 시작된다. 이때의 광도는 약 $50\,L_\odot$이다.[4]

4.2.3 수평가지

수평가지는 헬륨연소가 일어나는 대류중심핵, 그 바깥쪽 $M_r \sim 0.5\,M_\odot$까지 펼쳐진 헬륨층, 이것을 둘러싼 수소연소껍질, 그 바깥쪽의 수소와 헬륨으로 이루어진 외층으로 구성되어 있다.

헬륨연소로 대류핵에 탄소와 산소 함유량이 증가하면 가스의 불투명도가 증가해 복사온도기울기 ∇_{rad}가 커진다. 이런 상황에서는 대류핵 경계에서 혼합이 일어나 경계가 복사층으로 넓어지기 때문에 대류핵에 포함된 질량이 진화하면서 증가하며, 그 경계에는 원소조성의 불연속이 발생한다. 어느 정도 진화가 진행된 단계에서 대류핵 내부에 ∇_{rad}가 극소값을 보이다가 바깥쪽으로 가면서 그 값이 커지는 상황이 나타난다. 이때 ∇_{rad}에 극소값이 나타나는 층보다 바깥쪽에는 탄소와 산소 함유량이 감소하는 준대류층semi-convection이 발달한다. 준대류층에서는 $\nabla_{rad} = \nabla_{ad}$이 유지되고 대류불안정성에 대해 중성으로 유지된다. 거꾸로 말하자면 거기까지만 혼합되기 때문에 준대류층이라고 할 수 있다(그림 4.4, 4.5 참조).

수평가지의 광도는 중심부의 헬륨연소와 수소연소껍질의 에너지 발생

---

4 4.3절 참조.

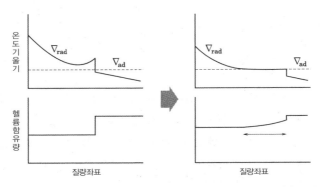

그림 4.4 헬륨연소 대류핵에서 준대류가 발생하는 구조의 개념도. 오른쪽 그림에서 ←—→는 준대류 영역을 나타낸다.

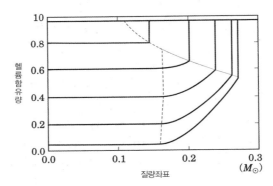

그림 4.5 수평가지 모델 (0.66 $M_\odot$, Z = 0.001) 내부에서 헬륨함유량 분포의 변화 모습. 헬륨이 연소해서 헬륨함유량이 감소해 대류핵의 질량이 점점 커지면 어느 단계 이후부터는 준대류가 발달한다(A.V. Sweigart & P.G. Gross 1974, *ApJ*, 190, 101).

률로 결정되고, 에너지 발생률은 헬륨중심핵의 질량으로 결정된다. 헬륨 중심핵의 질량은 헬륨섬광이 일어날 때의 질량이므로 수평가지일 때도 거의 같아 수평가지의 광도는 주계열 단계일 때 가졌던 질량과는 무관하다.

그러나 표면온도(반지름)는 외층의 질량과 중원소량에 민감하게 변화하는데 외층의 질량이 클수록, 또 중원소의 함유량이 클수록 표면온도가 낮다. 구상성단은 중원소량이 적은 별(종족 II)로 구성되며 HR도에서 수평가

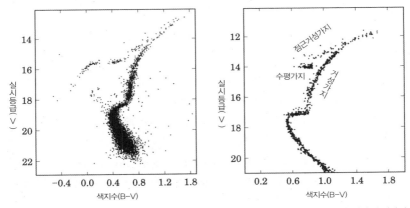

그림 4.6 구상성단 M3(왼쪽)과 47Tuc(오른쪽)의 HR도. 47Tuc는 M3보다 중원소량이 많아 수평가지 단계가 짧다(M3의 수평가지에서 0.2≤B−V≤0.4에 별이 없는 것은 거기에 위치하는 RR형 변광성이 표시되지 않았기 때문이다). (M 3: Fusi Pecci *et al.* 1992, *AJ*, 104, 1831; 47 Tuc: Hesser *et al.* 1987, *PASP*, 99, 739).

지가 잘 발달해 있는 반면(그림 4.6), 산개성단은 중원소량이 태양과 비슷한 별(종족 I)로 구성되며 HR도에서 수평가지가 보이지 않는다. 산개성단은 소질량성이 헬륨연소 단계에서 외층의 중원소량이 크고 가스의 불투명도 또한 커서 반지름이 크고 표면온도가 낮아 HR도에는 적색거성가지가 위치하기 때문이다. 이 별을 레드클럼프별이라고 한다.

HR도에서 구상성단의 수평가지로 표면온도의 변화 양상을 재현하려면 질량이 ~0.6 $M_\odot$(외층 질량은 ~0.1 $M_\odot$)이고 분산도는 10%여야 한다. 구상성단에서 주계열성의 최대질량(주계열 단계를 지난 별의 질량)은 약 0.8 $M_\odot$이므로 별은 주계열 단계를 지난 뒤 헬륨섬광이 일어나는 수평가지가 되기까지 ~0.2 $M_\odot$의 질량을 잃어야 한다. 적색거성 단계에서는 항성풍으로 질량이 손실된다. 별마다 차이가 생기는 이유는 별의 자전, 자기장의 세기가 각각 달라 항성풍에 따른 질량손실량도 달라지기 때문이다.

HR도에 세페이드 불안정띠가 수평가지를 가로지르는 부분에서 별의 외층이 불안정해지고 맥동이 일어난다. 이 맥동변광성은 RR형 변광성이다. 수평가지의 광도가 거의 일정하여 RR형 변광성의 주기는 약 0.5일로 모두 비슷하다. RR형 변광성의 광도는 구상성단의 거리를 결정할 때 중요한 역할을 한다.

4.3 점근거성가지 진화

질량이 ~8 $M_\odot$보다 작은 경우 중심헬륨연소 단계 후 탄소산소 중심핵에서 전자가 축퇴하기 때문에 다음 핵융합반응(탄소연소)의 점화가 일어날 만큼 온도가 상승하지 않는다. 이런 별은 점근거성가지(Asymptotic Giant Branch: AGB별)가 되는데 전자가 축퇴한 탄소·산소 중심핵, 헬륨연소껍질, 헬륨층, 수소연소껍질, 대류가 일어나는 넓은 외층을 가진다. 점근거성가지는 밝은 저온도별로 스펙트럼형은 M, S, C형으로 관측된다. 또 대부분 맥동변광성으로 질량방출률이 크다. 질량을 방출해 별 주변에 두꺼운 먼지층이 생겨 가시광이 차단되어 적외선별(OH/IR별)으로 관측되기도 한다.

점근거성가지의 탄소산소 중심핵의 질량은 0.5~1.4$M_\odot$이며 상한값은 탄소가 폭발적으로 연소하는 한계(찬드라세카르 질량한계)로 결정된다. 헬륨연소껍질과 수소연소껍질 사이에 있는 헬륨층의 질량은 10^{-3}~10^{-4} $M_\odot$이다. 기하학적으로는 중심핵의 반지름이 매우 작아 별 표면의 반지름이 10^2~10^3 $R_\odot$인 데 비해 수소연소껍질 중심에서의 거리는 ~10^{-2} $R_\odot$에 지나지 않는다.

점근거성가지의 헬륨연소껍질은 열적으로 불안정하며 수소연소껍질의 작용으로 헬륨층의 질량이 어느 정도 커지면 헬륨연소가 폭주한다(헬륨껍질섬광). 헬륨연소는 헬륨층의 많은 부분을 소비하고 사그라드는데 한참 후에 수소껍질연소로 헬륨층의 질량이 충분히 커지면 다시 헬륨껍질섬광

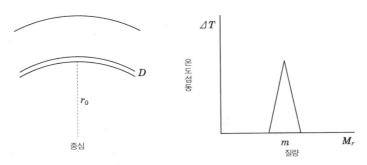

그림 4.7 기하학적으로 얇은 핵연소껍질 개념도(왼쪽)와 연소껍질 안에서의 온도섭동을 단순화했다는 가정(오른쪽).

이 일어나 반복 순환한다. 이 현상을 열펄스thermal pulse라고 한다.

열펄스에서는 헬륨연소로 탄소와 산소가 만들어질 뿐만 아니라 중원소의 s과정 중성자포획으로 철보다 무거운 원자핵까지 만들어진다. 생성원소의 일부는 열펄스와 열펄스 사이로 끼어든 대류에 따라 대류외층으로 흡수되어 별 표면에 나타난다. 그리하여 점근거성가지는 탄소별, S형 별등이 된다.

4.3.1 헬륨연소껍질의 열적 불안정성

점근거성가지의 헬륨연소껍질은 대부분 기하학적으로 얇아 열적으로 불안정하다. 여기에서는 편의상 이상기체라고 가정하고 안정성에 관해서 생각해보자. 헬륨연소껍질의 기하학적 두께를 D라고 하고 중심에서의 거리를 r_0이라고 한다(그림 4.7 참조). 기하학적으로 얇다는 조건은 $D/r_0 \ll 1$로 표시한다. 헬륨연소껍질에 포함된 질량을 m이라고 쓰면

$$m = 4\pi r_0^2 D \rho \tag{4.6}$$

라는 관계식이 성립한다. 여기에서 ρ는 밀도를 말한다. 연소껍질에 섭동

이 더해지고 ΔD만큼 깊이가 변화하고 여기에 덧붙여 밀도가 $\Delta\rho$만큼 변화했다면 (식 4.6)에서 이 값은 다음과 같은 관계식이 성립한다.

$$\Delta D / D = -\Delta\rho / \rho \tag{4.7}$$

헬륨연소핵의 깊이 변화가 연소껍질의 바깥에서 상동적이라고 가정하면 (식 4.2)를 이용해

$$\frac{\Delta P}{P} = -4 \frac{\Delta r}{r} = -4 \frac{\Delta D}{r_0} = -4 \frac{D}{r_0} \frac{\Delta\rho}{\rho} \tag{4.8}$$

의 관계식을 얻을 수 있다. 여기에서 마지막 관계식은 (식 4.7)을 이용했다. $D \ll r_0$이므로 위 식에서

$$|\Delta P / P| = 4 |\Delta r / r| \ll |\Delta\rho / \rho| \tag{4.9}$$

임을 알 수 있다. 이것은 기하학적으로 얇은 껍질이 팽창해도 다른 위치의 역학적 평형구조는 거의 영향이 없음을 보여준다. (식 4.9)의 관계식과 이상기체의 $P \propto \rho T$라는 관계를 사용하면

$$\Delta T / T \approx -\Delta\rho / \rho \tag{4.10}$$

의 관계를 얻는다. 4.2.2절에 별 전체가 상동적으로 변화하는 경우에는 팽창하면 온도가 감소하는 것으로 나타났는데 위 관계는 팽창하면서 얇은 껍질은 온도가 상승하는 것을 나타낸다. 이 경우의 비열 C_{shell}을 (식 4.4)와 같은 방법으로 구하면

$$C_{\text{shell}} = \frac{T \Delta S}{\Delta T} = C_V - \frac{P}{\rho^2} \frac{\Delta\rho}{\Delta T} = C_V + \frac{P}{\rho T} = \frac{5}{3} C_V \tag{4.11}$$

이 되고 $C_{\text{shell}} > 0$임을 알 수 있다. 상동섭동(4.2.2절)인 경우는 전자가 축퇴하면 압력이 온도에 대해서 변하지 않기 때문에 비열이 양의 값을 가진다. 껍질이 얇은 경우에도 기하학적 효과 때문에 압력변화가 밀도변화보다 작아져 비열이 양의 값을 가진다.

열적 섭동에 대한 미분방정식 (식 4.1)의 세 번째, 네 번째 식에서 ΔL_r를 없애고 껍질이 얇은 경우의 관계식 (식 4.9)와 (식 4.10)을 이용하면

$$s\frac{C_{\text{shell}}}{L_r}\Delta T \approx \frac{\varepsilon_{\text{n}}}{L_r}\left[\,(\varepsilon_T + \kappa_T - \kappa_\rho - 4)\frac{\Delta T}{T} - \frac{1}{d\ln T/dM_r}\frac{d}{dM_r}\Big(\frac{\Delta T}{T}\Big)\right]$$
$$- \frac{1}{d\ln T/dM_r}\frac{d^2}{dM_r^2}\Big(\frac{\Delta T}{T}\Big) - (\kappa_T - \kappa_\rho - 4)\frac{d}{dM_r}\Big(\frac{\Delta T}{T}\Big) \tag{4.12}$$

를 얻을 수 있다. 여기에서 $\varepsilon_T \gg \varepsilon_\rho$라는 조건을 사용했다. 이 식에서 $s > 0$일 때 연소껍질이 열적으로 불안정해진다. 위 식을 단순화해서 s의 부호가 어떨 때에 양의 값이 되는지를 검증한다. 그림 4.7 오른쪽 그림의 헬륨연소껍질에 한정적으로 존재하는 온도섭동을 생각하면

$$\overline{\frac{d}{dM_r}\Big(\frac{\Delta T}{T}\Big)} \approx 0, \quad \overline{\frac{d^2}{dM_r^2}\Big(\frac{\Delta T}{T}\Big)} \approx -\frac{4}{m^2}\overline{\frac{\Delta T}{T}} \tag{4.13}$$

을 얻을 수 있다. 여기에서 수평인 선은 연소껍질 안에서 평균값을 취한 것이다. (식 4.12)를 헬륨연소껍질에서 평균화하고 위 관계를 사용하면

$$s \approx \frac{L}{mC_{\text{shell}}}\Big(\varepsilon_T + \kappa_T - \kappa_\rho - 4 - \frac{4}{m|d\ln T/dM_r|}\Big) \tag{4.14}$$

를 얻을 수 있다. 여기에서 별의 광도 L은 대부분 헬륨연소껍질로 만들어

지므로 $L \approx \varepsilon_n m$라고 했다. 이 식에 나타나는 mC_{shell}는 연소껍질 전체의 비열이며, $L/(mC_{shell})$는 헬륨연소껍질의 열적 시간규모를 나타낸다.

(식 4.11)에서 보았듯이 $C_{shell}>0$이므로 (식 4.14)의 ( ) 안이 양의 값이 되면 열적 불안정성이 발생한다. 이온화한 가스는 $\kappa_T<0$이므로 온도가 상승하면서 에너지 발생률의 증가율을 나타내는 $\varepsilon_T(>0)$만이 연소껍질의 열적 불안정성을 일으킨다. 괄호 안의 ε_T가 아닌 값은 온도가 연소껍질 안에서 상승할 때 복사로 에너지 산일률散逸率이 증가하는 효과를 나타낸다. 즉 섭동에 따라 온도가 상승할 때 핵융합반응이 활발해지면서 에너지 발생률의 증가와 복사에 따른 에너지 산일률의 증가 중 어느 쪽이 강한가에 따라 열적으로 안정인지 불안정인지가 결정된다. 헬륨연소에 대해 $\varepsilon_T \sim 25 \gg 1$이므로 점근거성가지 내부에서 기하학적으로 얇은 헬륨연소껍질은 열적으로 불안정하며 열펄스를 일으킨다.

4.3.2 열펄스(헬륨연소껍질 섬광)

헬륨연소껍질이 열적 불안정으로 급격히 활발해지면 복사만으로 에너지를 다 옮길 수 없어 대류가 발생한다(온도기울기가 단열온도기울기보다 빨라진다). 대류층은 헬륨층의 대부분으로 퍼지고 헬륨연소의 생성물이 그 영역으로 섞인다. 대류가 발생하면서 에너지가 효율적으로 이동하고 또 헬륨량이 감소하여 폭주적 헬륨연소는 수렴한다.

헬륨껍질섬광이 일어나고 헬륨연소로 에너지 발생률 L_{He}이 급격히 증가하면 이 에너지 때문에 헬륨층이 팽창해 수소연소껍질의 온도가 내려가고 수소연소에 따른 에너지 발생률 L_H이 감소한다. 섬광이 일어나지 않는 기간에는 $L_H \gg L_{He}$이므로 헬륨껍질섬광이 일어나면 표면의 광도는 반대로 감소한다(그림 4.8 가운데). 탄소산소 중심핵의 질량이 클수록 L_{He}의 최고값이 커져 $\sim 10^8 L_\odot$나 되는데 이 에너지는 바깥층으로 흡수되고 표면에

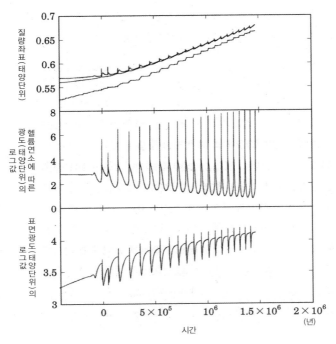

그림 4.8 헬륨연소껍질의 열펄스가 여러 번 일어나는 모습을 나타낸 그림. 가운데 그림은 헬륨연소껍질에 따른 에너지 발생률을 보여준다(Straniero *et al.* 1997, *Apj*, 478, 332).

서 평균화된다.

　헬륨연소껍질의 섬광이 가라앉고 헬륨층이 팽창해 헬륨연소껍질 부근의 온도가 내려가면 이전에 수소연소껍질이었던 부분보다 대류외층의 바닥이 깊게 가라앉는다. 이 시점에 헬륨층에서는 에너지가 대류가 아닌 복사로 옮겨지는데 예전에 대류층이었던 까닭에 헬륨연소 생성물을 포함한다. 헬륨층 일부가 대류외층으로 흡수되고 섞여 들어가 표면에 나타나기도 한다(그림 4.9). 이 현상을 세 번째 끌어올림third dredge-up이라고 한다. 끌어올려진 층에는 헬륨연소로 생성된 물질인 탄소, s과정 중성자 포획으로 생긴 중원소가 포함된다. 점근거성가지에서 s과정 원소가 풍부한 별과

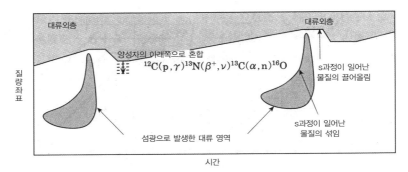

그림 4.9 열펄스에 따르는 대류층(반암부) 영역의 시간변화를 보여주는 개념도(J.C. Lattamzio & C.A. Frost 1997, *IAU Symp*, 189, 373).

산소보다 탄소의 함유량이 많은 탄소별은 열펄스로 인한 물질이 끌어올려 져 생성된다.

대마젤란 성운에서 탄소별의 광도 분포는 $3.5 \lesssim \log L/L_\odot \lesssim 4.3$이다. 이 광도 하한값은 세 번째 끌어올림이 일어나려면 탄소산소 중심핵의 질 량이 크고 열펄스가 충분히 강해야 하므로 이해할 수 있다. 한편, 광도 상 한값은 탄소산소 중심핵의 질량이 아주 커지면 대류외층 바닥의 온도가 높아지고, CNO순환에 따라 탄소에서 질소로 효율적으로 변화하며, 끌어 올림의 작용으로 대류외층으로 들어간 탄소가 질소로 효율적으로 바뀌기 때문이라고 이해할 수 있다.

4.3.3 s과정 원소의 합성

철보다 무거운 원자핵의 합성은 주로 중성자포획반응으로 일어난다. 비록 조금이지만 p과정 원소도 존재하며 이것들은 (p, γ) 또는 (γ, n)으로 생성 된다고 추측한다. 중성자포획반응에는 s과정slow process과 r과정rapid process이 있다. s과정은 중성자 플럭스가 비교적 작아 중성자포획으로 만 들어진 원자핵이 베타 붕괴에 대해 불안정한 경우, 베타 붕괴로 안정된 원자핵이 된 후에 중성자를 포획하는 과정이다. 한편, 중성자 플럭스가 아주 커 베타 붕괴를 하기 전에 차례로 중성자를 포획하는 경우를 r과정이라고 하는데 초신성 폭발과 함께 일어난다. r과정의 경우 중성자의 조사 irradiation가 계속되는 기간에는 원자핵이 베타 붕괴할 틈이 없어 중성자 수−양성자수 그림($N-Z$도, 그림 4.10)에서 안정된 계열에서는 점점 멀어진다. 조사가 끝난 후에야 베타 붕괴해 안정된 원자핵이 된다.

한편, s과정에서는 안정된 원자핵 계열에 따라 중원소가 만들어진다. 표면의 원소조성으로 점근거성가지에 s과정이 일어나는 것을 알 수 있는데 반감기가 2×10^5 y이고 s과정으로 합성되는 테크네튬Tc이 점근거성가지에서 관측된다는 점이 결정적 증거이다.

일반적으로 철보다 무거운 원자핵은 s과정과 r과정 모두에서 만들어지는데 $N-Z$도의 안정핵 계열에서 중성자수가 많은 쪽으로 고립된 안정핵은 r과정으로만 만들어진다. 또 이 고립된 안정핵 때문에 베타 붕괴 경로가 차단된 원자핵은 s과정으로만 만들어진다. 주로 s과정으로 합성되는 원자핵은 스트론튬Sr, 이트륨Y, 지르코늄Zr, 니오브Nb, 바륨Ba, 세륨Ce, 란탄La이다.

안정핵 계열로 s과정으로 만들어지며 질량수 A인 원자핵의 수밀도를 N_A라고 하고 그 원자핵의 중성자포획 단면적을 σ_A라고 하며, 중성자의 수밀도를 n_n라고 하고 중성자와 원자핵의 평균상대속도를 v라고 하자. 질량수 A의 원자핵은 질량수가 $A-1$인 원자핵이 중성자를 포획해 만들어지고 중성자를 포획해 $A+1$의 질량수를 가지는 원자핵으로 변화하므로

$$\frac{dN_A}{dt} = \sigma_{A-1} v n_\mathrm{n} N_{A-1} - \sigma_A v n_\mathrm{n} N_A \qquad (4.15)$$

라는 관계식이 성립한다. 중성자 조사량 τ_n을

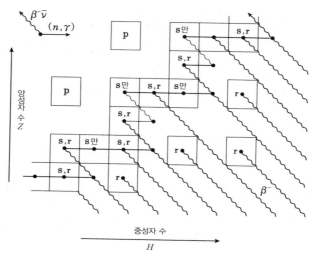

그림 4.10 중성자포획에 따른 중원소 생성경로 설명도. 가로축은 원자핵의 중성자 수, 세로축은 양성자 수를 나타낸다. 경사각은 안정원자핵의 위치를 표시하고 대각선으로 뻗은 물결선은 베타 붕괴의 방향을 표시한다. S과정 중성자포획은 안정핵 계열을 따라 진행되는 반면, r과정은 안정원자핵에서 벗어나 수평으로 진행되어 중성자과잉핵이 생성되며 중성자복사가 끝난 후 베타 붕괴해서 안정핵으로 자리 잡는다 (D.D. Clayton, *Principles of Stellar Evolution and Nucleosynthesis*, 1968, McGraw–Hill).

$$\tau_{\mathrm{n}} = \int_0^t v n_{\mathrm{n}} \, dt' \tag{4.16}$$

라고 정의하면 (식 4.15)는 다음과 같다.

$$\frac{dN_A}{d\tau} = \sigma_{A-1} N_{A-1} - \sigma_A N_A \tag{4.17}$$

따라서 평형상태에서는 다음의 관계식을 얻을 수 있다.

$$\sigma_{A-1} N_{A-1} = \sigma_A N_A = \quad \text{일정} \quad \Longrightarrow N_A \propto \frac{1}{\sigma_A} \tag{4.18}$$

이 관계식은 A가 한정된 영역에서는 근사적으로 성립한다.

중성자포획 단면적은 원자핵의 중성자수 N을 마법의 수magic number라고 하는데 $N=50$, 82, 126일 때 극소값을 가진다(그림 4.11 참조). 여기에 대응해 태양계의 원소조성(그림 4.12)은 각각 이트륨, 지르코늄, 란탄, 비스무트(bismuth, Bi)의 구성이 최고값이 된다(중성자수가 많은 불안정핵에서는 N이 마법수일 때의 양성자수가 안정핵인 경우에 비해 작으므로 r과정의 최고값은 s과정의 최고값보다 질량수가 작은 곳에 존재한다).

4.4 점근거성가지에서 백색왜성으로의 진화

점근거성가지는 긴 주기로 맥동해 미라 변광성이 되는데 맥동변광성은 점근거성가지에서 질량방출을 하는 데 중요한 작용을 한다. 질량방출률은 $10^{-4}\ M_\odot\ y^{-1}$나 되며 방출된 가스에서 먼지dust가 형성된다. 별 주변의 먼지층이 두터워지면 가시광이 흡수되어 보이지 않게 되고, 적외선에서 밝게 빛나는 적외선별 (OH/IR성)이 된다.

질량방출로 외층의 질량이 $\sim 10^{-3}\ M_\odot$이 되면 외층이 수축하고 표면온도가 상승해 점근거성가지 단계를 벗어나 HR도에서 광도를 유지하며 수평으로 진화한다. 유효온도가 수만 도를 넘으면 에너지가 높은 자외선광자를 많이 방출하여 점근거성가지 단계에서 방출한 가스를 이온화한다. 이온화된 가스는 전자재결합에 따라 고유한 빛을 내어 행성상 성운으로 관측된다. 이 단계의 별을 행성상 성운 중심성 단계라고 한다. 수소를 포함하는 외층의 질량이 수소껍질연소와 항성풍의 영향으로 더욱 감소하면서 유효온도가 상승한다. 이윽고 수소연소껍질이 사그라들면서 백색왜성의 냉각 경로를 따라 어두워진다(그림 4.13 참조).

그러나 경우에 따라서는 점근거성가지가 끝날 때쯤 행성상성운의 중심성으로 진화한 후 마지막 열펄스(헬륨연소껍질 섬광)가 일어날 때가 있다.

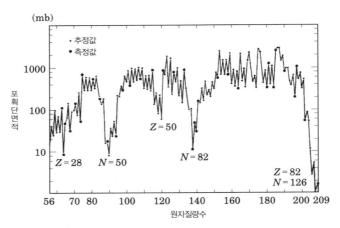

그림 4.11 s과정 경로에 있는 원자핵의 중성자포획 단면적. 가로축은 원자핵의 질량수이다(D.D. Clayton, *Principles of Stellar Evolution and Nucleosynthesis*, 1968, McGraw-Hill).

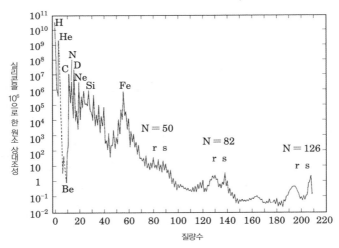

그림 4.12 원자핵의 질량수에 대한 태양계의 상대적인 원소조성. r과정과 s과정에서 보여주는 최고값은 각각 r과정과 s과정의 중성자포획에 따른 것으로 각각 여기에 대응하는 마법의 수가 표시되어 있다 (Schramn & Arnett, Cameron eds. 1973, *Explosive Nucleosynthesis*).

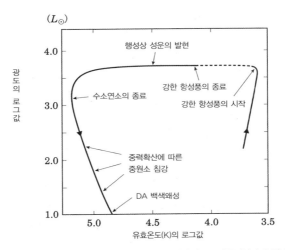

그림 4.13 점근거성가지 단계에서 백색왜성에 이르는 진화경로. 점근거성가지 단계에서 질량방출이 일어나 수소를 포함한 외층의 질량이 크게 작아지면 외층이 중력수축해 표면온도가 상승하면서 HR도에서는 거의 수평으로 이동해 백색왜성으로 진화한다(I. Iben 1991, *ApJS*, 76, 55).

이때는 외층의 질량이 작으므로 섬광을 일으키는 별 표면에서의 영향이 크며, 별은 팽창하고 표면온도가 낮아져 HR도에서 점근거성가지 영역까지 되돌아온다. 이 섬광을 늦은(또는 마지막) 열펄스라 하며 팽창해서 거성이 될 때를 재생Born-again 점근거성가지라고 한다. 늦은 열펄스는 후점근거성가지라는 특이한 원소조성의 원인으로 중요한 작용을 한다. 또 몇 년 동안 증광(주로 전체복사보정이 변화해)하는 화살자리 FG별FG Sge과 사쿠라이 천체Sakurai's object는 늦은 열펄스를 일으키는 별로 추정한다.

4.5 백색왜성

백색왜성은 초기질량이 ~8 *M*⊙보다 작은 항성이 점근거성가지 단계에서 수소를 많이 포함한 외층을 잃고 중심핵만 남아 핵융합반응이 사라진 별이다. 내부는 전자축퇴압으로 유지되고 온도에 거의 의존하지 않는 구조라서 중력수축 없이 천천히 냉각된다. 전자축퇴한 중심핵은 전자에 따른 열전도가 매우 좋기 때문에 대부분 온도가 일정하다(그림 3.4 참조). 바깥쪽으로 전자축퇴가 약한 얇은 헬륨층과 수소층이 있는데 그 안에서 온도가 중심온도($10^8 \sim 10^6$ K)에서 표면온도로 변화하고 열에너지는 복사 또는 대류로 전달된다. 이 얇은 외층은 중심핵의 온도를 유지하는 담요의 역할을 한다.

백색왜성의 냉각진화경로cooling sequence는 HR도에서 고온에 밝은 행성상 성운 중심핵 영역에서 고온 쪽 주계열과 거의 평행하며, 어둡고 온도가 낮은 영역으로 뻗어 있다(그림 4.13 참조). 백색왜성의 전형적인 반지름은 $\sim 10^{-2} R_\odot$이며 표면온도는 $\sim 4 \times 10^3 \sim 10^5$ K의 범위를 가지고 있다. 전형적인 질량은 $\sim 0.6 M_\odot$이고 평균밀도는 태양의 약 10^6배이며 표면중력은 $\log g \sim 8$이다.

백색왜성의 자전속도는 느리며 자전주기는 몇 시간이다. 가령 태양이 각운동량을 유지하고 백색왜성의 크기가 되었다면 자전주기는 몇 분 정도이다. 이는 주계열성이 백색왜성이 되는 진화과정에서 각운동량을 많이 잃어야 한다는 뜻이다.

또 백색왜성에는 주기 $100 \sim 10^3$초에서 변광하는 것들이 많다. 그 이유는 백색왜성은 얇은 외층이 비동경 g모드로 진동하기 때문이며, 진동주기를 정확히 관측함으로써 질량, 자전주기, 외층의 깊이, 냉각의 빠르기와 같은 정보를 이끌어낼 수 있다.

또 백색왜성의 10 % 이상이 $10^3 \sim 10^9$가우스(G)의 자기장을 가지는 것으로 알려져 있다. 백색왜성은 DA, DB, DC, DO, DZ, DQ로 스펙트럼 분류한다.

DA : 수소 발머선만 관측되고 헬륨이나 금속선은 관측되지 않는다. 백색왜성의 80 %가 DA형 백색왜성으로 분류한다. 강한 중력으로 가장 가벼운 수소가 떠올라 순수한 수소층을 만든다. 그 층의 두께는 $10^{-4}\, M_\odot$ 이하로 그 아래에 순수한 헬륨층이 존재한다고 추측한다.

DB : 중성헬륨의 스펙트럼선이 강하고 수소나 금속선은 관측되지 않는다. 즉, 백색왜성의 대기는 거의 순수한 헬륨으로 구성된다. 전체의 약 20 %가 백색왜성이다. 따라서 백색왜성의 대부분은 DA 또는 DB이다.

DC : 연속 스펙트럼에서 두드러진 스펙트럼선은 볼 수 없다.

DO : 헬륨 II의 스펙트럼선이 강하다. 이것은 고온($T \sim 10^5$ K)의 백색왜성이다.

DZ : 금속선만 관측된다.

DQ : 탄소원자, 또는 탄소를 포함하는 분자 스펙트럼선이 보인다.

백색왜성의 표면원소 구성은 대류외층의 세력과 수소의 부양효과로 백색왜성이 진화하는 중에도 변하는 경우가 있다. 유효온도 4만 5000~3만 K인 영역을 DB갭이라고 하는데 그 영역에는 DB 백색왜성이 거의 존재하지 않는다. 또 비교적 유효온도가 낮은 영역에서는 유효온도가 내려갈수록 DA 백색왜성의 비율이 낮아지는 경향이 있다. 저온이 되면 수소의 이온화에 따른 표면대류층이 발달하고 수소층이 얇은 경우는 아래 헬륨층과 혼합되어 수소층이 없어지기 때문으로 추측한다.

4.5.1 백색왜성의 질량과 반지름의 관계

표면의 매우 얇은 층을 제외하고 백색왜성의 구조는 전자축퇴압으로 지탱된다. 이때 압력과 밀도 사이에 폴리트로프 관계가 존재한다.

$$P = K\rho^{1+\frac{1}{n}} \tag{4.19}$$

여기에서 n은 폴리트로프 지수이다. 전자가 비상대론적으로 축퇴할 때 ($\rho \lesssim 10^6 \, \mathrm{cm}^{-3}$), $n = 1.5$이고 상대론적으로 축퇴할 때(페르미에너지가 전자의 정지질량 에너지보다 커진다) 극한값으로 $n = 3$이 된다. 상대론적 효과의 강도는 밀도에 따라 달라지고 백색왜성 내부에서도 변화하므로 백색왜성의 구조는 단일지수를 가지는 폴리트로프와는 다른데, 여기에서는 백색왜성이 폴리트로프 구라고 가정하고 질량 M과 반지름 R 사이의 관계를 근사적으로 구하기로 하자.

폴리트로프 구에는

$$R = \xi_1 \left[\frac{(n+1)K}{4\pi G} \right]^{\frac{1}{2}} \rho_c^{\frac{1-n}{2n}} \tag{4.20}$$

그리고

$$M = 4\pi \left[\frac{(n+1)K}{4\pi G} \right]^{\frac{3}{2}} \rho_c^{\frac{3-n}{2n}} \xi_1^2 \left(-\frac{d\theta}{d\xi} \right)_1 \tag{4.21}$$

의 관계식이 있다. 여기에서 θ는 폴리트로프 변수로 밀도와 $\rho = \rho_c \theta^n$(ρ_c는 중심밀도)의 관계가 있다. 또 ξ는 중심으로부터의 거리에 비례하는 변수로 첨자 1은 표면값을 나타낸다. (식 4.20)과 (식 4.21)을 조합해 ρ_c를 없애면 다음 식을 얻는다.

$$R \propto M^{-\frac{n-1}{3-n}} \tag{4.22}$$

이 관계식은 정유체 압력평형에서 얻을 수 있는 $P \propto M\rho/R$ 관계식으로 폴리트로프 관계식 (식 4.19)와 $\rho \propto M/R^3$의 관계식을 이용해 얻을 수 있다. 전자축퇴에 상대론적 효과를 무시할 수 있을 때 $n = 1.5$이고 이때 위의 관계식은

$$R \propto M^{-\frac{1}{3}} \qquad (4.23)$$

이다. 이는 질량이 클수록 백색왜성의 반지름은 작아짐을 나타낸다. 이 관계식에서 백색왜성 내부의 평균밀도가 M^2에 비례한다는 것을 알 수 있다. 따라서 백색왜성의 질량이 커짐에 따라 내부의 밀도가 커지고 결국 전자축퇴는 상대론적이 된다. 그 극한에서는 $n=3$이다. 이때 $R \propto M^{-\infty}$이다. 곧 이 극한에서 백색왜성의 반지름이 0에 가까워짐을 보여준다. 그리고 (식 4.21)에서 이 극한은 질량이 중심밀도에 상관없이

$$M_{\mathrm{ch}} = 4\pi \left(\frac{K}{\pi G} \right)^{\frac{3}{2}} \xi_1^2 \left(-\frac{d\theta}{d\xi} \right)_1 = 25.4 \left(\frac{K}{\pi G} \right)^{\frac{3}{2}} \qquad (4.24)$$

가 되는 것을 알 수 있다. 이것을 백색왜성의 한계질량으로 찬드라세카르 질량이라고 한다. 상대론적 극한에서 축퇴압이

$$P = \left(\frac{3}{\pi} \right)^{\frac{1}{3}} \frac{hc}{8} \left(\frac{N_A \rho}{\mu_e} \right)^{\frac{4}{3}} \qquad (4.25)$$

가 되어 K를 얻을 수 있으며 찬드라세카르 질량은

$$M_{\mathrm{ch}} = 1.46 \left(\frac{2}{\mu_e} \right)^2 M_\odot \qquad (4.26)$$

이다. 여기에서 μ_e는 전자의 평균분자량이다($\mu_e \simeq 2$).

일반적인 반지름과 질량의 관계는 상대론의 효과를 고려한 미분방정식을 풀어야 한다. 그 관계식은 근사적으로

$$R = \frac{1.13 \times 10^{-2}}{(\mu_e/2)} \left[1 - \left(\frac{M}{M_{\mathrm{ch}}} \right)^{\frac{4}{3}} \right]^{\frac{1}{2}} \left(\frac{M}{M_{\mathrm{ch}}} \right)^{-\frac{1}{3}} R_\odot \qquad (4.27)$$

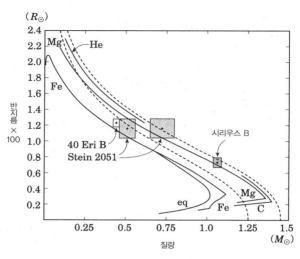

그림 4.14 백색왜성의 질량과 반지름의 관계. 점선은 원자핵의 전하 효과를 무시했을 때의 관계를 보여준다(Shapiro & Teukolsky, 1983, *Black Holes, White Dwarfs and Neutron Stars*, Wiley-Interscience).

로 나타낸다. 이 식은 아직 원자핵의 효과를 고려하지 않았다. 원자핵의 전하는 전자를 끌어당겨 전자의 자유로운 운동을 방해한다. 그러므로 원자핵의 효과를 무시한 경우에 비해서 압력이 작고 일정 질량에 대한 백색왜성의 반지름도 작다(그림 4.14 참조).

백색왜성의 질량이 증가해 한계질량에 가까워지면 밀도가 매우 크므로 온도가 낮아도 여러가지 원자핵반응이 일어난다. 중심부에 탄소가 포함되어 $\rho > \sim 10^{10} \, \mathrm{g \, cm^{-3}}$이면 $^{12}\mathrm{C} + {}^{12}\mathrm{C}$의 반응이 폭발적으로 일어나 Ia형 초신성폭발이 일어난다. 이때 별의 전체 에너지는 양의 값이 되고 별 전체가 산산조각나 버린다. 또 탄소가 없고 산소, 네온, 망간으로 된 별은 원자핵이 전자를 끌어당겨 원자핵에 중성자가 많아진다. 이때 압력을 짊어진 전자수가 감소해 수축하고 전자포획이 진행된다. 그리하여 백색왜성은 부서지고 중성자별이 된다.

4.5.2 백색왜성의 냉각 진화

백색왜성의 내부에는 핵융합반응에 따른 에너지의 발생도, 중력수축에 따른 에너지의 발생도 없으므로 뉴트리노와 빛의 복사로 에너지를 잃고 중심핵의 온도(원자핵의 열운동)가 점차 내려가며, 동시에 백색왜성의 광도도 떨어진다. HR도에서 백색왜성의 냉각 진화는 주계열과 거의 평행하는 경로를 밟는다.

여기에서는 아주 간단한 모델을 사용해 백색왜성의 냉각률을 분석적 표현식으로 풀어보자. 이 모델은 백색왜성이 등온이고 축퇴한 중심핵과 매우 얇은 이상기체로 된 복사평형의 외층으로 구성되어 있다고 하자. 이 두 층 경계의 온도와 밀도를 각각 T_*, ρ_*로 나타낸다. 외층에서는 $M_r \approx M$, $L_r \approx L$이므로 정유체 압력평형을 설명하는 식과 복사의 흐름을 설명하는 식은

$$\frac{dP}{dr} = -\frac{GM}{r^2}\rho, \quad \frac{dT}{dr} = -\frac{3\kappa\rho}{4acT^3}\frac{L}{4\pi r^2} \tag{4.28}$$

로 나타낸다. 위 왼쪽 식을 오른쪽 식으로 나누어 흡수계수에 크래머스형 $\kappa = \kappa_0 \rho T^{-3.5}$를 사용하고 이상기체의 관계식 $P = N_A k\rho T/\mu$를 이용해 ρ를 없애면 다음 식을 얻을 수 있다.

$$\frac{dP}{dT} = \frac{16\pi acG}{3\kappa_0}\frac{N_A k}{\mu}\frac{M}{L}\frac{T^{7.5}}{P} \tag{4.29}$$

이 식을 적분해 표면에서 $P = 0$라는 조건으로 적분상수를 정리하면

$$P \propto \sqrt{\frac{M}{L}} T^{4.25} \quad \text{및} \quad \rho \propto \sqrt{\frac{M}{L}} \rho^{3.25} \tag{4.30}$$

의 관계식을 얻을 수 있다.

한편, 축퇴한 내부에서 상대론효과를 무시하면 $P \propto \rho^{\frac{5}{3}}$라는 관계식이 성립한다. 축퇴 내부와 외층의 경계에서는 이 관계식과 (식 4.29)의 관계식이 모두 성립되므로

$$\sqrt{\frac{M}{L}} T_*^{4.25} \propto \rho_*^{\frac{5}{3}} \propto \left(\frac{M}{L}\right)^{\frac{5}{6}} T_*^{\frac{3.25 \times 5}{3}} \tag{4.31}$$

의 관계식을 얻을 수 있다. 이것을 변형하면 $L \propto M T_*^{7/2}$을 얻을 수 있다. 이 식은 백색왜성의 내부온도가 내려가면서 백색왜성의 광도 L이 감소하는 것을 나타낸다. 계수를 부활하면 이 관계식은 다음과 같다.

$$\frac{L}{L_\odot} \simeq 6.6 \times 10^{-29} \, \mu \frac{M}{M_\odot} T_*^{\frac{7}{2}} \tag{4.32}$$

외층 대부분이 헬륨과 탄소로 이루어져 $\mu \sim 2$이고 $M = 0.6 \, M_\odot$이라고 하면 위 관계식에서 $T_* = 10^8 \, \mathrm{K}$일 때 $L \approx 0.8 L_\odot$이고, $T_* = 10^7 \, \mathrm{K}$일 때 $L \approx 2.5 \times 10^{-4} \, L_\odot$임을 알 수 있다.

백색왜성에서 별빛으로 방출된 에너지원은 원자핵(이상기체로 취급)의 열운동에너지이다(축퇴한 전자는 밀도만으로 결정되는 에너지를 가지고 있으며, 꺼낼 수 없다). 원자핵의 열운동에너지는

$$E_\mathrm{I} = \frac{3}{2} N_A \frac{kM}{A} T_* \tag{4.33}$$

으로 나타낸다. 여기에서 A는 백색왜성을 구성하는 원자핵의 질량수를 나타낸다. 백색왜성의 광도는 E_1의 감소율이기 때문에

$$L = -\frac{dE_1}{dt} = -\frac{3}{2} N_A \frac{kM}{A} \frac{dT_*}{dt} \tag{4.34}$$

이 된다. 이것을 (식 4.32)에 대입하면

$$\frac{dT_*}{dt} \simeq -1.06 \times 10^{-36} A\mu T_*^{3.5} \tag{4.35}$$

라는 관계식을 얻을 수 있다. 이 식은 내부온도가 내려가면서 냉각률이 떨어지는 것을 나타낸다. 이 식을 $t=t_0$이고 $T_*=T_0$라는 초기 조건으로 적분하면 다음 식을 얻는다.

$$T_*^{-2.5} - T_0^{-2.5} \simeq 2.6 \times 10^{-36} A\mu(t-t_0) \tag{4.36}$$

냉각시간 $\tau \equiv t-t_0$를 정의하고 $T_0 \gg T_*$인 것을 사용하면 위 식에서

$$\tau \simeq 1.2 \times 10^{28} (A\mu)^{-1} T_*^{-\frac{5}{2}} \quad [\text{y}] \tag{4.37}$$

을 얻는다. 그리고 (식 4.32)의 관계식을 사용하면

$$\tau \simeq 8.8 \times 10^6 \left(\frac{A}{12}\right)^{-1} \left(\frac{\mu}{2}\right)^{-\frac{2}{7}} \left(\frac{M/M_\odot}{L/L_\odot}\right)^{\frac{5}{7}} \quad [\text{y}] \tag{4.38}$$

이 된다. 여기에서 처음의 숫자계수는 자세한 모델의 결과와 합치하도록 분석적으로 구한 값에서 40 % 정도 크게 했다(원래 값은 6.3×10^6). 이는 어

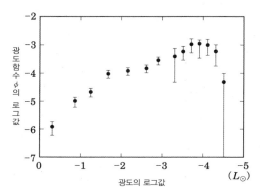

그림 4.15 백색왜성의 광도함수(각 광도에 대한 백색왜성의 숫자 분포) $\log L/L_\odot \simeq -4.5$보다 어두운 백색왜성이 존재하지 않는 것은 은하의 나이가 유한하므로, 태양 근처의 가장 나이 많은 백색왜성이라도 그 광도 정도까지만 냉각될 수 있다는 것을 보여준다(Hansen *et al.* 2004., *Stellar Interior* [2nd ed.] Springer).

두워질수록 냉각시간이 길어지고 또 백색왜성을 이루는 원자핵의 질량수가 클수록 냉각시간은 짧다는 것을 나타낸다. 후자의 성질은 원자핵의 수가 적어 일정 온도에 대한 별 전체의 열에너지가 적다는 것을 보여준다.

백색왜성 내부가 탄소로 되어 있다고 가정해 $A=12$라고 하고, 이 식에 관측한 백색왜성 계열의 가장 어두운 광도로 $\log L/L_\odot \simeq -4.5$를 대입하면 $M=0.6\,M_\odot$에 대해 $\tau \sim 10^{10}$년을 얻을 수 있다. 이 수치는 가장 오래된 백색왜성의 나이를 알려주고 우리은하원반 나이의 하한값을 알려준다(그림 4.15 참조).

5.1 별의 진화 후기와 원소합성

주계열을 지난 별은 다양한 핵융합반응을 일으키며 진화한다. 별의 마지막 운명은 질량에 따라 크게 두 종류로 나눈다. 태양처럼 질량이 비교적 작은 별은 백색왜성이 되어 조용히 식어가는 반면, 태양보다 질량이 여덟 배 정도 큰 별은 초신성이 되어 중력붕괴를 통해 화려한 폭발을 일으키며 흩어진다. 이렇게 별은 내부에서 합성된 다양한 원소를 성간 공간으로 방출한다.

5.1.1 적색거성의 팽창과 핵의 진화

중심에 있던 수소가 다 타면 별은 헬륨이 된 '핵'과 수소가 많은 '외층'이라는 '복합구조'로 바뀐다. 그 결과 핵과 외층, 그리고 그 경계면이 각각 다르게 움직인다. 핵은 중력수축해 온도와 압력이 점점 올라간다. 헬륨핵 위쪽과 수소가 많은 외층 아래쪽이 접하는 얇은 구각에서는 끊임없는 CNO 순환으로 핵융합연소가 일어난다. 수소껍질 연소의 온도와 압력을 거의 일정값으로 유지해 껍질연소의 에너지원이 별 전체의 광도를 보충한다.

한편, 핵은 점점 수축하여 중심부 압력이 높아진다. 그 결과 연소껍질 부근의 압력기울기가 가팔라지고, 압력이 매우 높아진 핵이 껍질 부근과 외층을 강하게 누른다. 따라서 외층이 크게 팽창해 압력은 낮고 밀도가 '희박' 해진다. 그림 5.1에 $6 \sim 40\,M_\odot$의 별처럼 HR도를 왼쪽에서 오른쪽으로 크게 이동해 적색초거성이 된다.

'핵이 수축해 압력이 높아져 연소껍질 부근의 압력기울기가 가팔라지고 그것이 외층을 눌러 팽창시킨다.' 이것이 적색거성이 만들어지는 메커니즘이다. 연소껍질은 '마디' 에 해당한다. 팽창한 외층은 별의 핵에는 영향을 주지 않는다. 그 결과 핵은 독립된 별처럼 진화한다. 핵의 중심 물리량

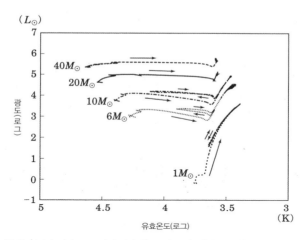

$(L_\odot)$

광도(로그)

$40M_\odot$

$20M_\odot$

$10M_\odot$

$6M_\odot$

$1M_\odot$

유효온도(로그)

(K)

그림 5.1 다양한 질량의 별이 HR도에서 진화하는 모습. 가로축은 유효온도, 세로축은 광도를 나타낸다. 그림의 화살표는 진화방향이다(野本憲一 編著 『元素はいかにつくられたか』, 岩波書店, 2007, 第1章).

은 별 전체의 질량이 아니라 핵의 질량 M_{core}에 따라 다음과 같이 달라진다.

5.1.2 핵의 진화와 중력열역학

핵 중심(center, 이하 c라고 한다)의 압력 P_c, 밀도 ρ_c, 온도 T_c가 시간이 흐르면서 변화하는 것이 별의 진화이다. 이것들의 지엽적인 열역학량은 중력이라는 원거리력의 작용에 따라 핵의 질량 M_{core}와 반지름 R_{core}라는 전체적인 값과 중력열역학으로 다음과 같은 관련이 있다.

M_{core}와 R_{core}로 P_c를 나타낸 (식 3.63)과 핵의 평균밀도로 ρ_c를 나타낸 두 식에서 R_{core}를 소거하면

$$\frac{P_c^3}{\rho_c^4} \propto G^3 M_{core}^2 \tag{5.1}$$

이 되고 좌변은 M_{core}로만 결정된다.

(식 5.1)은 상태방정식의 영향을 받지 않는 관계식인데 여기에 이상기체의 상태방정식을 적용하면

$$\frac{T_c^3}{\rho_c} \propto G^3 M_{core}^2 \tag{5.2}$$

가 된다. 이상기체의 단위질량당 엔트로피 s는 C_1, C_2, C_3를 상수로 하면

$$s = \frac{k}{\mu H} \ln \frac{T^{3/2}}{\rho} + C_1 \tag{5.3}$$

이므로 (식 5.2)를 이용하면

$$\frac{\mu H}{k} s_c = \ln \frac{M_{core}^2}{T_c^{3/2}} + C_2 = \ln \frac{M_{core}}{\rho_c^{1/2}} + C_3 \tag{5.4}$$

가 된다. 그리고 M_{core}가 일정한 경우 중심에서 바깥쪽으로의 에너지 전달과 뉴트리노 복사에 따라 s_c가 감소하면 T_c가 상승하는 것을 알 수 있다. 비열이 양의 값인 찻잔 속의 뜨거운 물은 s가 감소하면서 T도 내려간다. 이와 반대로 별핵의 비열은

$$C_g = \frac{ds_c}{d\ln T_c} = -1.5 \frac{k}{\mu H} \tag{5.5}$$

에서 볼 수 있듯이 음의 값이다. 이것이 중력열역학의 기본적인 관계로 별의 핵은 s_c가 감소해 T_c가 상승하는 불안정성 '중력 열역학적 카타스트로피catastrophe'로 진화한다.

단, 핵의 비열이 음의 값인 것은 핵의 질량이 찬드라세카르의 한계질량보다 큰 경우($M_{core} > M_{Ch}$)에 한한다. (식 5.4)에 따르면 동일한 T_c에서 s_c는

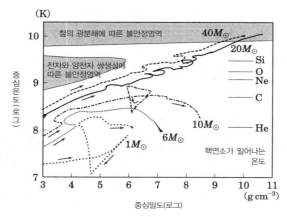

그림 5.2 질량이 모두 다른 별 중심에서의 밀도와 온도의 변화 모습. 그림의 화살표는 진화방향이다(野本憲一 編著『元素はいかにつくられたか』, 岩波書店, 2007, 第1章).

M_{core}가 작을수록 낮고 전자가 쉽게 축퇴한다. 또 진화와 함께 s_c는 낮아지고 $M_{core} < M_{Ch}$이면 일정 시점에서 전자가 축퇴하기 시작한다. 축퇴한 전자가 미치는 '축퇴압degeneracy pressure'은 온도에 상관 없이 비교적 저밀도의 비상대론적 근사 범위에서는

$$P_c \propto \rho_c^{\frac{5}{3}} \tag{5.6}$$

으로 주어진다. 이 상태방정식을 (식 5.1)에 대입하면 다음 식이 된다.

$$\rho_c \propto M_{core}^2 \tag{5.7}$$

전자가 축퇴하고 축퇴압으로 지탱되는 핵은 백색왜성과 마찬가지로 M_{core}가 클수록 중심밀도가 높고 반지름은 작다. 축퇴압으로 무거운 핵을 지탱하려면 밀도가 높아져야 하기 때문이다.

$M_{core} < M_{Ch}$인 핵은 (식 5.2)와 (식 5.7)로 구한 그림 3.2의 M_{core}가 일

정한 선 위로 진화해 간다(그림 3.2에서는 M_1, M_2). 전자가 축퇴하기 시작하면 s_c가 줄어도 핵은 중력수축하는 일 없이 (식 5.7)의 선 위에서 T_c 값이 내려간다. 예를 들면 그림 5.2처럼 별 전체의 질량이 M_{Ch}를 넘어도 질량이 $10 M_\odot$과 $6 M_\odot$인 별처럼 비열이 양의 값인 축퇴별로 식어간다.

이에 대해 그림 5.2에서처럼 $M_{core} > M_{Ch}$ 핵을 가진 별은 전자가 축퇴하지 않고 질량이 $20 M_\odot$과 $40 M_\odot$인 별처럼 중력열역학적 카타스트로피를 일으키면서 중력붕괴로 진화한다. 별은 이렇게 두 종류로 나뉘어 진화한다.

5.1.3 뉴트리노 복사

이렇게 중력열역학의 작용 아래 별 중심부에서부터 에너지가 손실되는 것이 별이 진화하는 원동력이다. 진화의 초기 단계에 별에서 빛이 복사되어 주요 에너지가 손실된다. 이에 비해 별의 진화 말기에는 별의 중심부가 10^8 K을 넘는 고온이다. 이런 고온에서는 그림 3.5처럼 고에너지의 광자, 전자, 양전자, 이온 간의 상호작용으로 뉴트리노와 반反뉴트리노가 짝을 이루어 발생하고 별에서 복사된다. 별은 빛뿐 아니라 뉴트리노로 에너지를 잃는다. 그 손실률은 뉴트리노 광도 L_ν로 나타낸다. L_ν는 고온일수록 커진다.

특히 헬륨연소 이후 고온의 시대가 되면 빛을 대신해 뉴트리노가 에너지 대부분을 가져가고 L_ν에 반비례해 진화 속도는 빨라진다. 에너지를 잃고 핵이 수축해 중심부 온도가 높아질수록 L_ν이 커지고, 중력에너지의 방출로 잃어버린 에너지를 보충하기 위해 수축이 빨라진다.

빛으로 에너지가 전달되는 시간은 진화 시간보다 훨씬 길어 실제로는 전달이 일어나지 않으며 핵 속에서 국소적으로 뉴트리노로 에너지가 손실된다. 중력수축 시기에 핵의 중심부가 고온, 고밀도일수록 뉴트리노 발생률이 높아져 엔트로피 s_c의 감소가 크게 일어난다. 그 결과 중심부만 점점 수축되고 진화가 느린 핵의 바깥쪽은 중심부 진화에서 뒤처진다. 핵반응이 일어나는 영역도 중심부로 한정되고 핵의 질량이 점점 작아져 마지막에 철핵의 크기는 별의 질량과 상관없이 1.2~2 $M_\odot$으로 진정된다.

5.2 별 내부에서 일어나는 열핵반응

중력수축으로 진화해 가는 핵의 중심부는 중력에너지가 방출되면서 10^9 K을 넘는 고온으로 뜨거워진다. 핵 중심부는 다양한 핵반응이 일어나고 탄소, 규소, 칼슘 철 등의 원소가 만들어진다. 핵반응에서의 쿨롱 장벽 때문에 온도가 높아질수록 원자번호가 더 큰 원소가 합성된다.

어떤 핵반응의 점화가 일어나는지는 국소적인 핵반응에 따른 에너지 발생률 ϵ_n이 뉴트리노에 따른 에너지 손실률 ϵ_ν를 웃돌아, 거기서 엔트로피가 상승으로 바뀌었는지의 여부로 판정한다. 즉, 그 핵반응의 점화온도 T_{ign}는 $\epsilon_n = \epsilon_\nu$로 결정된다. 그림 5.3에 네온연소가 일어날 때의 점화온도를 밀도 ρ의 함수로 나타냈다. T에 대한 ϵ_n의 의존성이 매우 크므로 밀도에 대한 T_{ign}의 의존성은 작다. 그림 5.2는 핵연소의 전형적인 T_{ign}를 보여준다.

그런데 $M_{core} < M_{Ch}$인 핵의 경우 중심온도 T_c는 그림 3.2의 M_{core}가 일정한 선에서 주어진 최댓값이 존재한다. 네온핵의 최댓값은 그림 5.3으로 알 수 있다. 따라서 각각의 핵반응에 대해서 그 반응이 일어나는 온도에 T_c가 도달하는 임계질량이 존재한다(그림 3.2에는 M_1, M_2). 즉, 별에서 어떤 핵반응이 일어나느냐는 핵의 질량이 그 핵반응의 임계질량을 넘었는지에 따라 결정된다.

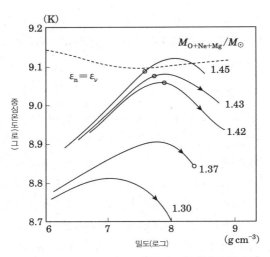

그림 5.3 $1.30 M_\odot \sim 1.45 M_\odot$의 질량을 가진 산소＋네온＋마그네슘핵이 중력수축하는 중심온도와 밀도 변화. 점선은 $\varepsilon_n = \varepsilon_\nu$로 결정되는 네온연소의 점화온도이다(Nomoto 1984, *Apj*, 277, 791).

5.2.1 헬륨연소

헬륨핵에서 삼중알파3α 반응의 점화온도는 $T_{ign} \sim 2 \times 10^8$ K이고 임계질량은 $0.30\ M_\odot$이다. 삼중 알파 반응으로 ^{12}C가 생성되고 나아가 ^{12}C와 알파α 입자가 융합해 ^{16}O이 만들어진다. 헬륨연소 결과 별 중심부에는 ^{12}C와 ^{16}O으로 만들어진 C＋O핵이 형성된다.

M $> 10 M_\odot$인 대질량성은 헬륨핵연소의 최종 단계에서 중심온도가 약 3×10^8 K에 이르고 아래 (식 5.8)의 헬륨포획 반응으로 중성자가 공급된다.

$$^{22}\text{Ne} + {}^{4}\text{Ne} \longrightarrow {}^{25}\text{Mg} + \text{n} \tag{5.8}$$

이 반응으로 얻을 수 있는 중성자밀도는 $10^7 \sim 10^{11}$ cm^{-3}이고 이때 철의 핵종에 따른 중성자포획의 수명은 수 년~수천 년으로 매우 길다. 그 결과 slow(s)과정이라는 느린 중성자포획 반응이 일어난다.

5.2.2 탄소연소

탄소연소의 주요 반응은

$$
{}^{12}C + {}^{12}C \longrightarrow
\begin{cases}
{}^{20}Ne + {}^{4}He \\
{}^{23}Na + p \\
{}^{24}Mg + \gamma
\end{cases}
\tag{5.9}
$$

이고 다음으로 ${}^{16}O$, ${}^{20}Ne$, ${}^{24}Mg$를 주성분으로 하는 핵(O+Ne+Mg핵)이 남는다. 탄소연소에서는 앞에서 말한 것처럼 α입자가 방출된다. α입자의 일부는 중성자과잉핵[1]인 ${}^{22}Ne$과 ${}^{18}O$로 흡수되고 중성자를 방출하는 반응을 일으킨다. 이 과정에서 방출된 중성자는 다른 원소에 흡수된 새로운 중성자과잉핵 ${}^{23}Na$, ${}^{25}Mg$, ${}^{27}Al$을 합성한다. Na과 Al을 합성하는 중요한 반응이다.

탄소연소의 점화온도는 $T_{ign} \sim 6 \times 10^8\,K$이고 C+O핵의 탄소연소 임계질량은 $1.07\,M_\odot$이다. 단, 핵의 질량이 M_{Ch} 이하인 경우 전자가 부분적으로 축퇴하고 압력 일부가 축퇴압의 영향을 받기 때문에 온도에 대한 의존성이 작아진다. 따라서 비열이 부분적으로 양의 값이 된다. 밀도가 높은 중심부는 뉴트리노 복사로 냉각률이 높고 온도는 주변보다 낮아진다. 즉, 온도분포의 역전이 일어난다. 그 결과 탄소연소는 핵의 중심이 아니라 바깥쪽 껍질에서 점화한다. $1.07\,M_\odot$이라는 핵의 임계질량에 이르면 이렇게 껍질에서 점화가 일어난다. 이 탄소껍질연소는 열전도로 중심까지 전달되며 최종적으로는 탄소가 연소한다. C+O핵의 질량이 M_{Ch}보다 크면 전자가 축퇴하지 않은 채 핵의 중력수축이 진행되고 중심온도가 $T_{ign} \sim 6 \times 10^8\,K$에 이른다.

[1] 양성자 수보다 중성자 수가 많은 원자핵.

5.2.3 네온연소

네온연소의 주요 반응은

$$^{20}\text{Ne} + \gamma \longrightarrow \ ^{16}\text{O} + \ ^4\text{He} \tag{5.10}$$

$$^{20}\text{Ne} + \ ^4\text{He} \longrightarrow \ ^{24}\text{Mg} + \gamma \tag{5.11}$$

$$^{24}\text{Mg} + \ ^4\text{He} \longrightarrow \ ^{28}\text{Si} + \gamma \tag{5.12}$$

이고 ^{20}Ne이 광분해하면서 산소, 마그네슘, 규소가 합성된다.

네온연소의 점화온도는 $T_{\text{ign}} \sim 1.3 \times 10^9 \, \text{K}$이고 임계질량은 $1.37 \, M_\odot$이다. 그림 5.3은 중력수축하는 O＋Ne＋Mg핵 중심에서의 진화를 나타낸다. C＋O핵과 마찬가지로 O＋Ne＋Mg핵의 질량이 M_{Ch}보다 작으면 온도분포의 역전이 일어난다. 그러므로 $1.37 \, M_\odot \sim 1.40 \, M_\odot$ 인 범위의 핵중심은 온도의 최고점을 찍고 식어가는데 네온연소는 중심이 아닌 바깥쪽에서 점화한다.

5.2.4 산소연소

온도가 $\sim 3 \times 10^9 \, \text{K}$에서 산소연소가 일어나고 산소에서 규소와 황이 합성된다. 주요 반응은 아래와 같다.

$$^{16}\text{O} + \ ^{16}\text{O} \longrightarrow \begin{cases} ^{28}\text{Si} + \ ^4\text{He} \\ ^{31}\text{P} + \text{p} \\ ^{32}\text{S} + \gamma \end{cases} \tag{5.13}$$

^{28}Si이 합성되는 반응에서는 α입자가 방출된다. ^{28}Si이 α입자를 포획하

여 ^{32}S, ^{36}Ar, ^{40}Ca이 합성된다.

5.2.5 규소연소

온도가 $4 \times 10^9\,K$을 넘으면 규소연소가 일어난다. 이 반응에서 Si, S, Ar, Ca이 α입자를 포획하고 Cr, Mn, Ti, Fe, Ni, Co, Zn의 철족원소가 합성된다.

$T < 5 \times 10^9\,K$일 때 불완전 규소연소가 일어난다. 이때는 연소한 규소가 남아 있는데 일부 규소가 α입자를 포획하고 ^{56}Ni, Ca, Cr, Mn이 합성된다. ^{56}Ni은 방사성원소로 베타 붕괴해 ^{56}Co, ^{56}Fe으로 바뀐다.

$T > 5 \times 10^9\,K$일 때 완전규소연소가 일어나고 규소가 연소하여 ^{56}Ni, Co, Ni, Zn이라는 더욱 무거운 철족원소가 합성된다. 완전규소연소에서 합성된 원소 대부분을 ^{56}Ni이 차지해 질량이 크다. ^{56}Ni의 양성자 수와 중성자 수는 모두 28이다. 대량으로 합성된 ^{56}Ni이 베타 붕괴해 방출하는 에너지는 매우 크며 초신성의 에너지원이 되어 빛을 낸다.

$T > 6 \times 10^9\,K$일 때 핵종의 통계평형상태가 이루어진다. 이 상태의 핵종 조성비는 그 자리에서 온도, 밀도, 전자의 양성자와 중성자의 수에 대한 비 (Y_e)로만 결정되고 시간 경과와는 상관없다.

5.3 중력붕괴로 진화

5.3.1 8~10 $M_\odot$인 별의 진화

질량이 8~10 $M_\odot$인 별은 C+O핵의 질량이 약 1.2 $M_\odot$이고 탄소연소의 임계질량인 1.07 $M_\odot$보다 크므로 C+O핵의 중력수축이 진행된다. 단, 핵의 중심부는 전자가 약하게 축퇴하기 때문에 온도분포의 역전이 일어나

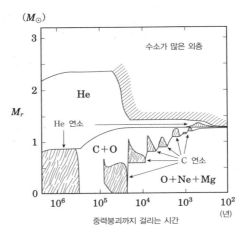

$(M_\odot)$

수소가 많은 외층

He

He 연소

C+O

C 연소

O+Ne+Mg

M_r

중력붕괴까지 걸리는 시간

(년)

그림 5.4 9 $M_\odot$ 별의 헬륨연소에서 산소＋네온＋마그네슘핵 생성에 이르기까지의 진화. 표면대류층이 헬륨층에 스며들어 얇은 헬륨층이 생성된다. 별은 점근거성가지가 된다(Nomoto *et al.* 1982, *Nature*, 299, 803).

중심부는 저온이 된다. 그 결과 탄소연소는 바깥쪽의 껍질에서 점화한다. 이 탄소연소껍질의 안쪽 질량이 핵의 질량이기에 중심부 무게는 일시적으로 줄어들고 핵이 팽창한다. 이 때문에 그림 5.2에 10 $M_\odot$인 별이 (ρ_c, T_c)로 진화하는데 루프가 생긴다.

그림 5.4는 9 $M_\odot$인 별이 헬륨연소해 O＋Ne＋Mg핵이 만들어지는 진화과정을 보여준다. 핵에서는 탄소의 껍질연소가 중심부로 전파되고 탄소가 타서 O＋Ne＋Mg핵이 형성된다.

이 O＋Ne＋Mg핵의 질량이 네온연소의 임계질량 1.37 $M_\odot$보다 작아 네온연소가 일어나는 지점까지 온도가 올라가지 않고 핵전자가 축퇴한다. 그 후 이 핵의 질량은 H나 He의 껍질연소로 늘어나 찬드라세카르 임계질량에 가까워진다.

표면대류층이 헬륨층에 스며들어 얇은 헬륨층이 생성된다(그림 5.4). 그 결과 별은 점근거성가지가 되고 헬륨연소의 펄스가 반복된다.

O+Ne+Mg 백색왜성의 생성($8\,M_\odot \sim M_{up}$)

점근거성가지가 되면 진화의 시간이 곧 핵이 성장하는 시간이 되어 길어지고 질량방출이 중요해진다. 만일 수소-헬륨 외층이 사라지고 O+Ne+Mg핵이 드러나면 핵은 더 이상 질량을 늘리지 않고 O+Ne+Mg 백색왜성이 되어 식어간다. 질량이 작은 별일수록 수소-헬륨 외층이 사라지기 쉬워 O+Ne+Mg의 백색왜성은 $8\,M_\odot \sim M_{up}$의 질량일 때 만들어진다. M_{up} 값은 점근거성가지에서 질량방출률에 따라 달라지기 때문에 별의 금속량도 영향을 받아 확실하지는 않지만 $9\,M_\odot$ 안팎으로 추정된다. O+Ne+Mg 백색왜성의 특징은 질량이 $1.1\,M_\odot \sim 1.37\,M_\odot$ 사이로 C+O 백색왜성의 평균질량 $0.6\,M_\odot$과 비교해 매우 크다.

전자포획에 따른 중력붕괴($M_{up} \sim 10\,M_\odot$)

질량범위가 $M_{up} \sim 10\,M_\odot$인 별은 수소-헬륨 외층이 사라지기 전에 O+Ne+Mg핵의 질량이 찬드라세카르 한계질량에 가깝게 증가한다. 그림 5.5는 질량이 $9\,M_\odot$인 별이 탄소연소 이후 핵의 중심밀도와 온도가 변화하는 모습을 보여준다. 핵의 질량이 늘어나면 핵의 중심밀도가 높아져 축퇴하여 전자의 페르미에너지가 높아진다. 이렇게 에너지가 높아진 전자가 ^{20}Ne과 ^{24}Mg라는 원자핵을 에워싸면 베타 붕괴에 대한 안정성이 지상과는 완전히 반대가 된다. 지상에서는 ^{24}Na 원자핵이 불안정하다. 즉, 베타 붕괴해 전자와 반뉴트리노를 방출하면서 ^{24}Mg로 바뀐다.

$$^{24}\mathrm{Na} \rightarrow {}^{24}\mathrm{Mg} + e^- + \nu_e \tag{5.14}$$

그런데 전자가 축퇴하고 에너지가 꽉 차면 (식 5.14)에서 방출되어야 할 전자가 갈 곳을 잃기 때문에 베타 붕괴가 잘 일어나지 않는다.

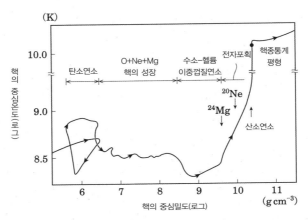

그림 5.5 9 $M_\odot$ 별의 탄소연소에서부터 전자포획에 따른 중력붕괴에 이르기까지 핵 중심밀도와 온도의 변화 모습(Nomoto 1987, *Apj*, 322, 206).

반대로 $\rho > 4 \times 10^9$ gcm^{-3}의 고밀도가 되면 높은 페르미에너지를 가진 전자를 ^{24}Mg이 포획해 ^{24}Na로 바뀌어 원자핵으로 안정된다(그림 5.5). 그러므로

$$^{24}\text{Mg} + e^- \longrightarrow {}^{24}\text{Na} + \nu_e \tag{5.15}$$

라는 전자포획 반응이 점차 진행된다. 그리고 밀도가 높아지면

$$^{24}\text{Na} + e^- \longrightarrow {}^{24}\text{Ne} + \nu_e \tag{5.16}$$

$$^{20}\text{Ne} + e^- \longrightarrow {}^{20}\text{F} + \nu_e \tag{5.17}$$

$$^{20}\text{F} + e^- \longrightarrow {}^{20}\text{O} + \nu_e \tag{5.18}$$

$$^{16}\text{O} + e^- \longrightarrow {}^{16}\text{N} + \nu_e \tag{5.19}$$

라는 전자포획이 차례로 일어난다. 전자가 원자핵에 흡수되므로 전자 수는 당연히 줄고 전자의 축퇴압도 줄어든다. 핵의 무게를 지탱하려면 중력

수축해 밀도를 높여야 한다.

전자 수가 줄면 Y_e의 값이 0.5보다 작아지므로 찬드라세카르 한계질량의 값이 작아져 핵의 질량에 가까워진다. 그러므로 중심밀도가 급속히 커져 중력수축이 점점 빨라진다. 그 결과 중심 온도와 밀도가 증가한다. 중심밀도가 10^{10} gcm^{-3}에 달하면 산소연소(^{16}O$+^{16}$O)가 폭발적으로 커져 중심온도가 10^{10} K까지 단숨에 상승한다(그림 5.5). 별은 계속 중력수축해 붕괴할까, 아니면 산소의 폭발적 연소로 흔적도 없이 사라져 버릴까?

산소의 폭발적 연소로 물질은 순식간에 타버려 핵종의 통계평형을 이룬다. 산소연소로 자유로워진 핵에너지 대부분은 원자핵이 가벼운 핵으로 분해될 때 흡수된다. 그리고 전자포획은 통계평형상태인 원자핵에서도 일어난다. 이때 뉴트리노가 대량으로 에너지를 가져간다. 총합으로 하면 에너지 발생으로 방출되는 쪽이 많다. 이렇게 해서 핵은 계속 중력붕괴해 나간다.

5.3.2 대질량성($M > 10\,M_\odot$)의 진화와 철핵의 생성

$10 \sim 12\,M_\odot$인 별의 진화

그림 5.6은 질량이 $10.5\,M_\odot$인 별이 헬륨연소를 시작해 네온껍질연소로 점화될 때까지의 진화과정이다. $9\,M_\odot$인 별과 달리 탄소는 핵중심에서 점화한다. 탄소연소로 생성된 O+Ne+Mg핵의 질량은 네온연소의 임계질량 $1.37\,M_\odot$을 넘어 핵의 중심부는 약하게 축퇴한다. 그러므로 네온연소가 바깥쪽에서 점화해 연소 영역이 중심으로 퍼져간다.

그림 5.7은 질량이 $11\,M_\odot$인 별의 헬륨핵에서 온도분포가 진화하는 모습이다. O+Ne+Mg핵이 중력수축하여 고온이 되면서 헬륨층이 팽창하고 온도가 낮아진다(1~4단계). 별이 적색거성이 되는 메커니즘과 같다.

6단계에서 네온연소의 점화가 바깥쪽 껍질에서 일어난다. O+Ne

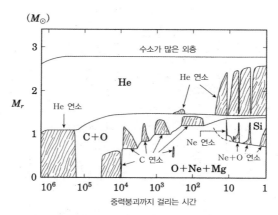

그림 5.6 10.5 $M_\odot$ 별의 헬륨연소에서 네온껍질연소의 점화에 이르기까지의 진화. 네온연소 영역이 중심방향으로 전파된다(Nomoto 1984, *Apj*, 277, 791).

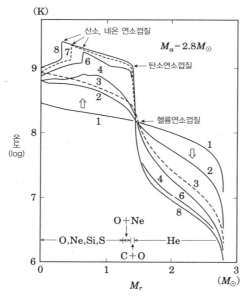

그림 5.7 11 $M_\odot$ 별의 헬륨핵에서의 온도분포 진화 모습. 산소＋네온＋마그네슘핵이 중력수축해 고온이 됨에 따라 헬륨층이 팽창해 저온이 된다(1~4단계). 6단계에 바깥쪽에서 네온 점화가 일어나고 네온연소 영역이 바깥에서 중심 쪽으로 전파된다(6~8단계).

＋Mg핵은 뉴트리노 복사로 계속 중력수축해 고온이 되면서 차츰 네온연소의 점화온도에 도달한다. 그 결과 네온연소 영역이 밖에서 중심으로 전파된다(6~8단계). 이 과정에서 네온껍질연소가 가벼운 폭주현상을 일으키고 외층의 구조에 영향을 주기도 한다. 중심에서 네온이 연소한 후에는 질량이 더욱 큰 별과 비슷하게 진화해 철핵이 생성된다고 가정하는데 자세한 연구는 아직 부족한 실정이다.

$M > 12\,M_{\odot}$인 별의 진화

질량이 더 큰 별은 핵의 질량이 찬드라세카르 한계질량보다 언제나 크므로 전자가 축퇴하는 경우는 없다. 따라서 핵은 뉴트리노 복사에 따른 중력열역학 카타스트로피로 계속 중력수축하고 중심부의 온도와 밀도는 핵연소 점화점까지 상승한다(그림 5.2).

중력수축이 멈추고 핵반응이 일정한 시기의 T_c는 $L_n \approx L_\nu$에 따라 달라진다. 핵반응률은 뉴트리노 복사율보다 온도에 더 많이 의존하기 때문에 중심집중도가 에너지 발생률 쪽이 더 높다. 따라서 핵반응으로 발생한 에너지를 전달하기 위해 중심부에 대류가 일어나고 대류층의 원소조성이 균일해진다. L_ν가 크기 때문에 핵연료는 단시간에 연소한다. 예를 들면 실리콘이 연소할 때 에너지의 손실과 발생률은 $L_\nu = L_n = 10^{12}L_{\odot}$으로 빛의 밝기 L의 10^6배나 된다. 그러므로 불과 한 달 동안 규소Si는 다 타버린다(그림 5.8).

이렇게 핵의 중심부와 껍질 바깥쪽에서 진행되는 C, Ne, O, Si의 핵연소로 다양한 원소가 합성된다. 그림 5.8에서 보듯이 껍질연소로 발생한 에너지를 전달하려고 껍질연소 영역에도 대류가 발생해 원소조성이 균일해진다. 껍질연소로 에너지가 크게 발생하면 안쪽의 질량이 핵의 질량이 되면서 (ρ_c, T_c)의 진화과정이 복잡해진다.

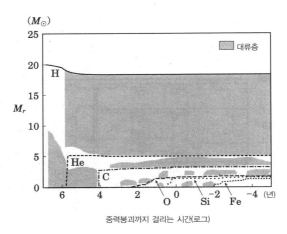

그림 5.8 20 $M_\odot$ 별의 진화에 동반되는 화학조성 변화와 대류층의 모습. 가로축은 중력붕괴 시점에서 역산한 시간을 로그로 나타냈으며, 세로축은 중심에서의 거리를 질량으로 나타냈다(野本憲一 編著 『元素はいかにつくられたか』, 岩波書店, 2007, 第1章).

그림 5.9와 그림 5.10에 20 $M_\odot$인 별의 핵 중심부에 C, Ne, O, Si 연소가 점화한 단계마다 원소의 조성분포를 각각 나타냈다.

온도가 10^9 K을 넘으면 고에너지 광자로 말미암아 원자핵이 붕괴되어 반응이 복잡해진다. 그러나 실질적으로는 가벼운 핵에서 무거운 핵으로 핵융합이 일어나 에너지가 발생한다. 핵융합은 에너지가 가장 낮은 ^{56}Fe 원자핵이 만들어질 때까지 계속된다. 이런 식으로 폭발 직전인 별 내부에는 중심부에 철의 핵, 그 바깥에는 순서대로 규소, 황, O＋Ne＋Mg층, 탄소층, 헬륨층, 그리고 가장 바깥쪽은 수소층이 둘러싼 '양파구조'를 이룬다. 마지막 철핵의 크기는 1.3~2 $M_\odot$이다(그림 5.8).

질량이 13 $M_\odot$, 20 $M_\odot$, 40 $M_\odot$인 별들이 중력붕괴 직전 단계에 있을 때의 원소조성을 그림 5.11, 그림 5.12, 그림 5.13에 각각 나타냈다. 1세대(종족 III) 별의 구성분포를 비교하기 위해 40 $M_\odot$인 별에 관해서 살펴보자.[2] 대류층이 확산되는 모습이 다르다는 것을 알 수 있다.

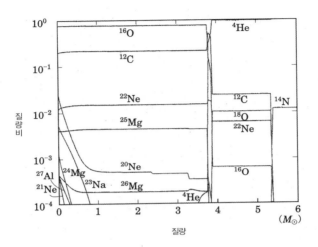

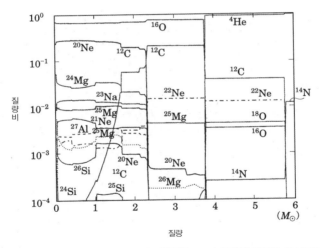

그림 5.9 20 $M_\odot$ 별의 핵에서 탄소연소(위)와 네온연소(아래)가 점화된 단계의 원소조성(Nomoto & Hashimoto 1988, *Phys. Rep.*, 163, 13).

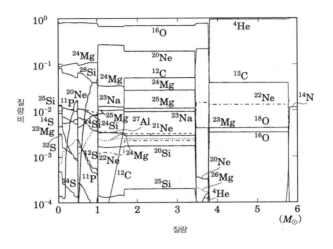

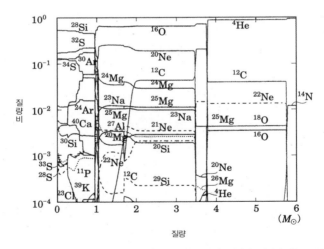

그림 5.10 20 $M_\odot$ 별의 핵에서 산소연소(위)와 규소연소(아래)가 점화된 단계의 원소조성(Nomoto & Hashimoto 1988, *Phys. Rep.*, 163, 13).

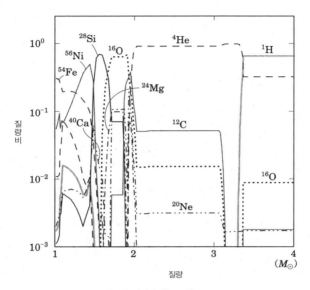

그림 5.11 13 $M_\odot$ 별의 핵이 중력붕괴하기 직전의 원소조성(Tominaga et. al. 2007, *Apj*, 660, 516).

그림 5.14는 중력붕괴하기 직전에 별의 밀도분포를 나타냈다. 별의 질량에 따라 밀도구조가 크게 다른데 핵의 중력붕괴에 영향을 미친다. 단, 세세한 원소분포나 밀도구조는 대류가 일으키는 물질혼합의 빠르기에 큰 영향을 받으며, 미분회전에 따른 물질혼합 효과 등도 고려해야 한다. 대질량성인 경우는 항성풍 때문에 질량이 크게 감소하지만 질량이 방출되는 구조나 방출률은 여전히 밝혀지지 않고 있다.

이 불확정 요소들을 고려하면 철핵의 질량 등 중력붕괴하기 직전의 별 구조는 아직 불확실한 부분이 많다.

2 1.10.5절 참조.

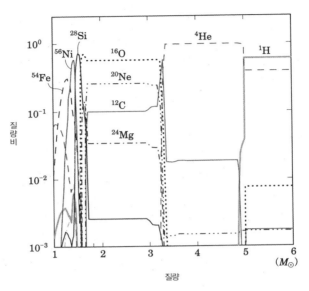

그림 5.12 20 $M_\odot$ 별의 핵이 중력붕괴하기 직전의 원소조성(Tominaga *et. al.* 2007, *Apj*, 660, 516).

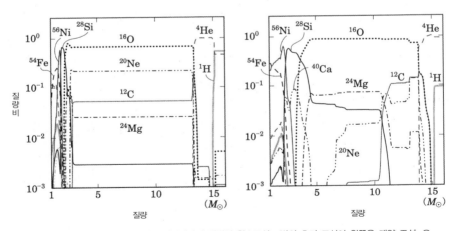

그림 5.13 40 $M_\odot$ 별의 핵이 중력붕괴하기 직전의 원소조성. 별의 초기 조성이 왼쪽은 태양 조성, 오른쪽은 종족 III의 조성이다(Tominaga *et. al.* 2007, *Apj*, 660, 516).

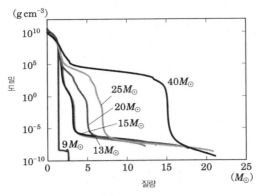

그림 5.14 중력붕괴하기 직전의 별의 밀도분포.

중력붕괴

핵의 중심온도가 5×10^9 K을 넘으면 원자핵에서도 에너지가 가장 낮은 결합 상태인 ^{56}Fe핵이 만들어진다. 그러면 이제 더 이상 핵에너지를 추출할 수 없다. 뉴트리노는 이런 것에 아랑곳하지 않고 별에서 에너지를 가지고 간다. 그러면 철의 핵은 중력수축을 할 수밖에 없다. 철의 핵이 더욱 중력수축해 고온이 되면 (식 5.21)처럼 ^{56}Fe이 고에너지의 광자에 따라 헬륨과 중성자로 광분해된다. 그리고 고온이 되면 헬륨도 중성자와 양성자로 분해되고 양성자는 전자를 포획해 차츰 중성자로 바뀐다.

$$^{56}\text{Fe} \longrightarrow 13^4\text{He} + 4\text{n} - 124.4 \quad [\text{Mev}] \qquad (5.20)$$
$$^4\text{He} \longrightarrow 2\text{p} + 2\text{n} - 28.3 \quad [\text{Mev}] \qquad (5.21)$$

오랜 시간에 걸쳐 조금씩 핵융합을 해온 것과는 반대로 원자핵 분해과정은 0.1초라는 아주 짧은 시간에 순식간에 일어난다. 그리하여 지금까지

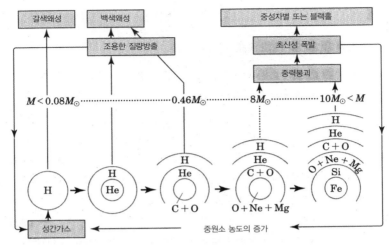

그림 5.15 별 진화의 종말.

핵융합으로 방출했던 양의 에너지를 단숨에 흡수한다. 압력은 급격히 떨어지고 핵은 이를 지탱하지 못해 중력에 따라 '폭축implosion' 이라는 격렬한 낙하를 일으킨다. 이것이 중력붕괴이다. 이런 철핵의 중력붕괴는 $10\,M_\odot < M < 130\,M_\odot$의 대질량성에서 일어난다(그림 5.15).

대질량성의 질량방출

대질량성의 진화는 표면에서 일어나는 질량방출이 중요하다. 은하계와 마젤란 성운의 HR도를 보면 오른쪽 위에 적색초거성이 존재하지 않는다. 이처럼 극도로 밝은 별은 적색초거성으로 팽창하기 전에 강렬한 복사압과 관련한 메커니즘 때문에 별에서 많은 양의 가스가 방출된다. 중원소를 풍부하게 함유한 별은 비록 $100\,M_\odot$을 넘는 대질량성이 생성되어도 복사압에 따라 질량 대부분을 항성풍으로 잃고 수십 $M_\odot$로 줄어든다.

또 상태방정식에서 복사압의 비율이 크면 별은 맥동에 대해서도 불안정해진다. 별 중심부는 수소를 핵연소해 맥동을 증폭시키는 작용을 한다. 이 것을 ε메커니즘이라고 한다. 별이 줄어들면, 즉 압축되면 온도와 밀도가 높아지는데 온도가 높아지면 핵반응률이 급격히 상승하므로 핵반응에 따른 열이 더 많이 발생하고, 더불어 발생한 에너지 때문에 처음에 줄어들기 전보다 더욱 팽창한다. 이에 비해 별의 외층에서는 핵반응으로 에너지가 발생하지 않고 복사로 열에너지가 빠져나가 반대로 진동을 감쇠시키는 작용이 일어난다. 중원소가 많은 별은 질량이 $60\,M_\odot$보다 큰 별에서 ε메커니즘의 효과가 커 질량방출로 이어진다.

처음 질량이 약 $40\,M_\odot$보다 큰 무거운 별은 이렇게 외층을 잃고 울프–레이에별이 된다. 질량이 $10{\sim}40\,M_\odot$인 별은 적색초거성으로 진화한다.

5.4 전자쌍 생성형 초신성이 되는 거대질량성

5.4.1 거대질량성과 1세대별

$8\,M_\odot < M < 130\,M_\odot$인 별은 진화 마지막에 중력붕괴를 일으킨다. 우주 에는 질량이 이보다 더 큰 거대질량성도 존재한다. 특히 우주에 처음 생긴 별(1세대 별)들은 질량이 컸을 것으로 추정한다. 1세대 별이 어떤 별이었는지, 질량이 어느 정도이고 어떤 진화과정을 거쳐 어떤 전성기를 맞이했을까. 현재 이러한 1세대 별의 탄생과 진화에 관한 수수께끼를 푸는 연구가 한창으로, 천문학과 우주물리학의 뜨거운 관심사이다.

수치를 계산한 결과로 우주의 구조형성에 대한 시나리오를 만들어 보면 먼저 암흑물질인 헤일로가 생성되고 그 중력으로 가스가 집적되면서 1세대 별이 탄생했다. 중심부에 만들어진 질량이 작은 원시별의 핵에 원시가스가 강착해 별의 질량이 커진다. 원시가스는 수소와 헬륨, 그리고 아주 적은 경원소로 이루어져 있어 중원소 때문에 가스가 냉각되는 경우는 없으며 주로 수소분자 때문에 냉각이 일어난다. 그러므로 비교적 고온의 가스가 집적한다는 것이 특징이다. 별의 주계열 시대에 질량이 계속 늘어나 최종적으로 별의 질량은 수백~수천 $M_\odot$이나 된다.

1세대 별은 질량이 100 $M_\odot$보다 크면 주계열 단계에서 맥동이 불안정해지는데 진폭이 증폭하는 시간규모가 진화의 시간규모보다 길어 질량방출률은 그리 크지 않았을 것으로 추정한다. 그리고 중원소가 존재하지 않았으므로 복사압의 영향이 작았다. 이런 영향으로 1세대 별은 처음의 질량이 거의 줄지 않고 진화할 수 있었다.

1세대 별은 지금은 볼 수 없는 수백 $M_\odot$~수천 $M_\odot$의 거대질량성이었을 가능성도 있다. 보통 대질량성(수십 $M_\odot$)처럼 수소연소, 헬륨연소, 탄소연소로 진화하지만 이렇게 거대한 별은 대질량성의 진화 단계가 전혀 다르다.

5.4.2 전자쌍 생성형 초신성

별이 산소연소 단계에 들어서면 중심온도는 $2 \times 10^9 \, \mathrm{K}$을 넘는다. 이렇게 고온 상태에서 광자가 가진 에너지는 대부분 전자와 양전자 쌍의 정지에너지에 이른다. 질량이 140 $M_\odot$을 넘는 별은, 별을 지탱하기 위해 압력을 공급하던 내부 에너지가 광자에서의 전자와 양전자쌍(이하 전자쌍) 생성에 사용되고 중심핵은 스스로의 중력을 지탱하지 못하고 붕괴하기 시작한다. 중력수축으로 고온이 되면 전자쌍 생성은 더욱 활발해지고 수축은 빨라진다. 그 결과 핵의 온도가 빠르게 상승한다. 이에 따라 산소의 연소율이 급격히 상승해 열에너지가 대량으로 방출된다. 핵의 온도는 더욱 상승하고 산소는 폭발적으로 연소한다. 여기에서 발생한 핵에너지는 압력원이 되어 핵은 더 이상 수축하지 않고 별을 팽창시켜 별 전체가 폭발한다. 이 핵폭

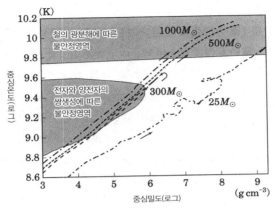

그림 5.16 중원소를 포함하지 않은 1세대 별의 중심 밀도와 온도의 변화 모습. 그림의 화살표는 진화 방향이다(Ohkubo et al. 2006, ApJ, 645, 1352).

발을 전자쌍 생성형 초신성이라고 한다.

$M > 300 M_\odot$인 별의 진화와 중간질량 블랙홀

전자쌍 생성형 초신성을 일으키는 별의 질량은 약 $300\ M_\odot$이 상한값이다. 이보다 무거운 별 역시 산소연소 단계에서 전자쌍 생성이 불안정한 상태가 되는데 붕괴된 별이 무겁기 때문에 산소연소로 방출된 에너지로는 수축을 멈출 수 없다. 이렇게 무거운 별은 규소연소 끝에 철이 광분해하여 중력붕괴한 후 이어서 블랙홀을 형성한다.

그림 5.16은 중원소를 포함하지 않는 별의 중심 밀도와 온도의 진화 모습을 보여준다. $300\ M_\odot$인 별이 전자쌍 생성형 초신성을 일으키는 데 비해 $500\ M_\odot$과 $1000\ M_\odot$인 별은 철이 광분해하여 중력붕괴를 일으킨다.

보통 대질량성[3]에서 생겨난 블랙홀은 아무리 무거워도 $140\ M_\odot$보다 작

---

3 전자쌍 생성형 초신성을 일으키는 별보다 질량이 작은 별.

다. 반면 질량이 300 $M_\odot$보다 큰 별에서 생성된 블랙홀은 질량이 수백 $M_\odot$이나 된다. 이것을 중간질량 블랙홀[4]이라고 하는데 오랫동안 존재가 확인되지 않다가 최근 중간질량 블랙홀로 보이는 것이 몇 개 발견되었다. 이론적으로는 중간질량 블랙홀이 서로 합치고 주변 가스를 대량으로 빨아들여 초대질량 블랙홀로 성장하는 시나리오도 제시되었다. 이 시나리오를 바탕으로 질량이 300 $M_\odot$보다 큰 별이 존재하는지, 어떻게 진화하는지에 관한 연구가 진행되고 있다.

$M > 10^5\,M_\odot$인 초대질량성의 진화와 초대질량 블랙홀

$M > 10^5\,M_\odot$인 초대질량성의 진화는 당초 퀘이사의 광도를 설명하기 위한 연구였다. 비록 초대질량성이 생성되었다고 해도 주계열성일 때 반지름이 수축한 단계에서 일반상대론적인 역학불안정을 일으켜 중력붕괴해 직접 초대질량 블랙홀을 생성한다는 것을 알게 되었다. 주계열 단계를 거치지 않아 수명이 10^6년보다 훨씬 짧아 퀘이사 모델로는 적절하지 않다는 것이 밝혀졌다. 하지만 초대질량 블랙홀의 생성을 설명하는 데는 중요한지도 모른다.

---

4 항성 질량이 10 $M_\odot$인 블랙홀과 은하중심, 퀘이사, 활동은하핵에 존재하는 $10^6\,M_\odot$ 이상의 초대질량 블랙홀의 중간 질량 크기.

제6장
쌍성계의 진화

서로 주변을 공전하는 두 별의 계를 쌍성계라고 한다. 별이 쌍성계의 구성원이라 할지라도 상대별과의 거리가 멀면 단독별과 거의 비슷한 일생을 보낸다. 그러나 별이 진화하는 도중에 반지름이 주계열 단계의 수백 배까지 커져 상대별과 거리가 가까워지면 상대별에 가스를 공급하기도하여 두 별의 질량은 크게 달라진다. 그러므로 별이 진화하는 과정이 전혀 달라 단독별에 비해 특이한 성질을 보인다. 6장에서는 쌍성계를 구성하는 별들이 서로 가스를 주고받는 기초적인 물리과정을 설명하고 단독별의 진화에서는 해명할 수 없었던 별의 다양한 진화과정에 대해 설명하겠다. 그리고 신성폭발 현상의 이론적 측면과 Ia형 초신성의 진화 경로 등 최근에 얻은 성과에 관해서도 언급하고자 한다.

6.1 질량교환의 기초과정

6.1.1 로시로브

쌍성계 퍼텐셜을 쌍성계와 함께 회전하는 계(회전계)에서 보면 두 별의 중력 퍼텐셜과 원심력 퍼텐셜을 더한 것이다. 이 퍼텐셜을 로시Roche 퍼텐셜이라고 한다. 지금 두 별의 거리를 간격 a로 규격화하고 별1은 좌표의 원점, 별1과 별2를 연결하는 직선을 x축에 놓으면 로시 퍼텐셜 Ψ은 다음과 같이 쓸 수 있다.

$$\psi \equiv \frac{a\Psi}{G(M_1+M_2)} = -\frac{1-\mu}{\sqrt{x^2+y^2+z^2}} - \frac{\mu}{\sqrt{(x-1)^2+y^2+z^2}}$$
$$-\frac{1}{2}(x^2-2\mu x+y^2) \tag{6.1}$$

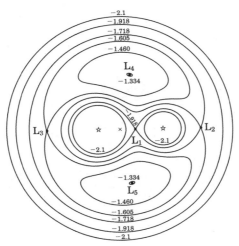

그림 6.1 별(☆표시)의 질량비가 2인 경우($\mu = 1/3$)의 무차원화한 로시 퍼텐셜 ψ. 왼쪽이 별1이고 오른쪽이 별2이며 ×는 중심이다. 다섯 개의 라그랑주 점 중에서 L_1, L_2, L_3의 세 개는 불안정 평형점인 반면 나머지 두 개 L_4, L_5는 안정 평형점이다. 숫자는 퍼텐셜값이다. 일반적으로 별은 질점으로 다루는데 재미 삼아 ☆모양으로 그렸다.

여기에서 $\mu \equiv M_2/(M_1 + M_2)$는 별2의 전체 질량에 대한 질량비이고 케플러 운동식

$$a^3 \Omega^2 = G(M_1 + M_2) \tag{6.2}$$

을 이용해 회전각속도 Ω를 소거했다. 로시 퍼텐셜은 3차원이지만 로시 퍼텐셜의 등퍼텐셜면과 궤도면의 교선을 그림으로 나타냈다(그림 6.1). 가장 안쪽의 두 번째 8자 모양인 등퍼텐셜면을 내부임계 로시로브Roche lobe라고 한다. 간단하게 로시로브라고 하면 이것을 의미한다.

각각의 별에서 로시로브 내의 영역은 그 별의 중력이 강하게 영향을 미치는 영역으로 8자의 바깥쪽에는 강한 원심력이 작용한다.

쌍성계에서는 무거운 별이 먼저 진화해 적색거성이 된다. 별의 반지름

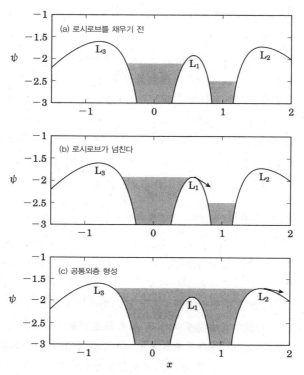

그림 6.2 질량비가 2인 경우 X축의 무차원화한 로시 퍼텐셜의 값(ψ). 그림 6.1과 같은 경우에 별1은 x=0이고, 별2는 x=1.00이다. 왼쪽의 무거운 별1이 진화해 반지름이 커져 왼쪽의 로시로브를 넘으면 L_1점을 지나 오른쪽 별2의 로시로브로 흘러든다. 오른쪽 로시로브도 넘으면 두 별 주변에 공통외층을 형성한다. 외부임계 한계면도 넘으면 L_2점에서 쌍성계 외부로 흘러나간다.

이 로시로브를 넘으면 그림 6.2에서 볼 수 있듯이 별 표면의 가스가 퍼텐셜면이 가장 낮은 위치(L_1점)에서 상대별의 로시로브 안으로 흘러든다. 일단 상대의 로시로브로 들어가면 상대별의 중력이 미치므로 상대별 쪽으로 낙하한다. 상대별의 반지름이 로시로브보다 그리 작지 않으면 가스가 별 표면으로 직접 충돌한다. 별의 반지름이 로시로브보다 작으면 가스가 가진 각운동량 때문에 별 주변을 빙글빙글 돌다가 강착원반을 형성하고 마찰에 따라 점차 각운동량을 잃고 낙하한다.

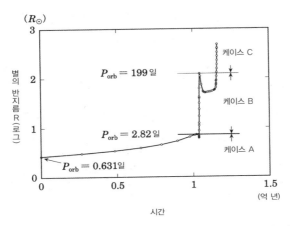

그림 6.3 5 $M_\odot$ 별의 반지름의 시간 변화. 가로축은 1억 년 단위의 시간, 세로축은 별의 반지름이다. 중심에서 수소핵연소가 일어나는 주계열 단계에서 로시로브를 채우는 경우의 질량이동을 케이스 A, 헬륨 중심핵 주변에서 수소껍질연소가 일어나는 적색거성 단계에서의 질량이동을 케이스 B, 일산화탄소 중심핵 주변에서의 헬륨연소껍질, 그리고 그 주변에서 수소껍질연소가 있는 접근거성가지 단계에서의 질량이동을 케이스 C라고 한다. 또 주성이 5 $M_\odot$, 동반성이 2.5 $M_\odot$($q \equiv M_1/M_2 = 2$)인 경우 주성이 로시로브를 채울 때의 쌍성 궤도주기 P_{orb}를 그림에 표시했다. 별의 반지름에 대한 자료는 Bressan *et al.* 1993, *A&AS*, 100, 647에서 골라 사용했다.

가스가 상대별 위로 넘치면 그림 6.2에 나타나듯이 두 별 주변으로 공통 외층을 형성한다. 그리고 가스는 퍼텐셜이 가장 낮은 곳(L_2점)에서 쌍성계 바깥쪽으로 흘러간다. L_2점을 포함한 눈썹 모양의 등퍼텐셜면을 외부임계 로시로브라고 한다. 그림 6.1과 그림 6.2에서 알 수 있듯이 외부임계 로시로브를 넘으면 가스는 쌍성계 외부로 흘러나간다.

6.1.2 가스를 공급하는 별

별이 로시로브를 넘을 때 가스가 어떤 속도로 흘러갈지는 별이 진화의 어느 단계에 있느냐에 따라 달라진다. 그림 6.3은 5 $M_\odot$인 별이 진화하면 반지름이 어떻게 커지는지를 잘 보여준다.

주계열성 중심부에서 수소를 조금 소비하면 별의 반지름이 조금 커진다. 그 단계에서 로시로브를 채우는 경우를 케이스 A의 질량이동이라고 한다. 이때 질량이동률은 별 표면의 열전도가 이루어진 시간으로 결정된다. 이 단계의 별은 외층이 복사평형을 이룬다. 표면에서 가스를 잃으면 별의 반지름이 줄어든다. 원래의 반지름을 회복하려면 안쪽에서 열이 전달되어야 하는데 그 시간규모 τ_{th}는 열전달 시간으로 결정된다. 별 내부의 열에너지 U를 별의 광도 L로 대략 나눈 값인데 열에너지는 비리얼 정리에서 중력에너지 W인 절댓값의 절반

$$U = -\frac{1}{2}W \sim \frac{GM^2}{R} \tag{6.3}$$

이므로 결국

$$\tau_{th} \sim \frac{GM^2}{RL} \tag{6.4}$$

라고 계산할 수 있다. 여기에서 G는 중력상수이고 M은 별의 질량이며, R은 별의 반지름이고 기호 '$\sim$'는 1과 2처럼 정확한 수치계수를 가지지 않는 대략적인 값을 말한다. $2\,M_\odot$인 주계열성은 $\tau_{th} \sim 10^7$년이므로 질량이동률은 $10^{-7}\,M_\odot\text{y}^{-1}$이고, $5\,M_\odot$인 주계열성은 약 10^6y이므로 대략 $10^{-5}\,M_\odot$ y^{-1}이다.

별 중심에 헬륨핵이 만들어진 단계에서 별이 로시로브를 채우는 경우를 케이스 B의 질량이동이라고 한다. HR도에 헤르츠스프룽 빈틈Hertzsprung gap이 가로지르는데 수소외층의 대부분은 아직 복사평형이므로 질량이동은 열적 시간규모로 진행된다. 이런 경우를 특히 조기 케이스 B의 질량이동이라 하기도 한다. 그러나 헤르츠스프룽 빈틈을 완전히 가로지르는 부분은 하야시 임계선에 가까워져 수소외층 전역이 거의 대류평형이 되면서 등엔트로피 구조를 보인다. 이처럼 별 내부에서 열을 전달할 필요가 없기

때문에 표면에서 가스를 잃더라도 별의 반지름은 바로 회복된다. 따라서 질량방출률은 별 외층의 역학적 시간규모 τ_{dyn}로 결정된다. 역학적 시간척도는 음파가 별을 통과하는 시간이므로 음파의 속도를 v_s라고 하면 $\tau_{dyn} \sim R/v_s$이 된다. 별의 역학평형식

$$\frac{1}{\rho}\frac{dP}{dr} = -\frac{GM_r}{r^2} \tag{6.5}$$

를 사용하면 대략

$$\frac{P}{\rho R} \sim \frac{GM}{R^2} \tag{6.6}$$

이고 음속은 $v_s \sim \sqrt{P/\rho} \sim \sqrt{GM/R}$이다. 결국 다음 식이 된다.

$$\tau_{dyn} \sim \sqrt{\frac{R^3}{GM}} \sim \frac{1}{\sqrt{G\rho}} \tag{6.7}$$

여기에서 M_r은 반지름 r의 안쪽 질량, P와 ρ는 각각 압력과 밀도이다. 반지름이 $100\,R_\odot$인 적색거성은 약 10일로 케이스 A과 조기 케이스 B에 비해 압도적으로 짧다. 이것을 특히 만기 케이스 B의 질량이동이라고 한다.

마지막으로 중심에 CO핵의 점근거성가지Asymptotic Giant Branch 단계에서 로시로브를 채우는 경우를 케이스 C라고 한다. 이때도 수소외층 전체가 대류층이므로 질량이동률은 만기 케이스 B의 대류층이 있는 경우와 마찬가지로 질량이동률이 제법 크다. 뒤에서 설명하겠지만, 실제 질량이동률은 가스를 받은 별의 질량과 쌍성계의 궤도반지름으로 결정된다.

그림 6.4는 실제로 케이스 A 또는 조기 케이스 B의 질량이동을 계산한 경우의 시간규모를 나타낸 것이다. 초기질량에 대해 초기질량의 반을 잃

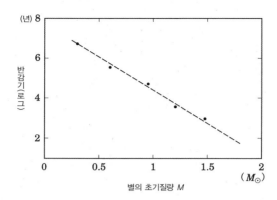

그림 6.4 케이스 A 또는 조기 케이스 B의 질량이동으로 별이 초기질량의 반을 잃는 시간. 가로축은 별의 초기질량이고 세로축은 반감기이다. 초기질량은 순서대로 2, 4, 9, 16, 30 $M_\odot$이다. 점선은 근사식인 식 6.8이다. 데이터는 Kippenhahn & Meyer-Hofmeister 1977, *A&A*, 54, 539에서 채택했다. 불투명도 흡수계수 이전의 예전 흡수계수를 사용했다.

는 데 걸리는 시간을 $\tau_{1/2}$로 나타냈다. 점선은 이 점들로 구한 근사식이다.

$$\tau_{1/2} \approx 5.3 \times 10^7 \left(\frac{M}{M_\odot}\right)^{-3.33} \quad [\text{y}] \tag{6.8}$$

질량이동률은 (식 6.8)에서

$$\dot{M} = \frac{M}{2\tau_{1/2}} \approx 9.4 \times 10^{-9} \left(\frac{M}{M_\odot}\right)^{4.33} \quad [M_\odot \text{y}^{-1}] \tag{6.9}$$

라고 계산할 수 있다. 이 근사식은 그림 6.5에 점선으로 나타냈다.

중소질량성이 주계열 단계일 때 광도 L은 질량 M의 5제곱에 비례한다. 반지름 R은 질량의 0.5제곱에 비례하므로 열이 전도되는 데 걸리는 시간 τ_{th}는

$$\tau_{\text{th}} \sim \frac{GM^2}{RL} \propto M^{-3.5} \tag{6.10}$$

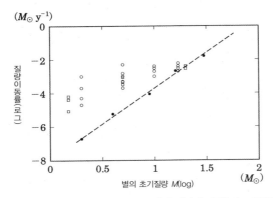

그림 6.5 열전도의 시간규모에서의 질량이동률. 가로축이 별의 초기질량이고 세로축이 질량이동률이다. 여기에서 ●은 그림 6.4의 다섯 가지 경우에 해당하는 값이고 점선은 근사식인 식 6.9이다. ○과 □는 이 값에 해당하는 강착률로 주계열성에 가스를 가라앉게 하는 경우에 반지름이 넘치는 것을 보여주는 계산 사례이다. 점선보다 큰 비율로 가스가 내려오면 가스를 받는 별은 반지름이 팽창한다. ○은 Kippenhahn & Meyer-Hofmeister 1977, *A&A*, 54, 539, □는 Neo *et al.* 1977, *PASJ*, 29, 249의 결과이다. 불투명도 흡수계수 이전의 흡수계수를 사용했다.

이다. (식 6.10)과 (식 6.8)은 논리적으로 맞다.

항성 내부구조를 계산할 때는 복사전달방정식을 수치로 풀 필요가 있다. 이때 복사에 대한 물질의 불투명도를 나타내는 값이 흡수계수이다. 이 값은 1990년경에 대폭 개정되었다. 새로운 흡수계수(수표로 주어진다) 중 하나가 항성의 내부구조를 계산하는 데 자주 사용되는 OPAL(불투명도) 흡수계수다. 6.3절에서 더 자세히 설명하겠지만 OPAL 흡수계수 이전과 이후에는 질량이 같은 별이라도 반지름에 차이가 있다. 흡수계수가 커져 내부에서 오는 복사를 더 막으면서 내부에 열이 더 많이 쌓이게 되었다. 그래서 개정된 흡수계수로 계산하면 개정 전 흡수계수로 계산한 것보다 별의 반지름이 꽤 커졌음을 알 수 있다.

1990년 이전에는 개정 전 흡수계수를 사용했으므로 개정된 OPAL 흡수계수로 계산한 것과 반지름 등에서 차이가 매우 크다. 그러나 적색거성으로 진화하는 등의 정성적(본질적)인 측면에서는 큰 변화가 없다.

6.1.3 가스를 받는 별

그렇다면 가스를 받은 별은 어떻게 반응할까. 가스가 낙하하면 중력에너지로 만들어진 열 때문에 별 주변으로 두텁고 넓게 퍼진다. 가스를 받은 별도 중력수축해 열을 낸다. 이 열이 방출되면 별에 가스가 쌓인다. 팽창한 외층이 식는 시간규모는 열이 별로 전달되는 시간이다. 열이 전달되는 시간규모보다 가스가 별에 천천히 쌓이면 가스는 별로 쏟아져내리지만 그렇지 않은 경우에는 가스가 별에 쌓이지 못하고 크게 팽창해 로시로브를 넘어 공통외층을 형성한다.

그림 6.5는 실제로 주계열성에 일정한 속도로 가스가 쌓이게 하여 수치계산을 한 결과이다. (식 6.9)에 주어진 속도보다 더 빠르게 가스가 쌓인 경우에는 주계열성의 반지름이 커지는 것을 알 수 있다.

별이 가스를 받아들이는 질량강착률에는 상한값이 있다. 이를 설명하기 위해서 먼저 에딩턴Eddington 광도를 정의하겠다. 역학평형상태인 별의 구조를 계산하는 식에서 힘의 균형식과 열전도식을 이용해

$$\frac{dP_{\text{gas}}}{dr} = -\rho \frac{GM_r}{r^2}\left(1 - \frac{L_r}{L_{\text{Edd}}}\right) \tag{6.11}$$

을 도출한다. 여기에서

$$L_{\text{Edd}} = \frac{4\pi cGM_r}{\kappa} \tag{6.12}$$

를 에딩턴 광도라고 한다. 별의 광도가 에딩턴 광도를 넘으면 (식 6.11)의 우변은 양의 값이 된다. 적색거성의 내부 등 특수한 경우를 제외하고 일반적으로 별 내부에서 가스압은 바깥쪽으로 갈수록 감소한다. 이런 상태에서 우변이 양의 값이라면 별이 정적인 균형상태로 있을 수 없음을 의미한

다. 즉, 광도가 에딩턴 광도를 넘으면 가스는 복사압 때문에 바깥쪽으로 가속되면서 질량방출이 일어난다.

가스가 별로 낙하하는 경우에 열은 복사로 방출되기 때문에 에딩턴 광도보다 복사 플럭스는 크지 않다. 그렇기에 별 표면으로 낙하할 수 있는 질량강착률의 최댓값은 중력에너지 발생률을 에딩턴 광도에서 방출할 수 있는 질량강착률로 계산할 수 있다. 즉,

$$\frac{GM}{R}\dot{M} = L_{\text{Edd}} \equiv \frac{4\pi cGM}{\kappa} \tag{6.13}$$

에서

$$\dot{M}_{\text{Edd}} \equiv \frac{4\pi cR}{\kappa} \tag{6.14}$$

이 된다. 이것을 에딩턴 질량강착률이라고 한다. 여기에서 흡수계수를 $\kappa = 0.3\,\text{g}^{-1}\text{cm}^2$라고 하면 에딩턴 질량강착률은 $1.0\,M_\odot$인 주계열성은 $1.4 \times 10^{-3}\,M_\odot\text{y}^{-1}$이고 백색왜성은 $1.1 \times 10^{-5}\,M_\odot\text{y}^{-1}$이며, 반지름 10 km 인 중성자별은 $2.0 \times 10^{-8}\,M_\odot\text{y}^{-1}$이고 반지름 3 km인 블랙홀은 $6.6 \times 10^{-9}\,M_\odot\text{y}^{-1}$이다. 가스가 이것보다 높은 비율로 쌓이면 어떤 상황에서든[1] 가스는 별에 쌓이지 못하고 크게 팽창해 로시로브를 넘는다. (식 6.9)는 질량강착으로 주계열성이 팽창하는 조건을 나타내는데 이것은 (식 6.14)의 에딩턴 질량강착률보다 훨씬 작다.

---

[1] 엄밀하게는 구대칭이라는 가정 아래 말할 수 있다. 구대칭이라는 가정에서 벗어나면 초超에딩턴 강착률도 가능하다.

6.1.4 가스를 받는 백색왜성

여기에서는 중소질량 쌍성계의 진화에서 가장 흥미로운 백색왜성에 가스가 쌓이는 경우에 대해서 설명하겠다. 중성자별과 블랙홀에 가스가 쌓이는 경우에 대해서는 제8권에 자세히 설명했으니 그 부분을 참조하기 바란다. 백색왜성 표면에 어느 정도 가스가 쌓이면 가스 바닥면(원래 백색왜성의 표면)의 온도가 오르고 수소의 핵융합반응이 시작된다.

만일 핵융합반응에서 수소가 소비되는 비율과 떨어져 내리는 비율이 똑같으면 핵반응은 멈추지 않고 정상적으로 연소된다. 그리고 쌓인 수소가스는 헬륨으로 변환해 백색왜성의 표면에 쌓인다. 이 경우 수치계산으로는 가스가 거의 팽창하지 않으므로 로시로브를 넘지는 않는다. 이처럼 질량강착과 핵반응이 평형을 이루는 평형상태일 때 낙하한 가스가 모두 백색왜성에 쌓여 백색왜성이 점차 무거워진다. 이때 질량강착률은 그림 6.6의 중심에 있는 두 선($\dot{M}_{steady}$과 $\dot{M}_{cr}$) 사이의 좁은 부분이다. 여기에서 위쪽 선의 근사식은 다음과 같다.

$$\dot{M}_{cr} = 7.5 \times 10^{-7} \left(\frac{M_{WD}}{M_\odot} - 0.4 \right) M_\odot \mathrm{y}^{-1} \tag{6.15}$$

질량강착률이 $\dot{M}_{steady}$보다 작으면 핵반응을 정상적으로 유지할 수 없어 불이 꺼지고, 가라앉은 가스는 식어서 백색왜성 위에 얇게 쌓인다. 가스의 질량이 일정 임계값에 이르면 수소의 핵융합반응이 갑자기 일어나 핵에너지를 대량으로 분출한다. 쌓인 가스는 크게 팽창하고 복사압의 가속을 받아 질량방출이 일어난다. 이것이 뒤의 6.3절에서 설명할 신성폭발이다. 이때 질량이 방출되면서 쌓인 가스 대부분을 잃고 핵반응을 멈춘다. 그 후 백색왜성 표면에 다시 가스가 쌓이고 그 질량이 임계값에 이르면 수소핵

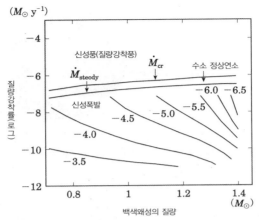

$$(M_\odot \, y^{-1})$$

신성풍(질량강착풍)

$\dot{M}_{cr}$

수소 정상연소

$\dot{M}_{steady}$

−6.0 −6.5

신성폭발

−4.5

−5.0

−5.5

−4.0

−3.5

질량강착률(로그)

−4

−6

−8

−10

−12

0.8 1 1.2 1.4

백색왜성의 질량

$(M_\odot)$

그림 6.6 질량강착률에 대한 백색왜성에 쌓인 수소가스의 반응. 백색왜성에 태양조성원소의 가스가 쌓일 때 일어나는 현상을 정리했다. 가로축이 백색왜성 질량이고 세로축이 질량강착률이다. $\dot{M} > \dot{M}_{cr}$일 때는 신성풍이 불고 $\dot{M} > \dot{M}_{steady}$일 때는 정상적인 수소껍질연소가 일어난다. $\dot{M} < \dot{M}_{steady}$일 때는 정상적인 수소껍질연소 없이 간헐적으로 신성폭발이 일어난다. 실선과 거기에 따른 수치는 불안정 껍질연소가 점화할 때 수소층 질량($\Delta M/M_\odot$)의 로그를 나타냈다. 수소가스의 원소조성은 중량비로 $X = 0.7$, $Y = 0.28$, $Z = 0.02$로 했다.

반응이 다시 시작된다. 이와 같이 질량강착률이 작으면 수소의 핵반응은 불안정해지고 간헐적으로 신성폭발이 일어난다. 이 경우에 백색왜성에 쌓여 있던 가스 대부분이 사라진다.

또 질량강착률이 크면($\dot{M} > \dot{M}_{cr}$) 핵연소는 정상적으로 일어나고 핵연소로 소비되는 가스의 비율은 $\dot{M}_{cr}$에서 한계점에 이른다. 가스($\dot{M} - \dot{M}_{cr}$)가 이보다 더 쌓이면 핵연소를 끝내지 못한 가스의 질량이 점점 늘어서 크게 팽창한다. 복사압으로 가스가 가속을 받아 질량방출이 일어난다(그림 6.7 참조). 이 부분은 6.3절 신성풍에서 자세히 설명하겠다. 신성풍이 일어나면 가스 광구면의 반지름이 로시로브보다 작더라도 가스는 쌍성계에서 빠져나간다. 남은 가스($\dot{M} - \dot{M}_{cr}$)가 신성풍으로 빠져나가고 나머지 가스는 백색왜성 표면에서 정상적으로 타서 헬륨이 된다. 이 결과 백색왜성은 $\dot{M}_{cr}$의 비율로 무거워진다.

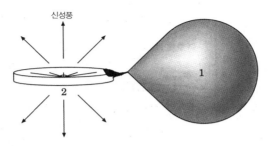

그림 6.7 별1에서 별2(여기에서는 백색왜성)로 가스가 흘러든다. 별2에서는 극방향을 중심으로 항성풍(질량강착 신성풍)이 분다.

더욱이 CO 백색왜성에 쌓인 얇은 헬륨층의 질량이 일정 임계질량을 넘으면 이번에는 헬륨 불안정 핵융합반응이 일어난다.[2] 이때 헬륨에서 탄소와 산소가 생성된다. 수소연소와 마찬가지로 헬륨연소에서도 신성풍으로 질량이 방출된다. 그러나 헬륨연소에서 나오는 질량당 핵융합 에너지는 수소연소의 경우 1/10이므로 쌍성계 밖으로 방출되는 양이 적다. 대부분은 백색왜성에 쌓이는데 그 비율은 백색왜성의 질량에 따라 달라진다.

1990년대 초까지는 그림 6.6에 거의 수평을 이루는 두 선 사이의 좁은 영역에서만 백색왜성이 무거워질 수 있다고 생각했다. 그 위쪽 영역은 광구면이 커져 로시로브를 넘기 때문에 공통외층 진화로 두 별이 합쳐지거나 동반성이 가스의 대부분을 잃어 백색왜성이 되고 두 별이 모두 백색왜성의 쌍성계가 될 것이라 추측했다. 그런데 신성풍에 대해서는 6.3절에서 다루겠지만, 신성풍이 일어나면 쌍성계에서 질량방출이 있어도 공통외층 진화가 일어나지 않아 백색왜성이 무거워질 수도 있다. 그림 6.7이 나타냈듯이 커다란 질량이동률로 가스가 별1에서 내려와도 백색왜성의 항성풍(신성풍)으로 그 대부분을 날려버리기 때문이다.

---

2 수소 스펙트럼선이 보이지 않는 헬륨신성으로 관측된다.

6.1.5 보존계의 질량교환과 안정성

쌍성계에서 한쪽 별이 진화해 반지름이 로시로브를 넘으면 질량이동률은 어떻게 될까. 질량을 잃는 별과 질량을 받는 별의 반응뿐 아니라 쌍성계 별들 사이에서 질량이 이동하기 때문에 로시로브의 크기가 바뀔 수도 있다.

여기에서는 특별히 언급하지 않는 한 별1에서 별2로 질량이 이동하는 것으로 가정하자. 가스가 이동하면 두 별의 거리는 어떻게 바뀔까. 케플러 원운동을 하는 경우에 두 별의 간격 a는 별의 질량 M_1과 M_2, 각운동량 J를 이용해 다음과 같이 쓸 수 있다.

$$a = \frac{(M_1 + M_2)J^2}{GM_1^2 M_2^2} = \frac{J^2}{(M_1 + M_2)^3} \frac{1}{\mu^2 (1-\mu)^2} \tag{6.16}$$

지금부터 별1에서 넘친 가스가 별2로 모두 흡수되는 경우와 일부가 계 밖으로 빠져나가는 경우로 나누어 설명하겠다.

먼저 쌍성계에서 가스가 빠져나가지 않는 경우를 살펴보자. 이 경우에는 계의 전체 각운동량 J와 전체 질량 $M_1 + M_2$는 보존되므로 이런 계를 보존계라고 한다. (식 6.16)은 $\mu = 0.5$, 즉 두 별의 질량이 같을 때 a는 가장 작다. 질량이 $M_1 > M_2$일 때 별1에서 별2로 질량이 이동하면 a는 감소한다. 반대의 경우 $M_1 < M_2$이면 a는 커진다. 이에 따라 로시로브도 각각 커지거나 작아진다.

이때 질량이동률을 구하기 위해서 (식 6.16)을 시간미분하고 쌍성계의 전체 질량과 전체 각운동량의 보존식 $\dot{J} = 0$과 $\dot{M}_1 + \dot{M}_2 = 0$을 대입하면

$$\frac{\dot{M}_1}{M_1} H(q) = \frac{\dot{R}_1}{R_1} \tag{6.17}$$

을 얻는다. 여기에서 q는 질량비로 $q \equiv M_1 / M_2$이고 $H(q)$는 뒤에 나타

내듯이 q만의 함수이다. a의 시간미분항은 다음 조건으로 소거한다. 먼저 별1은 항상 로시로브를 채운다. 로시로브는 구는 아니지만 실효적인 반지름 R_1^*로 부피를 나타낸다. 즉, 구대칭인 별1의 부피 $V_1 = 4\pi R_1^3/3$이 대응하는 로시로브의 부피 $V_1^* = 4\pi(R_1^*)^3/3$과 항상 같다고 생각하자. 그러면 이 실효적인 반지름과 별2의 간격 a 사이에는

$$R_1^* = af(q) \tag{6.18}$$

의 관계가 있으므로 a의 시간미분항을 바꿔 쓰면

$$H(q) \equiv \frac{d\ln f(q)}{d\ln q}(1+q) - 2(1-q) \tag{6.19}$$

이다. 여기에서는 $f(q)$는 다음의 이글턴Eggleton 근사식을 이용한다.

$$f(q) \approx \frac{0.49\, q^{2/3}}{0.6\, q^{2/3} + \ln(1 + q^{1/3})} \tag{6.20}$$

(식 6.17)은 별1의 반지름 R_1이 진화해 커질 때 L_1점을 지나서 빠져나가는 질량이동률 $\dot{M}_1$을 나타낸다. 이 $H(q)$에 로시로브의 크기가 변화하는 효과가 들어 있다. (식 6.19)에서 $H(q) = 0$이 되는 것은 $q = 0.79$일 때이다. 질량비가 $q < 0.79$인 경우는 $H(q) < 0$이다. 별이 진화하면서 반지름이 커지는($\dot{R}_1 > 0$) 점을 고려하면 (식 6.17)에서 대략적인 별1의 질량이동률 ($\dot{M}_1 < 0$)을 계산할 수 있다.

이때의 질량이동률은 별이 진화하면서 별의 반지름이 커지는 시간규모, 즉 별이 진화하는 각각의 단계별 시간규모에 좌우된다. 이 경우를 안정된 질량이동이라고 한다. 예를 들면 $5\,M_\odot$인 별은 주계열(케이스 A)에서 10^8

년이고, 케이스 B는 10^6년이며 케이스 C도 10^6년이다. 또 $1\,M_\odot$인 별은 주계열(케이스 A)에서 10^{10}년이고 케이스 B는 $10^7 \sim 10^8$년이며 케이스 C는 $10^6 \sim 10^7$년이다. 따라서 각각 $\dot{M} \sim 10^{-7}$, 10^{-5}, $10^{-5}\,M_\odot \mathrm{y}^{-1}$과 $\dot{M} \sim 10^{-10}$, 10^{-7}, $10^{-6}\,M_\odot \mathrm{y}^{-1}$이다. 그림 6.8과 그림 6.9에 수치계산을 통해 나온 질량이동률을 나타냈다.

질량비가 $q > 0.79$일 때 $H(q) > 0$이고 (식 6.17)에서 $\dot{M}_1 < 0$일 때 $\dot{R}_1 < 0$이 된다. 이 경우에는 로시로브의 반지름 R_1^*이 별의 반지름 R_1과 함께 줄기 때문에 별은 진화의 시간규모가 아니라 6.1.2절에서 설명한 열적 시간척도 또는 역학적 시간규모로 질량이동이 진행된다. 이런 경우를 불안정한 질량이동이라고 한다.

6.1.6 비보존계의 질량교환과 안정성

쌍성계의 전체 질량과 전체 각운동량이 보존되지 않는 경우에는 $\dot{J} \neq 0$이고, $\dot{M} = \dot{M}_1 + \dot{M}_2 \neq 0$이므로 계 밖으로 나가는 단위질량당 각운동량을

$$\frac{\dot{j}}{\dot{M}} = \ell a^2 \Omega = \ell \frac{M_1 + M_2}{M_1 M_2} J \tag{6.21}$$

라고 하자. ℓ은 1 정도의 수치(무차원값)로 쌍성계에서 빠져나가는 가스가 방출하는 단위질량당 각운동량의 크기를 나타낸다. 뒤에서 다루겠지만 ℓ은 가스가 어떻게 계에서 빠져나가는지에 따라 달라진다.

(식 6.16)을 시간미분해 정리하면

$$H_1(q) = \frac{\dot{M}_1}{M_1} + H_2(q) \frac{\dot{M}_2}{M_2} = \frac{\dot{R}_1}{R_1} \tag{6.22}$$

라고 쓸 수 있다. 여기에서 $q \equiv M_1 / M_2$로

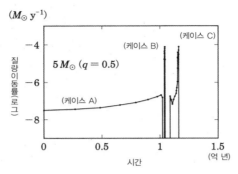

그림 6.8 5 $M_\odot$ 별이 안정적으로 질량이동할 때의 이동률. 가로축이 시간이고 세로축이 질량이동률이다. 질량비가 $q = 0.5$인 경우(예를 들면 상대별은 10$M_\odot$의 블랙홀). 진화의 시간규모로 이동률이 결정된다.

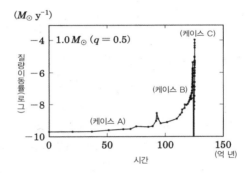

그림 6.9 1 $M_\odot$ 별이 안정적으로 질량이동할 때의 이동률. 가로축이 시간이고 세로축이 질량이동률이다. 질량비 $q = 0.5$인 경우(예를 들면 상대별은 2 $M_\odot$의 중성자별). 그림 6.8과 마찬가지로 진화의 시간규모로 질량이동률이 결정된다.

$$H_1(q) = \frac{d\ln f(q)}{d\ln q}\frac{q}{1+q} - 2 + 2\ell(1+q), \tag{6.23}$$

$$H_2(q) = \frac{d\ln f(q)}{d\ln q}\frac{1}{1+q} - 2 + 2\ell\frac{1+q}{q} \tag{6.24}$$

이다.

가스가 쌍성계 밖으로 빠져나가는 데는 전형적인 두 가지 경우가 있다. 하나는 항성풍으로 별1의 표면에서 직접 쌍성계 밖으로 날아가는 경우이다. 이런 가스는 보통 항성의 탈출속도(수백 km s^{-1})보다 빠르다. 그러므로 쌍성계가 한 번 공전하는 시간보다 상당히 짧은 시간에 계 밖으로 빠져나간다. 쌍성운동에서 회전력을 받을 시간이 거의 없기 때문에 가스는 별1이 가진 각운동량을 그대로 가지고 계 밖으로 빠져나간다. 따라서 별1에서 항성풍이 빠른 속도로 불어오는 경우에는

$$\ell = \ell_{1,\text{wind}} \equiv \left(\frac{1}{1+q}\right)^2 \tag{6.25}$$

이고 별2에서 항성풍이 빠른 속도로 불어올 때는

$$\ell = \ell_{2,\text{wind}} \equiv \left(\frac{q}{1+q}\right)^2 \tag{6.26}$$

이다. 반대로 공통외층을 형성해 L$_2$점 또는 L$_3$점 가까이에서 가스가 천천히 빠져나가는 경우는 쌍성운동에서 회전력을 받아 빠져나가는 가스는 각운동량을 받는다. 사와다 게이스케澤田憲介 연구진은 적도면 위로 한정된 이차원 유체역학 계산에 따라

$$\ell = \ell_{\text{overflow}} \approx 1.7 \tag{6.27}$$

라고 나타냈다. 미네스 이즈미蜂巢泉가 간단히 계산한 것을 보면 항성풍의 근사가 좋은지, 가스가 천천히 빠져나가는 로시로브 오버플로우의 근사가 좋은지는 항성에서 빠져나가는 가스의 속도에 따라 달라지며 그 속도가 쌍성궤도 속도의 1.5배보다 빠르면($v_{\text{wind}} > 1.5\ a\Omega$) (식 6.25) 또는 (식 6.26)

으로 나타낼 수 있다.

예를 들면 그림 6.7처럼 별1에서 별2로 L_1점 근처에서 가스가 흘러들고, 별2는 항성풍 또는 항성 제트의 형태로 가스 일부를 계 밖으로 방출하는 상황이라고 생각하자. 그 경우 (식 6.22)를 변형하면 별1에서 별2로 이동하는 질량이동률은

$$\frac{\dot{M}_1}{M_1} = \left\{ \left(\frac{\dot{R}_1}{R_1}\right)_{ev} - H_2(q)\frac{\dot{M}_2}{M_2} \right\} / H_1(q) \qquad (6.28)$$

라고 할 수 있다. 여기에서 첨자 ev는 별이 진화하는 데 걸리는 시간을 나타낸다. 질량을 보존하는 계와 다른 점은 질량이동이 불안정해지는 질량비가 $q \approx 1.15$로 질량을 보존하는 계의 결과인 $q \approx 0.79$보다 안정적인 영역이 넓어진다는 점이다. $H_1(q)$에서 ℓ은 (식 6.26)을 대입하면 $q < 1.15$일 때 $H_1(q) < 0$이고, $q > 1.15$일 때 $H_1(q) > 0$이기 때문이다.

6.1.7 공통외층 진화

마지막으로 특별한 경우를 살펴보자. 별1의 로시로브에서 가스가 넘쳐 공통외층이 형성되고 마침내 L_2점 또는 L_3점을 통과해 쌍성계에서 가스를 잃는 경우이다. 이는 주성이 로시로브를 충족시키고 주계열성(케이스 A)이나 준거성(조기 케이스 B)일 때 별1과 별2의 질량비가 1보다 훨씬 큰 경우에 발생한다. 무거운 주성이 (식 6.9)에 주어진 질량이동률로 가스를 보내면 그것을 받는 가벼운 동반성의 반지름은 반드시 커진다(그림 6.5 참조). 반대로 질량비가 1에 가까우면 가스를 받는 동반성은 반지름이 커지지 않으므로 L_2점에서 가스가 넘치지 않는다.

또 주성이 대류외층이 있는 적색거성(만기 케이스 B와 케이스 C)이고 가스를 받는 동반성이 주계열성인 경우에도 L_2점에서 가스가 넘친다. 적색

거성의 외층은 대류평형으로 등엔트로피가 되기 때문에 표면의 가스를 잃어도 바로 반지름을 회복한다. 그러므로 가스의 이동은 대부분 역학적 시간규모로 진행된다. 질량이동률은 (식 6.9)에 주어진 값보다 훨씬 크다.

그림 6.2의 (c)에 나타냈듯이 가스는 두 별의 로시로브를 채운 뒤 L_2점에서 쌍성계 밖으로 빠져나간다. 더욱 커지면 L_3점에서도 빠져나간다. 이때 가스가 쌍성의 궤도속도에 비해 천천히 빠져나가기 때문에 쌍성계의 회전운동에서 회전력을 받아 각운동량을 얻는다. 그 반작용으로 쌍성계는 궤도각운동량을 잃어 궤도반지름이 작아진다. 그 결과 로시로브는 더욱 작아져 가스가 더 많이 쌍성계 밖으로 빠져나간다. 이런 과정이 계속되면서 쌍성계 궤도반지름은 급속히 작아지고 가스는 쌍성계 밖으로 대량 방출된다. 이것이 공통외층 진화common envelope evolution다.

이때 케이스 A인 경우에 두 별이 합쳐진다. 또 케이스 B와 케이스 C는 두 별 사이의 거리가 수십 분의 1로 줄어든다. 공전주기가 몇 시간 이하인 근접쌍성계는 이렇게 만들어진다.

공통외층 진화 후에 두 별 사이가 얼마나 가까워지는지는 다음처럼 간단히 계산할 수 있다. 주성인 적색거성의 질량이 M_1이고 그 헬륨핵의 질량을 $M_{1,\text{He}}$라고 하자. 공통외층 진화로 주성이 수소외층을 모두 잃고 헬륨핵이 밖으로 드러났다고 가정한다. 쌍성궤도가 작아져 중력 에너지를 방출하는 방식으로 수소외층을 쌍성계의 중력에 역행해 날려버리기 위해 필요한 에너지를 모두 충당하려면

$$\frac{GM_{1,\text{He}}M_2}{a_f} \sim \frac{GM_1^2}{a_i} \tag{6.29}$$

이다. 여기에서 두 별 사이의 거리는 a_i에서 a_f로 축소하기로 하자. 예를 들면 주성이 $M_1 = 7M_\odot$이고 헬륨핵의 질량이 $M_{1,\text{He}} = 1.4M_\odot$일 때 동반

성의 질량이 $M_2=1M_\odot$이면 $a_i/a_f \sim 35$가 된다. 즉 쌍성계의 거리는 수십 분의 1로 줄어든다. 이처럼 공통외층 진화가 일어나는 조건과 진화한 결과 궤도가 얼마나 줄어들지는 두 별 사이의 거리와 각각의 질량, 진화 단계, 즉 이동할 수 있는 수소외층의 질량과 열의 흐름이 복사평형인가 대류평형인가에 따라 달라진다.

6.2 쌍성계의 진화이론

쌍성계의 진화이론이란 쌍성계가 태어났을 때 주성과 동반성의 질량, 궤도길이의 조합을 바꿔가며 쌍성계의 시간 발전을 따라가는 것을 말한다. 조합에 따라 아주 다양한 쌍성계가 태어난다. 기본적으로 6.1절에 설명한 기초과정과 앞의 3장, 4장, 5장에서 설명한 단독별에 대한 지식을 응용하면 도움이 될 것이다. 모든 예를 소개할 수 없으므로 가장 기본적인 과정만 설명하겠다.

무거운 별1이 먼저 진화해서 로시로브를 채우고 불안정한 질량이동이 일어났다고 가정하자. 이때 별1에 이미 $M_{1,\text{He}}$의 헬륨핵이 생겼으면 공통외층 진화 후 두 별의 거리는 (식 6.29)만큼 줄어든다. 남은 것은 그림 6.10의 (d)에 있듯이 별1은 헬륨별, 별2는 주계열성이다. 이 시점에서

(1) $M_{1,\text{He}} < 0.46\,M_\odot$이면 별1은 식어서 헬륨 백색왜성이 된다.

(2) $0.46\,M_\odot < M_{1,\text{He}} < 1.07\,M_\odot$이면 별1은 헬륨이 불타고 결국 CO 백색왜성이 된다.

(3) $1.07\,M_\odot < M_{1,\text{He}} < 1.38\,M_\odot$이면 탄소핵연소가 더욱 격렬해지고 O−Ne−Mg 백색왜성이 된다.

(4) $1.38\,M_\odot < M_{1,\text{He}} \leq 6\,M_\odot$이면 단독별처럼 전자포획형 초신성이 철

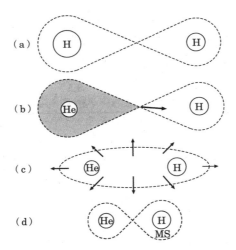

그림 6.10 공통외층 진화의 개념도. (a) 연령이 0인 주계열성 단계 (b) 질량이 큰 별1(왼쪽)이 먼저 진화해 헬륨핵을 가진 적색거성이 된다. 가스는 L_1점을 지나 오른쪽의 로시로브로 흘러든다. (C) 오른쪽의 로시로브도 넘치면 두 별 주변에 공통외층을 형성하고 L_2 및 L_3 점에서 더 게 바깥으로 나간다. (d) 별1의 수소외층이 완전히 벗겨지면 쌍성의 궤도는 수십 분의 1로 줄어든다. 그림의 H는 수소가 중심인 층, He는 헬륨핵, MS는 주계열성main-sequence star을 나타낸다.

핵의 폭축형 초신성이 되어 중성자별을 남긴다.

(5) $M_{1,\mathrm{He}} \geq 6\,M_\odot$이면 철핵의 폭축형 초신성이 되지만 중성자별을 남기지 않고 블랙홀이 된다.

이처럼 별1은 결국 모두 반지름이 작은 밀집별이 된다.

한참 시간이 흘러 이번에는 별2가 진화하여 역시 헬륨핵을 가지는 적색거성 단계에서 로시로브를 채운다고 가정해 보자. 대부분의 경우 불안정한 질량이동이 일어나고 공통외층 진화를 거쳐 밀집별1과 헬륨별2가 짝이된다. 공통외층 진화를 두 번 거치면서 두 별의 거리는 초기보다 수백 배작아진다. 헬륨별2도 질량 때문에 별1과 같은 결말을 맞는다. 단 두 번째초신성 폭발이 일어나면 대부분의 경우 쌍성계는 분해되고 만다. 헬륨별2

가 헬륨 적색거성이 되고 다시 한 번 로시로브를 채워 세 번째 공통외층 진화가 일어나는 경우도 있다. 이 경우 남겨진 별2는 CO핵이 드러난다.

공통외층 진화를 세 번 거치면 두 별의 간격은 더욱 가까워지므로 쌍성의 진화에 중력파 방출이 효과적임을 알 수 있다. 이 경우 두 별 거리의 시간변화 $\dot{a}$는 쌍성궤도를 원궤도라고 하면

$$\frac{\dot{a}}{a} = 2\left(\frac{\dot{J}}{J}\right)_{gw} = -\frac{64}{5}\frac{G^3}{c^5}\frac{M_1 M_2 (M_1 + M_2)}{a^4} \tag{6.30}$$

라고 쓸 수 있다. 첨자 gw는 중력파gravitational wave에 따른 각운동량 손실을 나타낸다. 예를 들면 $M_1 \sim M_2 \sim 1.4\, M_\odot$인 중성자별 쌍성인 경우 궤도주기가 다섯 시간보다 짧으면($a \leq 2\,R_\odot$) 우주나이 이하에서 합쳐진다.

정리하면 별1과 별2 각각 다섯 가지를 조합하면 최종적으로 15개의 쌍이 만들어진다. 물론 쌍성계의 마지막 모습뿐 아니라 쌍성진화를 하는 천체의 모습도 흥미롭다. 이 가운데 초신성이나 중성자별, 블랙홀에 대한 각각의 설명은 7장 또는 8권에 자세히 설명했으니 참조하기 바란다.

6.2.1 알골 패러독스

질량을 서로 바꾸는 계가 있는데 알골(algol, β Per)이 대표적이다. 알골은 궤도주기가 $P_{orb} = 2.867$일인 식쌍성이다. 표 6.1에 나와 있듯이 주성을 알골 A(질량이 $M_A = 3.7\, M_\odot$인 주계열성)라고 하고 동반성을 알골 B(질량이 $M_B = 0.81\, M_\odot$인 준거성)라고 한다. 그리고 이 두 별의 주변을 알골 C라는 제3의 별이 1.86년을 주기로 공전한다.

쌍성계의 별은 거의 동시에 탄생하고 질량이 작은 별이 먼저 진화해 준거성이 된다고 보기 때문에 알골은 일반적인 별의 진화이론과는 모순된다. 이 때문에 알골 패러독스라고 한다. 그러나 무거운 별이 먼저 진화하

표 6.1 알골의 현재 값.

각 값	A	B	C
스펙트럼형	B8 V	K2 IV	F1 V
질량($M_\odot$)	3.7	0.81	1.7
반지름($R_\odot$)	2.9	3.5	1.6
표면온도(K)	12500	4500	6000

여 상대별로 질량을 대부분 방출했다면 이 별의 진화과정을 설명할 수 있다.

알골의 진화 : 알골 A와 알골 B의 진화과정은 전체 질량이 보존되는 경우와 보존되지 않는 경우를 생각할 수 있는데 알골 주변으로 성주물질(코로나)이 관측되는 것으로 보아 어느 정도의 질량 방출이 있는 것으로 보인다. 여기에서 그림 6.11에 나타낸 사르나 모델로 진화 모습을 설명하겠다.

알골 B를 별1이라 하고 초기질량을 $M_{B,0} = 2.81\ M_\odot$라고 하자. 알골 A를 별2라 하고 초기질량을 $M_{A,0} = 2.5\ M_\odot$라고 하며 초기의 공전주기를 $P_0 = 1.610$일이라고 하자. 그림 6.11에 나이 0인 주계열(ZAMS: Zero Age Main-sequence)의 출발점에 숫자 0을 붙였다.

별1이 먼저 진화해 그림의 숫자 1 지점($t = 4.353$억 년)에서 중심의 수소가 연소해 헬륨핵이 만들어진다. 헬륨핵은 수축하면서 중력에너지가 방출되므로 헬륨핵의 온도가 상승하면서 헬륨핵 주변의 수소가 껍질연소를 시작한다. 반지름이 커지면 바로 헤르츠스프룽 빈틈을 관통한다.

그림의 숫자 2 지점($t = 4.518$억 년)에서 반지름 $R_1 = 3.932\ R_\odot$인 준거성이 되면서 로시로브를 채운다. 이때 질량이동률은 $\dot{M}_1 \sim 1 \times 10^{-7} M_\odot y^{-1}$인데 그 후 점차 증가해 그림의 숫자 3($t = 4.525$억 년)에서 최대 $\dot{M}_1 \sim 1.7 \times 10^{-6}\ M_\odot y^{-1}$이 된다. 이때 별의 질량은 $M_1 = 2.29\ M_\odot$이고 $M_2 = 2.81\ M_\odot$으로 이미 뒤바뀐 상태이다.

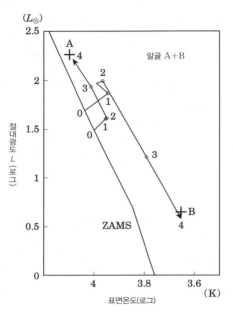

그림 6.11 HR도에서 알골의 쌍성진화 모델. 초기질량 $M_{B,0}=2.81\,M_\odot$과 $M_{A,0}=2.5\,M_\odot$ 별에서 출발해 계 전체에서 질량 $0.8\,M_\odot$을 잃어 현재값 $M_B=0.81\,M_\odot$과 $M_A=3.7\,M_\odot$이 되었다. 그림의 숫자는 진화의 각 단계를 나타낸다. + 표시는 현재의 알골 A와 알골 B의 위치이다. 예전의 흡수계수를 사용해 계산한 사르나 모델에서 채용했다(M. J. Sarna 1993, *MNRAS*, 262, 534).

별1(알골 B)은 외층을 잃고 반지름을 회복하는 데 에너지를 사용하느라 광도가 어두워진다. 반대로 별2(알골 A)는 쌓인 가스가 내부로 밀려들어 중력에너지가 방출되어 광도는 상승한다.

(식 6.9)에서 구한 평균값 $\dot{M}_2\sim8\times10^{-7}\,M_\odot\mathrm{y}^{-1}$은 질량이동률이며 이 값은 $M_{1,0}=2.5\,M_\odot$에 대한 (식 6.9)의 값 $\dot{M}_1\sim5\times10^{-7}\,M_\odot\mathrm{y}^{-1}$과 크게 다르지 않다. 그리고 질량이동의 결과 질량비가 바뀌어 별2가 무거워진다. 그러므로 가스를 받은 별2의 반지름은 조금 커지지만($2.7\,R_\odot\rightarrow3.0\,R_\odot$) 로시 로브($R_1^*=3.7\,R_\odot$)를 채우지는 못한다. 질량이동이 계속되어 질량비 $q=M_1/M_2$가 0.79보다 작아지면 진화의 시간규모로 안정된 질량이동률

을 보인다. 그리고 숫자 4 지점($t=4.543$억 년)에서는 현재의 알골 A와 알골 B 위치로 온다. 이때 질량이동률은 $\dot{M}_1 = 3 \times 10^{-7} \, M_\odot \mathrm{y}^{-1}$으로 떨어진다. 이 값은 그림 6.9의 케이스 B에 나타낸 값이다.

자기장과 항성풍에 따른 각운동량 손실

사르나 계산에서는 계 전체의 질량이 $\dot{M} = f_1 \dot{M}_1$의 비율로 감소한다고 보고 별2(알골 A)는 나머지 $\dot{M}_2 = -\dot{M}_1(1-f_1)$을 받는다. 가스가 빠져나가면서 생기는 계 전체의 각운동량 손실은 (식 6.21)에 대응하면 $\ell = f_2/(1+q)^2$이며 두 매개변수 f_1과 f_2는 진화과정에서 계속 상수였다. 이 두 개의 매개변수는 HR도에서 현재의 알골 A와 B의 위치를 재현하는 데 결정적인 역할을 했다. 그림 6.9의 모델에서는 $f_1 = 0.4$, $f_2 = 1.82$이다.

여기에서 단위질량당 각운동량 손실의 크기가 (식 6.25)의 $f_2 = 1$에 비해 1.82배나 큰 이유를 설명하겠다. 전파나 X선으로 관측한 결과 알골 B 주변에는 반지름의 두 배에서 세 배 정도의 자기장과 코로나가 존재하는 것으로 예측되었다. 만일 알골 B에 태양과 마찬가지로 자기장이 존재하고 자력선팔이 뻗어 있다면 알골 B에서 불어오는 항성풍은 별 표면에서 불어오는 항성풍에 비해 뻗은 팔만큼의 큰 각운동량을 가지고서 빠져나간다. 팔 길이가 별1의 초기 궤도반지름($\sim 5\,R_\odot$)보다 두 배 길면 각운동량은 최대 4배($j \propto r^2 \Omega$에서)까지 커진다. 사르나는 $f_2 = 1.82$에서 $f_2 = 3.07$까지 값을 다양하게 바꿔가며 쌍성계의 진화를 추적했는데 $f_2 = 1.82$가 관측값을 잘 설명해 준다.

이처럼 항성표면의 자기장에 따라 항성풍의 단위질량당 각운동량 손실이 커지고 쌍성궤도를 줄이는 효과를 자기제동magnetic braking이라고 한다. 이는 표면대류층을 가진 별에서 효과가 있다.

6.2.2 중소질량성의 쌍성 진화

중성자별과 블랙홀의 생성을 포함한 대질량 쌍성계의 진화에 관해서는 7장의 초신성 부분과 제8권에서 설명할 예정이므로 여기에서는 주로 중소질량성의 쌍성 진화에 대해 설명하겠다.

쌍성계 진화에서 최초의 질량이동이 언제 시작되었는지는 쌍성계의 초기 간격(초기 공전주기)에서 영향을 받는데 6.1절 그림 6.3에서 볼 수 있듯이 4일보다 짧으면 케이스 A 또는 조기 케이스 B가 질량을 교환하고 질량이동은 열적 시간규모로 진행된다. 질량이동률은 별 내부에서 외층으로 열이 옮겨지고 별의 반지름이 회복되는 빠르기로 결정되므로 (식 6.9)로 나타낼 수 있다. 다음에서는 초기 질량이 큰 별을 1이라 하고 가벼운 별을 2라고 하자.

초기 쌍성계의 질량비 $q = M_1/M_2$가 1에 가까운 경우는 질량을 받는 별은 반지름이 그다지 커지지 않으므로 로시로브를 넘지 않는다. 질량비가 뒤바뀌어 $q < 0.79$가 되기까지 열적 시간규모로 질량이동을 계속한다. 그 이후는 별1의 진화 시간규모로 질량이동 (식 6.17)이 계속되고 별1의 거의 모든 수소외층이 상대별로 이동한다. 만일 쌍성계 밖으로의 질량손실이 없다면 남겨진 별1의 헬륨핵 질량을 $M_{1,He}$이라고 하면 $M_2 = M_{2,0} + M_{1,0} - M_{1,He}$이 된다. 최종적으로 쌍성계의 간격 a는 $\mu = M_{1,He}/(M_{1,0} + M_{2,0})$을 (식 6.16)에 대입해 계산한다.

초기 질량비가 1보다 큰 경우는 질량을 받는 별의 반지름이 늘어나 공통외층을 형성한다. 그 후 그림 6.2의 (c)에 있듯이 L_2점 부근에서 가스가 흘러나오고, 흘러나온 가스가 각운동량을 가지고 빠져나가기 때문에 최종적으로 쌍성계는 합쳐진다.

쌍성계의 초기 공전주기가 20일보다 큰 경우 최초의 질량이동은 별1이 깊은 대류층이 있는 만기 케이스 B와 케이스 C가 된다. 6.1절에 설명했듯이 이 경우에는 질량이동이 역학적 시간규모로 진행되기 때문에 항상 공통외층 진화를 거친다. 만기 케이스 B의 경우는 헬륨핵이 남고 케이스 C의 경우는 얇은 헬륨껍질을 두른 CO핵이 남는다.

남은 헬륨핵이 $0.46\,M_\odot$보다 작고 축퇴하는 경우에는 헬륨핵은 식어서 헬륨 백색왜성이 된다. 헬륨핵의 질량이 $0.46\,M_\odot$ 이상인 경우는 헬륨핵 연소를 한다. 헬륨핵이 축퇴하는 경우에는 헬륨핵 중심에서 헬륨섬광이 일어난다. 축퇴하지 않은 경우에는 헬륨핵이 중력(열적) 수축을 일으켜 중심온도가 상승하기 때문에 중심에서 헬륨 안정핵 연소가 시작된다. 어느 쪽이든 헬륨연소가 시작되면 CO핵이 남는다. 이렇게 만들어진 CO핵은 점차 식어 CO 백색왜성이 된다.

한참 시간이 흐른 후 이번에는 별2가 진화해 로시로브를 채운다. 다음 단계는 뒤의 격변성과 6.3절의 신성, 6.4절의 Ia형 초신성 부분의 진화경로에서 자세히 설명하겠다.

6.2.3 격변변광성의 질량이동

만기 케이스 B와 케이스 C에서 공통외층 진화를 거친 후에 CO핵과 주계열성이 짝을 이룬 쌍성계를 살펴보자. 초기의 공전주기가 100일로 비교적 길더라도 공통외층 진화로 두 별의 간격은 1/30로 줄어든다. 공전주기는 1/100이 되므로 약 하루가 된다. 만일 별2가 F형보다 만기 스펙트럼 유형의 별이라면 태양처럼 표면대류층을 가지며 자기장과 코로나가 발달한다. 별2의 항성풍으로 자기제동 효과가 작용하여 쌍성계에서 질량과 각운동량을 잃는다. 공전주기가 수 시간으로까지 짧아지면 별2는 로시로브를 채우고 백색왜성이 된 별1에는 가스를 퍼붓는다. 이때 별2(주계열성)로 항성풍이 불어와 쌍성의 각운동량을 가져가면 가스 이동이 일어난다.

이 계산은 대류층의 자기장 형성 등 여전히 풀지 못한 문제가 있어 정확한 값을 구할 수는 없지만 질량이동률은 $10^{-9}\,M_\odot y^{-1}$일 것으로 추측한다. 이처럼 별2에서 백색왜성인 별1로 질량이동이 일어난 계 전체를 통틀어 격변변광성cataclysmic variables이라고 한다.[3]

공전주기가 3시간보다 짧아지면 (식 6.30)의 중력파 방출로 각운동량이 손실되는 효과가 있다. 이 경우 질량이동률은

$$\left[\left(\frac{d\ln R}{d\ln M}\right)_{\text{star}} - H(q)\right]\frac{\dot{M}_2}{M_2} = 2\left(\frac{\dot{J}}{J}\right)_{\text{gw}} \tag{6.31}$$

라고 쓸 수 있다. 여기에서 $q \equiv M_2/M_1$이고 좌변 첫째 항은 별2의 질량과 반지름의 관계를 나타낸다. 연령이 0인 소질량 주계열성이면 $R \propto M^{0.5}$이므로 $(d\ln R/d\ln M)_{\text{star}} \approx 0.5$이다. 질량비가 $q < 1.0$이면 좌변의 [ ] > 0이므로 안정적으로 질량이동한다. 예를 들면 궤도주기가 2시간인 $M_2 = 0.15\,M_\odot$인 주계열성과 $M_1 = 1.0\,M_\odot$인 CO 백색왜성이 짝이라면 $a = 0.84\,R_\odot$이므로 $\dot{M}_2 \sim 0.5 \times 10^{-10}\,M_\odot y^{-1}$이다.

별2의 질량이 $0.08\,M_\odot$보다 작으면 중심에서 수소 핵융합반응이 일어나지 않으므로 별2는 수소 중심의 백색왜성(또는 갈색왜성)이 된다. 이때 공전주기는 대체로 80분이다. 축퇴압으로 지탱되는 별은 질량이 감소하면서 반지름이 커진다. 그 이후는 질량이동을 하면서 별2의 반지름이 커지므로 궤도길이는 시간이 흐르면서 길어진다. 그 결과 수소가 중심인 별을 포함해 쌍성계의 최소 공전주기는 80분이다. 비상대론적으로 축퇴하는 별은 $R \propto M^{-1/3}$이므로 $(d\ln R/d\ln M)_{\text{star}} = -1/3$이 된다. 질량비가 $q < 0.63$이면 (식 6.31)의 좌변에서 [ ] > 0이므로 안정적으로 질량이동을

---

[3] 격변변광성에 초신성을 포함하는 경우도 있는데 정확하게는 신성, 회귀신성, 왜소신성, 공생성형 신성을 가리킨다.

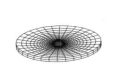
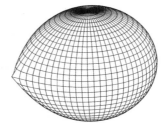

그림 6.12 회귀신성을 일으키는 쌍성 모델. 백색왜성이 강착원반 중심에 가라앉아 있다(남쪽왕관자리의 회귀신성 V394 CrA 모델에서 백색왜성의 질량은 1.37 $M_\odot$, 동반성은 1.5 $M_\odot$, 공전주기는 0.7577일, 궤도경사각은 68도로 했다).

한다. 이런 쌍성계의 하나인 화살자리 WZ별(WZ Sge)은 궤도주기가 81.6분으로 $M_1 = 0.75\,M_\odot$인 CO 백색왜성, $M_2 = 0.045\,M_\odot$인 축퇴별과 짝을 이룬다. 이 경우는 $a = 0.57\,R_\odot$이고 $\dot{M}_2 \sim 0.9 \times 10^{-11}\,M_\odot\mathrm{y}^{-1}$으로 질량이동률이 매우 낮다.

소수이기는 하지만 이보다 공전주기가 짧은 쌍성계도 발견된다. 예를 들어 수소 스펙트럼선이 전혀 보이지 않는 사냥개자리 AM별(AM CVn) 중에서 주기가 짧은 것은 10분에서 20분(AM CVn별은 17.15분)이다. 단, 그 쌍성계는 헬륨 또는 CO 백색왜성의 쌍성계로 보인다.

6.3 신성

6.3.1 수소의 불안정 껍질연소

근접쌍성계 중 백색왜성 표면에 동반성에서 내려온 수소가스가 쌓이고 그 것이 불안정 핵융합반응을 일으키는 현상이 신성이다. 수소가 핵반응을 일으키면 급격한 에너지 발생으로 광도가 증가하고 가스는 크게 팽창해 날아간다. 가스가 거의 없어지면 핵연소가 끝나고 백색왜성은 원래 상태로 돌아간다.

태양 등 주계열성 중심에서 수소의 핵융합반응이 일어나는데 이 반응은 안정적이다. 만일 별 중심에서 온도가 조금이라도 오르면 핵반응에 따른 에너지 생성률이 높아지고 그 결과 온도는 더 높아진다. 이에 따라 압력도 높아져 힘의 균형이 깨지면서 별의 중심부가 팽창한다. 팽창한 결과 별 중심부의 중력이 감소하므로 중력과 균형을 이루는 압력이 원래 크기보다 내려가며, 이에 대응하여 온도도 원래보다 더 내려간다. 즉, 항상 일정 온도가 유지되는 구조이다.

그런데 백색왜성 표면에 평평하게 수소가스가 쌓인 경우에는 이런 구조가 적용되지 않는다. 쌓인 수소층의 깊이는 백색왜성의 반지름에 비해 아주 작기 때문에 수소층 바닥의 압력은 (식 6.5)를 적분하여

$$P = \frac{GM}{R^2} \frac{\triangle M_{env}}{4\pi R^2} \tag{6.32}$$

가 된다. 여기에서 $\triangle M_{env}$, M, R은 각각 수소층의 질량, 백색왜성의 질량, 백색왜성의 반지름이다. 우변 첫째 항은 백색왜성의 표면중력이고 다음 항은 단위면적당 질량(기둥밀도)를 나타낸다. 즉 압력은 위에 쌓인 가스의 무게만으로 결정된다. 온도가 올라가 가스가 약간 팽창해도 가스층이 평평하므로 바닥의 압력은 바뀌지 않는다. 압력을 내려서 온도를 조절하는 구조가 작용하지 않는 것이다. 일단 온도가 오르면 핵반응 에너지가 더 많이 생성되어 온도는 더 올라간다. 그 결과 핵반응이 폭주한다.

동반성에서 백색왜성으로 가스가 유입될 때 핵반응이 언제 시작되는지는 다음과 같이 구할 수 있다. 백색왜성의 표면에 쌓인 수소가스가 식는다. 그림 6.6처럼 신성 폭발을 일으키는 낮은 질량강착률 영역에서는 질량강착에 따른 압축으로 온도가 오르는 속도에 비해 열이 더 빨리 빠져나간

다. 쌓인 가스의 질량이 늘어나면 열이 빠져나가기 어려워 수소가스 바닥의 온도가 점차 올라간다. 그래도 온도가 $10^6 \sim 10^7$ K일 때는 핵연소로 열은 무시해도 되는 양으로 가스층의 열적 균형은 압축에너지 발생률과 열이 빠져나가는 비율이 균형을 이루는 평형상태이다.

수소가스의 질량이 더 커지면 핵연소는 약하게 일어나므로 평형상태는 핵연소와 압축으로 생긴 열에너지 생성률의 합이 복사로 열이 빠져나가는 비율과 균형을 이룬다. 이 상태에서 가스의 바닥 온도가 미미하게 상승했다고 가정해 보자. 핵연소로 발생한 에너지 생성률도 미미하게 상승한다. 열확산으로 가스가 식어가는 속도는 거의 일정하므로 핵반응이 일어나는 영역에서는 온도가 상승한다. 가스는 평평한 구조라 핵연소는 불안정하다. 이렇게 핵반응이 폭주한다.

핵반응이 폭주를 시작하는 가스의 임계질량(점화질량: ΔM_{ig})을 그림 6.13에 나타냈다. 이 점화질량은 질량강착률이 작을수록 크다. 질량강착률이 작으면 압축에 따른 에너지 생성보다 식는 속도가 빠르기 때문이다. 또 백색왜성의 질량이 클수록 임계질량은 작다. 백색왜성은 무거울수록 중력이 강해 압축에 따른 에너지 생성이 크기 때문이다. 같은 질량강착률이라도 강착가스가 따뜻하면 가벼운 별보다 핵연소가 빨리 시작된다.

이 그림으로 신성 폭발의 주기도 알 수 있다. 한 번 신성 폭발을 한 후에 동반성에서 질량 ΔM_{ig}이 질량강착률 $\dot{M}_{acc}$로 쌓인 시간은 $\Delta M_{ig}/\dot{M}_{acc}$이다. 이 시간(연수)을 점선으로 나타냈다. 여기에서 알 수 있듯이 신성의 폭발주기는 질량강착률이 높을수록 짧고 백색왜성의 질량이 클수록 짧다는 것을 알 수 있다.

6.3.2 신성풍 이론

1970년대 후반에 신성 폭발의 모습을 처음으로 계산해냈다. 폭발 직후 가

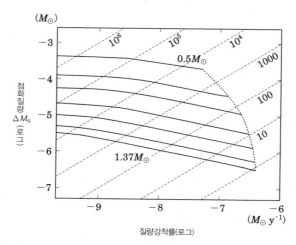

그림 6.13 질량강착률(가로축)과 수소가스가 불안정 핵융합반응을 일으킨 점화질량(세로축)의 관계. 점선에서 오른쪽은 핵융합반응이 안정적으로 일어나는 영역이다. 수소가스의 원소조성은 $X=0.7$, $Y=0.28$, $Z=0.02$이다. 백색왜성의 질량은 위에서 아래로 순서대로 0.5, 0.8, 1.0, 1.2, 1.3, 1.35, 1.37$M_\odot$이다. 폭발주기(연 단위)는 굵은 점선으로 나타냈다.

스가 팽창해 광구 반지름이 태양 반지름의 100배 이상 팽창하는 모습을 컴퓨터로 수치계산하기란 쉽지 않다. 그 이유는 별의 진화를 계산할 때 일반적으로 헤니에이Henyey 코드를 사용하는데 가스 압력보다 복사압이 커지면 계산이 수렴되지 않는 경향(수치적 곤란)이 있다는 점과 질량방출 현상을 다루기 어렵다는 점 때문이다. 초신성이 폭발한 경우에 가스는 거의 자유팽창을 하고 복사압으로 생기는 압력기울기 항은 무시할 수 있어 수치계산은 오히려 쉽다.

현재는 신성의 이론 계산에 헤니에이 코드를 이용하는 방법과 정상해 근사를 이용한 방법(신성풍 이론)이 있다. 헤니에이 코드는 가스가 부풀면 계산이 수렴되지 않으므로 외측의 계산격자mesh를 강제로 제거하고 계속 계산한다. 신성 1회 순환의 시간변화는 좇을 수 있지만 광구 부근을 정확히 구할 수 없어 광도곡선은 계산할 수 없다.

신성풍 이론은 먼저 구대칭과 정상상태를 가정해 별의 내부구조를 파악하는 방정식을 푼다. 이어서 정상해를 구해 수소외층의 질량이 점차 줄어드는 계열을 열거해서 신성의 시간변화를 근사적으로 구하는 방법이다. 신성 폭발에서 초기를 제외하면 광도에서 시간변화의 시간규모는 역학적 시간규모보다 길다. 어느 시점을 정해 정상상태의 해를 구하면 광도를 계산할 수 있다. 이렇게 구한 정상해를 수소외층의 질량이 줄어드는 순서대로 신성의 광도변화를 추적한다.

질량방출률이 정상해의 고유값으로 정확히 나오고, 광구의 온도와 반지름을 정확히 구할 수 있어 신성의 이론 광도곡선을 계산할 수 있다는 점이 이 방법의 장점이다. 방출된 가스는 광구 안쪽에서 가속하므로 광학적으로 두꺼운 항성풍optically thick wind 이론이라고도 한다. 단, 신성 폭발의 초기는 정상근사가 그다지 좋지 않아 가시광의 최고값 다음 단계를 계산할 때 이용된다.

여기에서 신성풍 이론과 그 응용에 관해 설명할 텐데 우선 신성풍 이론으로 푸는 방정식을 소개하겠다. 정상상태를 가정하기 때문에 운동방정식

$$v\frac{dv}{dr} + \frac{1}{\rho}\frac{dP}{dr} + \frac{GM}{r^2} = 0 \qquad (6.33)$$

에는 시간의존항은 나오지 않는다. 여기에서는 백색왜성에 쌓인 가스의 질량이 백색왜성의 질량 M보다 충분히 작다고 가정했다. 상태방정식

$$P = \frac{kT}{\mu m_a}\rho + \frac{aT^4}{3} \qquad (6.34)$$

는 가스압과 복사압을 더한 것이고 μ는 평균분자량이며, m_a은 원자질량 단위다. 질량의 연속식은 적분형

$$4\pi r^2 \rho v = 상수 = \dot{M} \qquad (6.35)$$

로 주어졌다. 열확산방정식은

$$\frac{dT}{dr} = -\frac{3\kappa\rho L_r}{16\pi acT^3 r^2} \qquad (6.36)$$

이다. 여기에서 κ는 흡수계수(확산계수)라고 하며 온도와 밀도의 함수이다. 흡수계수는 가스가 빛에너지의 흐름을 방해하는 정도를 나타낸다. 흡수계수는 1990년대 초에 다시 계산되었고 절대온도 15만 도에서 철스펙트럼에 큰 최고값이 나타났다. 뒤에서 설명하겠지만 이에 따라 신성이 격렬하게 질량 방출을 일으킨다.

신성을 계산할 때 가스가 넓게 퍼져 있는 시기에는 대류를 고려하지 않아도 된다. 가스가 빠르게 움직이기 때문에 대류가 한 바퀴 순환하기도 전에 가스가 광구까지 흘러들거나 가스의 밀도가 낮아 대류로 에너지를 운반하는 효율이 나쁘기 때문이다.

에너지보존식은 적분할 수 있는데

$$L_r = \dot{M}\left(\frac{v^2}{2} + w - \frac{GM}{r}\right) + L_n = 상수 \qquad (6.37)$$

이 된다. 여기에서 L_r은 가스 내부를 흐르는 빛의 에너지 플럭스 반지름 r 값이고 핵반응광도 L_n은 반지름 r에서 핵융합반응으로 생성되는 에너지 플럭스이며, w는 반지름 r일 때 엔트로피

$$w = \frac{5}{2}\frac{kT}{\mu m_a} + \frac{4}{3}\frac{aT^4}{\rho} \qquad (6.38)$$

을 나타낸다. L_n는 핵융합반응이 일어나는 좁은 영역을 제외하면 0이다. (식 6.37)은 흐르는 가스가 지닌 운동에너지, 가스와 복사 엔트로피, 중력 에너지의 합계와 복사에 따른 에너지 흐름의 합이 위치에 상관 없이 일정 하다는 것을 보여준다. 또 질량방출률 $\dot{M}$은 고유값으로 각각의 해에 대해 서 균일하다.

시간변화하는 별의 진화방정식은 보통 5개인데 여기에서는 백색왜성 위에 쌓인 수소층의 질량을 작다고 보기 때문에 방정식은 4개이다. 즉 (식 6.33), (식 6.35), (식 6.36), (식 6.37)이다. 이것을 연립방정식으로 풀려면 경계조건 네 가지가 필요하다.

첫 번째로 광구면의 조건에 관해서 설명하겠다(가스의 구조는 뒤에 나오는 그림 6.19를 참조할 것). 일반적으로 별의 구조를 풀 때는 표면의 경계조건으로 광구면 $\tau = 2/3$에 복사는 흑체복사라는($L = 4\pi r^2 \sigma T^4$) 조건이 붙는다. 여기에서 τ는

$$\tau = \int_r^\infty \kappa \rho \, dr \tag{6.39}$$

라고 정의하는 광학적 깊이이다. 그러나 질량을 방출할 경우에는 밀도가 광구 부근에서 급격히 떨어지지 않으며 τ는 8/3보다 작아지지도 않는다. 그래서 $\tau = 2/3$ 대신

$$\tau \equiv \kappa \rho r = \frac{8}{3} \tag{6.40}$$

을 만족하는 위치를 광구면이라고 정의하고 거기서 흑체복사를 하는

$$L_r = 4\pi r^2 \sigma T^4 \tag{6.41}$$

라는 조건을 붙인다.

두 번째 경계조건은 수소외층의 바닥($r = R_{\text{WD}}$)에 붙인다. 핵반응으로 생성되는 에너지는 바깥쪽의 수소외층으로 방출되고 백색왜성의 내부로는 유입되지 않는다는 조건이다.

$$L_r = 0 \qquad (6.42)$$

세 번째 경계조건은 임계점으로 주어진다. 이는 다음과 같이 (식 6.33)과 (식 6.35)를 변형한다.

$$\frac{d\ln v}{d\ln r} = \frac{\dfrac{2kT}{\mu m_a} - \dfrac{GM}{r} - \dfrac{d\ln T}{d\ln r}\left(\dfrac{kT}{\mu m_a} + \dfrac{4aT^4}{3\rho}\right)}{v^2 - \dfrac{kT}{\mu m_a}} \qquad (6.43)$$

이 식은 분모가 0이 되는 경우가 있다. 미분이 발산하지 않으려면 분모가 0이 되는 동시에 분자도 0이 되어야 한다. 즉,

$$\frac{2kT}{\mu m_a} - \frac{GM}{r} - \frac{d\ln T}{d\ln r}\left(\frac{kT}{\mu m_a} + \frac{4aT^4}{3\rho}\right) = 0 \qquad (6.44)$$

$$v^2 - \frac{kT}{\mu m_a} = 0 \qquad (6.45)$$

가 동시에 만족되어야 한다. (식 6.45)가 만족하는 점을 임계점critical point 이라고 한다. 임계점에서는 속도가 등온음속$(\partial P/\partial \rho)_T = \sqrt{kT/\mu m_a}$으로 같아진다. 이 상황은 태양풍의 파커Parker해와 같다. 임계점을 지나지 않는 해도 있는데 무한 거리까지 이어지지 않는 등의 경우에는 적절하지 않다. 임계점을 지나는 해만 별 내부에서 속도가 작아 멀리서 초음속으로 가속

된다. 따라서 여기에서는 해가 임계점을 가지는 것을 경계조건으로 한다. O형 별에서 볼 수 있는 스펙트럼선에서 질량방출line driven wind이 빨라진 다면 임계점이 광구 밖에 있지만 신성풍은 광구 안에 임계점이 있다.

네 번째 경계조건은 다음과 같은 수소외층의 질량이다.

$$\Delta M_{\text{env}} = \int_{R_{\text{WD}}}^{R_{\text{ph}}} 4\pi r^2 \rho dr \tag{6.46}$$

여기에서 R_{ph}는 광구면 반지름이다.

그림 6.14에 해의 예를 나타냈다. 이 그림은 질량이 $1.0\,M_\odot$인 백색왜성 주변에 팽창한 가스의 내부구조로 광구 반지름이 $38.5\,R_\odot$이고 광구온도 는 1만 1000 K이며, 질량방출률은 $1.58 \times 10^{-4}\,M_\odot \text{y}^{-1}$이고 광구면 아래 수소외층의 질량은 $0.99 \times 10^{-5}\,M_\odot$이다. 가스의 속도는 임계점 부근에서 급격히 증가해 광구 안쪽에서 이미 탈출속도를 넘어섰다. 이처럼 광구 안 에서 가속이 일어난다는 점이 신성풍의 특징이다.

여기에서 복사 플럭스 L_r에 주목하자. 수소외층의 바닥, 즉 백색왜성의 표면 $\log r\,(\text{cm}) = 8.73$에서 핵반응이 일어나 L_r이 밖으로 커진다. 그 후 에는 (식 6.37)로 알 수 있듯이 L_r의 일부가 중력장을 거슬러 가스를 가져 가기 위해 사용되기 때문에 감소한다.

또 L_{Edd}는 $\log r\,(\text{cm}) \sim 10.8$ 부근에서 급격하게 감소하는데 이는 그림 6.15에서 볼 수 있듯이 흡수계수가 $\log T\,(\text{K}) \sim 5.2$에서 가파르게 최고값 에 도달하는 것으로 나타난다. 흡수계수가 커지는 곳에서 복사의 흐름이 느려지고 그곳에 열이 쌓인다. 복사온도가 올라가면 압력도 커지므로 가 스를 밖으로 밀어내기 시작한다. 임계점은 이 흡수계수의 최고점 안쪽에 나타나며 거기에서 가속이 일어난다.

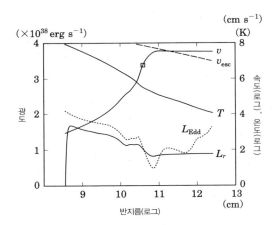

그림 6.14 신성의 질량방출해 예시. 가로축은 반지름, 세로축은 속도(v), 탈출속도($v_{esc}=\sqrt{2GM/r}$), 온도(T), 국소 에딩턴 광도(L_{Edd}), 복사유속(L_r)이다. 에딩턴 광도의 정의식 6.12에서 κ는 일반적으로 ρ와 T의 함수이므로 위치에 따라 값이 달라진다. 이 값을 국소 에딩턴 광도라고 한다. 선의 왼쪽 끝은 백색왜성의 표면(0.0078 $R_\odot$), 오른쪽 끝은 광구(38.5 $R_\odot$)다. 백색왜성의 질량은 1.0 $R_\odot$이고 원소조성은 $X=0.45$, $Y=0.18$, $C=0.15$, $O=0.1$, $Z=0.02$로 했다. □는 임계점 위치(0.70 $R_\odot$).

6.3.3 신성의 1회 순환

시간변화가 천천히 일어나는 경우라면 시간변화를 직접 따라가며 계산하는 것보다 정상해를 시간변화대로 열거하는 것이 더 효율적으로 진화를 따라가는 방법이다. 신성의 경우는 광도의 시간변화가 팽창한 수소외층의 역학적 시간규모보다 길어 정상해를 수소외층의 질량이 감소하는 순서로 열거해 진화를 따라갈 수 있다. 구체적으로는 여러 가지 수소외층 질량에 대해 정상해를 구한다. 그러면 신성의 시간발전은

$$\frac{d}{dt}\Delta M_{\mathrm{env}} = -\dot{M}_{\mathrm{wind}} - \dot{M}_{\mathrm{nuc}} + \dot{M}_{\mathrm{acc}} \tag{6.47}$$

로 수소외층의 질량변화를 따라갈 수 있다. 여기에서 $\dot{M}_{\mathrm{wind}}$, $\dot{M}_{\mathrm{nuc}}$, $\dot{M}_{\mathrm{acc}}$은 각각 신성풍에 따른 질량방출률, 핵융합반응으로 수소외층이 감소하는 비

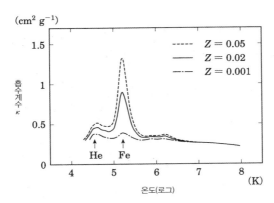

(cm² g⁻¹)

그림 6.15　가스 안에서 빛이 통과하기 힘든 정도를 나타내는 흡수계수(OPAL 흡수계수).　가로축은 정상 해의 온도, 세로축은 이에 대응하는 흡수계수이다. 흡수계수는 철(Fe), 헬륨(He) 등의 이온화 영역에서 커진다. 정점의 크기는 중원소량 Z에 크게 의존한다.

율, 상대별에서의 질량강착률이다. 또 $\dot{M}_{wind}$, $\dot{M}_{nuc}$, $\dot{M}_{acc}$은 양의 값이거나 0이다.

HR도 그림 6.16에 이렇게 계산한 신성 폭발의 1회 순환을 나타냈다. 점 A는 질량강착을 하는 백색왜성이다. 백색왜성의 표면에 수소가스[4]가 얇게 쌓이는 구조다. 수소가스 바닥에서 불안정 핵연소가 시작되면 급격한 핵에너지 생성을 위해서 대류가 일어나고 가스는 거의 팽창하지 않아 밝아진다. 그 후 가스가 팽창해 대류가 사라지고 표면온도가 내려가 점 C에 이른다. 이곳이 가시광(실시등급)의 최고점에 해당한다.

이후 핵연소는 안정되고 E점까지 계속된다. 점 B에서 점 D까지 질량방출(신성풍)이 일어나 백색왜성에 쌓인 수소가스 대부분을 날려버린다. 광구의 반지름은 점 C에서 최대가 되고 나머지는 질량방출로 가스가 빠져나가면서 광구 반지름이 작아진다(뒤의 그림 6.19 참조).

▎4 질량은 $10^{-6} \sim 10^{-4}\ M_{\odot}$, 그림 6.13 참조.

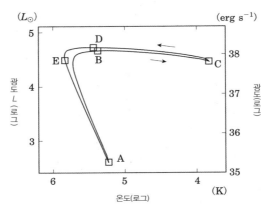

그림 6.16 신성 폭발의 한 주기. A: 질량강착하고 있는 백색왜성, B: 질량방출의 시작, C: 실시등급의 최고값, D: 질량방출이 멎는다. E: 수소의 핵융합반응이 멎는다. 백색왜성의 질량은 1.0 $M_\odot$이다. 수소외층의 원소조성은 균일하게 $X=0.35$, $Y=0.33$, CNO$=0.30$, $Z=0.02$로 했다.

점 C에서 E까지 광도는 거의 변하지 않고 광구 반지름이 감소하므로 흑체복사의 관계식 $L=4\pi R^2\sigma T^4$에 따라 광구 온도가 올라간다. 따라서 수소외층의 질량이 작아지는 시간을 기준으로 별은 왼쪽(고온 쪽)으로 이동한다. 점 C에서 D까지 질량방출과 핵반응에 따라 수소층이 줄어들기 때문에 별은 왼쪽으로 이동한다. 점 D에서 점 E까지는 수소핵연소로 수소층이 줄어들어 왼쪽으로 이동한다. 점 E에 이르면 핵연소가 끝나고 별은 천천히 어두워져 점 A로 돌아간다.

전형적인 고전신성에서는 핵연소 시작부터 가시광의 최고값까지(점 A에서 C까지) 며칠 정도 걸리며 그 후 빛이 줄어들어 어두워지기까지(점 C에서 E까지) 몇 개월에서 몇 년 정도 걸린다.

6.3.4 감쇠기의 광도곡선

신성이 광도에서 최고값을 보인 후 그다음 시기(감쇠기)에는 백색왜성 표면에서는 안정적인 수소핵융합 반응이 진행된다. 그림 6.16에서 알 수 있

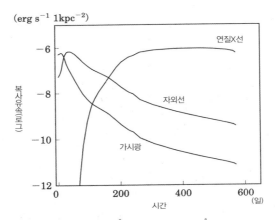

(erg s⁻¹ 1kpc⁻²)

연질X선

자외선

가시광

복사유속(로그)

시간

(일)

그림 6.17 가시광(V등급), 자외선(911~3250Å), 연질 X선(5.1~123Å)의 광도곡선. 백색왜성의 질량이 1.0 $M_{\odot}$인 경우로 오른쪽 끝은 핵융합반응이 멎는 시점을 나타낸다.

듯이 이 시기에 신성의 광도는 거의 일정해 에딩턴 광도에 가깝다. 방출된 가스는 바깥쪽부터 차례로 투명해져 내부의 고온부분이 보이고(광구면이 내부로 이동한다) 광구온도는 상승한다.

절대등급이 일정한 상태에서 광구온도가 올라가면 실시등급은 광구온도 7000~8000 K에서 최고값이 되었다가 그 이후로 다시 어두워진다. 온도가 수만 도가 되면 흑체복사(플랑크 분포)의 최고값이 가시광에서 자외선 영역으로 이동하기 때문에 자외선이 세기가 커진다. 온도가 10만 도를 넘으면 이번에는 자외선이 약해지고 연질 X선이 강해진다. 이 모습은 그림 6.17에서 볼 수 있다. 즉, 신성 폭발은 초기에는 가시광의 밝은 천체로 관측되지만 점점 자외선으로 밝아지다가 결국에는 연질 X선원이 되며, 수소 핵연소가 사라지면 전체 복사광도가 떨어져 끝을 맺는다.

뒤에서 이야기하겠지만 그림 6.17과 그림 6.18처럼 광구온도 T일 때 흑체복사 플럭스로 광도를 계산하면 대부분 관측한 것과 맞지 않는다. 이는 그림 6.19의 모식도처럼 광구 밖에서 자유 – 자유천이에 따른 연속광이 영

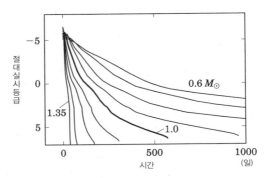

그림 6.18 흑체복사근사에 따른 신성의 광도곡선(실시등급). 신성풍 이론에 따라 계산한 것이다. 광도곡선의 오른쪽 끝은 수소핵융합 반응이 멎은 시점에 해당한다. 백색왜성의 질량을 $0.6 M_\odot$에서 $1.3 M_\odot$까지 $0.1 M_\odot$ 간격으로 바꿨다. 그리고 $1.35 M_\odot$을 추가했다. 수소외층의 원소조성은 $X=0.45$, $Y=0.18$, $C=0.15$, $O=0.2$, $Z=0.02$로 했다.

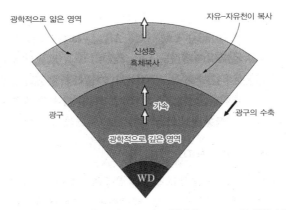

그림 6.19 신성 폭발할 때의 수소외층 모식도. WD는 백색왜성White Dwarf을 뜻하며 백색왜성 표면에서 수소의 껍질연소가 일어난다. 수소외층은 광학적으로 깊은 영역(광구 안쪽)에서 가속되며 신성풍으로 방출된다. 광구의 바깥쪽은 광학적으로 얇은(이른바 투명한) 가스 영역이다. 자유-자유천이에 따른 복사광은 투명한 영역에서 나온다.

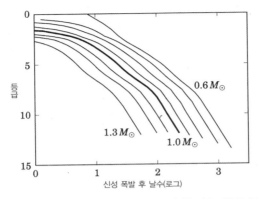

그림 6.20 신성풍 이론에 기초하여 (식 6.8)과 (식 6.9)에서 계산한 자유-자유천이 복사광에 따른 광도곡선. 광도곡선의 오른쪽 끝은 신성풍이 멎는 시점에 해당한다. 백색왜성의 질량은 왼쪽부터 1.3, 1.2, 1.1, 1.0, (굵은 선), 0.9, 0.8, 0.7, 0.6 $M_\odot$이다. 세로축은 광도곡선이 겹치지 않도록 조금씩 위치를 바꾸었다.

향을 미쳐 스펙트럼이 흑체복사에서 동떨어지기 때문이다. 이 경우는 자유-자유천이에 따른 등급 m_λ을

$$F_\lambda \propto \int N_e N_i dV \propto \int_{R_{ph}}^{\infty} \frac{\dot{M}_{wind}^2}{v_{wind}^2 r^4} r^2 dr \propto \frac{\dot{M}_{wind}^2}{v_{ph}^2 R_{ph}} \tag{6.48}$$

$$m_\lambda = -2.5 \log F_\lambda + 상수 \tag{6.49}$$

로 계산하면 된다. 여기에서 N_e와 N_i는 각각 전자와 이온화 이온의 수밀도를, dV는 부피적분을 나타낸다. 또 $\rho_{wind} = \dot{M}_{wind}/4\pi r^2 v_{wind}$의 관계식 (정상상태의 연속식 6.35)을 사용했다. $\dot{M}_{wind}$는 질량방출률을, ρ_{wind}와 v_{wind}은 각각 신성풍의 밀도와 속도를 나타낸다. v_{ph}는 광구면에서 신성풍의 속도, R_{ph}는 광구면의 반지름이다. 각각의 값은 신성풍 이론으로 구한 값을 이용해 계산할 수 있다. 그 결과를 그림 6.20으로 나타냈다. 자유-자유천이로 계산한 등급도 백색왜성의 질량과 원소조성으로 결정된다.

6.3.5 신성의 속도를 결정하는 것

신성의 감광속도는 빠르면 한 달 정도인 것에서부터 늦으면 수 년에서 수십 년에 이르기까지 다양하다. 폭발할 때 날아가는 가스의 속도는 감광속도와 관계있는데 감광이 빠를수록 가스의 속도도 크다. 빠른 신성은 수천 km s^{-1}이고 느린 신성은 수백 km s^{-1}에 이른다. 이것을 신성의 속도등급 speed class이라고 한다.

이 속도등급이 무엇으로 결정되는지는 1980년대부터 논의되어 왔다. 수소의 불안정 핵융합반응으로 신성 폭발이 일어나면 이어서 수소가스가 넓게 퍼져($\geq 100\ R_\odot$) 쌍성계를 둘러싼다. 동반성은 가스 속에서 초음속으로 공전운동을 하기 때문에 가스와 동반성 사이에 충격파가 형성되고, 충격파로 가열된 가스가 에너지를 받아서 날려버린다는 주장이 제기되었다. 또 1990년대 초에 OPAL(불투명도) 흡수계수를 계산하기 전까지는 신성풍의 가속도가 약하고 감광도 느려 매우 무거운 백색왜성만 신성 폭발을 일으킨다는 주장도 있었다. 그러나 이 주장들은 신성풍 이론이 확립되면서 무의미해졌다.

신성풍이 가속되는 영역은 OPAL 흡수계수가 최고값을 보이는 위치라서 광구보다 상당히 안쪽에 있다. 여기는 가스밀도가 높아 다른 메커니즘에 따른 질량방출률보다 그 방출률이 매우 높다. 이 때문에 가스가 빠르게 흩어지고 신성의 감광이 빨라진다. 따라서 가벼운 백색왜성이라도 관측에 어긋나지 않는 신성 폭발의 시간을 구할 수 있다. 또 동반성의 충격파 가열도 큰 영향을 미치지 않음을 알게 되었다. 신성풍은 동반성 궤도보다 더 안쪽에서 가속되기 때문에 가스가 동반성 궤도를 가로지를 때의 속도는 동반성의 궤도운동 속도보다 훨씬 빠르다. 따라서 동반성 운동에 따른 가열로 가스를 더 가속할 수 없다.

신성풍 이론에서 감광속도는 백색왜성의 질량과 가스의 원소조성에 따라 달라진다. 그림 6.18은 원소조성을 일정하게 하고 백색왜성의 질량을 바꾸었을 때의 광도곡선이다. 백색왜성이 무거우면 감광은 빠르다. 그림 6.13에 나타냈듯이 백색왜성의 질량이 크면 불안정 핵반응이 시작되는 수소가스의 질량이 작고, 즉 광도가 최고값일 때 가스의 질량이 작아 신성풍으로 가스 대부분을 날려버릴 때까지의 진화시간이 짧기 때문이다.

또 감광속도는 가스의 화학조성과도 관련이 있다. 감광이 빠른지 느린지를 결정하는 것은 신성풍의 세기(질량방출률)이다. 신성풍은 가스 바닥을 흐르는 복사유속이 차단되어 가스를 가속함으로써 일어난다. 그림 6.15에서 알 수 있듯이 온도 $\log T(\mathrm{K}) \sim 5.2$라는 최고의 흡수계수에 크게 기여한 것이 바로 이 차단이다. 철, 탄소, 산소의 중원소가 많을수록 최고값이 커지므로 중원소가 많아야 빠르게 감광한다. 1970년대 후반부터 20년 동안 활약했던 IUE 위성의 자외선 관측으로 신성 폭발 당시 흩어졌던 가스에서 탄소, 산소와 같은 백색왜성을 구성하는 물질들이 대량으로 섞여 있음을 알아냈다. 백색왜성의 질량이 같다면 중원소가 많이 섞일수록 가속이 커져 신성의 감광은 빠르다.

6.3.6 X선의 턴오프 시간

X선의 턴오프turn off 시간은 백색왜성의 질량을 결정하는 데 매우 귀중한 관측량이다. 신성의 감광속도는 백색왜성의 질량이 큰 영향을 미치며 화학조성도 약간은 영향을 준다. 원소조성은 스펙트럼 관측으로 정해지는 경우가 많은 데 비해 백색왜성의 질량에 관한 실마리는 이것 말고는 거의 없기 때문이다.[5]

---

[5] 쌍성계의 궤도운동을 스펙트럼선의 도플러 효과로 파악할 수 있다면 백색왜성의 질량을 추정할 수 있다. 그러나 그런 예는 신성의 경우 그리 많지 않다.

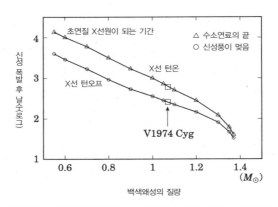

그림 6.21 신성 폭발 후 초연질 X선이 관측되기 시작하는 턴온 시간과 그것이 멎는 턴오프 시간.

턴오프 시간을 계산한 결과를 그림 6.21에 나타냈다. 1992년에 백조자리 신성(V1974 Cyg)과 1983년에 파리자리 신성(GQ Mus)의 연질 X선 광도의 온(on)과 오프(off)를 관측한 예가 있다. 백조자리 신성(V1974 Cyg)의 X선 on과 off 관측은 뒤의 그림 6.25에 나타냈다. 턴오프 시간에 따르면 백색왜성의 질량은 각각 1.05 $M_\odot$와 0.65 $M_\odot$로 계산된다.

6.3.7 초에딩턴 광도

신성의 최고광도는 대부분 에딩턴 광도(정의식 6.12)를 넘는데 이것을 초超에딩턴 광도라고 한다. 왜 에딩턴 광도보다 밝아지는지는 아직 이론적으로 밝혀지지 않았다.

신성의 최대광도(등급)와 속도등급 사이에는 그림 6.22처럼 통계적으로 의미 있는 관계식을 이룬다.

관측으로 도출한 경험적인 관계식을 MMRD(Maximum Magnitude-Rate of Decline: 최대등급 − 감쇠율) 관계라고 한다. 예를 들어 그림 6.22에 나타낸 점선은

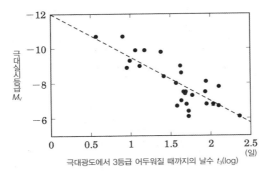

그림 6.22 신성의 극대광도와 속도등급의 관계. M_v는 신성풍의 극대실시등급이다. t_3는 신성의 극대광도에서 3등급 어두워질 때까지의 날수. 그림의 데이터는 Downes & Duerbeck, 2000, *AJ*, 120, 2007에서 뽑았다.

$$M_{\text{V,max}} = -12.0 + 2.54 \log t_3 \tag{6.50}$$

이다. 여기에서 t_3는 극대광도에서 3등급 어두워질 때까지의 날수로, 속도등급을 나타내는 매개변수이다. 즉 t_3가 작을수록 빨리 감쇠하고 t_3가 클수록 더디다. 외부은하에 출몰하는 신성은 극대광도에서도 어두워 보이므로 3등급 더 어두워질 때까지 측정하기는 힘들다. 이 경우 최대광도에서 2등급 어두워질 때까지의 날수를 사용한다. t_2에 관해서도

$$M_{\text{V,max}} = -11.3 + 2.55 \log t_2 \tag{6.51}$$

라는 관계식을 구할 수 있다. 또 t_3와 t_2의 관측적인 경험식도

$$t_3 \approx 1.68 t_2 + 2 \tag{6.52}$$

라고 제시한다.

6.1절에서 설명했듯이 에딩턴 광도는 정유체 압력평형에 있는 별의 상

한광도다. 예를 들어 초신성이 폭발할 때 흩어진 가스 내부에서 중력과 압력기울기가 균형을 이루지 못하는데 이를 설명하는 운동방정식은 정유체 압력평형에서 많이 벗어나 있다. 가스는 자유팽창에 가까워 에딩턴 광도라는 상한은 의미가 없다. 실제로 초신성의 광도는 에딩턴 광도를 훨씬 넘어선다. 신성도 질량을 방출하므로 수소외층은 엄밀히 말해서 정유체 압력평형은 아니다. 그러나 운동방정식 (식 6.33) 제1항의 관성항(vdv/dr)이 작아 이론적으로 계산해 얻을 수 있는 광도는 거의 에딩턴 광도이다. 에딩턴 광도는 정의식 (식 6.12)에 $M_r = M$과 $\kappa = \kappa_{ph}$로 광구면에서의 값을 대입하면 얻을 수 있다. 광구 표면의 흡수계수값 κ_{ph}는 수소외층의 원소조성에 의존하고 중량비가 수소 35 %, 탄소 10 %, 산소 20 %일 때

$$M_{V,Edd} = -4.25 - 1.75\,(M_{WD}/M_\odot) \tag{6.53}$$

이다. 백색왜성의 질량이 $1.0\,M_\odot$이면 $M_{V,Edd} = -6.0$이고 $1.3\,M_\odot$이면 $M_{V,Edd} = -6.5$이다. 에딩턴 광도가 질량방출(신성풍)을 하지 않는 경우에 비해 조금 어두운 것은 내부에서 나오는 복사 플럭스의 일부가 중력에 거슬러 가스를 가져가는 데 사용되기 때문이다.

이 점들을 고려하면 신성현상을 일으키는 전형적인 백색왜성의 질량이 $1.0\,M_\odot$일 때 그림 6.22는 최대 5등급이나 에딩턴 광도를 뛰어넘었음을 알 수 있다. 이 그림에서도 알 수 있듯이 에딩턴 광도를 훌쩍 넘어선 신성은 대부분 속도등급이 빠르고 에딩턴 광도에 가까운 것은 느리다. 또 일반적으로 감광하는 신성은 가스의 팽창속도도 빠르다.

신성의 최대광도가 왜 에딩턴 광도를 넘어서는지 아직 논리적으로 설명하지 못하고 있다. 최근에 팽창하는 수소외층이 균일하지 않아 위치마다 밀도가 각각 다르다는 가설이 제안되었다. 이 가설은 초에딩턴 광도에 맞

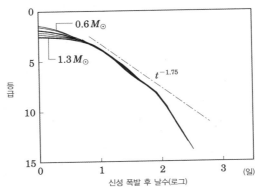

그림 6.23 그림 6.20의 자유-자유천이 복사광에 따른 광도곡선을 평행이동해 1.0 $M_\odot$의 선에 겹친 것.

게 구대칭이라는 가정을 조금 완화한 것이다. 복사가 저밀도 부분을 더 많이 통과한다면 밀도가 균일하다고 보았을 때보다 훨씬 수월하게 흘러 실효적인 흡수계수가 작아지므로 실효적으로 에딩턴 광도를 넘는다는 가설도 있다. 그러나 밀도가 고르지 않은 불안정성이 어떻게 커지는지에 대해서는 아직 자세히 밝혀지지 않았다.

6.3.8 광도감쇠의 상사칙相似則

신성풍 이론에 따른 광도곡선에서 상사칙을 볼 수 있다. 예를 들면 자외선의 흑체복사근사로 인한 광도곡선의 가로축과 세로축은 그 규모를 적당히 바꾸면 형태가 일치한다. 또 그림 6.20에 나타난 자유-자유천이에 따른 광도곡선도 세로축으로 평행 이동하면 그림 6.23과 같이 거의 겹친다. 이에 백색왜성의 질량이나 화학조성의 영향을 거의 받지 않는다. 그림 6.23에서 감광의 기울기는 신성 폭발 중간쯤(그림의 $t = 5 \sim 100$일 부근)에서 $F_\lambda \propto t^{-1.75}$이다. 여기에서 t는 폭발 후의 시간이고, F_λ는 파장 λ의 플럭스다. 그 후 그림 6.23에 나타나듯이 $t = 100$일에서 갑자기 휘어지며 대체로

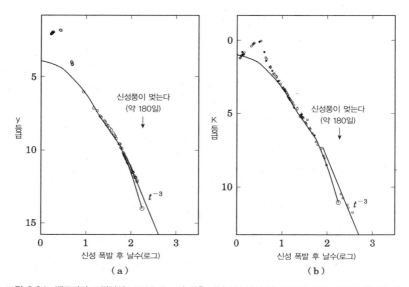

그림 6.24 백조자리 고전신성 V1500 Cyg의 관측. (a) 연속광의 광도곡선을 구하기 위해 선스펙트럼의 영향을 받은 광대역의 V필터를 대신해, 중간영역 y−필터를 이용한 y등급. 관측점은 Lockwood & Millis 1976, *PASP*, 88, 235에서. (b)는 적외선의 K밴드(중심파장 2.2 μm)에 따른 등급이다. 관측점은 Ennis *et al.* 1977, *ApJ*, 214, 478: Kawara *et al.* 1976, *PASJ*, 28, 163: Gallagher & Ney 1976, *ApJ*, 204, 135에서. 실선은 1.15 $M_\odot$의 백색왜성에 대한 자유−자유천이에 따른 광도곡선이다. 이 모델에서 수소외층의 원소조성은 질량비로 볼 때 수소가 55%, CNO가 10%, 네온이 3%이다.

$F_\lambda \propto t^{-3}$을 따라 감광한다.

후반의 시간의존성 t^{-3}은 전체 질량이 변하지 않으면서 가스구가 팽창하는 것으로 설명할 수 있다. 즉,

$$F_\lambda \propto \int N_e N_i dV \propto \int \left(\frac{M}{V}\right)^2 dV \propto \frac{M^2}{V} \propto (v_{\mathrm{wind}}t)^{-3} \quad (6.54)$$

자유−자유천이에 따른 광도곡선은 가시광보다 파장이 길면 파장의존성은 없다. 따라서 그림 6.24처럼 가시광 영역(y−등급)이든 적외선(K−등급)이든 광도곡선의 형태는 같다.

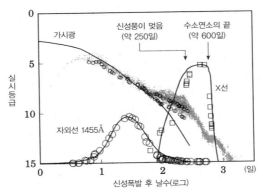

그림 6.25 백조자리 고전신성 V1974 Cyg의 광도곡선 모델. 가시광은 검은 점들이 AAVSO에서, 작은 ○은 Chochol *et al.* 1993, *A&A*, 277, 103의 *V*등급에서. 큰 ○은 자외선의 연속광(1455Å)을 나타내며 실제 척도이다. □는 ROSAT 위성에 따른 연질 X선(0.1~2.4keV)의 관측으로 Krautter *et al.* 1996, *ApJ*, 456, 788에서. 최고값의 X선 강도가 76.5카운트s⁻¹이고 그림의 상한값은 10,000, 하한값은 0.01카운트s⁻¹의 로그척도이다. 백색왜성의 질량은 1.05 $M_\odot$, 가스의 원소조성은 질량비로 $X = 0.55$, $CO = 0.1$, $Ne = 0.03$인 경우이다. 실선의 자유-자유천이에 따른 가시광의 광도곡선은 신성풍이 멎을 때까지를 표시했다. 폭발 후 100일 정도부터 실시등급(작은 ○)과 어긋나는 것은 산소의 금지선 같은 강한 선스펙트럼의 영향 때문이다.

6.3.9 신성의 광도곡선 분석

여기에서는 광도곡선의 형태에서 무엇을 알 수 있는지 살펴보자. 그림 6.25는 1992년에 폭발한 백조자리의 고전신성 V1974 Cyg의 관측자료이다. 가시광 외에도 자외선 위성 IUE의 자외선[6]의 광도곡선과 X선 위성 ROSAT의 연질 X선의 자료도 나타냈다. 실시등급(가시광)이 떨어지면서 자외선 플럭스가 오르고 이어서 X선 플럭스도 상승했다. 즉 6.3.8절에서 보았던 것처럼 표면온도가 점차 올라가고 있음을 나타낸다.

여기에서 각 실선은 이론 모델로 계산한 값이다. X선과 적외선은 흑체복사근사를 기초로 계산했고 가시광의 광도는 자유 - 자유천이 모델에 따

| 6 파장 1455Å 내외의 연속광 성분.

랐다. 이론곡선은 백색왜성의 질량과 원소조성을 바탕으로 만들어졌다. 질량과 원소조성을 바꿔가며 광도곡선을 계산해 관측자료에 더했다. 가시광의 감광속도나 자외선 최고값의 위치, X선이 나타나는 시기와 급격히 떨어지는 시기가 맞도록 편집하면 백색왜성의 질량과 수소외층의 원소조성을 어느 정도 파악할 수 있다. 그림에 있는 이론곡선은 이런 식으로 편집한 것이다.

백조자리(V1974 Cyg)의 자외선 스펙트럼 분석에서 공중으로 흩어진 가스의 원소조성이 태양의 조성과 다르다는 것을 알게 되었다. 수소는 조금 줄어들고 탄소와 산소는 늘어났으며 네온도 약간 늘어났다. 그림에 나타난 이론곡선은 이 관측 결과와 일치한다.

다음의 그림 6.26은 전갈자리 회귀신성(U Sco)의 광도곡선이다. 이 천체는 대략 10년 간격으로 폭발이 관측되는데 감광 형태는 매번 같다. 감광이 $t_3 \sim 6$일로 매우 빠른 점으로 보아 이 백색왜성의 질량은 매우 무겁다. 전갈자리 회귀신성은 정온기靜穩期일 때나 폭발할 때 모두 식食이 관측되며 공전주기는 1.23일이다.

관측은 1.37 $M_\odot$인 백색왜성 모델과 잘 일치된다. 6.1절에서 보았듯이 가스를 강착하는 백색왜성의 상한질량은 1.38 $M_\odot$이므로 이 별은 상한질량에 매우 가까우며, 6.4절에서 설명했듯이 Ia형 초신성 폭발 직전의 천체로 생각할 수 있다.

이처럼 신성풍 이론은 신성의 광도곡선을 재현할 수 있는 유일한 방법이지만 정상해를 연결해서 변화를 추적하는 방법이기 때문에 한계도 있다. 이를테면 변화가 빠른 신성의 초기나 최대광도 부근은 다루기 어렵고 몇몇 신성에 나타나는 진동하는 광도곡선도 다룰 수 없다. 또 먼지 생성의 효과도 제외되므로 먼지 때문에 생기는 감광을 추적할 수 없다. 그러나 신성의 광도곡선을 분석해서 백색왜성의 질량이나 거리를 정량적으로 파악

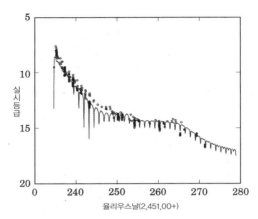

그림 6.26 전갈자리의 회귀신성 U Sco의 광도곡선. ○은 1999년 2월 25일에 폭발했을 때의 관측자료 이며 실선이 이론곡선이다. 백색왜성과 강착원반이 주기적으로 동반성 뒤를 둘러싸기 때문에 쌍성주기 1.23일마다 성식이 일어난다. 이론 모델로는 1.37 $M_\odot$의 백색왜성과 로시로브를 채우는 1.5 $M_\odot$ 별의 동반 성이 6 $R_\odot$ 정도 떨어져 있는 것으로 했다. Hachisu *et al.* 2000, *ApJ*, 528, L97, 그림 2의 데이터 사용.

하는 가장 유력한 수단이다.

표 6.2는 이렇게 계산한 백색왜성의 질량을 정리한 것이다. 표에서 알 수 있듯이 신성을 일으키는 백색왜성은 가벼운 것에서부터 무거운 것에 이르기까지 다양하다. 신성의 속도등급이 빠른 것은 무거운 백색왜성에 해당하고, 느린 것은 가벼운 백색왜성에 해당한다. 또 백색왜성의 질량이 같다면 가스에 탄소나 산소 중원소가 많이 포함된 것일수록 속도등급이 빠르다. 이런 성질은 신성의 감광이 신성풍의 강도로 결정되며, 신성풍의 강도는 백색왜성의 질량과 원소조성의 영향을 받는다는 것을 알 수 있다.

6.3.10 백색왜성의 질량은 무거워질까

표 6.2를 보면 알 수 있겠지만 신성이 폭발할 때 공중으로 흩어지는 가스 는 태양 조성과는 큰 차이를 보인다. 수소연소 후 수소의 감소와 헬륨의 증가는 백색왜성이 가벼우면 수 %, 무거워도 10 % 안팎으로 차이가 나는

표 6.2 신성 폭발을 일으키는 백색왜성의 질량.

이름	타입	공전주기 (일)	X_H	X_{CNO}	X_{Ne}	M_{WD} $(M_\odot)$
백조자리 V1500 Cyg	고전(f)	0.1396	0.55	0.10	0.03	1.15
백조자리 V1668 Cyg	고전(f)	0.1384	0.45	0.35	-	0.95
파리자리 GQ Mus	고전(s)	0.0594	0.35	0.30	-	0.65
고물자리 V351 Pup	고전(f)	0.1182	0.35	0.30	0.10	1.00
헤라클레스자리 V838 Her	고전(f)	0.2976	0.55	0.03	0.07	1.35
백조자리 V1974 Cyg	고전(f)	0.0812	0.55	0.10	0.03	1.05
전갈자리 U Sco	회귀	1.2306	0.05	-	-	1.37
남쪽왕관자리 V394 CrA	회귀	0.7577	0.05	-	-	1.37
땅꾼자리 RS Oph	회귀	460	0.70	-	-	1.35
왕관자리 T CrB	회귀	227.35	0.70	-	-	1.37

데 이렇게 조성비가 다른 것은 신성이 폭발하면서 별에 쌓여 있던 수소가
스가 공중으로 흩어질 때 백색왜성 일부도 함께 흩어진다는 사실을 보여
준다. 이 구조로 이론적인 제안들을 설명하면 다음과 같다.

(1) 백색왜성 표면에 쌓인 수소가스가 퍼져서 백색왜성 내부에 가라앉
고 거기서 핵융합반응을 일으켰기 때문에 핵연소 영역에는 탄소나 산소가
많으며, 그것이 대류로 밀려 올라가면서 공중으로 흩어지는 물질과 섞였다.

(2) 백색왜성과 강착원반이 접해 있는 적도 부근에서 백색왜성의 자전
속도와 원반 안쪽의 가스 회전속도의 차이로 유체역학적 불안정이 일어났
고 그 결과 뒤섞였다.

(3) 6.4절에 설명했던 것처럼 쌍성계의 진화 과정에서 어느 시점에 동반
성에 헬륨이 쌓였고 백색왜성에 가라앉은 가스에는 처음부터 헬륨이 많았다.

고전신성은 (1)이거나 (2)일 것이라고 추측한다. 날아간 가스에 C나 O
가 많은 경우는 백색왜성이 C – O로 이루어졌음을 나타낸다. 또 Ne이 많
으면 이 백색왜성은 O – Ne – Mg으로 이루어졌음을 나타낸다. 이처럼

가스에 무거운 원소가 증가한다는 것은 백색왜성이 신성 폭발을 일으키면 쌓여 있던 가스와 함께 백색왜성의 일부가 공중으로 흩어져 백색왜성이 약간 가벼워진다는 것을 보여준다. 신성 폭발은 주기적인 현상이므로 고전신성에서는 폭발을 반복할 때마다 백색왜성이 가벼워진다. 별의 진화를 계산할 때 C–O로 이루어진 백색왜성은 질량이 $1.07\,M_\odot$ 이하이고, 그보다 무거운 백색왜성은 O–Ne–Mg으로 구성된다. 표 6.2를 보면 백색왜성의 질량이 $1.07\,M_\odot$ 이하인 O–Ne–Mg 고전신성은 폭발과 함께 깎여서 감소했을 가능성이 있다.

한편, 회귀신성은 중원소의 증가가 관측되지 않는다. 회귀주기(폭발주기)도 수십 년으로 짧기 때문에 백색왜성 내부로 수소가 확산될 시간이 없다. 그러므로 구조적으로 백색왜성 물질이 섞일 수가 없다. 또 백색왜성이 무겁기 때문에 질량방출이 상대적으로 약하고 폭발 후에도 수십 %의 가스는 백색왜성 위에 남는다. 즉 백색왜성의 질량은 신성 폭발을 반복할 때마다 점차 무거워진다.

6.4 Ia형 초신성에 이르는 쌍성계의 진화

6.4.1 지금까지의 이론

Ia형 초신성은 백색왜성이 폭발한 것이다. Ia형 초신성이 폭발하기 전의 천체는 관측되지 않았는데, 시간에 따른 초신성의 광도 변화나 스펙트럼, 관측된 방사성동위원소 ^{56}Ni의 질량을 참조해 볼 때 C–O 백색왜성이 폭발한 것으로 보고 있다.[7]

---

7 상세한 것은 7장 참조.

백색왜성은 중소질량성이 일생에 마지막으로 거치는 진화 단계에서 전자축퇴압으로 지탱된다. 질량이 $M_{WD} < 0.46\,M_\odot$이면 헬륨으로, $0.46\,M_\odot < M_{WD} < 1.07\,M_\odot$이면 C-O로, $M_{WD} > 1.07\,M_\odot$이면 O-Ne-Mg으로 내부 원소가 구성된다. 이 원소들은 핵융합반응의 연료가 되지만 내부는 식어서 온도가 낮기 때문에 핵융합반응은 일어나지 않는다. 따라서 단독의 백색왜성은 폭발하지 않는다.

만일 백색왜성이 쌍성계의 하나로 상대별에 가스를 받아 무거워지고 찬드라세카르 한계질량이 되었다고 하자. 이때 전자축퇴압으로 지탱할 수 없어 백색왜성의 중심부는 수축을 시작한다. 그러면 중심의 밀도와 온도가 상승해 탄소가 폭발적으로 연소한다. 이때 생기는 핵연소에너지가 중력에너지를 웃돌아 백색왜성 전체가 날아가 Ia형 초신성이 된다.

1980년대 중반까지 여러 가지 진화과정을 검토했는데 질량강착하여 무거워진 백색왜성은 좀처럼 발견되지 않았다. 6.3절에서 보았듯이 백색왜성에 가스가 쌓이면 신성 폭발이 일어나고, 폭발하면서 쌓였던 가스 대부분이 날아가면서 백색왜성은 무거워지기는커녕 신성 폭발 때마다 가벼워지기 때문이다.

그런 가운데 1984년 웨빙크Webbink와 이벤Iben, 투투코프Tutukov는 백색왜성의 쌍성이 합쳐져 Ia형 초신성 폭발을 일으킨다는 모델을 제안했다. 중질량성 쌍성계가 공통외층 진화를 두 번 거치면 최종적으로 C-O 백색왜성이 두 개 생성된다. 쌍성의 궤도길이는 초기의 1/100이 되면서 공전주기가 두세 시간보다 짧아지는 것들이 생긴다. 이 이중백색왜성계는 중력파를 방출해 궤도 에너지와 궤도 각운동량을 잃으면서 점차 가까워져 우주나이 이내에서 합쳐진다. 이때 질량이 찬드라세카르 한계질량을 넘으면 백색왜성은 더 이상 중력을 지탱하지 못하고 붕괴되어 온도와 밀도가 올라가고 탄소의 핵연소가 폭발적으로 시작되면서 Ia형 초신성이 폭발한다.

이 이중백색왜성계의 합체 모델은 합체할 때 가벼운 별이 무거운 별 쪽으로 격렬하게 질량강착하기 때문에 무거운 별의 중심이 아닌 외층부가 고온이 되고 거기서 탄소에 불이 붙는다. 1985년 사이오와 노모토는 일단 외층에 불이 붙으면 안쪽으로 타들어가 수천 년 동안 연소하며 연소영역이 중심에 이르는 것으로 보았다. 핵융합반응의 에너지가 천천히 생성되기 때문에 열은 복사되어 별 표면으로 나가지만 폭발은 하지 않는다. 그러므로 C−O 백색왜성은 폭발하지 않고 O−Ne−Mg 백색왜성이 된다.

O−Ne−Mg 백색왜성이 비록 찬드라세카르 질량을 넘는다 해도 Ia형 초신성 폭발은 일어나지 않고 폭축爆縮해 중성자별이 된다. 또 지금까지 발견된 이중백색왜성계는 두 별의 질량의 합이 찬드라세카르 질량을 넘지 않거나 넘더라도 두 별이 너무 떨어져 있어 우주연령 안에서는 합쳐지지 않는 것뿐이다. 이런 이유 때문에 현재는 이 모델을 Ia형 초신성의 유력한 후보로 보지 않는다.

6.4.2 Ia형 초신성의 진화과정 1 : 초연질 X선별 채널

6.3절에서 설명한 신성풍은 신성이 폭발할 때가 아닌 백색왜성이 질량강착할 때에도 발생한다. 질량강착률이 (식 6.15)보다 크면 백색왜성에 쌓인 가스가 크게 팽창하고 내부의 복사압기울기로 가속받으면서 신성풍이 일어난다. 만약 이때 동반성에서 날아온 가스가 계속 내려오면 강착원반을 매개로 그림 6.7처럼 백색왜성에 쌓이고 원반 부분 이외의 백색왜성 표면에서 질량방출이 일어날 것이다. 1996년 하치스 이즈미蜂巣泉가 제안한 이 가설을 질량강착 신성풍이라고 한다. 이것을 기초과정으로 해서 쌍성계 진화와 조합함으로써 Ia형 초신성에 이르는 쌍성의 진화과정을 찾아냈다. 여기에서는 새로운 진화과정 두 가지에 대해서 이야기하겠다.

첫째 과정은 그림 6.27과 그림 6.28에 있는 초연질 X선별 채널이라는

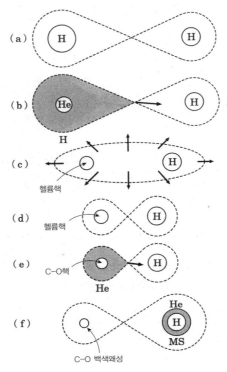

그림 6.27 Ia형 초신성이 되는 과정 : 초연질 X선별 채널. MS는 주계열성임을 나타낸다.

과정이다. 먼저 쌍성계가 태어날 때(나이 0)에는 (a) $6 \sim 9\, M_\odot$인 중질량성과 $2 \sim 3\, M_\odot$인 소질량성이 있다고 하자. 두 별의 간격이 $60 \sim 300\, R_\odot$이면 무거운 별이 진화해 헬륨핵을 가진 적색거성이 되어 로시로브를 채운다(b).

 L_1점에서 가스가 상대별로 흘러들어 질량이동이 시작되면 주성 쪽이 무거워져 질량이동에 따라 궤도 반지름이 줄어들고 로시로브도 줄어든다. 그리고 질량이동이 더욱 격렬하게 일어난다. 적색거성의 외층은 대류평형 영역에서 등엔트로피 분포가 되기 때문에 가스가 없어지더라도 외층의 역학적 시간규모로 원래 상태로 돌아온다. 그 결과 질량이동은 역학적 시간

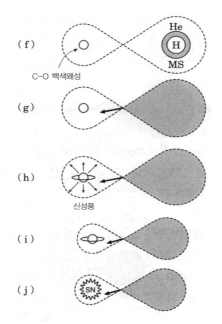

그림 6.28 Ia형 초신성이 되는 과정 : 초연질 X선별 채널(연속).

규모로 진행되어 동반성으로 가스가 단숨에 내려온다. 동반성은 가스를 받을 수 없어 동반성 주변에 가스가 넘치면서 공통외층을 생성한다(c).

6.1절에서 설명했듯이 공통외층 진화가 일어나 적색거성에서는 수소외층 대부분이 계 밖으로 빠져나가면서 주성의 헬륨핵이 드러난다. 또 궤도 반지름도 (식 6.29)와 같이 크게 줄어든다(d). 이때 헬륨핵은 비교적 밀도가 낮고 온도가 높기 때문에 축퇴하지는 않는다. 또 열원熱源도 없어 헬륨핵은 천천히 수축해 중력에너지를 방출한다. 중심온도가 점차 상승하면서 헬륨의 핵융합반응이 시작된다. 즉, 이 별은 $0.9 \sim 1.8\,M_\odot$인 헬륨 주계열성이 된다.

중심에서 헬륨이 다 타면 $C-O$핵이 생성되고 축퇴한 $C-O$핵 주변에 팽창한 헬륨층이 있는 헬륨 적색거성으로 진화한다. 따라서 주성은 다시 로시로브를 채운다(e).

이번에는 수소가 아니라 헬륨이 동반성으로 이동한다. 이때 질량이동은 가벼워진 주성에서 무거운 동반성으로 가스가 이동하므로 질량비는 $q = M_1/M_2 < 0.79$에 대체로 만족하고 6.1절에서 설명한 것처럼 질량은 안정적으로 이동한다. 따라서 질량이동은 주성의 외층이 팽창하는 시간(별 진화의 시간규모)로 진행된다. 이때 동반성의 열적 시간규모보다 길어 이동한 가스는 모두 동반성에 쌓인다.

헬륨의 질량이동은 계속되는데 최종적으로 팽창한 주성의 헬륨층은 대부분 동반성으로 이동한다. 남은 $0.9{\sim}1.1\,M_\odot$의 주성은 C−O핵만 남는데 이것이 식으면 C−O 백색왜성이 된다. 동반성은 헬륨을 대량으로 받아들이기 때문에 원소조성이 헬륨이 많은 주계열성이 된다(f).

그 후 동반성이 진화해 중심부의 수소를 소비하면 동반성의 반지름이 팽창해 로시로브를 채운다(g). 이런 동반성을 여기에서는 '조금 진화한 주계열성'이라고 하겠다. 이때부터는 반대로 동반성에서 주성으로 질량이동이 일어난다. 무거운 별에서 가벼운 별로 질량이 이동하므로 궤도 반지름은 줄고 질량이동은 불안정해진다. 질량이동은 동반성(주계열성)의 열적 시간규모이므로 (식 6.9)에 따르면 $3.0\,M_\odot$인 주계열성은 $10^{-6}\,M_\odot\mathrm{y}^{-1}$이다. 이때 질량이동률은 그림 6.6이나 (식 6.15)의 임계값을 넘어서기 때문에 신성풍이 일어난다. 동반성에서의 질량이동은 강착원반을 지나 백색왜성의 적도 부근에서 낙하하고 다른 영역에서는 신성풍으로 가스가 가속되어 빠져나가는 구조가 된다(h).

시간이 지나면 쌍성을 이룬 두 별의 질량비가 1에 가까워져 질량이동률이 내려간다. 임계값보다 내려가면 신성풍이 멎는다. 그러나 백색왜성에는 끊임없이 질량강착이 일어나며 수소의 정상 연소는 계속된다. 그 결과 백색왜성은 점차 무거워진다(i). 최종적으로 백색왜성의 질량은 1.38 $M_\odot$ 에 이르러 Ia형 초신성으로 폭발한다.

진화과정에서 (h)나 (i) 단계는 백색왜성 표면에서 수소핵연소가 일어나 표면온도는 십만에서 수십만 도까지 오른다. 이때 복사의 최고값은 10~60 eV로 백색왜성은 초연질 X선원이 된다. 그러나 (h) 단계에는 신성풍이 있기 때문에 자기흡수에 따라 초연질 X선은 관측되지 않는다. (i) 단계에서는 신성풍이 멈추기 때문에 초연질 X선원이 관측된다. 이에 따라 그림 6.27과 그림 6.28의 과정을 초연질 X선별 채널이라고 한다.

백색왜성의 상한질량으로 알려진 찬드라세카르 질량은 백색왜성 내부의 온도를 0이라고 했을 때의 상한질량인데 그 값은 전자의 평균분자량이 $\mu_e = 2$일 때 1.46 $M_\odot$이다. 그러나 실제로는 쌍성계 안의 백색왜성은 질량강착으로 가스가 압축되어 따뜻해진다. 백색왜성에 가스가 쌓이면 백색왜성이 무거워지고 반지름은 점점 작아지는데 찬드라세카르 질량에 이르기 전에 Mg 원자핵에 따른 전자포획반응이 일어나 핵융합반응이 시작된다. 수치를 계산하면 질량강착률에서도 영향을 받는데 대체로 1.38 $M_\odot$이다.

6.4.3 Ia형 초신성의 진화과정 2 : 공생별 채널

그림 6.29는 Ia형 초신성에 이르는 제2의 과정인 공생별共生星 채널을 나타낸 것이다. 이 경우는 4~9 $M_\odot$인 주성과 0.9~3 $M_\odot$의 동반성인 주계열성 한 쌍에서 시작한다 (a) 궤도길이는 초연질 X선 채널에 비해 매우 크다 (1500~3만 $R_\odot$). 주성은 중질량성인데 진화가 진행되어 C–O핵이 발달한 점근거성가지 단계에서 초강풍super wind이라는 항성풍으로 수소외층을 날려버리고 C–O 백색왜성으로 진화한다.

이때 질량방출률은 $\dot{M} \sim 10^{-4}\ M_\odot y^{-1}$으로 매우 크지만 항성풍의 속도는 수십 km s^{-1}로 작다. 쌍성계에서 천천히 빠져나가는 가스는 쌍성계 운동에 따른 회전력에서 각운동량을 얻는데 그 반작용으로 쌍성계는 각운동량을 잃고 궤도가 줄어든다. 이때 각운동량 손실은 6.2절의 (식 6.27)에 해당한다.

궤도가 수축하면 쌍성계의 궤도속도($a\Omega$)는 커져 상대적으로 초강풍의 속도는 느려진다($v_{wind} < a\Omega$). 그러므로 궤도운동은 초강풍에 더 쉽게 각운동량을 내주게 된다. 이 상태는 단숨에 진행되며 궤도는 더욱 줄어든다. 그 결과 공통외층 진화와 비슷한 일들이 벌어지고 마찬가지로 두 별 사이의 거리는 수십 분의 1로 줄어든다.

이 단계가 끝날 때 그림 6.29의 (d)처럼 주성은 수소외층을 모두 잃은 $0.9 \sim 1.2\,M_\odot$의 C–O핵이 되고 동반성은 주계열성인 채 그대로 질량이 거의 변하지 않는다. 이후로 수억 년에서 백억 년 정도 지나면 동반성이 진화해 중심에 헬륨핵이 생성되고, 외층은 팽창해 적색거성이 되어 로시로브를 채운다. 동반성 2에서 가스가 넘쳐 백색왜성 1로 강착원반을 거쳐 낙하한다. 적색거성이 더욱 가벼워 질량비가 $q = M_2 / M_1 < 0.79$인 경우에는 적색거성 진화의 시간규모로 질량이동이 일어나므로 그림 6.9에서 질량이동률은 $10^{-7} \sim 10^{-6}\,M_\odot y^{-1}$이 되며, 백색왜성에서 신성풍이 부는지는 잘 모르겠지만, 정상 수소껍질연소 영역에 대응한다는 것은 그림 6.6으로 알 수 있다.

반대로 $q = M_2 / M_1 > 0.79$일 경우는 불안정한 질량이동을 하고 적색거성의 외층이 대류층이므로 이대로라면 공통외층 진화를 일으킬 가능성이 있다. 만일 백색왜성에서 질량강착 신성풍이 불어오지 않으면 공통외층이 생성되고 적색거성 외층의 대기가 날아가 이중백색왜성계가 된다. 이것이 이벤과 투투코프가 제안한 이중백색왜성의 쌍성계이다. 웨빙크와 이벤, 투투코프가 이중백색왜성계를 제안한 것은 1984년으로, 그 뒤 1990년경부터 OPAL(불투명도) 흡수계수가 항성 내부구조를 계산할 때 사용되

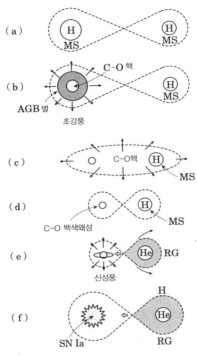

그림 6.29 Ia형 초신성이 되는 과정 : 공생성 채널. MS는 주계열성이고 RG는 적색거성이다.

면서 항성풍이 일어난다는 것을 알게 되었다. 새로운 흡수계수의 등장으로 새로운 기초과정(질량강착 신성풍)을 발견하게 된 것이다.

그런데 (e)에서는 질량이동률이 커 백색왜성에서 신성풍이 불어온다. 이것이 중력이 작은 적색거성 외층과 충돌하면 그 일부를 떼어내 백색왜성으로 가는 질량이동을 억제한다. 이 값을 적당히 다루어 계산하면 동반성에서 백색왜성으로의 질량이동률은 일정 범위로 조정된다. 또 마지막 (f) 단계에서는 적색거성의 질량이 줄어들기 때문에 질량비는 $q = M_2/M_1$ < 0.79가 되어 질량이동은 안정된다. 즉, 적색거성은 진화의 시간규모로 질량이 이동하므로 그림 6.9에서 보듯이 $10^{-7} \sim 10^{-6}\,M_\odot y^{-1}$에서 가스가

백색왜성으로 가라앉는다. 백색왜성의 신성풍은 점차 사그라들어 정상적인 수소껍질연소 영역으로 들어가는 것을 그림 6.6에서 알 수 있다. 백색왜성의 질량은 계속 늘어나다가 마침내 $1.38\,M_\odot$에 이르러 Ia형 초신성 폭발을 일으킨다.

이 과정에서 다섯 번째 단계인 (e)에서는 수소껍질연소를 하는 뜨거운 백색왜성과 차가운 적색거성이라는 짝이 공존한다. 그 결과 별스펙트럼에 뜨거운 것(수만 도 이상)과 차가운 것(수천 도 이하)이 공존하여 공생별로 관측된다. 그래서 이 과정을 공생별 채널이라고 한다.

그런데 우리은하의 경우는 Ia형 초신성의 발생 빈도를 천 년에 세 개로 추정한다. 위에서 살펴본 진화과정은 Ia형 초신성 관측을 충분히 설명할 수 있을까. 쌍성계 생성률을 주성의 질량 M_1과 질량비 $q=M_2/M_1$, 두 별의 간격 a라는 세 가지 쌍성 매개변수(독립량) 함수로 만들어 진화과정을 하나씩 짚어가다 보면 어느 정도의 빈도로 Ia형 초신성이 되는지 계산할 수 있다. 하치스 이즈미 연구진이 간단히 계산한 것을 보면 진화과정 두 개를 합하면 $0.003\,\mathrm{y}^{-1}$이 되어 관측과 일치한다. 그림 6.30에 그 결과의 일부를 실었다. 여기에서 초연질 X선별 채널은 그림 6.28의 (f) 또는 (g) 단계에서 진화를 계산하기 시작해 마지막으로 Ia형 초신성이 된 쌍성의 매개변수 범위를 표시하고 있다. 또 공생별 채널은 그림 6.29의 (d) 단계부터 진화를 계산해 마지막으로 Ia형 초신성이 된 별들의 매개변수 범위를 표시했다. 그림에 회귀신성으로 쌍성계의 공전주기가 파악된 별들의 위치를 표시했다.

6.4.4 과거에는 Ia형 초신성이 없었을까

이렇게 Ia형 초신성에 이르는 쌍성계 과정을 알면 은하의 화학진화에 이를 응용할 수 있다. 신성풍의 강도는 원소조성에 민감하므로 별의 종족마

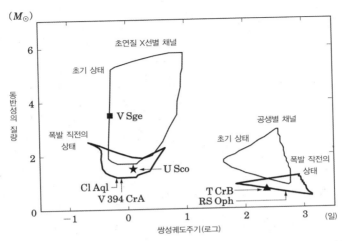

그림 6.30 Ia형 초신성이 되는 쌍성계의 궤도주기와 별의 질량. 왼쪽은 초연질 X선별 채널에 따라 Ia형 초신성 폭발을 일으키는 쌍성계의 초기 매개변수(가는 선). 그림 6.28의 (f)나 (g)를 초기 상태로 해서 쌍성진화를 계산했다. 위쪽 영역에 있는 쌍성계는 질량교환이나 쌍성계에서의 가스 손실로 주기 등이 달라지면서 최종적으로 아래쪽의 굵은 선 안쪽으로 들어온다. 또 오른쪽의 공생별 채널에서는 그림 6.29의 (d)를 초기 상태로 해서 쌍성진화를 계산했다. 위쪽의 가는 선 안쪽 영역에서 아래쪽 굵은 선 안쪽으로 진화한다. 단, 원래 진화계산을 산출할 때 백색왜성의 질량을 1.0 $M_\odot$으로 가정했다.

다 쌍성계의 진화과정이 다르다. 그림 6.15에서 $\log T\,(\mathrm{K}) \sim 5.2$라는 흡수계수의 최고값은 철의 영향을 받으므로 철이 적은 종족 II의 별은 최고값도 낮다. 따라서 신성풍의 가속도도 매우 약하거나 아예 일어나지 않는다. 별의 진화 자체도 중원소량의 영향을 받는다. 핵반응에 따른 에너지 생성률과 흡수계수는 중원소량에 따라 적색거성의 진화 속도나 반지름 따위가 달라져 쌍성계의 질량이동률도 달라진다. 자세히 계산해 보면 중원소량이 적으면 질량강착 신성풍이 일어나지 않는다. 그러므로 백색왜성이 찬드라세카르 질량까지 성장할 수 있는 매개변수의 범위는 아주 좁아져서 종족 II의 쌍성계($Z < 0.01\,Z_\odot$)에서 Ia형 초신성은 거의 만들어지지 않는 것으로 본다.

우주의 원소조성 진화에서 옛날에는 Ia형 초신성이 없었던 것으로 알려져 있다. 우주 초기에는 수소와 헬륨 원소 외에는 거의 존재하지 않았는데 별이 생성되면서 중원소가 많아졌다. 이는 은하계 헤일로에 있는 오래된 별의 스펙트럼을 관측해 알아냈다. 먼저 산소원소가 증가하고 나중에 철이 증가한 것을 알 수 있다. 7장에서 보듯이 철의 핵이 폭축하는 II형 초신성은 산소 같은 중간핵종을 많이 퍼뜨리고 Ia형 초신성은 철을 많이 퍼뜨린다. 즉 우주 초기에는 II형 초신성만 있다가 나중에야 Ia형 초신성이 많아졌음을 알 수 있다.

6.4.5 진화과정의 증거

지금까지 설명한 새로운 진화과정의 근간은 질량강착 신성풍이 실제로 존재하는지 여부에 달려 있다. 그런데 신성풍이 부는 기간이 짧기 때문에 이 단계의 천체를 발견하기는 어렵다. 그러나 의외의 위치에서 후보 천체가 두 개 발견되었다.

첫째 후보는 X선위성 ROSAT가 발견했고 RX J 0513.9−6951라는 이름의 대마젤란 성운에 있는 초연질 X선원이다. 그림 6.31에서 볼 수 있듯이 조금은 묘하게 움직인다. 이 천체의 광학적 움직임은 MACHO 프로젝트[8]로 장기적으로 모니터하고 있다. MACHO가 관측한 광도곡선을 그림 6.31에 나타냈다. 연질 X선의 변화는 X선위성 ROSAT로 자세히 관측했다. 이 천체는 그림에서 보면 알 수 있듯이 밝기가 낮은 기간 40일과 밝기가 높은 기간 100일이 교차하는 준규칙적인 변광을 나타낸다. 가시광의 광도가 내려갈 때만 연질 X선이 관측된다. 이와는 별도로 광학 스펙트

---

[8] MACHO(MAssive Compact Halo Object의 약자)는 은하의 암흑물질을 중력렌즈효과를 이용해 찾아내는 프로젝트였는데 대마젤란 성운을 8년 동안 관측해 오면서 부산물로 많은 변광성을 발견하는 한편, 귀중한 자료도 얻었다.

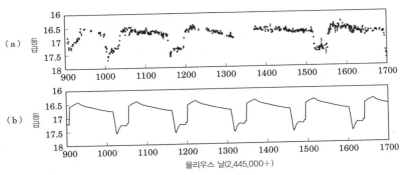

그림 6.31 RX J0513.9−6951의 광도곡선. 위의 그림 (a)는 MACHO의 관측이다. 아래 그림 (b)는 하치스와 가토(Hachisu & Kato, 2003, *ApJ*, 590, 445)의 모델 계산이다.

럼 관측으로 속도가 4000km s⁻¹인 제트가 확인되었다. 이 수치는 백색왜성의 탈출속도에 해당해 중심천체는 백색왜성일 것으로 추측한다.

이 기묘한 움직임은 질량강착 신성풍이 밝기가 높은 기간에만 부는 것으로 설명할 수 있다. 초연질 X선별 채널인 그림 6.28의 단계 (h)에 해당하는 천체이다. 동반성에서 백색왜성으로 질량강착하면 신성풍이 일어나는데 그 신성풍이 동반성 표면과 충돌하면 표면의 가스 일부를 떼어주므로 질량강착률이 억제된다. 그러므로 (식 6.15)의 강착률보다 작아지면 신성풍이 멈춘다. 신성풍이 멎으면 이번에는 동반성의 질량이동을 억제하는 것이 없어졌으므로 원래의 높은 강착률로 돌아오고, 다시 신성풍이 부는 과정을 반복한다. HR도 그림 6.16 위에 있는 점 B 근처에 있기 때문에 주기적으로 좌우로 이동하는 구조이다. 그리고 신성풍이 부는 동안 X선은 가스에 흡수되어 관측되지 않지만 신성풍이 멎으면 흡수되지 않아 관측된다.

이 천체는 질량강착 신성풍이 불고 있다는 관측적 증거라고 생각한다. 또 이 RX J0513.9−6951처럼 움직이는 천체가 우리은하계에서도 하나 발견했다. 바로 고물자리 V별(V Sge)이다.

6.4.6 Ia형 초신성의 모母천체 후보

Ia형 초신성으로 진화하는 천체가 있다면 폭발 직전이라고 해도 좋을 것이다. 그런 천체의 후보로 RX J0513.9−6951이나 고물자리 V별 같은 초연질 X선원과 6.3절의 회귀신성이 있다. 초연질 X선원의 백색왜성은 아직 질량을 알아내지 못했는데 하치스 이즈미와 가토 마리코加藤萬里子가 계산한 것을 보면 RX J0513.9−6951이나 화살자리 V별은 대략 1.2~1.3 $M_⊙$이다. 이 별들은 백색왜성의 질량이 증가하면서 그 상태로 계속 성장하면 10~20만 년 후에는 Ia형 초신성으로 폭발할 가능성이 높다. 또 회귀신성에 속하는 전갈자리 회귀신성(U Sco)도 광도곡선 분석으로 백색왜성의 질량을 1.37 $M_⊙$로 추정하고 있다. 신성 폭발을 반복하면서 질량이 증가하므로 이 별들도 Ia형 초신성이 될 수 있는 천체이다.

흥미로운 사실은 그림 6.30에서 알 수 듯이 회귀신성 두 그룹이 Ia형 초신성의 진화과정 두 채널(초연질 X선별 채널과 공생별 채널)에 각각 대응한다는 것이다. 또 RX J0513.9−6951과 고물자리 V별의 초연질 X선원은 각각 궤도주기가 0.76일, 0.51일이고 동반성의 질량은 2.5 $M_⊙$, 3.5 $M_⊙$로 계산되므로 왼쪽의 초연질 X선별 채널에 해당한다.

Ia형 초신성의 모천체parent body를 최종적으로 결정하는 데 가장 중요한 요소는 폭발한 초신성 스펙트럼에 수소의 방출선 또는 흡수선이 발견되었다는 점이다. 위에서 설명한 두 채널에는 폭발하는 백색왜성 주변(상대별 포함)에 수소가 존재한다. 현재의 관측 정밀도로는 아직 검출할 수 없는 값이지만 관측 정밀도가 더 좋아지거나 또는 아주 가까이에서 Ia형 초신성이 출현한다면 수소를 검출할 수 있다. 수소가 검출되면 여기에서 설명한 진화과정이 옳은지 확인할 수도 있을 것이다. 그렇지 않은 경우에는 이중백색왜성처럼 수소를 가지지 않는 것이 모천체가 된다.

제**7**장
초신성

7.1 초신성 탐사와 관측

7.1.1 초신성이란

전에는 보이지 않던 별이 밤하늘에 갑자기 나타나 며칠에서 몇 달, 때로는 몇 년 동안 광도가 변하면서 빛나는 별이 있다. 동양에서는 '객성quest star'이라고 하는데[1] 오래전부터 출현했던 예가 기록에 남아 있다. 근세 이후 서양에서는 이런 천체를 '신성'이라고 했다.

바데Badde와 츠비키Zwicky(1934년)는 1885년 안드로메다자리 대은하 M 31에 나타난 '신성'과 신성 중에서도 오래된 몇 가지는 전형적인 신성보다 훨씬 밝다는 사실을 알고 '초신성supernova'으로 분류했다. 같은 시기에 게성운 M 1이 천구 위에서 팽창하는 것을 발견했다. 팽창을 거슬러 올라가면 1000년 전 한 점에 모여 있던 것으로 1054년 이 위치에 '객성'이 있었다고 기록되어 있어 게성운은 '초신성의 잔해'임이 판명되었다(화보 11).

그 후 연구를 거듭한 결과 초신성은 항성 전체가 폭발하는 현상임을 알게 되었다.[2] 가장 밝은 것이 절대등급으로 −19등급에 이르는 우주 최대 규모의 폭발이다.

7.1.2 초신성 탐사

초신성 발견 개수

초신성은 은하 하나에서 50년에 하나꼴로 나타난다. 우리은하에서는 1604년에 발견된 '케플러의 별' 이후 아직 관측되지 않고 있다.[3] 따라서 초신성 관측 연구는 주로 은하계 밖에서 발견·관측한 것으로 진행해 왔다.

---

1 객성은 혜성까지 포함해 갑자기 나타난 천체를 통틀어 말한다.
2 일반적인 신성(고전신성)은 백색왜성 표면의 핵폭발이다.
3 초신성 잔해 카시오페이아자리(Cas A)는 1680년 무렵에 폭발한 것인데 이에 관한 초신성 기록은 확실하지 않다.

표 7.1 1979년 이후 초신성 발견 개수의 변화(2008년 말 현재).

연도	발견 개수	연도	발견 개수	연도	발견 개수
2008	253	1998	162	1988	35
2007	571	1997	163	1987	20
2006	554	1996	96	1986	16
2005	367	1995	58	1985	21
2004	251	1994	41	1984	22
2003	338	1993	38	1983	28
2002	334	1992	73	1982	27
2001	307	1991	64	1981	11
2000	184	1990	38	1980	17
1999	206	1989	32	1979	7

과거 화상에서 발견해 늘어난 것이 있다.

1987년에 대마젤란 성운에서 초신성(초신성 1987 A)이 출현할 때까지 연간 스무 개 정도를 육안으로 발견했다. 초신성 1987 A 이후 초신성에 대한 관심이 높아져 CCD나 자동촬영 시스템을 도입해 관측시간을 단축했고 화상 비교가 자동화되면서 초신성을 발견하는 경우가 크게 늘었다(표 7.1). 또 초신성을 통해 우주론적 거리를 측정하는 것(7.1.4절)이 각광받았고 이에 대망원경으로 전천탐사를 하면서 발견 건수는 비약적으로 증가했다. 21세기에 들어 몇 년 동안 연간 300~500개 안팎에서 맴돌고 있으며 앞으로는 더욱 늘어날 전망이다.

천문애호가들이 찾아낸 초신성들도 많다. 이 초신성은 가까운 은하에 출현한 밝은 것들로 자세히 연구하면 새로운 정보들을 많이 얻을 수 있을 것이다.

초신성 발견 방법

초신성은 은하를 촬영한 다음 이전의 화상에 찍혀 있지 않았던 빛을 찾

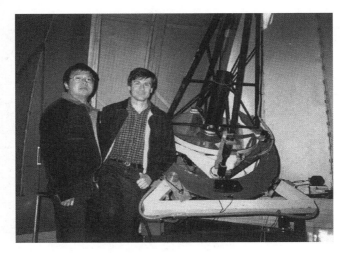

그림 7.1 카츠만 자동촬영망원경과 이를 주도한 필리펜코 교수(오른쪽)와 리 박사(캘리포니아대학 버클리분교).

아 탐사한다. 비교할 때는 파장의 특성이나 포화에 따라 겉보기에 차이가 생기는 것을 피하기 위해 같은 망원경과 카메라로 촬영한 것을 사용한다.

가까운 은하에서 은하를 하나씩 촬영해 며칠 전에 찍은 사진과 비교한다. 천문애호가들은 주로 이 방법으로 초신성을 찾았으며, 1990년 이후에는 연구자들도 초신성을 찾고 있다. 대표적인 예가 릭천문대의 카쓰만 자동촬영망원경Katzman Automatic Imaging Telescope: KAIT이다(그림 7.1). 천체의 도입부터 노출, 과거 사진과 비교하는 과정을 모두 자동화한 시스템으로 이후 여기저기서 이 시스템을 잇따라 도입하고 있다.

멀리 있는 초신성은 은하계에서 성간흡수가 비교적 적게 일어나는 고은위高銀緯 방향으로 촬영하는데 대망원경으로 몇 주 간격으로 촬영한 후 화상을 감산해 찾아낸다(그림. 7.2). 분광 유형을 판별하거나 광도변화를 추적하기 위해 대형 망원경이나 허블 우주망원경을 여러 대 도입하는 계획이 입안, 실행되고 있다(7.1.4절).

그림 7.2 스바루 망원경으로 발견한 멀리 있는 초신성.

한편, 초신성이 발견되면 출현 연도와 그해에 인정받은 순서로 A, B, C, …, Z로 기호를 붙인다. 스물일곱 개가 다 차면 aa, ab, ac, …, az, 이어서 ba, bb, bc, … 의 순서로 이름을 붙인다. zz까지 702개를 만들 수 있는데 이 숫자보다 더 많이 발견될 경우 이름을 어떻게 붙일지에 대해서는 아직 확정된 것이 없다. 2013년 현재 한 해에 이보다 더 많은 수의 초신성이 발견된 적은 없었다.

7.1.3 초신성의 분류

초신성을 비롯해 예상하지 못했던 천체가 발견되면 그 존재를 확인함과 동시에 분광해서 천체의 내력을 조사한다. 초신성은 관측적으로 몇 가지 유형으로 분류한다(그림 7.3).

분광 유형과 그 기원

츠비키는 1930년대부터 초신성 관측에 심혈을 기울였는데 별의 성질에

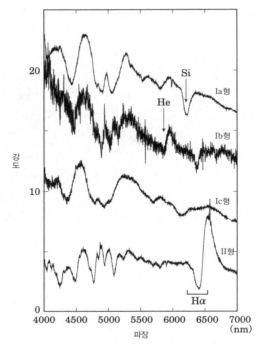

그림 7.3 전형적인 초신성의 극대기 스펙트럼. CfA 초신성 아카이브를 이용해 작성
(http://www.cfa.harvard.edu/supernova/SNarchive.html).

따라 두 종류로 나눴다. I형 초신성은 가장 밝은 극대일 때 수소선이 없고 별마다 차이가 적은 데 비해 II형 초신성은 수소선이 있고 별마다 차이가 크다.

전형적인 I형 초신성은 극대기에 실험실에서는 635.5 nm이지만 시선 속도가 1만 km s^{-1}로 가까워져 615 nm에서 이동한 규소의 흡수선[4]이 두드러진다. 그러나 1980년대부터 규소선이 약한 I형 초신성이 계속 발견되고 있다. 그 결과 전형적인 것은 Ia형 초신성으로, 그렇지 않고 헬륨 흡수

---

4 관측적으로는 우주팽창에 따른 모은하의 적색이동이 강해진다.

선이 보이는 것은 Ib형 초신성으로, 헬륨도 보이지 않으면 Ic형 초신성으로 세분했다.

극대기에서 여섯 달이 지나면 팽창해 초신성 스펙트럼은 광학적으로 옅고 연속광 성분도 없어 방출선으로만 빛난다. Ia형 초신성은 철이 주성분이지만 나머지 유형의 초신성(Ib형, Ic형, II형)은 산소와 칼슘이 두드러진다. 또 Ia형 초신성이 아닌 다른 초신성은 별이 활발하게 만들어지는 은하에만 출현하는 데 비해 Ia형 초신성은 타원은하를 포함해 모든 은하에 출현한다. 이런 특징을 감안할 때 Ia형 초신성은 근접쌍성계에서 백색왜성이 폭발한 것으로 보이며 다른 유형은 대질량성이 폭발한 것으로 보인다. 대질량성도 항성풍으로 수소외층이 없어진 후에 폭발하면 수소선이 관측되지 않는다.

특이한 초신성

위에 설명한 전형적인 분광 유형에 속하지 않는 초신성들도 적게나마 발견되고 있다. 먼저 폭발 직후에는 수소 방출선이 넓게 보이는 데 비해 극대 시기 즈음에는 수소 방출선이 약해지는 등 Ib형 초신성의 스펙트럼선과 아주 비슷한 모습을 보인다. 가까운 은하 M 81에 출현한 초신성 1993 J가 대표적인데 이 초신성을 IIb형 초신성이라고 한다. 질량을 방출하면서 외층에 풍부했던 수소가 줄어들어 대질량성이 폭발하는 것이다.

Ic형 초신성은 수소, 규소, 헬륨이 모두 잘 보이지 않는데 이 중에서도 선윤곽이 아주 넓고 선의 중심파장에서 청색이동이 큰, 즉 팽창속도가 아주 큰 것을 '특이 Ic형' 초신성이라고 한다. 전형적인 Ic형 초신성은 팽창속도가 수천 km s^{-1}인 데 비해 특이 Ic형 초신성은 3만 km s^{-1}에 이르는 것으로 관측된다(그림 7.4 왼쪽).

팽창하는 운동에너지가 일반 초신성보다 10배(10^{45} J) 정도 커서 '극極초

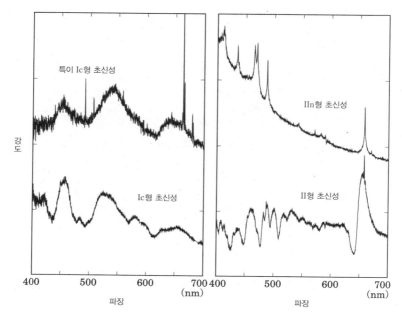

특이 Ic형 초신성

강
도

Ic형 초신성

IIn형 초신성

II형 초신성

400   500   600   700 400   500   600   700
                              (nm)   (nm)
        파장   파장

그림 7.4 특이한 초신성의 스펙트럼. CfA 초신성 아카이브를 이용해 작성
(http://www.cfa.harvard.edu/supernova/SNarchive.html).

신성'으로 분류했다.[5] 일부 감마선 폭발[6]은 이 Ic형 초신성에서 시작된 것
이다.

　반대로 선폭이 아주 좁은 초신성도 관측된다(그림 7.4 오른쪽). 수소 방출
선이 좁은 것은 IIn형 초신성이라고 한다. 간혹 수소 방출선이 보이지 않
고 헬륨 방출선이 가늘게 나타나는 것이 있는데 Ibn형 초신성이라는 이름
을 붙였다. 두 종류 모두 비교적 밀도가 높은 성주물질이 초신성의 빛이나
충격파를 받아 빛을 내는 것으로 생각한다. 이를 통해 초신성 폭발이 일어
나기 전까지 수천 년 동안 별에서 방출한 가스의 구성이나 밀도 등에 대한

5 7.2.6절 참조.
6 7.2.6절, 7.3.10절 참조.

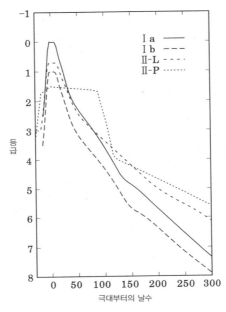

그림 7.5 전형적인 초신성의 광도곡선(모식도).

정보를 얻을 수 있다.

또 기존에는 IIn형 초신성으로 분류하던 것 중에 초신성치고는 매우 어두운 데다 증광과 감광을 반복하는 것들도 있다. 이것은 청색초거성의 표면폭발로 증광한 것으로 판단해 현재는 이를 초신성으로 다루지 않는다.

광도곡선과 절대등급

초신성의 가시광 영역에서의 광도 변화, 즉 광도곡선은 분광 유형에 따라 각각의 특징이 있다(그림 7.5). Ia형 초신성은 폭발 후 20일에 극대값이 되고 30일에 3등급 감광하며, 그 뒤로 100일마다 1.5등급 비율로 감광하는 과정을 거치는데 초신성 각각의 차이는 크지 않다. 극대일 때 절대등급은 -19등급이다.

한편 Ib형 초신성, Ic형 초신성, II형 초신성은 극대일 때 절대등급이 -17등급 안팎으로 대개 Ia형 초신성보다 어두운데, 특이 Ic형 초신성 중에는 -21등급에 이르는 매우 밝은 것도 있어 편차가 크다. 광도곡선도 별마다 차이가 크지만 어떤 경우든 후기 감광률은 모두 Ia형 초신성에 비해 약간 더딘 편이다.

II형 초신성은 극대기를 지나 100일 정도 광도가 일정한 상태plateau를 유지하는 것과 날수에 비례해 등급이 직선linear으로 떨어지는 것[7]으로 나뉘는데, 전자를 II-P형이라 하고 후자를 II-L형이라고 한다. 외층에 수소가 많으면 II-P형이고 외층에 수소가 적으면[8] II-L형이 되는 것으로 추측한다.

폭발 직후를 제외하고 초신성이 빛을 내는 열원은 폭발할 때 생성된 방사성원소 ^{56}Ni이 붕괴해 ^{56}Co이 되고, 또 ^{56}Fe으로 붕괴할 때 방출되는 핵감마선이다. Ia형 초신성은 다량의 ^{56}Ni을 생성하기 때문에 다른 유형의 전형적인 초신성보다 밝다.

초신성의 후기 감광률은 ^{56}Co의 반감기(77.1일)를 반영한다. 감광률이 초신성 유형에 따라, 또 같은 유형에서도 서로 다른 것은 핵감마선을 산란해 열에너지로 변환하는 자유전자의 밀도가 다르기 때문으로 생각한다.

7.1.4 초신성 관측

초신성천체 관측

초신성 역시 다른 항성이나 변광성과 마찬가지로 기본적으로는 점원点源이다. 따라서 측광관측, 분광관측으로 얻은 정보를 기초로 초신성의 정

---

7 등급은 광도의 로그이므로 직선적이라고 해도 광도와 시간의 관계는 지수함수적이다.
8 적다고 해도 앞에 기록한 IIb형 초신성보다는 많다.

체를 점점 밝혀내고 있다. 관측된 광도곡선이나 스펙트럼을 모델에 따라 재구현함으로써 초신성의 내력을 밝히는 것이다. 최근에는 초신성의 편광을 측정하거나 분광할 때 선윤곽을 꼼꼼히 모델화하여 팽창하는 초신성의 비非구대칭성에 대한 논의가 활발하다.[9] 감마선 폭발Gamma ray burst에서는 제트현상 같은 플라스마 방출이 일어날 것으로 예상하는데 그 기원인 극초신성에서 비구대칭성이 더 강하다는 것이 원인으로 추정된다.

초신성은 가시광선 외에 전자파도 방출한다. 특히 팽창하는 초신성과 성주물질이 충돌하면 X선이나 전파로 밝은 빛이 난다. 따라서 가까운 은하에 대질량성이었던 초신성이 출현하면 X선관측위성이나 전파망원경으로 관측된다. 전파간섭계로 관측하면 팽창하는 초신성의 형상까지 촬영할수 있다(그림 7.6). 또 감마선 스펙트럼을 관측해서 폭발할 때 합성된 방사성원소로부터 선감마선line gamma rays을 촬영한 적도 있다.

초신성에서 전자파만 관측할 수 있는 것은 아니다. 가미오카神岡 실험(일본)과 IMB(미국)에서 동시에 초신성 1987 A에서 뉴트리노를 측정하면서 태양이 아닌 천체가 방출한 뉴트리노의 존재를 처음으로 밝혀냈다. 이러한 성과 덕분에 가미오카 실험을 주도했던 고시바 마사토시小柴昌俊는 2002년에 노벨물리학상을 받았다.

가까운 은하의 초신성, 특히 대질량성이었던 초신성은 폭발 전 모습이 남아 있을 가능성이 높다. 대마젤란 성운의 초신성 1987 A, M 81의 초신성 1993 J에서는 폭발 전의 별이 확인되었다. 기존에는 초신성이 폭발하기 직전의 별은 적색초거성이었을 것으로 예상했지만 이 초신성들은 각각 B형 초거성, K형 초거성이었다. 이는 진화 도중의 질량방출이 중요한 요소임을 의미한다. 최근 스바루 망원경이나 허블 우주망원경처럼 공간분해

[9] 7.2.6절 참조.

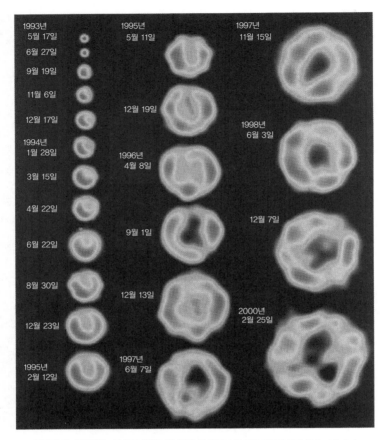

그림 7.6 팽창하는 초신성 1993J의 전파 화상(화보 10 참조, NRAO/AUI, N. Bartel *et al*).

능이 뛰어난 망원경들이 맹활약을 하는 데다 관측사진까지 공개되면서 근접 초신성이 나타나면 폭발 전의 모습을 찾기 위해 활발하게 조사를 진행하고 있다.

초신성을 이용한 거리측정

Ia형 초신성은 광도 변화와 스펙트럼이 균일한 것이 특징이다. 이 별은

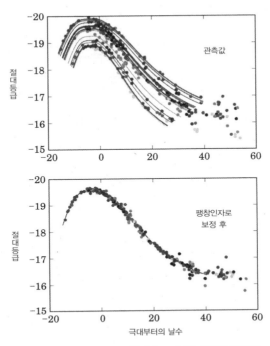

그림 7.7 Ia형 초신성 광도곡선의 다양성과 팽창인자로 보정한 결과의 균일성(Perlmutter *et al.* 1997, *BAAS*, 29, 1351).

극대일 때 절대등급이 일정하고 밝아서 제법 멀리 떨어져 있어도 관측할 수 있다는 점 때문에 우주에서 거리를 측정할 때 표준광원으로 사용할 수 있다.

1990년대부터는 극대 절대등급에 약간의 편차가 있는 것으로 알려졌는데 극대값 이후의 감광률에서 도출한 팽창인자로 보정하면 광도곡선은 물론 극대 절대등급도 매우 균일하다는 것을 알게 되었다(그림 7.7). 즉, 감광률을 알면 극대일 때의 절대등급을 알 수 있고 이를 극대일 때의 겉보기등급과 비교해 거리를 측정할 수도 있다.

초신성에서 얻은 우주팽창의 역사는 매우 놀랍다. 우주의 에너지 밀도는 인력의 원천으로 팽창을 늦춘다. 따라서 에너지 밀도가 작을수록 우주 팽창은 잘 늦춰지지 않는다. 그런데 관측 결과에서는 에너지 밀도가 0일 때 우주팽창의 변화는 예상했던 속도보다 훨씬 느렸다. 우주에는 인력뿐 아니라 반발력도 있는 데다 우주팽창은 '가속'되고 있기 때문이다. 1998년에 이를 발견한 후에는 윌킨슨 초단파 비등방탐사선WMAP: Wilkinson Microwave Anisotropy Probe으로 우주배경복사를 정밀 측정함으로써 관측적 우주론이 비약적으로 발전하게 되었다.

7.2 중력붕괴와 뉴트리노 폭발

7.2.1 별의 평형상태와 안정성

중력붕괴형 초신성은 태양질량(이하 $M_\odot$로 나타낸다)보다 약 10배나 질량 이 큰 대질량성의 중심핵이 진화의 마지막 단계에서 중력붕괴를 일으키면 서 탄생한다. 지금까지 보아왔듯이 항성은 일반적으로 핵연소반응에서 에 너지를 얻고 이 에너지로 가스를 만들어 그 가스의 온도를 올릴 때에 생긴 압력이 자기중력과 대립해 역학적인 평형상태를 이룬다. 이런 평형상태가 조건이 충족되면 안정성을 잃고 중력붕괴를 하는지 지금부터 정성적으로 논의해 보고자 한다.

일반적으로 역학적 평형상태는 계 전체의 에너지 극대값에 따라 달라지 는데 에너지가 극소값인 경우에 안정된 평형상태가 되고 반대로 에너지가 극대일 때 불안정하다.

별의 안정성도 똑같이 논의할 수 있다. 자전을 무시하면 별의 전체 에너 지는 중력에너지와 내부에너지의 합으로 볼 수 있다. 질량이 M이고 구대 칭인 별의 반지름을 R이라 할 때 중력에너지 W는

$$W = -k_1 G \frac{M^2}{R} \qquad (7.1)$$

로 나타낸다. 여기에서 G는 뉴턴의 중력상수이고 k_1은 별의 구조에 따라 달라지는 값인데 1과 거의 차이가 없다(여기에서는 편의상 상수로 가정한다). 중력은 인력이므로 W 부호는 음의 값이 된다. 한편 별의 내부에너지 U는 가스의 단위부피당 내부에너지 e를 밀도 ρ로

$$e = k_2' \rho^\Gamma \qquad (7.2)$$

로 나타내면

$$U = k_2 \frac{M^\Gamma}{R^{3\Gamma-3}} \qquad (7.3)$$

으로 주어진다. 여기에서 $U \sim e \dfrac{4\pi}{3} R^3$이고 $\rho \sim M/R^3$라는 대략적인 가정을 이용했다. 또 k_2'와 k_2는 이번에도 1과 거의 같은 값으로 상수라고 가정한다. 또 Γ는 가스의 열역학적 성질로 결정되는 값으로 역시 상수라고 하자. 위에서 이야기했듯이 $W+U$가 극대값일 때 별은 평형상태가 된다. 여기에서 질량이 주어진다고 하고 $W+U$는 반지름 R인 함수라고 하자. $W+U$의 극대값을 주는 R이 별의 반지름이 된다(그림 7.8 참조). (식 7.1)과 (식 7.3)에서 별의 반지름은

$$R_* = \left(\frac{(3\Gamma-3)k_2}{k_1 G} \right)^{\frac{1}{3\Gamma-4}} M^{\frac{\Gamma-2}{3\Gamma-4}} \qquad (7.4)$$

라고 쓸 수 있다. 이 식에서 $\Gamma \neq 4/3$이면 역학적 평형에 영향을 미치는 반지름이 존재함을 알 수 있다. 이는 중력에너지와 내부에너지가 반지름에 의존하는 성질이 달라 (식 7.2)와 같이 간단한 관계식이 성립되지 않더라

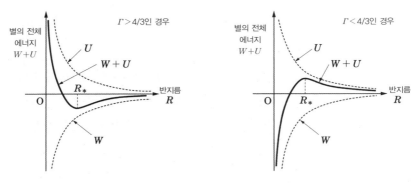

그림 7.8 별의 전체 에너지와 반지름의 관계.

도 일반적으로 반지름 값은 존재한다. 또 $\Gamma = 4/3$는 특별한 값으로 두 에너지의 반지름 의존도가 같아져 임의의 반지름으로 평형을 이루거나 평행을 이루는 반지름이 없는지 그 하나이다.

전체 에너지의 반지름으로 2차미분을 했을 때 알 수 있듯이 $\Gamma > 4/3$일 때 평형상태는 안정적이다. 실제로 평형상태에 있는 별을 가상적으로 약간 압축하면 내부에너지를 늘리는 것이 중력에너지가 줄어드는 것(절대값은 커지고 있다는 점에 주의)보다 빠르다. 이는 곧 기본적으로 압력이 증가하는 것이 중력이 증가하는 것보다 빠르다는 뜻이다. 그 결과 별이 팽창하고 원래의 평형상태로 돌아가려고 한다. 이 표현이 안정적인 평형상태를 직관적으로 설명한 것이다.

별을 구성하는 가스의 내부에너지를 보통 (식 7.2)와 같이 간단한 표식으로 나타내지 않는다. 실제로 열역학량에는 독립적인 값이 두 개 존재하므로 내부에너지는 밀도뿐 아니라 또 하나의 값, 예를 들어 온도에도 의존한다. 그러나 위와 같은 평형상태에서 아주 조금 벗어난 뒤 짧은 시간 동안 어떻게 변화하는지에만 주목한다면 그동안의 열이동은 무시할 수 있으므로 계의 변화를 엔트로피 변화가 없는 이른바 '단열과정'으로 근사할 수 있으며 내부에너지나 압력의 변화를 밀도 변화만의 함수로 나타낼 수 있다. 이때 위의 Γ를 대신하는 것이 이른바 '단열지수'로 다음의 표식으로 주어진다.

$$\Gamma \equiv \left(\frac{\partial \ln p}{\partial \ln \rho} \right)_s \tag{7.5}$$

여기에서 s는 엔트로피를 나타내고 미분에 첨부된 아래 첨자는 편미분할 때 그것으로 나타내는 값을 일정하게 한다는 것을 의미한다. 따라서 단열지수란 엔트로피를 일정하게 유지하면서 밀도를 바꿨을 때 그와 함께 변화하는 압력의 비율을 나타낸다. 내부에너지가 밀도만의 함수로 (식 7.2)와 같이 표시된 경우는 열역학 관계식에서 Γ가 단열지수임을 쉽게 알 수 있으므로 단열지수가 이것을 일반화했음을 알 수 있다. 별은 밀도나 온도가 일정하지 않으므로 단열지수도 당연히 일정하지 않다. 이 경우 별의 안정성을 결정하는 것은 각 점의 단열지수에 압력의 무게를 더해서 별 전체로 평균을 내어 이 값이 4/3보다 크면 안정이고 반대로 작으면 불안정한 것이다. 별이 본질적으로 불안정하다는 것은 별을 압축할 때 중력이 압력보다 빠르고 세다는 것을 뜻한다.

이번에는 별을 구성하는 물질의 단열지수를 살펴보자. 별은 대부분 주계열 단계에서 이온화한 수소(양성자)와 자유전자로 구성된다. 상호작용을 무시한다면 이 양성자와 전자로 이루어진 가스는 단원자 분자의 이상기체로 볼 수 있어 단열지수는 이른바 정압비열과 정적비열의 비로 주어져(푸아송의 법칙) 5/3이다. 따라서 주계열 단계일 때 별은 안정적인 역학평형에 있음을 알 수 있다. 6장에서 이미 보았듯이 항성은 핵융합반응으로 수소, 헬륨, 탄소 등 원자번호가 큰 순서대로 원소를 합성해 진화한다. 핵자 한 개당 결합에너지가 최소이고 더 이상 핵융합반응으로 에너지를 생성할 수

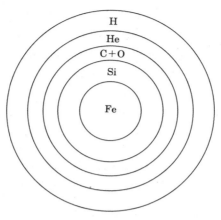

그림 7.9 중력붕괴 직전에 별의 내부구조 개념도. 각 선 사이에 기호로 나타낸 원소가 많이 존재한다. 길이의 축척은 맞지 않는다는 점에 주의.

없는 철이 합성되어 중심에 축적되면 핵융합반응은 끝나고 별의 진화는 최종 단계를 맞이한다(그림 7.9 참조).

초신성을 일으키기 직전에 별의 중심부(핵이라고 한다)는 이렇게 생성된 철과 자유전자로 이루어져 있다. 방금 전까지 말한 주계열성과 다른 점은 전자의 압력이 철 원자핵의 압력보다 압도적으로 큰 데다 그것이 온도 0에서도 존재하는, 이른바 축퇴압에 따라 생긴다는 점이다. 전자는 페르미 입자이기 때문에 파울리의 배타율에 따라 온도가 0이 되더라도 모든 입자가 운동량 0이 되는 것은 아니어서 유한한 속도로 운동하는 입자가 존재하며 그 결과 0이 아닌 압력을 유지한다. 이것이 축퇴압이다. 초신성을 일으키기 직전인 별의 핵은 축퇴압이 중력과 대립해 역학평형이 된다는 점에서 백색왜성과 비슷하다.

핵의 중심밀도는 약 10^{10} g cm^{-3}에 달하므로 전자의 운동속도는 광속에 가깝고 상대론적이다. 통계역학에 따르면 상호작용이 없고 속도가 한없이 광속에 가까우며(초상대론적이라고 한다) 온도 0으로 축퇴한 전자로 이루어진 이상기체의 단열지수는 4/3이다. 따라서 핵의 역학평형은 정확히 안정과 불안정의 경계에 있음을 알 수 있다. 철의 원자핵은 수소와 마찬가지로 고전적 볼츠만 분포에 따르는 기체이므로 안정화에 보탬이 된다.

실제로 전자와 원자핵은 물론 상호작용을 한다. 그리고 이것이 핵의 불안정화를 일으킨다. 자연계에 단일체로 놓인 중성자(n)는 수명이 약 15분으로 베타 붕괴해 양성자(p)와 전자(e^-), 그리고 전자형 반反뉴트리노($\bar{\nu}_e$)가 된다.

$$n \longrightarrow p + e^- + \bar{\nu}_e \tag{7.6}$$

중성자의 정지질량은 양성자와 전자의 정지질량을 더한 것보다 크므로 후자 두 개로 분해하는 쪽이 에너지에서 보면 이득이다. 남은 에너지는 뉴트리노가 가지고 사라진다.

반대로 양성자와 전자의 혼합기체가 있어도 정지질량이 부족한 만큼 양성자와 전자의 운동에너지로 보충할 수 없다면 중성자가 되는 역반응(이것을 전자포획반응이라고 한다)은 일어나지 않는다. 초신성을 일으키기 직전에 별의 중심부에서 핵융합반응으로 생성된 철이 점점 축적되고 그 중력에 따른 압축으로 밀도가 높아진다. 축퇴한 전자의 운동에너지 최댓값(페르미에너지라고 한다)은 밀도의 1/3제곱에 비례해 증가하므로 일정 임계밀도를 넘으면 다음 식에 나타난 전자포획반응이 일어난다.

$$p + e^- \longrightarrow n + \nu_e \tag{7.7}$$

이 반응은 뉴트리노를 제외하면 앞에서 말한 베타 붕괴의 역반응이다. 중요한 것은 이 반응이 일어나면 압력에 크게 기여하던 전자가 줄어들고 만다. 그러므로 임계밀도보다 높을 때 단열지수가 반응이 없는 경우에 비해 작아진다. 또 밀도가 올라가면 올라갈수록 이 반응도 쉽게 일어난다. 단열지수는 4/3에 한없이 가까워지기 때문에 이 반응은 핵의 역학평형을 불안정하게 한다.

전자포획반응과 함께 핵을 불안정하게 만드는 또 하나의 반응이 있다. 원자핵의 광분해반응이다. 온도가 거의 10^{10} K에 달하면 지금까지 융합해 원자번호가 계속 커지기만 했던 원자핵이 오히려 분해해야 자유에너지로서는 이득이 된다. 그 결과 철 일부가 광자와 반응해 헬륨과 핵자(양성자와 중성자를 합해 이렇게 부른다)로 분해하는 다음 식의 반응이 일어난다.

$$\text{Fe} \longrightarrow 13\,\text{He} + 4\,\text{n} \longrightarrow 26\,\text{p} + 30\,\text{n} \tag{7.8}$$

이 반응이 핵의 불안정화를 일으키는 이유는 이것이 흡열반응이기 때문이다. 이 반응이 일어나면 핵 안정화에 기여하던 원자핵의 압력이나 전자의 온도 0에서 벗어난 부분이 줄어든다. 그러므로 단열지수는 4/3 이하가 되면서 핵의 평형이 불안정해진다.

일반적으로 별의 내부는 질량이 클수록 같은 밀도에서 고온이므로, 질량이 비교적 작은 별은 전자포획으로 핵의 안정성을 잃게 되며, 따라서 무거운 별일수록 원자핵의 광분해가 중요하다.

7.2.2 별핵의 중력붕괴와 중성자화

안정된 역학평형상태에 있던 핵이 불안정해지면 중력붕괴가 시작된다. 일단 붕괴가 시작되면 물질은 압축되어 밀도와 온도 모두 상승한다. 그 결과 전자포획반응이나 원자핵의 광분해 모두 촉진되면서 핵은 더욱 불안정해지고 중력붕괴 또한 활발해진다. 이때 핵에서 무슨 일이 벌어지는지 알아보도록 하자.

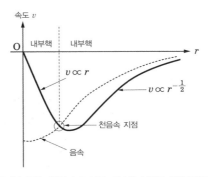

그림 7.10 중력붕괴하는 핵의 속도 분포. 음속은 부호를 음의 값으로 그린다.

중력붕괴하는 핵의 중요한 특징은 내핵과 외핵의 생성과 자기상사성自己相似性이다. 핵의 수축속도를 반지름의 함수로 구상하면 움직임이 다른 두 부분으로 정확히 나뉘는데 안쪽을 내핵이라고 하고 바깥쪽을 외핵이라고 한다. 내핵에서는 수축속도가 속도에 비례해 분포하지만 외핵은 반지름의 1/2제곱에 반비례하는 자유낙하와 비슷한 꼴로 분포한다(그림 7.10 참조).

수축속도를 핵 내부 각 점에서의 음속과 비교하면 내핵은 음속이 수축속도보다 빠른 이른바 아음속으로 수축하는 반면 외핵은 초음속으로 수축한다. 물론 음속은 핵 내부일수록 빠르므로 외핵의 수축속도 자체가 빠르다는 것이 아니라는 점에 주의해야 한다. 음속과 가스의 수축속도가 같아지는 이른바 천음속transonic 지점은 정확히 내핵과 외핵의 경계에 위치한다. 이런 구조는 이후 핵의 동역학에 중요한 영향을 미친다. 여기에 관해서는 7.2.4절에서 자세히 살펴보기로 하자.

수축하는 핵의 운동은 '자기상사성'이라는 또 한 가지 흥미로운 특징을 지닌다. 수축하는 핵 내부의 물리량 분포를 보면 형상은 그대로인 채 크기만 변하는 것처럼 보인다. 이것이 자기상사성이다. 예를 들면 밀도가

$$\rho(t,\,x) = \rho_0\,D\left(\frac{x}{t^\alpha}\right) \tag{7.9}$$

처럼 나타나는 경우에 일어나는 현상이다. 여기에서 ρ_0는 밀도의 차원을 지닌 상수로 우변의 함수 D는 무차원이고 t와 x는 각각의 함수가 아니라 x/t^α이라는 조합된 함수임을 의미한다. 실제로 시각 t_2의 밀도분포는 t_1의 분포를 $x \to x \times (t_2/t_1)^\alpha$으로 공간좌표를 변환하면 얻을 수 있다.

어떤 계에 특징적인 길이를 부여하는 상수가 없는 경우에 이런 일이 일어난다고 볼 수 있다. 초신성에서 중력붕괴하는 핵의 경우 상태방정식은

$$p = K\rho^\Gamma \tag{7.10}$$

라고 근사할 수 있다면 중력붕괴를 설명하는 방정식계에서 차원을 가지는 상수는 뉴턴의 중력상수 G와 (식 7.10)의 K뿐이다(Γ는 무차원 상수).
이 경우 길이의 차원은 이 조합들로는 만들 수 없으므로 물리량 분포는 반드시 $G^{\frac{\Gamma-1}{2}} K^{-1/2} [x/(-t)^{2-\Gamma}]$라는 형태로만 x를 포함한다. 그러므로 중력붕괴의 동역학은 자기상사적이 된다. 단 시각 $t=0$은 한 점으로 수축할 때를 나타내는데 여기에서는 그 이전의 것만 생각하므로 시간 t는 음의 값이다. 야힐A. Yahil은 이러한 고찰에서 실제로 자기상사적으로 수축하는 해를 이끌어냈고 이를 컴퓨터 모의실험으로 꼼꼼히 재현했다. 동시에 내핵의 질량이나 그 시간변화에 대해서도 도움이 되는 분석적 판단을 내리기도 했다.

핵이 중력붕괴하면 압축과 함께 밀도와 온도가 상승한다. 앞에서 설명했듯이 축퇴한 전자는 밀도와 함께 더 높은 운동에너지를 가지기 때문에 전자포획반응으로 전자수를 줄여가는 것이 자유에너지로서는 이득이다. 그 결과 (식 7.7)에서 알 수 있듯이 필연적으로 물질에서 차지하는 중성자

의 비율이 증가한다. 이를 '중성자화'라고 한다.

중력붕괴형 초신성이 일어난 후에 남는 것으로 보이는 중성자별은 태양 질량 정도의 물질이 반지름 약 10 km 영역에 꽉 들어찬 아주 밀집된 별로, 별 전체가 원자핵과 같은 고밀도 천체이다. 중성자별은 이름 그대로 주로 중성자로 이루어졌다. 보통 원자핵이 같은 수의 양성자와 중성자로 이루어진 점과는 달리 중성자별은 중성자가 약 90 %, 양성자가 10 %라는 중성자 초과상태를 보인다. 이렇게 중성자가 대량으로 존재하는 이유가 바로 여기에서 설명하는 중성자화이다.

중성자화는 전자가 강하게 축퇴해 에너지가 높아지고 양성자와 전자로 존재하기보다 중성자가 되는 쪽이 에너지에서 유리할 때 일어난다. 단일 체의 중성자와 양성자의 정지질량 에너지는 약 1.3 MeV 정도 차이가 나므로 자유로운 양성자와 전자로 이루어진 이상기체는 전자 페르미가 이 에너지 차이를 넘어서는 밀도(약 $10^7 \, \mathrm{g \, cm^{-3}}$)가 되면 중성자화가 시작된다.

초신성을 일으킨 철핵의 경우 양성자는 대부분 원자핵에 속박된다. 전자포획으로 생기는 중성자 대부분이 원자핵에 속박되므로 이 원자핵에 중성자와 양성자의 에너지 차이가 중성자화가 시작되는 밀도를 결정한다. 예를 들어 철의 경우 중성자와 양성자의 에너지 차이는 약 3.7 MeV이므로 자유로운 양성자의 가스에 비해 중성자화가 좀 더 고밀도 쪽에서 일어난다.

중성자화가 일어나면 원자핵 안의 양성자가 중성자로 바뀌기 때문에 원자의 종류도 변한다. 그러므로 핵 안에 존재하는 원자의 종류도 시시각각 변화한다. 또 핵 안의 반지름에 따라서도 달라진다. 양성자와 중성자의 존재비는 원자핵의 구조나 안정성에 중요한 역할을 한다. 따라서 중력붕괴하는 핵 내부에서 중성자화가 어떻게 일어나는지 정확히 아는 것이 초신성의 동역학을 이해하는 데 반드시 필요하다. 또 위에서 설명한 야힐의 자기상사해에 따르면 내핵의 질량은 주로 전자 존재량으로 결정되는데 이 양은 물론 어느 정도의 전자포획으로 전자가 줄어드는지에 따라 결정되므로 이런 의미에서도 전자포획은 매우 중요한 반응이다.

원자핵에 따른 전자포획 반응률은 당연히 원자핵의 종류에 따라 달라진다. 따라서 핵 안에 존재하는 모든 원자핵종에 대해서 이 반응률을 아는 것이 중요하다. 중성자화가 진행되는 핵 안에는 당연히 주로 중성자가 초과된 원자핵이 존재한다. 이 원자핵들은 지상에는 거의 존재하지 않아 실험에 따른 전자포획 반응률은 거의 알려지지 않고 있다. 앞으로 불안정핵 빔beam 등을 이용한 실험에 큰 기대를 걸고 있다.

중력붕괴하는 핵 안에 어떤 원자핵이 존재하는지는 밀도와 온도, 중성자와 양성자의 존재비가 주어진다면 원리상 통계역학으로 계산할 수 있다. 이는 압력 등 다른 열역학량과 함께 상태방정식이라고 하며 초신성의 동역학을 고려할 때 중요한 요소 중 하나다. 위에서 설명했듯이 초신성의 핵에 존재하는 중성자 초과 원자핵의 질량이나 들뜸상태에 있는 에너지에 관해서는 충분히 알지 못하기 때문에 현 상태에서는 이론적 고찰에 기초한 계산이 이루어지고 있다.

일반적으로 자유로운 양성자나 중성자를 포함한 아주 많은 원자핵종이 동시에 존재하고(그림 7.11), 원자핵반응(융합과 분열)에서는 평형상태를 이룬다(이를 원자핵의 '통계평형상태'라고 한다). 7.2.1절에서 본 원자핵의 광분해는 사실상 이 통계평형상태가 압축 때문에 자유로운 양성자나 중성자가 더 많이 존재하는 상태로 변화하는 과정이다.

핵 안에 존재하는 원자핵이 지상의 원자핵과 다른 것은 단순히 중성자 초과 때문만은 아니다. 원자핵은 일반적으로 고밀도의 자유전자로 둘러싸여 있어 원자핵 구조 자체에 무시할 수 없는 영향을 미친다. 이는 원자핵의 구조가 주로 전기적인 쿨롱에너지와 표면에너지의 다툼으로 결정된다

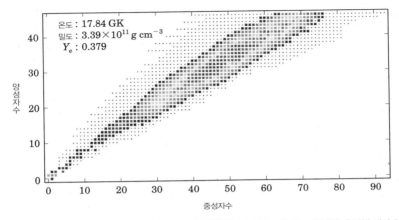

그림 7.11 중력붕괴하는 초신성의 핵 안에 있는 원자핵종의 분포 예. 가로축, 세로축은 원자핵 내의 양성자수와 중성자수를 나타내고 색칠된 정도에 따라 그 존재량을 알 수 있다. 밀도, 온도, Y_e는 그림 안에 표시되어 있다(Hix *et al*. 2003, *JPhys*, G29, 2523).

는 사실을 안다면 충분히 이해할 수 있다. 아주 고밀도 상태가 되면 원자핵을 둘러싼 자유로운 양성자나 중성자의 영향도 무시할 수 없다. 그 결과 같은 수의 양성자와 중성자를 가진 원자핵이라 할지라도 지상의 원자핵과 초신성 핵 안에서 서로 구조적인 차이가 나타나며 결국에는 원자핵의 존재량에 영향을 준다.

이처럼 초신성 핵에서는 물질의 구조나 구성이 전자포획반응의 진행 상황에 따라 큰 영향을 받으며, 반대로 전자포획 반응률은 물질의 구조나 구성에서 영향을 받는 식으로 서로 강하게 영향을 주고받고 있으므로 양성자와 중성자 모두 모순되지 않게 다뤄야 하며, 이는 앞으로 정확히 알아내야 할 과제이기도 하다.

7.2.3 뉴트리노 트래핑

전자포획반응을 나타내는 (식 7.7)을 보면 이 반응과 함께 전자 뉴트리노

(ν_e)가 방출되는 것을 알 수 있다. 여기에서는 전자 뉴트리노에 대해서 자세히 살펴보자.

뉴트리노는 렙톤이라는 미립자의 일종으로 약한 상호작용만 있으며 전하를 가지지 않는 중성입자다. 작지만 0이 아닌 유한질량을 가지고 있을 가능성이 높은 것으로 보인다. 전하를 가진 렙톤과 어떻게 반응하느냐에 따라 전자 뉴트리노, 뮤온 뉴트리노, 타우 뉴트리노 세 종류가 있으며 각각 반입자反粒子가 존재한다. 자유로운 양성자나 원자핵에 따른 전자포획반응은 약한 상호작용의 일종이다.

약한 상호작용에서 반응단면적의 전형적인 값은

$$\sigma_0 = 1.8 \times 10^{-44} \ [\text{cm}^2] \tag{7.11}$$

이다. 이것은 전자기적 상호작용의 하나다. 전자와 광자가 톰슨 산란의 단면적 $\sigma_{th} = 6.7 \times 10^{-25}$ cm²에 비해 10^{20}배나 작아서 약한 상호작용이라고 한다. 그러므로 전자포획반응과 함께 생성된 뉴트리노는 중력붕괴 초기에는 주변 물질과 거의 반응하지 않고 별 밖으로 도망친다. 그런데 중력붕괴가 진행되고 핵의 밀도가 증가하면 사정이 달라진다. 뉴트리노의 핵도 불투명해진다. 이 점에 대해 다음에서 좀 더 자세히 살펴보자.

여기에서 중요한 반응은 원자핵과 뉴트리노 산란이다. 뉴트리노는 양성자와 중성자가 약한 상호작용으로 산란한다. 따라서 양성자나 중성자의 집합인 원자핵 모두 산란을 일으킨다. 양성자와 중성자의 산란단면적에는 거의 차이가 없으므로 질량이 A인 원자핵에 따른 뉴트리노의 산란단면적은 단순히 생각하면 양성자와 중성자 산란단면적의 A배가 되는 것으로 예상할 수 있다. 그런데 저에너지의 뉴트리노와 원자핵의 산란단면적은 A^2에 비례한다고 알려져 있다. 여기에서 저에너지란 뉴트리노의 양자역학적인 파장이 원자핵의 반지름보다 커지는 에너지 작용을 가리킨다. 양자역학에 따르면 뉴트리노는 입자이면서 동시에 파장의 성질도 보이는데 그 파장은 운동량에 반비례한다. 따라서 저에너지의 뉴트리노일수록 파장이 길다. 중력붕괴하는 초신성의 핵에서 전자포획으로 방출되는 뉴트리노의 전형적인 파장은 이 조건을 충족한다.

산란의 단면적이 A^2에 비례한다는 것은 양성자와 중성자가 자율입자로 존재하는 경우보다 원자핵에 속박됐을 때 뉴트리노 산란을 자주 일으킨다는 뜻이다. 또 질량수 A가 큰 원자핵일수록 그 효과도 크다. 이 같은 산란을 '간섭성 산란coherence scattering' 이라고 하는데 뉴트리노의 파동성이 그 원인이다. 두 파장이 겹치면 간섭한다. 간섭은 서로 강해지기도 하고, 서로 약해지는 경우도 있는데 원자핵의 양성자나 중성자에 따라 산란된 뉴트리노 파동은 산란체의 양성자나 중성자가 뉴트리노의 파장보다 짧아 간격이 가까워 서로 강하게 간섭한다. 이것이 간섭성 산란을 일으키는 이유이다. 전자기적 상호작용으로 일어나는 러더퍼드 산란rutherford scattering에서도 비슷한 현상을 볼 수 있으며 단면적은 원자번호의 2제곱에 비례한다. 이유는 마찬가지이다.

전자포획반응으로 생성된 뉴트리노의 평균자유행로mean free path, 즉 첫 번째 산란을 받을 때까지 이동할 수 있는 평균적 거리를 살펴보자. 이것이 핵의 반지름보다 크면 뉴트리노는 실질적으로 핵에서는 그 어떤 상호작용도 하지 않고 자유롭게 도망친다. 평균자유행로 ℓ_{mfp}은 단면적 σ와 원자핵의 수밀도 n_A에 반비례하고

$$\ell_{mfp} = \frac{1}{\sigma n_A} = 6 \times 10^7 \, \text{cm} \left(\frac{\rho}{10^{10}\,\text{g cm}^{-3}}\right)^{-5/3} \left(\frac{Y_e}{26/56}\right)^{-2/3} \left(\frac{A}{56}\right)^{-1} \quad (7.12)$$

로 나타낸다. 여기에서 Y_e는 핵자 한 개당 전자수를 나타낸다. 핵의 반지

름은 수백 km이므로 밀도가 $10^{10}\,\mathrm{g\,cm^{-3}}$의 몇 배를 넘으면 뉴트리노라 하더라도 핵 안에서 산란을 받는다.

우리가 태양을 보는 것은 표면만 보는 것이며 내부를 빛으로 관측할 수는 없다. 태양 내부에 생긴 광자가 전자로 산란을 받아 우리가 보는 것은 이른바 광구光球라 불리는, 광자가 우리에게 도달하기 전 마지막으로 산란을 받은 지점이다. 뉴트리노가 원자핵의 간섭성 산란을 받으면 이와 똑같은 일이 벌어진다. 우리가 뉴트리노를 관측했다고 해도 그것은 광구에 대응해 뉴트리노구球라고 하는 뉴트리노가 마지막으로 산란받은 면을 보는 것이다.

뉴트리노구 내부에서 뉴트리노는 간섭성 산란을 받아 지그재그로 움직인다. 그 결과 뉴트리노가 핵 표면에 도달할 때까지 이동한 거리는 직선으로 움직인 경우보다 길어진다. 산란을 많이 받을수록 거리가 길어지는 것을 알 수 있는데 이 같은 운동을 '램덤워크random work'라고 한다. 뉴트리노가 전자포획반응으로 생성된 위치에서 램덤워크를 하면서 핵 표면에 도달할 때까지 걸리는 시간을 확산시간이라 하고

$$t_{diff} = \frac{3R^2}{\ell_{mfp}c} = 300\,\mathrm{ms}\left(\frac{\rho}{10^{11}\,\mathrm{g\,cm^{-3}}}\right)\left(\frac{Y_e}{0.43}\right)^2\left(\frac{A}{60}\right) \qquad (7.13)$$

로 나타낼 수 있다. 이 시간이 핵의 중력붕괴 시간보다 길면 뉴트리노는 실질적으로 핵에서 밖으로 빠져나올 수 없다. 핵이 중력붕괴할 때 필요한 시간은 이른바 동역학적 시간규모라는 값으로 계산해

$$t_{dyn} = \sqrt{\frac{1}{G\rho}} = 100\,\mathrm{ms}\left(\frac{\rho}{10^{11}\,\mathrm{g\,cm^{-3}}}\right)^{-1/2} \qquad (7.14)$$

이므로 밀도가 $10^{11}\,\mathrm{g\,cm^{-3}}$을 넘으면 그 시점에 생긴 뉴트리노는 핵의 중

력붕괴로 핵 안에 갇히게 된다. 이를 '뉴트리노 트래핑trapping'이라 한다.

뉴트리노 트래핑이 이후 초신성의 동역학에서도 중요하다는 사실을 처음 지적한 사람은 사토 가쓰히코佐藤勝彦였다. 뉴트리노가 핵 안에 갇혀 축적되면 그때까지 일어나지 않았던 전자포획 반응식 (식 7.7)의 역반응

$$n + \nu_e \longrightarrow p + e \qquad\qquad (7.15)$$

이 일어난다. 이는 베타 붕괴와 마찬가지로 중성자를 양성자로 바꾸는 반응으로 중성자화를 중단하는 방향으로 작용한다. 밀도가 거의 $10^{12}\,\mathrm{g\,cm^{-3}}$에 이르면 (식 7.7)과 (식 7.15)가 균형을 이루어 평형상태에 이른다. 이를 '베타 평형'이라고 한다. 이때 양성자의 비율은 약 30 %로 중성자별의 전형적인 값인 10 %에 비해 상당히 크다. 뒤의 7.2.5절에서 보게 되듯이 중성자별에서는 갇혀 있던 뉴트리노가 천천히 빠져나가고 이와 더불어 중성자화가 진행한다.

중성자가 지나치게 많은 원자핵은 존재할 수 없다. 실제로 지상에 존재하는 원자핵은 중성자수가 양성자수에 비해 약간 많을 뿐이다. 핵 안에 중성자가 너무 많으면 원자핵에서 중성자가 새어나와 자유로운 상태로 존재하게 된다. 자유로운 중성자의 단열지수는 5/3이므로 이것이 너무 많아지면 핵은 안정성을 되찾아 중력붕괴를 멈춘다. 실제로 뉴트리노 트래핑이 알려지기 전에 컴퓨터 모의실험을 실행해 보았더니 핵이 원자핵 밀도(약 $10^{14}\,\mathrm{g\,cm^{-3}}$)에 이르기 전에 핵의 되튐 현상이 일어나는 것을 볼 수 있었다. 이에 반해 뉴트리노 트래핑이 있으면 중성자화가 도중에 멈춰 밀도가 원자핵 밀도에 이르러 원자핵끼리 빈틈없이 채워질 때까지 원자핵은 계속 존재한다. 핵이 안정을 되찾아 중력붕괴가 멈추는 것은 밀도가 원자핵 밀도보다 커져 핵력이 영향을 미치기 시작한 다음부터이다.

뉴트리노 트래핑이 일어나 베타 평형에 이르면 모든 반응은 평형을 이룬다. 실제로 핵반응이나 전자기적 반응이 이미 평형상태에 있음은 원자핵의 통계평형 부분에서 설명한 바와 같다. 약한 상호작용만이 약하다는 이유로 비평형상태였는데 뉴트리노 트래핑으로 뉴트리노가 축적되어 이것도 결국 평형상태가 된다. 이후의 중력붕괴는 열역학적으로는 단열적인 준정적準靜的 과정이 된다. 단 이것은 뉴트리노구 내부로 한정된다. 그보다 바깥쪽에서는 처음부터 약한 상호작용은 일어나지도 않는다. 또 뉴트리노구 근처에서의 약한 상호작용은 여전히 비평형이다.

7.2.4 충격파의 형성과 전파

7.2.3절에서 보았듯이 핵의 수축은 밀도가 원자핵 밀도($\rho \sim 10^{14}$ g cm^{-3})를 넘을 때까지 멈추지 않는다. 핵의 밀도가 이 정도가 되면 원자핵 사이로 빈틈이 없어지고 최종적으로 균일한 상태가 된다. 이때 양성자와 중성자는 더 이상 속박상태가 아닌데 이상기체와는 달리 서로 강하게 상호작용을 하면서 운동하는 상태가 된다. 이때 물질의 단열지수는 강한 척력의 영향을 받은 핵력이 급격히 커진다. 그 결과 핵은 중력붕괴에 대해 안정성을 되찾아 서로 되튀긴다. 이를 핵의 '바운스bounce'라고 한다. 이때 앞에서 설명한 핵의 이중구조가 중요한 의미를 가지게 된다.

핵은 내핵과 외핵으로 나뉘는데 내핵은 아음속으로, 외핵은 초음속으로 수축하는데 천음속 지점이 경계가 된다. 중심밀도가 원자핵 밀도를 넘어 수축을 멈추면 그 영향은 내핵 전체로 압력의 파동, 즉 음파로 전달되면서 내핵 전체에 제동이 걸린다. 그러나 외핵에는 이 정보가 도달하지 않는다. 왜냐하면 음파는 음속으로 전달되므로 천음속 지점을 넘어서 초음속 쪽으로 갈 수 없기 때문이다. 그 결과 내핵은 점점 감속하지만 외핵은 그와 상관없이 초음속 수축을 계속한다.

이런 두 움직임의 차이로 경계에는 이른바 '충격파'가 생성된다. 충격파는 압축성 유체를 전파하는 파동의 일종으로 그 파면에는 압력, 속도 등의 불연속을 동반한다. 일반적으로 충격파로 본 상부의 흐름은 초음속이 되고 하부는 아음속이 된다. 또 흐름이 충격파를 통과하면 엔트로피 생성을 잇는 급격한 압축이 일어나고 열역학적으로는 이른바 비가역irreversible 과정이 된다. 초신성 핵의 경우 외핵은 충격파의 상부, 내핵은 하부에 해당한다. 내핵과 외핵의 경계 영역에 생성된 충격파는 외핵 안에서 바깥쪽을 향해 전파되기 시작한다. 충격파가 통과한 외핵 영역은 비로소 바깥쪽을 향해 전파되는 속도로 팽창하기 시작한다.

이런 일련의 과정은 내핵이 피스톤이 되고 충격파를 이용해 외핵이 되튀기는 운동으로 생각하면 이해하기 쉽다. 충격파가 외핵, 그리고 별의 외층 전체로 전파되면서 거기에 있는 물질에 바깥쪽으로 속도를 주면 폭발이 일어난다. 실제로 외층의 중력적 속박은 폭발에너지보다 약하므로 충격파 전파에서는 중요하지 않으며 외핵에서 충격파가 어떻게 전파되는지만 문제가 된다.

핵이 중력수축하여 되튀었다는 것만으로 왜 폭발이 일어나는지 의아하게 여기는 사람도 있을 것이다. 실제로 계 전체의 에너지는 보존되고 일정해야만 한다. 여기에서도 핵의 이중구조가 중요하다. 위에서 살펴본 과정에서 팽창하여 폭발하는 것은 외핵 일부와 별의 외층으로 내핵은 수축한 상태 그대로다. 중력붕괴 전후로 내핵의 중력에너지 차이는

$$\Delta W_{\mathrm{IC}} = \left(-k_{\mathrm{i}} G \frac{M_{\mathrm{IC}}^2}{R_{\mathrm{i}}}\right) - \left(-k_{\mathrm{f}} G \frac{M_{\mathrm{IC}}^2}{R_{\mathrm{f}}}\right) = 1.5 \times 10^{53} \ [\mathrm{erg}] \qquad (7.16)$$

이다. 여기에서 M_{IC}는 내핵의 질량이고 R_{i}와 R_{f}는 중력붕괴를 전후로 하여 내핵의 반지름, k_{i}와 k_{f}는 내핵의 구조에 의존하는 계수이다. 마지막 평

가에서는 $M_{\rm IC} = 0.7\,M_\odot$이고 $R_{\rm i} = 10^8$ cm이며, $R_{\rm f} = 10^6$ cm이고 $k_{\rm i} = k_{\rm f} = 1$ 이다. 이처럼 내핵이 잃은 에너지 양과 외핵과 외층이 얻은 에너지가 상쇄된다. 즉, 폭발은 내핵의 희생 위에서 일어난다. 단 여기에서 한 가지 중요한 점이 있다. (식 7.16)에서 얻은 에너지는 초신성 폭발의 전형적인 운동에너지 10^{51} erg보다 약 100배나 크다. 따라서 이것이 모두 폭발에 사용되지는 않는다. 오히려 아주 적은 일부만 사용된다. 에너지 입출을 좀 더 정확히 말하면 내핵에서 중력에너지 감소량의 대부분이 내핵의 내부에너지 증가로 상쇄된다. 그 미미한 차이인 약 5×10^{51} erg가 충격파가 통과하는 물질에 줄 수 있는 에너지이다. 대략 10^{53} erg인 내핵의 내부에너지는 뉴트리노 확산을 따라 느리게 방출된다. 여기에 관해서는 7.2.5절에서 자세히 설명하겠다.

충격파가 가지고 있는 약 5×10^{51} erg의 에너지도 전형적인 폭발에너지 값보다는 상당히 크다. 그럼에도 충격파는 핵을 빠져나오지 못하고 쇠퇴한다. 이는 충격파의 에너지를 물질의 운동에너지가 아닌 다른 것으로 소비하기 때문이다. 여기에는 두 가지 요인이 작용한다. 첫째는 원자핵의 광분해다. 충격파가 전파되는 외핵은 내핵보다 밀도가 낮으며 주로 원자핵으로 이루어져 있다. 위에서 설명했듯이 충격파는 통과하면서 물질을 압축하고 가열한다. 그 결과 (식 7.8)처럼 원자핵은 자유로운 양성자, 중성자, 헬륨으로 분해된다. 이 반응은 흡열반응이므로 충격파의 에너지는 분해하는 데 소비된다.

또 하나 충격파를 약하게 만드는 요인은 뉴트리노 방출이다. 지금까지 살펴본 충격파에 따라 원자핵이 자유핵자로 분해되면서 전자포획반응을 촉진한다. 원자핵에 따른 전자포획반응은 단면적이 자유로운 양성자이기 때문에 약 10배 작다. 수축하는 핵에서는 자유로운 양성자가 미미하게 존재하고 있어 그 반응이 중요하지 않았으나 충격파가 통과한 뒤의 물질에

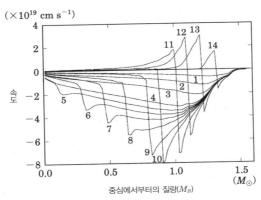

($\times 10^{19}$ cm s^{-1})

속도

중심에서부터의 질량(M_B)

그림 7.12 충격파의 생성과 전파. 가로축은 중심에서부터의 질량으로 핵 안의 위치를 나타낸 것. 번호 순서대로 시간이 경과한다. 수직에 가까운 선이 충격파를 나타낸다(Sumiyoshi *et al.* 2004, *Nucl. Phys.* A730, 227).

서는 가장 중요한 뉴트리노 방출반응이 된다. 특히 충격파가 뉴트리노구를 통과한 후에 뉴트리노가 생성되면서 물질과 반응하지 않고 별에서 빠져나가므로 빠져나가는 만큼 에너지가 줄어들고 충격파도 약해진다.

덧붙여 질량이 10 $M_\odot$인 비교적 가벼운 대질량성에서는 충격파가 속도를 잃지 않고 핵을 빠져나가지 않을까 추정했는데(이렇게 일어나는 폭발을 '즉시폭발'이라고 한다) 최근의 시뮬레이션을 보면 결과는 부정적이다. 즉 일반적으로 핵의 되튐 현상으로 생긴 충격파는 외핵 중간에서 진행을 멈추며, 따라서 즉시폭발은 일어나지 않는 것으로 많은 연구자들은 보고 있다.

7.2.5 뉴트리노 폭발과 중성자별의 형성

충격파가 외핵을 전파할 때 뉴트리노가 방출되며 이것이 충격파를 약하게 하는 요인이라고 7.2.4절에서 설명했다. 여기에서 뉴트리노에 주목하여 핵의 되튀김 후 시간에 따라 어떻게 발전하는지 살펴보자.

가장 먼저 주목할 만한 사건은 충격파가 뉴트리노구를 통과할 때 일어난다. 뉴트리노구는 외핵 안에 위치하는데 충격파가 뉴트리노구에 이르러면 수 밀리초각(mas)이 걸린다. 충격파가 뉴트리노구 안쪽에 있는 동안 전자포획반응으로 생긴 뉴트리노는 간섭성 산란 때문에 별 밖으로 바로 빠져나올 수 없다. 이 때문에 충격파가 뉴트리노구 밖으로 빠져나가면서 뉴트리노의 광도는 급격히 증가한다. 원자핵 분해는 전자포획반응을 촉진할 뿐 아니라 주요 산란체인 원자핵을 줄여서 뉴트리노의 방해물을 없애고 광도를 증가하게 한다. 뉴트리노는 반反뉴트리노를 포함해 여섯 종류가 있는데 충격파가 뉴트리노구를 통과할 때 방출되는 것은 주로 전자형 뉴트리노이다. 전자형 뉴트리노가 급격히 증광하는 것을 '중성자화 폭발'이라고 한다. 이 현상으로 전자포획에 따라 물질이 급격히 중성자화되기 때문에 이렇게 부른다.

외핵은 밖으로 갈수록 밀도, 온도가 내려가기 때문에 충격파를 통과할 때 뒤따르는 뉴트리노 방출은 충격파가 밖으로 갈수록 약해진다. 그러므로 중성자화 폭발은 충격파가 뉴트리노 근처에 있는 약 10 mas이라는 아주 짧은 시간 동안 일어나는 현상이다. 그러나 단위시간당 방출되는 에너지는 약 10^{53} erg s^{-1}나 되기 때문에 관측할 수 있는 것이다.

실제로 지금 우리은하에 초신성이 일어난다면 현재 일본에서 가동 중인 슈퍼가미오칸데 검출기에서 약 십여 개의 전자형 뉴트리노를 검출할 것으로 추정한다. 또 캐나다 SNO 검출기로는 다섯 개의 전자 뉴트리노를 관측할 수 있다. 이 수치는 결코 많다고는 할 수 없지만 전자 뉴트리노만 방출된다는 점, 예상되는 신호가 상태방정식이나 일정하지 않은 뉴트리노 반응률, 별의 질량 차이와 거의 무관하다는 점에서 뉴트리노의 소립자로서의 성질(질량이나 뉴트리노의 혼합비율 등)을 연구하는 데 아주 적절해서 중요하게 취급한다.

뒤에서도 설명하겠지만 충격파가 어떻게 핵에서 외층으로 전파되고 폭

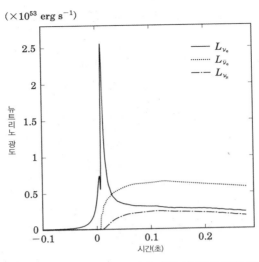

$(\times 10^{53} \text{ erg s}^{-1})$

뉴트리노 광도

2.5

2

1.5

1

0.5

0

-0.1   0   0.1   0.2

시간(초)

L_{ν_e}
$L_{\bar{\nu}_e}$
L_{ν_μ}

그림 7.13 중성자화 폭발에서의 뉴트리노 방출. 실선의 뾰족한 부분이 중성자화 폭발에 동반되는 전자형 뉴트리노 방출(Thompson *et al.* 2003, *ApJ*, 592, 434).

발을 일으키는지에 대해서는 아직 잘 모른다. 그러나 어떤 방법으로든 충격파가 핵에서 빠져나간 다음에는 충격파가 통과한 외핵 물질과 외층 일부가 내핵에 강착해 중성자별의 기초가 되는 구조를 생성한다. 7.2.3절에서 설명했듯이 이 시점에 핵 중심부는 중성자화가 진행되지만 보통의 중성자별에 비하면 양성자의 비율이 높고 온도 또한 매우 높다. 이 상태의 별을 '원시중성자별'이라고 한다. 중력붕괴로 풀려난 중력에너지는 일단 내부에너지로 원시중성자별에 축적된다. 상당 부분은 렙톤, 즉 지금의 경우는 갇힌 뉴트리노와 전자인 셈이다.

　뉴트리노가 완전히 갇힌 것은 아니고 표면 부근에 위치하는 뉴트리노구를 통해 조금씩 원시중성자별에서 빠져나간다. 이때 뉴트리노는 에너지와 렙톤의 수(전자와 전자형 뉴트리노의 총합에서 반입자를 뺀 것)를 원시중성자별에서 방출한다. 따라서 원시중성자별은 온도가 내려가고 중성자화가 진행되면서 보통의 중성자별로 바뀌어간다. 이 과정을 '원시중성자별의 냉각'이라고 한다.

이렇게 방출되는 뉴트리노의 전체 에너지는 원래 중력붕괴에서 해방되는 중력에너지와 같아서 대략 10^{53} erg이다. 또 방출되는 시간은 원시중성자별 안을 뉴트리노가 램덤워크하면서 뉴트리노구에 도달할 때까지 걸리는 시간으로 10초가 전형적인 값이다.

$$t_{diff} = \frac{3R_{pns}^2}{\ell_{mfp}c} = 4 \text{ s} \left(\frac{R_{pns}}{10 \text{ km}} \right)^2 \left(\frac{\rho}{10^{14} \text{ g cm}^{-3}} \right) \left(\frac{\varepsilon_\nu}{10 \text{ MeV}} \right)^2 \quad (7.17)$$

여기에서 R_{pns}은 원시중성자별의 반지름이다. 이 값은 1987년에 대마젤란 성운에서 일어난 초신성 SN 1987 A의 뉴트리노를 일본의 가미오칸데 검출기를 비롯해 몇몇 관측기기에서 검출해 실제로 확인할 수 있었다.

원시중성자별이 냉각할 때 뉴트리노 여섯 종류가 모두 방출되었다. 이는 원시중성자별의 온도, 밀도가 매우 높으므로 전자형 반뉴트리노는 양전자포획

$$\text{n} + \text{e}^+ \longrightarrow \text{p} + \bar{\nu}_e \quad (7.18)$$

으로 생성되고 뮤온형 뉴트리노, 타우형 뉴트리노, 반反뉴트리노는

$$\text{e} + \text{e}^+ \longrightarrow \nu_{e,\mu,\tau} + \bar{\nu}_{e,\mu,\tau} \quad (7.19)$$

$$\text{N} + \text{N} \longrightarrow \text{N} + \text{N} + \nu_{e,\mu,\tau} + \bar{\nu}_{e,\mu,\tau} \quad (7.20)$$

등의 뉴트리노와 반뉴트리노의 쌍생성 과정으로 만들어진다. (식 7.20)에서 N은 양성자 또는 중성자를 나타낸다.

상세한 수치계산에 따르면 뉴트리노 여섯 종류의 광도는 거의 같은데

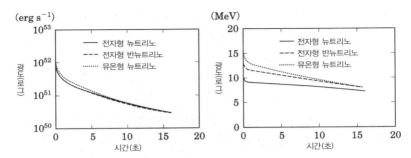

그림 7.14 원시중성자별이 냉각될 때의 뉴트리노 방출. 왼쪽이 뉴트리노 광도이고 오른쪽은 뉴트리노 에너지의 시간변화를 나타낸다(Suzuki 1993, *Proc. of the International Symposium on Neutrino Astrophysics: Frontiers of Neutrino Astrophysics*, 219쪽).

뉴트리노 개개의 에너지는 전자형 뉴트리노가 가장 낮고 이어서 전자형 반뉴트리노, 그리고 나머지 네 종류는 거의 비슷한 에너지를 가진다(그림 7.14 참조).

에너지 크기가 이런 순서인 것은 다음과 같은 간단한 이유 때문이다. 각 뉴트리노는 물질과의 반응 방식이 조금씩 다른데, 전자형 뉴트리노의 반응률이 가장 크고, 이어서 전자 반뉴트리노, 그리고 나머지 순서이다. 전자형 뉴트리노의 반응률이 가장 큰 이유는, 가장 풍부하게 존재하는 중성자로 흡수되는 반응을 하기 때문이고, 뮤온형 뉴트리노와 타우형 뉴트리노, 반뉴트리노의 반응률이 가장 작은 것은 양성자와 중성자에 대한 흡수 반응을 일으키지 않기 때문이다. 그 결과 뉴트리노구[10]의 위치가 전자형 뉴트리노는 가장 바깥쪽이고 뮤온형 뉴트리노와 타우형 뉴트리노, 반뉴트리노는 가장 안쪽에 있다. 뉴트리노 개개의 에너지는 뉴트리노구 근처에 있는 물질의 온도로 결정되는데 뉴트리노구가 있는 원시중성자별의 표면 안쪽일수록 온도가 높기 때문에 위에서 설명한 에너지 순서를 보이는 것이

┃10 뉴트리노가 원시중성자별에서 탈출하기 전 가장 마지막에 반응하는 평균적 구면.

다. 블랙홀이 아닌 중성자별이 생성되는 경우는 이런 뉴트리노 방출이 약 10초 동안 계속된다. 블랙홀이 생기는 경우는 그 지속시간이 짧아질 것으로 예상되며 이런 신호는 앞으로도 뉴트리노 천문학의 중요한 목표가 될 것으로 보인다. 참고로 가미오칸데에서 검출한 것은 전자형 반뉴트리노이다.

그런데 실제로 관측되는 뉴트리노의 신호를 생각할 때 또 하나 고려해야 할 것이 있다. 이른바 '뉴트리노 혼합'이다. 소립자 표준이론에서 뉴트리노는 질량을 가지지 않는 입자로 보았다. 하지만 태양에서 방출되는 뉴트리노나 우주선이 지구대기에 돌입할 때 생성되는 이른바 대기 뉴트리노의 관측과 지상실험에서 현재는 뉴트리노가 아주 작은 값이지만 0이 아닌 유한한 질량이 있는 것으로 생각한다. 이런 중요한 발견에 일본 연구진이 공헌했다는 점은 특별히 기록할 만하다.

뉴트리노와 반뉴트리노의 질량은 같으므로 질량이 세 개라고 가정할 수 있는데 흥미로운 것은 이 질량이 전자형 뉴트리노, 뮤온형 뉴트리노, 타우형 뉴트리노 각각에 해당하는 것은 아니라는 점이다. 좀 더 자세히 말하자면 세 개의 질량 중 어느 한 가지 값을 가지더라도 순수하게 전자형 뉴트리노 또는 뮤온형 뉴트리노, 타우형 뉴트리노의 질량 아니라 일정 비율로 서로 겹쳐진 상태의 질량이라는 것이다. 이를 뒤집어 말하면 전자형 뉴트리노는 세 종류의 질량이 서로 겹쳐 있는 상태이다. 이것을 뉴트리노 혼합이라고 한다.

뉴트리노는 질량의 확정상태에 따라 각각 다른 방법으로 전파되므로 뉴트리노의 형태는 전파되는 동안에도 계속 변화한다. 더 자세한 이야기는 이 책의 범위에서 벗어나므로 생략하겠지만 뉴트리노가 물질 속을 전파할 때 뉴트리노의 질량이 물질과 상호작용을 하면서 보정되므로 질량을 확정한 상태와 뉴트리노 종류를 확정한 상태 사이의 대응관계는 물질의 밀도 분포에 따라 변화한다.

이렇게 뉴트리노가 별의 외층, 별과 지구 사이의 우주공간, 경우에 따라 지구 내부를 전파하는 동안 우리는 형태가 바뀐 뉴트리노를 관측하는 것이다. 그 결과는 위에서 설명한 뉴트리노구를 빠져나온 시점에 예상하는 에너지의 계층성과는 다르다. 또 중성자화 폭발신호도 크게 바뀌어 관측될 가능성이 있다. 이런 것들을 우리은하에서 다음에 일어나는 초신성에서 관측할 수 있다면 뉴트리노의 성질을 밝혀내는 데 엄청난 역할을 할 수 있을 것이다.

7.2.6 폭발 메커니즘과 앞으로의 전망

현재 중력붕괴형 초신성 연구자들은 폭발 메커니즘에 대해 가장 많이 고민하고 있다. 7.2.5절에서 폭발하고 나서 어떤 일들이 벌어지는지에 대해 설명했는데, 원래 어떻게 폭발이 일어나는지 40년 동안 이론적 연구를 해왔음에도 여전히 밝혀지지 않고 있다. 7.2.4절에서 핵의 되튐으로 생성된 충격파가 핵 내부를 단숨에 통과하는 것은 불가능하다고 설명했다. 현재 많은 연구자들은 전파되지 못한 충격파가 어떻게 다시 살아나는지 여러 가지로 추측하고 있다.

가장 유력하게 거론되는 방법은 이른바 뉴트리노 가열 메커니즘이다. 7.2.5절에서 원시중성자별에 축적된 내부에너지 약 10^{53} erg는 뉴트리노가 약 10초 동안 방출한다고 설명했는데 대략 그 10 %인 10^{52} erg는 첫 1초 이내에 방출된다. 그래도 여전히 폭발에 필요한 에너지보다 열 배는 크다. 뉴트리노 가열 메커니즘은 이 에너지의 일부를 충격파 하부의 물질로 흡수해 충격파를 다시 전파하려 한다는 것이다. 충격파가 머무는 영역은 뉴트리노구 바깥쪽이라 뉴트리노는 잘 흡수되지 않는다. 따라서 그것이 가능한지 여부는 세밀한 수치계산을 통해 정량적으로 조사할 필요가 있다.

세계의 몇몇 연구진이 뉴트리노의 흡수 연구에 매진하고 있는데 지금까

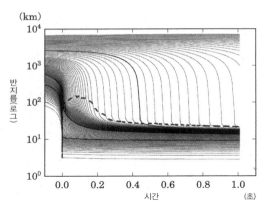

그림 7.15 폭발하지 않은 모의실험 예시. 각 선은 핵 안에 있는 여러 점들이 시간과 함께 어떻게 움직이는지에 대한 궤적을 나타낸다. 1초 후에는 오른쪽 위로 향하는 선(폭발을 나타낸다)이 없음을 알 수 있다 (Sumiyoshi *et al.* 2005, *Astrophys. J.* 629, 922).

지 뉴트리노 가열에 대한 연구에서는 이렇다 할 진전이 없다. 특히 구대칭을 가정한 모델은 매우 비관적이다(그림 7.15 참조). 한편 초신성은 일반적으로 구대칭이 아니라는 사실을 관측을 통해 알아냈고 별의 고속자전, 자기장의 영향, 대류운동, 충격파의 유체역학적 불안정한 성장, 중성자별의 진동 들뜸상태와 이에 따른 강한 음파의 방출 및 산일散逸 등 구대칭 모델에서는 고려하지 않았던 다양한 효과가 뉴트리노 가열 메커니즘이라는 큰틀을 넘어서 현재 활발한 연구가 진행되고 있다.

최근 대질량성의 중력붕괴는 단순한 초신성 폭발이라는 큰 틀을 넘어서 많은 관심을 모으고 있다. 지금까지 질량이 $10 \sim 30\, M_\odot$인 별 핵의 중력붕괴에 대해 논의해 왔다. 물론 이보다 질량이 큰 별이라도 $100\, M_\odot$까지라면 현재의 우주에도 존재한다. 이 별들도 진화 마지막 단계에서는 중력붕괴를 일으켜 아마도 중성자별이 아닌 블랙홀을 생성할 것이다. 블랙홀은 물론 보이지 않지만 블랙홀의 강한 중력 때문에 주변 물질에서 다양한 고에너지 현상이 일어난다.

감마선 폭발은 감마선이 갑자기 0.1초에서 수 분 동안 특정한 방향에서 날아오는 현상으로 하루에 한 번 정도의 빈도로 발생한다. 이 현상이 우주론적인 거리에서 일어난다는 것을 알 수 있고 그 에너지는 초신성을 웃돌 것이라 예측한다. 그중에서도 수 초 이상 계속되는 감마선 폭발은 대질량성의 중력붕괴와 그에 따르는 블랙홀 생성, 거기에서의 상대적으로 고속인 제트 분출 등과 관련한 현상으로 여긴다. 제트현상이 어떻게 발생되는가는 지금 가장 뜨거운 관심사이기도 하다.

또 몇몇 감마선 폭발에는 초신성이 거의 동시에 일어난 것으로 관측되는데 감마선 폭발과 초신성 사이에 어떤 관계가 있는지는 잘 알려지지 않았지만 큰 관심을 끌고 있는 것이 사실이다. 즉, 감마선 폭발과 함께 관측되는 초신성은 보통의 초신성보다 에너지가 훨씬 큰 것이 많아 극초신성極超新星이라고 하는데 극초신성의 생성 메커니즘 또한 잘 알지 못하는 것이 현실이다.

옛날 우주에는 $100\,M_\odot$가 훨씬 넘는 대질량성이 존재했을 가능성이 있다. 특히 1세대 별의 경우 가스에 금속이 포함되지 않아 별이 탄생할 때 질량방출이 억제되므로 $1000\,M_\odot$나 되는 별이 존재했을 가능성이 크다. 이 별들은 헬륨이 연소한 후 핵이 전자와 양전자의 생성으로 불안정해지면서 중력붕괴해 대부분 블랙홀이 되었을 것으로 예상한다. 이때 10^{54} erg가 넘는 뉴트리노를 방출했을 가능성이 있는데 이것들은 지금도 우주에 남아 떠다니고 있을 것으로 보인다. 우주팽창에 따른 적색이동으로 에너지가 낮아졌기 때문에 현재 가동 중인 검출기로 이 뉴트리노들을 관측하기는 힘들지만 여기에는 이런 1세대 별들의 정보가 포함되어 있어 앞으로의 관측에서 커다란 시험대가 되고 있다.

이상과 같이 대질량성의 중력붕괴와 거기서 나오는 뉴트리노 신호의 이해와 관측은 초신성 현상을 밝히는 데 그치지 않고 앞으로 고에너지 우주물리학 연구에 중요한 주제가 되리라 생각한다.

7.3 중력붕괴형 초신성과 원소합성

7.3.1 초신성 1987 A가 된 별의 폭발과 진화

중력붕괴형 초신성이라면 지금까지 가장 상세히 관측된 초신성 1987 A를 먼저 꼽을 수 있다. 여기에서는 앞장에서 설명한 이론적 모델과 서로 대조하며, 모별parent star 관측으로 새롭게 밝혀진 사실들을 설명하기로 한다.

1987년 2월 24일, 지구에서 약 16만 광년 떨어져 있는 대마젤란 성운에서 초신성 1987 A가 발견되었다. SN 1987 A까지의 16만 광년이라는 거리는 아주 가까운 거리이다. 지상뿐만 아니라 대기권 밖이나 지하에 이르기까지 근대적인 여러 관측장치들을 총동원해 초신성을 관측했다. X선천문위성 '긴가銀河' 가 1987년 2월 5일에 막 발사했을 뿐이다. 감마선에 대해서도 기구氣球를 이용한 대기권 밖에서의 관측과 공기 샤워를 이용한 지상관측도 이루어졌다.

예전에 촬영했던 사진 건판에서 폭발한 원래 별을 찾는 작업을 하다가 'S k−69 202' 라는 12.2등성을 발견했다. 광도가 $\sim 10^5 L_\odot$인 이 별은 탄생했을 때의 질량이 약 $20 M_\odot$였을 것으로 추정했다.

초신성 폭발을 일으킨 별이 처음 확인된 것이었고 이 별이 대질량성이라는 사실은 별의 진화론에서 예측한 대로였다. 그러나 이 별의 크기가 $50 R_\odot$인 '청색초거성' 이었던 점은 예상 밖이었다. 금속량이 아주 적지 않은 한 대질량성은 적색초거성 상태에서 폭발해 초신성이 된다는 것이 그때까지의 계산결과였기 때문이다.

그림 7.16에 나타난 HR도의 진화에 따라 Sk−69 202라는 별이 어떻게

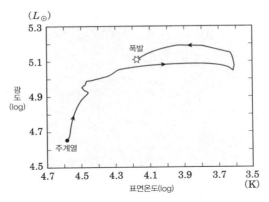

그림 7.16 주계열성에서 초신성 1987 A까지 20 $M_\odot$ 별의 HR도에서의 진화(Saio *et al.* 1988, *Nature*, 334, 508).

진화하고 폭발했는지 개괄적으로 살펴보자. 이 별은 약 6×10^7년 전에 태어났고 질량은 약 20 $M_\odot$이다. 별은 우선 주계열성으로 5×10^7년을 보낸다. 중심부에서 수소가 다 타면 별은 헬륨핵과 수소가 많은 외층(수소외층)으로 나눠져 팽창하기 시작한다. 주계열 단계에서는 반지름이 5 $R_\odot$이었다가 50 $R_\odot$이 되면서 청색초거성이 된다. 별 중심부에서 헬륨에 불이 붙고 별은 헬륨을 태우면서 계속 팽창해 반지름이 1000 $R_\odot$인 적색초거성이라는 거대한 별이 된다.

별의 반지름은 수소외층에서 중원소가 빛 흡수율의 영향을 받는다. 대마젤란 성운은 수소에 대한 중원소의 비율이 우리은하의 3분의 1밖에 되지 않는다. 그 수치만큼 별 표면은 빛의 흡수율이 낮고 투명하다. 이에 따라 빛을 너무 많이 복사한 별은 핵에서 헬륨이 다 타면 에너지 부족을 보충하기 위해 적색초거성에서 청색초거성으로 수축한다. 그림 7.17에 이 단계에 있는 별 내부의 화학조성 분포를 나타냈다.

SN 1987 A 주위에서 발견된 세 개의 고리(그림 7.18)는 이 같은 별이 팽창하고 수축하는 진화 단계에서 생성된 것으로 보인다. 초거성이 된 별에

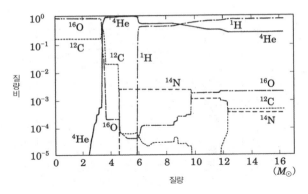

그림 7.17 주계열에서 20 $M_\odot$였던 별이 적색초거성에서 청색초거성으로 진화하는 단계에서 내부의 화학조성 분포(Saio *et al.* 1988, *Nature*, 334, 508).

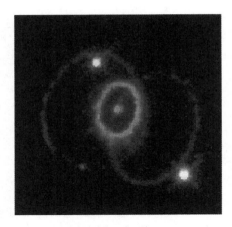

그림 7.18 초신성 1987 A 주변에서 발견된 고리 모양(Space Telescope Science Institute 제공).

서는 항상 강한 항성풍이 불어오는데 청색초거성으로 수축하고 나면 항성풍의 속도가 빨라져 이전에 적색초거성이었을 때 느리게 불던 항성풍과 충돌한다. 이렇게 항성풍끼리 충돌해 고밀도의 고리 모양이 만들어지는 것으로 예상한다. 고리가 만들어지는 모델 중 한 가지는 항성풍이 자기장을 지니며, 그 자기장이 모양을 만들어낸다는 수치 모의실험이 있다.

그 외 다른 모델로 모별이 쌍성을 형성하고 있다가 초거성으로 팽창하는 과정에서 별 하나가 상대별을 삼키고 고리 모양으로 가스를 방출하는 과정을 보여주는 모의실험도 있다. 어떤 모의실험이든 SN 1987 A의 모별이 어느 정도 비구대칭 구조였음을 보여준다.

별의 핵에서는 헬륨이 다 타면 탄소와 산소의 핵이 줄어들고 탄소에 불이 붙는다(그림 5.9). 탄소는 500년 정도 다 타고 나면 네온과 마그네슘으로 변한다(그림 5.10). 이 네온과 마그네슘이 다 연소하면 규소와 황, 칼슘이 만들어진다(그림 5.11~5.12). 폭발 직전의 별 내부는 중심부에 철핵이 있고 그 바깥으로는 규소와 황, 산소·네온·마그네슘층, 탄소층, 헬륨층 그리고 가장 바깥에 수소층이 둘러싸고 있다(그림 5.14).

철핵은 중력수축을 계속하다 이윽고 중력붕괴한다. 뉴트리노가 대량으로 방출되면서 뜨거운 원시중성자별이 탄생한다. SN 1987 A의 뉴트리노 관측을 통해 지금까지의 중력붕괴에 대한 이론적 예측이 맞았음을 확인했다(6장).

단, 이 중력붕괴로 자유로워진 중력에너지가 어떻게 폭발에너지로 전환하고 어떻게 초신성 폭발을 일으키는지에 대한 구체적인 메커니즘은 아직 충분히 밝혀지지 않았다. SN 1987 A의 X선과 적외선으로 관측한 결과, 중성자별이 생성되고 있다는 징후는 아직 나타나지 않았다. 원시중성자별로의 계속된 질량강착으로 블랙홀이 생성되었을 가능성도 부정할 수 없다. 폭발 자체도 비구대칭성이라는 점이 영향을 미쳤으리라 예상한다.

이런 불확정성에 대해 다음 절에서 중력붕괴에 따르는 기본적인 원소합성에 대해 설명하고자 한다. 이어서 관측되고 있는 종류별 초신성의 광도곡선이나 스펙트럼이 중력붕괴형 초신성의 모별 구조나 폭발에너지, 비구대칭 같은 다양성과 어떤 관련이 있는지에 대해 논의하겠다. 마지막으로 대질량성의 다양한 초신성 폭발이 원소합성의 다양성, 은하의 화학진화에 어떻게 반영되고 관측되고 있는지 정리하겠다.

7.3.2 중력붕괴형 초신성의 원소합성

중력붕괴형 초신성에서 $10^{49} \sim 10^{52}$ erg라는 거대한 에너지가 밀리초라는 짧은 시간에 해방되면서 강한 충격파가 발생한다. 충격파가 통과하면서 중심부의 물질은 10^{10} K에 가까운 고온으로 뜨거워진다. 바깥쪽으로 충격파가 전해지면서 다양한 핵반응이 일어나고 철, 칼슘, 규소, 산소 같은 원소들이 만들어진다. 어떤 원소가 합성될지는 온도, 밀도, 초신성 폭발 전의 원소조성비로 결정되는데 온도가 높아질수록 원자번호가 높은, 즉 무거운 원소가 합성된다.

충격파가 통과한 후에는 아주 고온에 저밀도일수록 복사가 훨씬 잘되므로 그 온도는 폭발에너지(E)와 그 영역의 반지름(r)에서

$$E \sim \frac{4\pi}{3} r^3 a T^4 \tag{7.21}$$

로 나타낸다. 이 식에서 알 수 있듯이 충격파가 통과한 후의 온도는 바깥쪽으로 갈수록, 폭발에너지가 작을수록 낮아진다. 따라서 합성되는 원소는 E와 r에 따라 달라진다.

(1) $T > 5 \times 10^9$ K일 때 완전 규소연소가 일어나 핵종의 통계평형상태를 이룬다. 그 결과 ^{56}Ni이 많은 철족원소가 합성된다. 그중에서도 이 고온영역에서는 Ti, ^{64}Zn, Co 등이 상대적으로 많이 합성된다.

(2) $T \sim 4 \times 10^9$ K일 때 불완전 규소연소가 일어나고 ^{56}Ni, Fe, Mn, Cr 같은 철족원소와 다 연소하지 못한 Ca, Ar, S, Si 등이 생성된다.

(3) $T \sim 3 \sim 4 \times 10^9$ K일 때 폭발적 산소연소가 일어나고 Ca, Ar, S, Si,

O 등이 생성된다.

(4) $T \sim 2 \times 10^9\,\mathrm{K}$일 때 폭발적 네온·탄소연소로 Si, Mg, Ne, O 등이 생성된다.

(5) 바깥쪽의 산소나 탄소, 헬륨은 거의 타지 않는다. 이 충격파로 탈출속도를 넘을 만큼 속도가 붙은 가스는 공중에서 삽시간에 흩어진다.

그림 7.19에 $13\,M_\odot$과 $20\,M_\odot$인 별이 일반적인 에너지($E = 1 \times 10^{51}\,\mathrm{erg}$)로 폭발한 경우의 원소 분포를 나타냈다. 그림 7.20은 $40M_\odot$인 $Z = 0.02$와 $Z = 0$의 별이 $3 \times 10^{52}\,\mathrm{erg}$라는 거대한 에너지로 폭발한 뒤의 원소 분포를 나타낸 것이다. r이 작은 중심에 가까울수록, 또 에너지가 클수록 가스는 고온으로 뜨거워져 원자번호가 큰 원소가 합성되는 것을 알 수 있다.

$10^{52}\,\mathrm{erg}$를 넘는 거대한 에너지의 초신성을 극초신성이라고 하는데 이 에너지의 크기 때문에 폭발할 때 생성, 방출되는 원소의 조성도 보통 초신성과는 다른 독특한 특징을 보인다. 극초신성에서는 에너지가 크기 때문에 훨씬 넓은 영역이 고온화하면서 (1)의 완전 규소연소의 생성물이 많이 방출된다. 그 결과 Zn/Fe, Co/Fe, Ti/Fe이 커진다. 반면에 일반적인 초신성은 (2)의 불완전 규소연소 영역이 상대적으로 넓어 Mn/Fe, Cr/Fe이 비교적 크다.

한편, 극초신성은 고속회전으로 활동성이 높아진 블랙홀에서 축 방향으로 에너지가 해방되면서 별 전체가 비구대칭으로 폭발한 것이라 생각한다. 같은 에너지라도 충격파의 효과가 좁은 영역에 집중되면서 위에서 설명한 극초신성 원소합성의 특징은 비구대칭 폭발에서 좀 더 뚜렷해진다.

폭발적 원소합성에서는 짧은 시간에 핵이 합성되므로 ^{56}Ni, ^{57}Ni, ^{44}Ti 같은 많은 방사성원소가 합성되면서 폭발이 팽창해 나가는 시기에 베타붕괴한다.

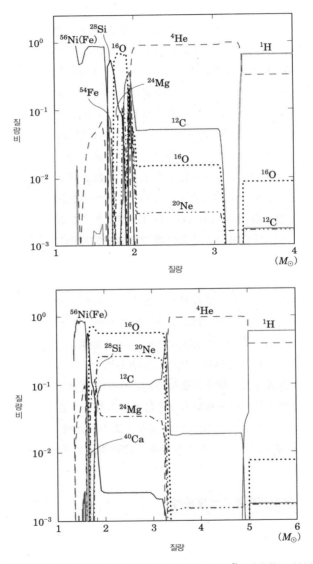

그림 7.19 13 $M_\odot$(위)와 20 $M_\odot$(아래)인 별의 초신성 폭발 후($E=1\times10^{51}$ erg)의 원소조성 분포(Tominaga *et al.* 2009, in preparation).

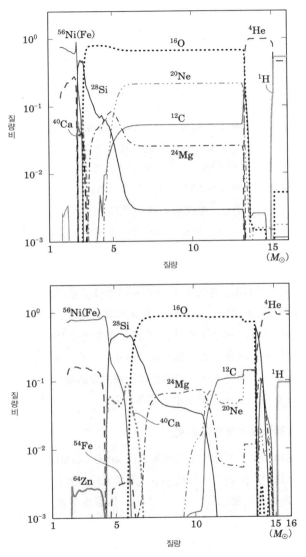

그림 7.20 40 $M_\odot$ 별의 초신성 폭발 후 원소조성 분포($E=3\times10^{52}$ erg). 위는 태양의 초기 조성, 아래는 종족 III의 초기 조성이다(Tominaga *et al.* 2007, *ApJ*, 660, 516).

한편, 충격파가 통과한 후 가스는 팽창해 냉각되며 핵융합반응은 일어나지 않는다.

그 결과 초신성 폭발에서 시간이 충분히 흐른 뒤에는 안정된 원소만 남는다. 대량으로 합성된 ^{56}Ni의 방사성붕괴로 방출되는 에너지는 초신성 광도의 주요 에너지원 중 하나가 된다.

7.3.3 중력붕괴형 초신성의 광도곡선

중력붕괴형 초신성의 광도곡선 형태는 폭발 직전의 대질량성 수소외층의 상태, 폭발하는 가스의 질량과 에너지, 폭발구조 등을 찾는 중요한 실마리가 된다. 중력붕괴형 초신성의 경우, 폭발에너지의 대부분은 뉴트리노가 가져간다. 나머지는 대부분 별이 팽창할 때 운동에너지가 된다. 따라서 초신성으로 밝게 빛나려면 다음과 같은 메커니즘 또는 광원이 필요하다.

첫째는 폭발할 때 별 내부를 전파하는 충격파에 따른 가열이다. 즉, 초신성의 운동에너지 일부를 뜨겁게 해 빛으로 바꾼 것이 충격파이다. 단 충격파가 유일한 열원이라면 초신성이 팽창하면 온도 T가 내려가기 때문에 초신성의 광도는 급격히 어두워진다.

둘째는 폭발할 때 합성된 방사성원소다. 가장 많은 양이 생성되는 ^{56}Ni은 반감기가 6.6일로 전자를 포획해 ^{56}Co으로 붕괴한다. 이렇게 생긴 ^{56}Co도 반감기가 77일인 방사성원소로 전자포획과 양전자 방출에 따라 ^{56}Fe으로 붕괴한다. 이때 붕괴하면서 방출되는 감마선과 양전자가 가열원이 된다. ^{56}Ni은 초신성이 가장 밝을 때 상당한 양이 ^{56}Co으로 붕괴한다. 그러나 반감기가 긴 ^{56}Co이 붕괴함으로써 폭발하고 일 년이 지난 초신성을 빛나게 하는 것이다. 다른 방사성원소로는 ^{57}Ni과 ^{44}Ti이 열원熱源이 될 수 있다. 이 열원의 수도 각각의 반감기를 지나면서 줄어들므로 광도곡선도 이와 함께 감광한다.

셋째는 펄서이다. 막 탄생한 중성자별의 회전에너지가 입자의 가속을 매개로 광속에 가까운 펄서풍과 싱크로트론 복사의 형태로 복사되며, 이것이 초신성 물질과 상호작용하여 열이 되고 빛이 된다. 이 열원은 펄서 회전이 감속하는 시간규모만큼 줄어든다. 대부분은 일정한 열원이 되지만 마그네타magnetar의 경우는 강력한 자기장 때문에 회전할 때 급속하게 제동이 걸리면서 빠르게 감광할 것으로 예상된다.

7.3.4 II−P형 초신성과 적색초거성

핵의 중력붕괴로 발생한 충격파는 $4000 \sim 5000 \ \mathrm{km \ s^{-1}}$으로 별로 전달되면서 수소외층을 $10^5 \ \mathrm{K}$보다 더 뜨겁게 가열한다. 폭발 직전에 있는 대부분의 대질량성은 반지름 $1000 \ R_\odot$인 적색초거성이 되며, 충격파가 광구에 도착하려면 며칠은 걸린다. 충격파가 광구에 도착하면shock breakout 광구의 온도는 $10^5 \ \mathrm{K}$을 넘어 강한 자외선이 복사되지만 가시광으로는 아직 어둡다. 그리고 나서 급속히 팽창해 광구의 온도가 내려가면 흑체복사의 최고 에너지가 내려가 가시광에서도 보이기 시작한다.

급격히 팽창해 온도가 약 $6000 \ \mathrm{K}$으로 식으면 내부에서 이온화한 수소가 전자와 재결합하고 자유전자 때문에 빛의 산란이 급격히 줄어들면서 $T = 6000 \ \mathrm{K}$에 대응하는 층이 광구가 된다. 이 광구의 위치는 질량좌표에 대해 그림 7.21처럼 안쪽으로 전파되는데 각 층은 팽창하므로 광구의 위치 R은 시간과 함께 거의 움직이지 않는다. 초신성의 광도는 광구의 R과 T에 따라 흑체복사의 관계

$$L \sim 4\pi R^2 \sigma T^4 \qquad (7.22)$$

로 결정되므로 거의 일정하다.

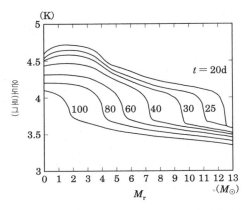

그림 7.21 II형 초신성의 폭발 모델. 충격파가 통과한 후 수소가 많은 외층의 온도분포 변화(Shigeyama & Nomoto 1990, *ApJ*, 360, 242).

실제로 II–P형 초신성의 광도곡선은 그림 7.22에 나타낸 것처럼 폭발 후 100일 동안 광도가 거의 변하지 않는 정체상태plateau를 보인다. 이 그림의 관측 예는 13 $M_\odot$인 적색초거성(수소외층의 질량은 9 $M_\odot$이다)이 $E = 1 \times 10^{51}\,\mathrm{erg}$로 폭발한다고 가정하면 잘 이해할 수 있다.

그리고 계속 팽창하면서 재결합해 광구의 위치가 별의 중심에 이르면 초신성 전체가 거의 투명해지면서 정체상태는 끝이 난다. 이후 광도는 급속히 떨어지고 방사성원소가 붕괴되는 후반기로 들어선다. 거기에 관해서는 다음 7.3.5절에서 다룰 예정이다.

그런데 II형 초신성이라고 해서 반드시 광도곡선에 정체상태가 나타나는 것은 아니며, II–L형 초신성은 광도가 최고에 이른 뒤에 서서히 줄어든다. 이에 관해서도 다음 7.3.5절에서 다룰 예정이다.

7.3.5 초신성 1987 A의 광도곡선과 청색초거성

초신성 1987 A의 광도곡선은 II–P형 초신성과는 전혀 다르다. 관측 결

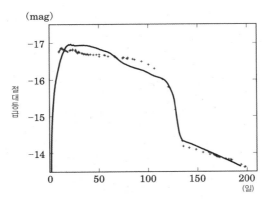

그림 7.22 II-P형 초신성 1999 em의 광도곡선과 적색초거성의 폭발 모델(실선)(Tominaga *et al.* 2009, in preparation).

과를 순서대로 살펴보자. 뉴트리노가 검출되고 나서 불과 세 시간 후에 초신성은 6.4등급이 된다. 이렇게 짧은 시간에 밝아지리라고는 예상하지 못했다. II형 초신성의 기존 모델은 중력붕괴한 뒤 며칠이 지나서야 밝아질 것으로 예측했기 때문이다. 또 한 가지, 지금까지의 II형 초신성과 다른 점이 있다. II−P형 초신성은 폭발 후 하루 만에 4.5등급이 되더니 더 이상 크게 밝아지지는 않았다. 예상보다 광도의 약 20분의 1밖에 밝아지지 않았던 것이다.

II−P형 초신성에 무슨 일이 일어났던 것일까. 폭발한 별의 반지름이 1000 $R_\odot$인 적색초거성이었다면 중력붕괴 직후 뉴트리노 폭발과 거의 동시에 발생한 충격파는 표면에 도달하기까지 며칠이 걸린다. 또 반지름이 50 $R_\odot$이면 두 시간 만에 표면에 도착한다. 이로 미루어볼 때 폭발한 별은 적색초거성이 아닌 청색초거성이었음을 알 수 있다.

충격파가 표면에 도착하면 급속히 팽창한다. 한 시간 만에 표면온도가 $3 \sim 4 \times 10^4$ K으로 내려가면 흑체복사의 최고 에너지가 내려가 가시광으로도 보이기 시작한다. 이것이 뉴트리노 폭발 세 시간 뒤 얻은 사진에 6.4등급으로 찍혔다.

내부에서 만들어진 빛이 표면으로 확산되었을 때 초신성은 정말 밝아지기 시작했다. 이때 얼마나 밝아지는지는 그때까지의 팽창으로 온도가 얼마나 내려갔는지에 따라 다르다. 폭발한 SN 1987 A는 청색초거성일 때 원래의 반지름이 지나치게 팽창하면서 온도가 내려가는 바람에 그리 밝아지지 않았다.

예상 밖의 광도곡선 변화는 그 후에도 계속되더니 3월 초가 되어서야 서서히 밝아졌다. 이전까지 관측했던 초신성이 일단 최고값에 이른 뒤에 점점 어두워지던 것과 비교하면 정반대의 움직임이다. 5월 20일에야 최고값에 이르러 3등급이 되었다. 이 값은 태양보다 무려 2×10^8배나 밝다. 초신성이 단순히 팽창만 한다면 온도가 내려가면서 어두워질 것이다. 분명히 뭔가가 에너지를 공급하고 있다. 두 가지를 추측할 수 있는데 펄서와 방사성원소이다.

방사성원소는 붕괴하면서 고에너지의 감마선을 방출하는데 이 감마선이 주변의 가스를 가열한다. 이때 감마선은 주변의 전자와 컴프턴 산란을 일으켜 에너지를 잃고 X선이 되며, 전자는 에너지를 받아 주변 원자를 이온화한다. 이온은 재결합할 때 자외선 등을 방출한다. 이렇게 감마선의 에너지는 뜨거워져熱化 가시광이 되면서 관측된다. 그 광도는 방사성원소의 수가 줄어드는데 지수함수적으로 감소한다. 이에 반해 펄서는 광도를 일정하게 유지하는 가열원이 되는 것으로 추측한다.

SN 1987 A의 광도곡선(그림 7.23)은 120일 무렵부터 완만하게 직선으로 내려간다. 등급이란 별의 광도함수이므로 직선적인 감광은 지수함수적으로 광도가 떨어지는 것을 의미한다. 이 감광비율이 ^{56}Co의 반감기 77일과 정확히 일치함으로써 가열원이 ^{56}Co임이 확실해졌다. 폭발할 때 만들어진 ^{56}Ni의 양이 약 $0.07\,M_\odot$인 것도 광도를 통해 알 수 있었다. ^{56}Co이

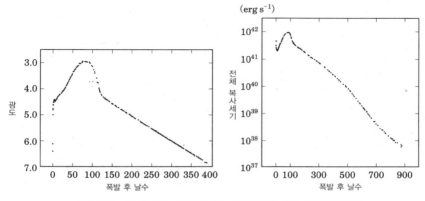

그림 7.23 초신성 1987 A의 광도곡선. 가시광(왼쪽), 전체 복사광도(오른쪽).

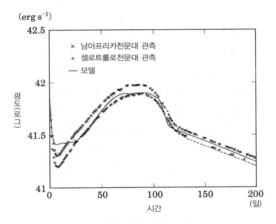

그림 7.24 SN 1987 A의 광도곡선과 청색초거성의 폭발 모델(Shigeyama & Nomoto 1990, *ApJ*, 360, 242).

붕괴할 때 X선과 감마선을 직접 관측했는데 이에 관해서는 나중에 다시 언급하겠다.

결국 이상과 같은 SN 1987 A의 광도곡선에서, 전체 질량은 약 $20\,M_\odot$ 이며 그중 수소외층의 질량이 약 $10\,M_\odot$ 인 청색초거성($R = 50\,R_\odot$)이

$E = 1.3 \times 10^{51}$ erg로 폭발해 ^{56}Ni $0.07\,M_\odot$을 생성했음을 그림 7.24에 그래프로 나타냈다. 처음 최고값은 충격파로 가열되기는 했지만 별의 반지름이 작아져 II–P형 초신성처럼 밝아지지는 않았다. 두 번째 최고값은 ^{56}Ni이 붕괴해 수소외층이 가열되면서 완만한 정체상태를 보인다.

7.3.6 IIb형 초신성 1993 J

1993년 3월 28일에 약 1200만 광년 떨어진 북쪽 하늘의 대표적인 소용돌이은하 M 81(NGC 3031)에 초신성 SN 1993 J가 나타났다. 이 초신성은 거리가 가까웠기 때문에 초신성을 관측해 왔던 과거 25년 동안 SN 1987 A에 이어 두 번째로 밝은 초신성이었고 파장범위가 넓어 가시광, X선, 전파 등으로 자세히 관측할 수 있었다. 그 결과 SN 1993 J는 그때까지 관측된 적이 없는 전혀 새로운 유형의 초신성임을 알아냈고 종류가 다양한 초신성을 통일적으로 이해하게 하는 유력한 실마리를 제공했다.

SN 1993 J는 스펙트럼에 수소선이 나타나 SN 1987 A와 마찬가지로 II형 초신성, 즉 대질량성이 중력붕괴를 일으킨 결과 폭발하는 유형의 초신성으로 분류되었다. 예전에는 II형 초신성의 광도곡선을 두 가지 유형으로 분류했다. 하나는 II–P형 초신성으로 위에서 설명한 정체상태를 보이는 것이고, 또 하나는 II–L형 초신성으로 광도가 최고에 이른 후 서서히 감소하는 것이다. 그런데 SN 1993 J의 가시광 광도곡선은 시간이 흐르면서 묘한 변화를 보였다(그림 7.25). 광도곡선에 최고값이 두 번 나타나는 등 II–P형 초신성이나 II–L형 초신성과는 전혀 다른 새로운 타입의 초신성이었다.

왜 SN 1993 J는 광도곡선에서 최고값이 두 번 나타나는 것일까. 여기에 답하려면 이론 모델의 도움이 필요하다. 그림 7.25의 폭발 모델은 주계열 단계일 때 질량이 $M = 15\,M_\odot$인 별이 쌍성계를 구성하는 것으로 가정

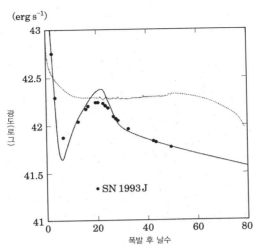

그림 7.25 SN 1993 J의 가시광 광도곡선과 수소외층의 질량이 0.89 $M_\odot$인 폭발 모델(실선). 비교를 위해 수소외층의 질량이 10.6 $M_\odot$인 II−P형 초신성 모델을 점선으로 나타냈다(Nomoto *et al.* 1993, *Nature*, 364, 507).

한다. 그리고 상대별에게 수소외층을 빼앗겨 수소외층 0.5 $M_\odot$과 헬륨핵 4 $M_\odot$이라는 구조로 되었다. 그 핵이 중력붕괴해 폭발이 일어났다. 폭발 에너지는 1×10^{51} erg이고, ^{56}Ni의 생성량은 0.07 $M_\odot$이다.

이 모델의 첫 번째 최고값일 때 SN 1993 J는 일반적인 II−P형 초신성 처럼 충격파가 표면의 수소층을 뜨겁게 달구면서 밝게 빛이 났다. 그러나 II−P형 초신성은 수소외층의 질량이 10 $M_\odot$인 것에 비해 SN 1993 J의 수소외층은 1 $M_\odot$보다 작아 팽창으로 바로 식으면서 급격히 어두워졌다.

SN 1993 J의 두 번째 최고값은 폭발할 때 합성된 방사성원소 ^{56}Ni이 붕괴하면서 가열되어 표면으로 전달되었기 때문이다. 따라서 폭발 후 20일 정도 지나야 광도가 최대에 이른다. 그 후 초신성은 방사성원소의 수가 줄어들면서 점점 어두워진다.

두 번째 최고값에서 나타난 광도곡선의 형태는 나중에 설명하겠지만 Ib

형 초신성의 광도곡선과 아주 비슷하다. 스펙트럼도 시간이 흐르면서 급격히 달라져 수소선과 함께 Ib형 초신성에서 볼 수 있는 헬륨선과 탄소 방출선이 분명히 나타났다. 이 Ib형 초신성으로 천이한 II형이라는 뜻에서 SN 1993 J는 IIb형으로 부르게 되었다. 광도곡선이 비슷하다는 것은 구조도 비슷하다는 뜻이다. 별 표면에 수소층이 있는지 없는지만 다를 뿐이다.

SN 1993 J가 된 별은 쌍성계를 형성하고 있어 대부분의 수소외층은 떨어져나갔을 것이다. 이런 식의 쌍성계에는 폭발 직전에 대량의 가스가 별 주변을 떠다니고 있었을 것이다. 이를 뒷받침할 만한 관측이 이루어졌는데 다행히 SN 1993 J가 나타나기 한 달 전인 2월 20일에 일본의 우주과학연구소가 X선 천문위성인 '아스카'를 발사했다. '아스카'가 4월 5일, 즉 폭발 후 약 일주일이라는 이른 단계에 이 초신성을 관측하자 매우 강한 X선이 관측되었다. 이 X선은 별 주변을 떠다니는 가스에 수만 km s^{-1}로 급속히 팽창하는 초신성 본체의 가스가 심하게 부딪치고, 고온으로 뜨거워진 플라스마의 열제동복사로 방출된 것이었다. X선에 대한 상세한 관측은 폭발하기 전 별의 진화를 밝히는 데 새로운 실마리를 제공했다.

7.3.7 II-L형 초신성

SN 1993 J가 된 별에는 1 $M_\odot$ 이하의 수소외층이 남아 있었다. 그러면 전부터 관측되던 II-L형 초신성이 되는 별은 도대체 어떤 별일까. 아직도 잘 모른다. 질량범위가 태양질량의 8~10배에 이르는 단독별이 폭발한 것은 아닐까 하고 제안한 사람들도 있다. 그러나 SN 1993 J는 II-L형 초신성도 쌍성계를 이루는 대질량성일 것이라는 암시를 주었다.

즉 광도곡선에 정체상태가 나타나지도 않고 최고값이 두 번 나타나지도 않으니 두 상태의 중간에 있는 별이 아닐까 하는 생각이다. 즉 수소외층의 질량이 2 $M_\odot$로 제법 남아 있는 단계에서 폭발한 것이므로 두 번째 최고값이 감춰졌다는 것이다. 쌍성계는 계를 이루는 별들끼리 서로 질량을 주고받거나 계에서 질량을 방출하는가 하면, 극단적인 경우에는 별들끼리 합체하는 등 복잡다단한 모습으로 진화한다.

비슷한 별이 초신성 폭발을 일으킨다 해도 상대에 따라 다른 방식으로 빛을 낸다. 대질량성이 소질량인 상대별과 합쳐지고 그 가열효과의 대소에 따라 수소외층이 $1\,M_\odot$ 이하로 줄어든 것이 IIb형 초신성이고, 아직 $\sim 2\,M_\odot$이 남아 있는 것이 II – L형이 아닐까 추정한다.

7.3.8 IIn형 초신성

IIn형 초신성 중에서 수소의 가느다란narrow 방출선이 두드러지게 관측되는 것을 IIn형 초신성이라고 한다. n은 narrow의 머리글자이다. 이는 초신성폭발이 일어나기 전 별 주변에 수소를 주성분으로 하는 밀도가 높거나 팽창속도가 낮은 물질이 존재하고 있으며, 그 성주물질이 초신성의 자외선으로 들뜸상태가 되면서 방출선이 두드러지게 나타난다. 또 폭발할 때의 방출물질과 성주물질이 충돌해 X선과 전파가 복사된다. 또 X선이 방출물질에 흡수되어 광학적으로도 매우 밝게 빛난다.

항성풍이 속도 v로 정상적으로 부는 경우 성주물질의 밀도 ρ는 별에서의 거리가 r인 지점에서

$$\dot{M} = 4\pi r^2 \rho v \tag{7.23}$$

로 결정된다. 따라서 $\dot{M}$이 크고 v가 작을수록 밀도가 높다. 고밀도의 성주물질을 가지는 별은 다음과 같이 몇 가지 종류가 있다.

적색초거성의 초신성 폭발

적색거성 중에서도 광도가 높은 초거성은 복사압이 높고 항성풍의 질량 방출률 또한 매우 높다. 그러므로 질량이 큰 별일수록 항성풍의 질량방출률도 높다. 단 별이 대부분의 수소외층을 잃으면 수축해 지름이 되고 항성풍의 속도 v가 커지므로 밀도는 내려간다.

따라서 성주물질의 밀도가 높은 대질량성이 IIn형 초신성으로 폭발하는 경우 그 별의 질량 범위는 그리 넓지 않을 것이라 예상한다. 그러나 쌍성계에서 대질량성이 적색거성으로 진화할 때 소질량인 상대별과 합쳐진 경우는 소질량성이 적색거성의 외층에 나선 모양으로 강착하며, 이때 생긴 마찰열로 질량방출률이 극단적으로 높아지는 경우가 있다.

점근거성가지의 전자포획형 초신성

주계열성의 질량이 8~10 $M_{\odot}$이고 O – Ne – Mg핵을 형성하는 별은 폭발 전에 점근거성가지가 된다. 핵의 바깥쪽 끝에서는 불안정한 헬륨껍질 연소로 탄소가 생성되어 수소외층과 뒤섞인다. 별이 탄소별로 바뀌면 표면에는 흑연먼지graphite dust가 생성되고 항성풍이 세차게 불기 시작한다. 따라서 별은 먼지가 많고 밀도가 높은 성주물질로 뒤덮였고 초신성 폭발은 IIn형 초신성으로 관측될 것이다.

8~10 $M_{\odot}$ 별은 이론적으로 O – Ne – Mg핵이 전자포획으로 중력붕괴를 일으켜 초신성이 되는 것으로 예상한다. 이 별이 중력붕괴할 때는 핵표면의 밀도기울기가 가파른 데다 위에서 충격파를 누르는 압력이 작아 소량의 뉴트리노 가열로도 충격파가 부활하여 별 표면까지 전달된다. 그 결과 10^{50} erg의 작은 에너지로도 별의 외층부가 폭발한다. 이 폭발은 보통 관측되는 초신성 에너지(10^{51} erg)에 비하면 에너지가 10배나 작다.

최근 적외선 관측위성으로 모별이 발견된 IIn형 초신성 SN 2008 S는 먼지로 뒤덮여 있으며, 또 어둡고 폭발에너지도 작은 '어두운 초신성'의

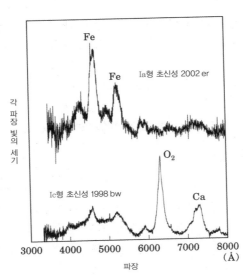

그림 7.26 폭발 1년 후의 초신성 스펙트럼(다나카 마사오미 저, 노모토 겐이치 편, 원소는 어떻게 만들어졌을까, 이와나미쇼텐, 2007, 제5장).

일종으로 점근거성가지가 폭발할 때 보이는 특징을 잘 보여준다.

7.3.9 Ib/Ic형 초신성

I형 초신성 중에 Ib형 초신성 그룹이 있다. 스펙트럼에 수소선이 보이지 않는 대신 헬륨선이 강하다. 비슷한 초신성으로 Ic형 초신성이 있는데 스펙트럼에 수소와 헬륨 모두 보이지 않는다. 이런 초신성이 되는 별들은 Ia형 초신성(7.3.10절)과 마찬가지로 폭발을 일으켰을 때 수소외층이 없었다. 그렇다면 Ib/Ic형 초신성과 Ia형 초신성은 어떻게 다를까.

Ib/Ic형 초신성과 Ia형 초신성의 차이는 폭발 후 1년 정도 지났을 때의 스펙트럼을 보면 분명히 알 수 있다. 이 정도의 시간이 흐르면 초신성은 팽창해 투명해져 거의 중심까지 들여다보인다. 그림 7.26처럼 폭발하고 약 1년 후에 나타난 초신성 스펙트럼은 특정 원소의 방출선들로 이루어져 있다. 이 방출선은 주로 초신성 물질의 중심 가까이에 존재하는 원소들이다. 관측된 스펙트럼을 보면 Ia형 초신성에는 철이 많은 반면 Ib/Ic형 초신성에는 산소가 많다. Ia형 초신성은 백색왜성 전체가 연소해 중심에 산소가 거의 남아 있지 않다는 점, 또 중력붕괴형 초신성의 핵에서 방출되는 대부분의 물질이 산소라는 점을 알고 있어 산소 방출선의 존재는 Ib/Ic형 초신성이 중력붕괴형 초신성임을 보여준다.

울프–레이에별

그렇다면 어떤 별이 중력붕괴를 일으키기 전에 수소외층을 잃는 것일까. 대질량성은 주계열성일 때부터 복사압에 따른 항성풍으로 대량의 질량을 잃는다. 그 결과 약 $40\,M_\odot$보다 무거운 별은 수소외층을 잃고 헬륨핵이 드러나 울프–레이에별이 된다.[11] 이 별은 진화 막바지에 중력붕괴하는데 만일 WN별, WC별인 헬륨별이 초신성 폭발을 일으키면 Ib형 초신성이 되고, 헬륨층을 잃은 WO별이 폭발하면 Ic형 초신성이 되는 것이라 예상한다.

단, 이 같은 대질량성의 중력붕괴는 블랙홀을 생성하는 것으로 여기는데 어떤 경우에 초신성 폭발이 일어나는지는 아직 분명하지 않다.

근접雙성의 진화

근접雙성계에서는 $40\,M_\odot$보다 가벼운 별도 Ib/Ic형 초신성이 될 수 있다. 은하계에 속한 별의 절반 정도는 쌍성계를 만들어 서로 상대의 주변을 돌고 있다. 두 별 사이가 아주 가까운 근접쌍성계에서는 별의 진화 모습이 단독별과 크게 다르다. 한쪽 별이 진화한 결과 수소외층이 팽창해 상대별

| **11** 1.8.4절 참조.

의 중력권으로 들어가고 가스가 그 별로 유입되는 질량이동이 있기 때문이다.

A별이 그보다 질량이 작은 별과 근접쌍성을 이루는 경우를 생각해 보자. 먼저 A별이 중심부의 수소를 다 태워 헬륨핵을 만들고 적색거성으로 팽창한다. 그 수소외층의 가스는 B별의 중력권으로 들어가 B별 위에 쌓인다. A별은 수소외층을 대부분 잃고 중심부의 헬륨핵만 남는다. A별의 초기 질량이 $10 M_\odot$보다 크면 그 핵은 헬륨별로 진화를 계속한다. 만일 A별이 헬륨층마저 잃으면 C+O별이 된다. 별의 진화는 수소외층이 있든 없든 그와는 상관없이 헬륨이나 C+O핵 안에서 진행하다가 결국에는 중력붕괴에 이른다.

광도곡선

헬륨별과 C+O별은 II형 초신성으로 똑같은 과정을 거쳐 폭발을 일으키며 각각 Ib형 초신성과 Ic형 초신성이 된다. II형 초신성은 수소층이 충격파로 가열되어 빛을 내며 그 광도는 계속 일정하다. 헬륨별과 C+O별은 이미 수소층을 잃어 충격파로 가열된 표면은 자외선과 X선을 복사할 만큼 고온이 되지만 팽창 때문에 짧은 시간에 식어버린다. 이 냉각은 별의 원래 반지름이 작을수록 영향력이 커서 폭발 전에 별이 밀집해 있다면 충격파에 따른 가열 흔적은 가시광에서 관측할 수 없다.

초신성을 빛나게 하는 에너지원은 폭발할 때 중심 부근에서 만들어지는 방사성원소 ^{56}Ni이다. 이 방사성원소가 붕괴하면서 방출하는 에너지가 별 표면으로 전해져 초신성이 빛을 낸다. 폭발 후 20일이 지나야 최대광도가 된다. 그 후 초신성은 방사성원소의 수가 줄어들면서 점점 어두워진다.

광도곡선이 최고값일 때의 폭, 즉 광도변화의 시간규모 τ_{LC}는 방사성원소의 붕괴로 열에너지가 빛으로 전달되는 시간

$$\tau_{\text{heat}} \propto \kappa M_{\text{ej}}/R_{\text{ej}} \tag{7.24}$$

이 길수록, 즉 방출물질ejecta의 흡수계수 κ와 질량 M_{ej}이 클수록, 또 반지름 R_{ej}이 작고 밀도가 높을수록 길어진다. 한편 방출물질의 영향으로 광구가 내부로 이동하는 시간

$$\tau_{\text{dyn}} \propto R_{\text{ej}}/v \tag{7.25}$$

이 짧을수록, 즉 팽창속도 v가 빠를수록 τ_{LC}는 짧아진다. 여기에서 v는 스펙트럼에서 구할 수 있는데 운동에너지 E와 M_{ej}로

$$v \propto E^{1/2}M_{\text{ej}}^{-1/2} \tag{7.26}$$

로 주어진다. 따라서 광도곡선이 변화하는 시간규모는

$$\tau_{\text{LC}} = (\tau_{\text{heat}}\tau_{\text{dyn}})^{1/2} \propto (\kappa)^{1/2}(M_{\text{ej}})^{3/4}E^{-1/4} \tag{7.27}$$

이다. 바꾸어 말하면 광도곡선의 폭으로 E와 M_{ej}의 관계를 구할 수 있다.

그림 7.27은 Ic형 초신성 SN 1994 I의 광도곡선과 그 모델이다. 주계열성일 때 15 $M_\odot$였던 별이 2.1 $M_\odot$인 C+O별이 되고 나서 중력붕괴하며 $E = 1 \times 10^{51}$ erg의 에너지로 폭발해 0.07 $M_\odot$인 ^{56}Ni을 생성했다. 이 경우 E를 보통의 초신성값으로 가정하면 폭발한 별의 질량을 측정할 수 있다. 15 $M_\odot$인 별은 항성풍에 따른 질량방출률이 낮아 쌍성계에서 질량이 이동한 결과 C+O별이 되는 것으로 생각한다.

7.3.10 극초신성과 감마선 폭발

1998년 감마선 폭발에 뒤이어 Ic형 초신성이 폭발하는 모습을 발견했다.

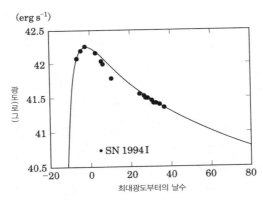

그림 7.27 Ic형 초신성 SN 1994 I의 가시광 광도곡선과 이론 모델.

감마선 폭발이란 갑자기 수십 밀리초에서 수백 초의 짧은 시간 동안 감마선이 폭발적으로 복사되는 현상으로, 지속시간이 ~1초 이상인 긴 감마선 폭발과 ~1초 이하인 짧은 감마선 폭발로 나눌 수 있다. 그 기원은 오랫동안 알 수 없었지만 1998년에 감마선 폭발 GRB 980425의 잔광을 광학망원경으로 관측하던 중에 그 주변을 환하게 밝히고 있는 Ic형 초신성 SN 1998 bw가 발견되었다. 그리고 2003년에 감마선 폭발 GRB 0303029의 스펙트럼이 Ic형 초신성 SN 2003 dh의 스펙트럼으로 '변하는' 모습을 관측함으로써 Ic형 초신성이 뒤따라 일어난다는 결정적인 증거를 잡았다.

긴 감마선 폭발과 함께 일어나는 이 Ic형 초신성은 일반적인 Ic형 초신성과는 그 성질이 확연히 달랐다. 그림 7.28에 나타낸 SN 1998 bw가 최대광도일 때의 스펙트럼과 일반적인 Ic형 초신성 SN 1994 I의 스펙트럼을 비교하면 일반적인 Ic형 초신성은 각 원소마다 고유한 방출선과 흡수선이 확실히 보이는 반면 SN 1998 bw는 전체적으로 밋밋하다. 팽창속도는 일반적인 Ic형 초신성보다 약 두 배 빠른 2만 km s^{-1}이나 된다. 또 폭발하고 처음 며칠 동안 3만 km s^{-1} 이상도 관측되었다.

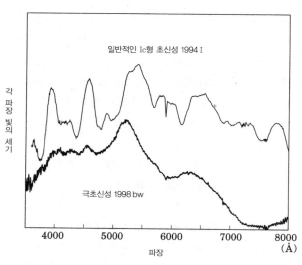

일반적인 Ic형 초신성 1994 I

각 파장 빛의 세기

극초신성 1998 bw

4000   5000   6000   7000   8000

파장   (Å)

그림 7.28 극초신성 SN 1998 bw와 일반적인 Ic형 초신성 SN 1994 I의 스펙트럼 비교(田中雅臣 著, 野本憲一 編『元素はいかにつくられたか』, 岩波書店, 2007, 第5章).

물질의 팽창운동이 크면 도플러 효과로 각 방출선이나 흡수선의 폭이 넓어지고, 고속물질의 양이 많으면 펼쳐진 선이 겹쳐져 밋밋해 보이는 특징이 있다. 또 SN 1999 bw의 광도곡선은 일반적인 Ic형 초신성보다 폭이 넓어 천천히 감광한다. τ_{LC}를 주어진 (식 7.27)과 팽창속도의 (식 7.26)을 조합하면 E와 M_{ej}을 분리해 구할 수 있다. 그리고 M_{ej}에서 이 별이 주계열성일 때 가지고 있던 질량 M_{MS}을 추정할 수 있다.

이리하여 SN 1998 bw가 폭발 전에는 질량이 $M_{MS} \sim 40\ M_\odot$인 매우 무거운 별이었고 폭발에너지도 $E \sim 3 \times 10^{52}$ erg의 거대한 값을 가졌을 것으로 추정한다. 일반적인 초신성의 10배 이상의 에너지로 폭발하는 거대한 규모의 초신성을 '극초신성hypernova'이라고 한다. 그리고 초신성 빛의 열원인 방사성원소 ^{56}Ni의 질량도 보통 대질량 초신성보다 10배는 커서 0.7 $M_\odot$으로 추정되었다. 2008년까지 초신성 폭발이 감마선 폭발 후에 뒤

따라서 발견되는 사례를 세 개나 발견했는데, 상세한 모델 계산과 비교해 본 결과 모두 '극초신성'으로 판명되었다.

그림 7.29는 광도곡선과 스펙트럼을 이용해 추정했던 몇몇 초신성의 M_{MS}과 E, ^{56}Ni의 질량 관계를 나타낸 것이다. 질량이 M_{MS}~$20\,M_\odot$보다 작은 별은 일반적인 초신성으로 폭발하지만, 질량이 M_{MS}~$20\,M_\odot$보다 큰 별은 폭발에너지가 다양해 오른쪽 위가 극초신성 영역이다. SN 2002 ap 같은 극초신성과 일반적인 초신성의 중간적 에너지를 가진 Ic형 초신성도 발견되는데 그중 하나인 SN 2006 aj(06 aj로 표기)는 X선 섬광에 부수적으로 나타난다. 또 Ib형 초신성인 SN 2008 D(08 D로 표기)도 중간 에너지가 폭발한 것임을 알 수 있다.

극초신성 폭발은 질량이 M_{MS}~25~$30\,M_\odot$보다 유독 큰 별이 중력붕괴를 일으켜 블랙홀이 생성될 때 일어난다. 블랙홀에는 별 외층의 가스가 강착원반을 생성하면서 내려앉는다. 이때 해방되는 중력에너지로 제트가 분출되면서 폭발을 일으킨다. 이 제트는 광속에 가까운 속도로 여러 번 분출되면서 서로 충돌해 '불덩어리'를 만들며 감마선을 대량 방출한다. 블랙홀에서 제트 방출을 일으키는 구조는 뉴트리노의 쌍소멸 때문인지 자기유체역학적인 작용인지, 일반적인 초신성의 폭발구조를 푸는 문제와 관련된 중요한 사안이자 아직 풀지 못한 숙제이기도 하다.

이에 비해 중간적 에너지를 가지는 초신성은 빠른 회전과 강한 자기장을 동반하는 중성자별과 관련되었을 가능성이 크다. 또 중력붕괴하는 별이 빠르게 회전하는 것은 쌍성계의 두 별이 합쳐졌기 때문일지도 모른다. 궤도 각운동량이 자전의 각운동량이 되기 때문이다.

어두운 초신성

극초신성과는 반대로 에너지를 일반적인 초신성의 10분의 1 정도 가지

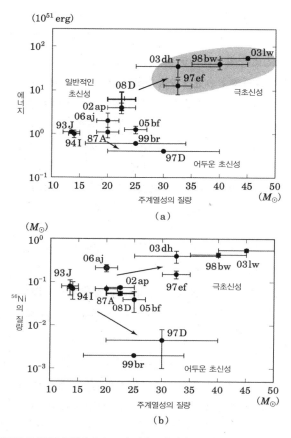

그림 7.29 관측된 초신성의 폭발에너지(위) 및 니켈56의 질량(아래)과 모별이 주계열일 때의 질량 관계 (Nomoto *et al.* 2006, *Nucl. Phys.*, A 777, 424).

며, 따라서 철도 10분의 1 이하로 방출하는 매우 약하게 폭발하는 초신성이 있다. 그림 7.29에 이것을 '어두운 초신성faint supernova'으로 나타냈다.

~25~30 $M_\odot$보다 무거운 별은 중력붕괴할 때 블랙홀을 생성한다. 블랙홀의 각운동량이 작은 경우는 블랙홀에서부터 에너지 방출이 비효율적이며 강한 중력 때문에 폭발에너지가 작아지기 쉽다. 충격파가 약한 상태에

서 합성된 원소층의 속도는 중심부에 생성된 중성자별이나 블랙홀의 중력에 따른 탈출속도를 넘지 못한 채 중심부로 다시 낙하한다. 그 결과 폭발로 합성된 ^{56}Ni을 비롯한 중원소 대부분은 초신성 폭발에서 방출되지 못한다. 특히 철족원소의 방출량이 줄어든다.

그런데 폭발적으로 합성된 원소가 모두 다시 낙하하는 것이 아니라 폭발과 함께 대류가 커짐으로써 소량의 중원소가 별의 외층에 섞여 방출된다. ^{56}Ni이 아주 조금 방출되면서 결과적으로 '어두운 초신성'으로 관측되는 것이다.

제트 상태의 초신성 폭발이 이와 비슷한 과정을 보인다. 만일 제트가 방출되는 데 밀리초가 아니라 몇 초 정도 걸리면 핵물질이 적도 방향에서 블랙홀로 가라앉는다. 그 결과 제트의 폭발에너지는 크지만 다시 낙하하는 현상이 일어나 '어두운 초신성'이 되는 것이다. 이 상태가 심해지면 가까운 거리에 나타난 감마선 폭발 후에 초신성이 잇따라 관측되지 않는 현상이 나타날 가능성이 있다.

II형 초신성 항목에서 이야기했던 점근거성가지의 전자포획형 초신성 또한 폭발에너지가 작아 ^{56}Ni을 소량만 방출한다. 따라서 '어두운 초신성'의 일종이다. 또 '어두운 초신성'은 중원소를 소량만 방출하므로 중원소가 매우 적은 헤일로별을 생성하는 데 기여하는 것으로 추측할 수 있다.

초신성의 유형

초신성의 유형은 점점 다양해지고 있는데 Ia형 초신성을 제외하고 Ib형, Ic형, II-P형, II-L형, IIb형, IIn형 모두가 중력붕괴형 초신성이다. 초신성의 광도곡선을 살펴보면 II-P형 초신성은 수소외층의 질량이 큰 반면 II-L형, IIb형, IIn형 초신성은 수소외층의 질량이 작은 것이 특징이다. 극단적인 경우 수소외층을 모두 잃어버리면 Ib형 초신성과 Ic형 초

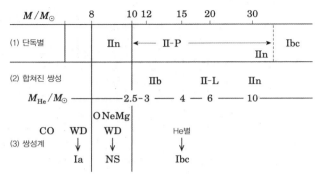

그림 7.30 초신성의 유형을 모별의 질량함수로 나타냈다. (1)은 단독별인 경우이고 (2)는 쌍성계에서 두 별이 합쳐진 경우이며 (3)은 쌍성계에서 합쳐지지 않고 수소외층을 완전히 잃어버린 경우이다. M_{He}는 헬륨별의 질량을 보이며, NS는 중성자별이 생성되는 경우를 나타낸다.

신성이 된다.

그림 7.30에서 초신성의 유형을 모별이 주계열일 때의 질량함수로 정리했다.

(1)은 단독별인 경우로 광도가 밝은 대질량성일수록 수소외층을 쉽게 잃는다. (2)는 쌍성계에서 두 별이 합쳐진 경우로 얼마나 가열되었는지에 따라 수소외층의 질량이 변하면서 여러 가지 유형이 생기는 것을 나타낸다. (3)은 쌍성계에서 합쳐지지 않고 수소외층을 완전히 잃은 경우로 He별, CO와 ONeMg 백색왜성(WD)이 생성된다. ONeMg 백색왜성은 질량강착한 결과 중력붕괴해 중성자별(NS)이 되기도 한다.

7.3.11 초신성의 원소 혼합과 방출

관측되는 초신성의 광도곡선이나 스펙트럼은 중력붕괴형 초신성의 폭발에너지나 비구대칭 정도에 따라 다양하게 나타난다. 이는 폭발 초기에 안쪽 깊은 곳에서 합성되는 중원소, 특히 열원인 ^{56}Ni이 어떻게 방출되는지와 깊은 관련이 있다.

폭발에 따르는 대류 불안정으로 중심부의 일부 중원소가 외층으로 혼합되어 방출된다고 생각했던 것이 실제로 SN 1987 A에서 관측되었다. 또 제트 상태의 폭발이 일어나는 경우도 내부 깊은 곳에서 합성된 원소가 제트와 함께 단숨에 표면으로 날아가는 것이 모의실험에서 나타났다. 이런 원소의 혼합과 방출이 SN 1987 A에서 관측된 X선이나 감마선 방출에 어떤 영향을 주는지에 대해 다음에서 설명하겠다. 또 초신성의 먼지 생성에도 큰 영향을 미치고 있음을 알 수 있다.

초신성의 X선과 감마선, 그리고 물질혼합

이론 모델에 따르면 초신성 1987 A에서는 가시광뿐만 아니라 자외선과 X선도 방출하는 것으로 예측했다. 펄서가 활발하다면 당연히 ^{56}Co가 붕괴하고 감마선도 다수의 컴프턴 산란을 받아 에너지를 잃고 X선으로 그 모습을 바꾼다. 이 X선은 철 등의 원자에 따라 광전흡수되므로 초신성이 팽창해 얇아질 때까지는 초신성의 표면에서 나오지 않는다. 따라서 X선이 관측되기 시작하는 것은 별의 팽창속도나 질량에 따라 다른데 그림 7.31에 나타낸 점선의 모델 계산을 기초로 1988년 초라는 예상을 내놓았다.

SN 1987 A가 출현하고 나서 반 년 후에 X선천문위성 ‘긴가’가 초신성에서 X선을 받았고 SMM이라는 태양관측위성도 비슷한 시기에 ^{56}Co이 복사한 선감마선을 관측했다. 이는 초신성에서의 원소합성, 특히 방사성 원소의 합성을 처음으로 관측한 직접적이고 획기적인 증거였다. 그러나 관측시기는 예상보다 반 년 이상이나 앞섰다. 폭발할 때 물질이 혼합되었고 ^{56}Ni이 표면 가까이로 전달되었으며 거기에서 방출된 감마선, X선이 별 표면에 쉽게 도달했을 것이라는 가정을 잘 설명해 준다(그림 7.31의 실선).

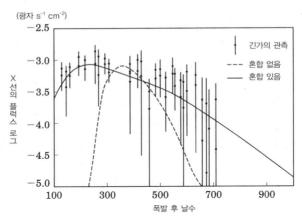

(광자 s⁻¹ cm⁻²)

긴가의 관측

혼합 없음

혼합 있음

X선의 플럭스 로그

폭발 후 날수

그림 7.31 X선천문위성 '긴가'가 관측한 경질 X선. 점선은 물질의 혼합이 없는 것으로 한 경우, 굵은 실선은 혼합이 일어난 것으로 한 경우의 이론 예측이다(Kumagai *et al.* 1989, *ApJ*, 345, 412).

초신성 내부에서 일어나는 대류 불안정의 성장과 혼합

X선, 감마선의 광도곡선과 스펙트럼 관측을 모델과 비교해 초신성 1987 A에서 이런 식으로 대규모 물질혼합이 일어났음이 밝혀졌다. 그렇다면 어떤 메커니즘으로 이런 혼합이 일어나는 것일까. 물질을 효율적으로 섞는 메커니즘이라면 단연 대류현상을 생각할 수 있다. 예를 들면 중력이 작용하는 상황에서 목욕탕의 뜨거운 물은 위보다 아래의 밀도가 낮으면 부력 때문에 아래에 있던 물이 위로 떠오르고 반대로 위에 있던 물이 아래로 내려가 서로 뒤섞인다. 초신성에서도 비슷한 대류가 일어나는 것이다.

별은 폭발하기 전에 스스로의 중력과 압력기울기로 균형을 유지하므로 중심에서 바깥쪽으로 가면서 압력과 온도, 밀도가 모두 내려간다. 특히 중원소와 헬륨의 경계 지점, 헬륨과 수소의 경계 지점에서 밀도기울기가 크다. 이 별이 폭발해 팽창하면 중력은 무시할 수 있을 정도로 약해지는 대신 날아가는 가스는 엄청난 가속을 받는다. 충격파가 통과한 중원소와 헬

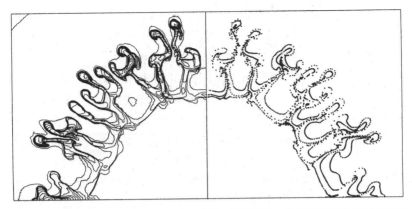

그림 7.32 폭발 시 대류 불안정의 성장 수치 모의실험. 등밀도선이 그려져 있고 안쪽의 중원소층이 바깥쪽으로 뻗어 있음을 알 수 있다(Hachisu *et al.* 1992, *ApJ*, 390, 230).

류층은 처음에는 세차게 팽창하지만 곧 밀도가 낮은 수소층에 부딪쳐 갑자기 속도가 크게 떨어지면 위로 향하는 강한 힘을 받는다. 마치 엘리베이터가 올라가다가 갑자기 멈추면 관성으로 타고 있던 사람이 위로 끌어올려지는 듯한 느낌을 받는 것과 같은 이치이다. 역방향으로의 가속 때문에 초신성 내부는 마치 위아래가 뒤집힌 것처럼 밀도가 높은 물질이 위로 올라가게 된다. 이 때문에 대류가 발생해 밀도가 높은 중원소는 수소층으로 가라앉고 밀도가 낮은 수소층은 중원소층으로 떠오른다.

그림 7.32는 이 모습을 2차원의 유체역학계산 프로그램으로 계산한 것으로 실선은 각 성분별 경계를 나타낸다. 중원소층이 가늘고 긴 손가락 모양으로 수소층으로 뻗어가다 결국은 버섯머리가 펼쳐지는 모양으로 대류불안정이 커질 때 나타나는 특유의 형태를 볼 수 있다. 또 중원소는 주변보다 밀도가 4~5배 높은 '버섯머리'에 집중되어 있다. 따라서 고체 미립자는 그곳에서 집중적으로 만들어지며 X선이나 가시광 모두 흡수율이 낮은 수소, 헬륨 영역을 빠져나와 표면까지 나올 수 있다.

II형 초신성의 원소합성과 고체 미립자의 생성

적외선 관측으로 폭발한 별이 팽창하면서 원소가 합성되는 모습을 더욱 자세히 알 수 있었다. 유럽남반구천문대 등의 지상망원경과 더불어 카이퍼 공중천문대라는 제트기로 관측한 결과 그림 7.33처럼 Co, Ni, Ar의 원자선이 관측되었다. 코발트의 질량은 줄어 있었고 붕괴된 시간이 77일이라는 반감기와도 잘 맞아떨어졌다.

또 도플러 효과에 따른 선의 폭을 보더라도 철은 3500 km s^{-1}의 빠른 속도로 팽창하는 것을 알 수 있다. 폭발하는 별의 표면 쪽은 2만 km s^{-1}의 속도로 흩어지지만 중원소로 이루어진 층은 1500 km s^{-1}라는 비교적 느린 속도로 팽창한다. 따라서 철이 빠르게 움직이는 것으로 관측되었다는 것은 철이 별 표면에도 상당량 섞여 있음을 의미한다. X선과 감마선 관측 결과, 예상했던 것보다 더 앞서 관측됨으로써 지금까지 추론한 것과 잘 맞아떨어진다는 것을 확인할 수 있었다.

그런데 450일이 지나자 지상에서 관측한 광도가 예측했던 광도보다 급속히 어두워지기 시작했다(그림 7.23 오른쪽). 이 시기에 파장 10마이크론의 적외선이 증광하고 있었던 것이다. 이 적외선의 상당 부분은 초신성 내부에서 새롭게 만들어진 고체 미립자에 따라 복사된 것이다. 초신성의 가스 온도가 2000 K에서 1000 K으로 내려가면서 그래파이트(graphite, 흑연), 실리케이트(silicate, 규산염) 같은 미립자가 순차적으로 생성되었다.

신성에서도 비슷한 적외선 증광이 관측되면서 고체미립자의 생성 증거로 보였는데 초신성에서 확인된 것은 이번이 처음이다. 초신성의 고체 미립자 생성은 태양계가 어떻게 생성됐는지와도 관련된다. 운석 중에서 동위원소비가 이상한 것이 발견되었는데 이는 초신성 폭발이 태양계 생성의 발단이 되었으며 초신성에서 만들어진 고체 미립자가 운석으로 흡수되었기 때문일지도 모른다.

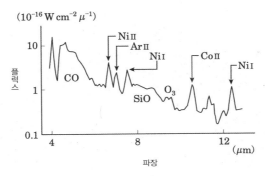

$(10^{-16}\,\mathrm{W\,cm^{-2}\,\mu^{-1}})$

그림 7.33 초신성 1987 A의 적외선 스펙트럼(1988년 4월). 각종 원소의 방출선이 두드러진다.

SN 1987 A가 폭발한 8년 후에 허블 우주망원경으로 스펙트럼을 관측했다. H, Mg, O, Na 등의 방출선이 관측되었는데 이 원자들이 들뜸상태에 있는 것은 왜일까. ^{44}Ti라는 방사성원소가 태양질량의 1만 분의 1만 있어도 이 원소가 ^{44}Sc와 ^{44}Ca로 붕괴할 때 방출하는 양전자의 운동에너지가 뜨거워져 관측되는 만큼의 원자가 들뜸상태가 되는 것이다. 이때 ^{44}Ti의 양은 계산상 초신성 폭발로 합성된 양과 거의 같다.

초신성 1987 A가 알려준 사실들

이렇게 가미오칸데 II로 SN 1987 A에서 사상 처음 뉴트리노를 검출했고 X선천문위성 '긴가'로는 X선을 관측하는 등, SN 1987 A는 그때까지 알지 못했던 엄청난 사실들을 알려주었다. 별에 관한 이론은 대체로 놀라우리 만큼 정확하게 초신성 현상을 예측해냈다. '대질량성은 일생의 마지막에 중력붕괴하고 뉴트리노를 대량 방출해 뜨거운 원시중성자별을 생성한다. 이를 출발점으로 해서 초신성 폭발을 일으키고 중원소가 합성된다.' 초신성 1987 A의 내부에서 일어난 모습은 이론으로 예측했던 것을 뒷받침해 주었다.

초신성 1987 A에서 방출된 빛과 X선, 감마선은 초신성에서 방사성원소가 합성되고 ^{56}Fe이 만들어지는 현장을 우리에게 처음으로 보여주었다. 감마선은 ^{56}Co이 붕괴한다는 직접적 증거를 제공했고 광도곡선으로는 합성된 ^{56}Ni의 양이 $0.07\,M_\odot$임을 알았다.

되도록 모든 방법을 동원해 뉴트리노와 감마선, X선, 자외선, 가시광선, 적외선 등을 실제로 관측했다. 그 결과 초신성 가스가 $10^{11}\,K$이라는 엄청난 고온상태에서 시작해 $10^{10}\,K \sim 100\,K$으로 내려가면서 여러 원소의 폭발적 합성, ^{56}Ni, ^{57}Ni, ^{44}Ti 같은 방사성원소의 붕괴와 감마선 복사, 감마선과 X선의 컴프턴 산란, 전자와 양성자의 재결합에 따른 가스의 투명화, CO나 SiO 같은 분자의 생성, 실리케이트 같은 고체 미립자의 생성, 그리고 마치 빅뱅의 축소판이라 할 수 있는 물질이 생성되는 모습을 관측할 수 있었다.

한편, 이론과 관측결과가 일치하지 않는 부분도 찾아냈다. 폭발한 별은 그때까지 당연하게 여겼던 적색초거성이 아닌 청색초거성이었다. 그때까지는 초신성에서 SN 1987 A와 같은 광도곡선이 관측된 적이 없었다. 이런 특이한 결과는 이 별이 반지름이 작은 청색초거성이었기 때문이다. 이 전까지의 II형 초신성은 초기에 순식간에 밝아져 방사성원소나 펄서로 가열되는 것이 크게 눈에 띄지 않았던 것이다. 그런데 폭발한 별이 작았던 탓에 최초의 빛의 밝기가 그리 오르지 않아 초신성 내부에 가열원이 있음을 비로소 밝혀낸 것이다. 이 초신성은 기존의 폭발과 달랐던 덕분에 일반적인 II형 초신성의 정체를 밝히는 데 귀중한 자료를 제공해 주었다. 또 초신성 1987 A에서 X선과 감마선은 이론적 예측보다 반 년 이상 빨리 관측되었다. 이렇게 어긋난 이유는 충격파의 전파를 동반하는 폭발의 유체역학적 불안정이 커지면서 초신성 내부에서 물질의 대규모 혼합이 일어났기 때문이다.

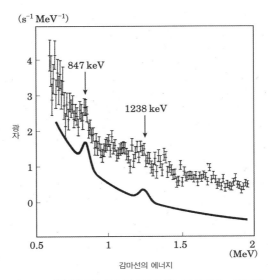

$(\mathrm{s^{-1}\,MeV^{-1}})$

847 keV

1238 keV

광자

감마선의 에너지

그림 7.34 태양관측위성 SMM이 관측한 ^{56}Co이 방출하는 선감마선.

7.3.12 초신성의 원소합성과 은하의 화학진화

지금까지 비교적 가깝게 출현해 상세한 관측자료가 있는 대마젤란 성운의 SN 1987 A와 M 81의 SN 1993 J, 극초신성 SN 1998 bw 등의 예를 중심으로 중력붕괴형 초신성의 모별의 질량, 폭발에너지, 광도곡선과 스펙트럼의 특성, 남은 밀집별에 관해서 살펴보았다. 초신성은 거대한 폭발에너지를 주변의 성간공간으로 분출해 나눠줌으로써 블랙홀과 중성자별의 고에너지 천체를 생성하는 등 우주진화에 커다란 영향을 주었다.

중원소를 합성하고 성간공간으로 방출하는 것이 우주진화의 역할에서 중력붕괴형 초신성이 맡은 매우 중요한 역할일 것이다. 어떤 별이 우주의 원소합성에 기여했는지는 은하헤일로에 있는 저금속별의 원소조성과 초신성의 이론 모델을 비교해 보면 알 수 있을 것이다. 특히 관측되는 저금속별 대부분은 2세대 별로 예측하는데, 이 별들의 원소조성으로 1세대 별

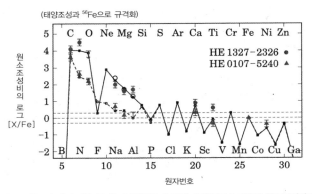

그림 7.35 중원소가 가장 적은 두 별과 '어두운 초신성' 모델(실선과 점선)의 원소조성비의 비교(Iwamoto *et al.* 2005, *Science*, 309, 451).

의 질량범위 등을 제한할 수 있다. 다음에 채택한 이론 모델은 주로 초기 중원소량이 0인 종족 III별이다.

저금속별의 원소조성과 극초신성의 원소합성

먼저 그림 7.35에서 철 구성이 매우 적은 두 별의 원소조성비와 각각에 대응하는 두 이론 모델을 비교했다. Fe/H가 태양의 10만 분의 1([Fe/H] = −5.3, −5.4)보다 적은 반면 (C, N, O)/Fe 비는 매우 크다는 것이 특징이다(1.10절). 모델은 모두 질량 25 $M_\odot$인 별로 일반적인 중력붕괴를 한다. 단 중원소가 대량으로 다시 낙하해 철이 아주 조금만 방출된다는 것이 특징이다. 두 모델의 차이는 폭발할 때 물질혼합(7.3.11절)이 얼마나 일어나는지에 따른 것이다. 구대칭 폭발 모델에서는 그림 7.35처럼 폭발에너지가 $E = 0.7 \times 10^{51}$ erg로 비교적 작은 경우에 재낙하가 일어난다. 제트상태의 폭발에서는 $E \sim 10^{52}$ erg인 경우에 재낙하하기도 한다. 양쪽 모델 모두 관측적 특징을 쉽게 재현할 수 있다. 단지 제트상태의 폭발 모델이 Co/Fe 비가 크다는 것을 설명할 수 있다는 점에서 좀 더 현실적이다.

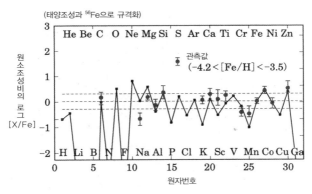

그림 7.36 −4<[Fe/H]<−2.5의 금속량이 적은 별의 평균적인 원소조성과 $M=25\,M_{\odot}$ 별의 극초신성폭발 모델($E=1\times10^{52}$ erg)의 비교(Tominaga *et al.* 2007, ApJ, 660, 516).

그림 7.36은 −4 < [Fe/H] < −2.5라는 초저금속별의 평균적인 구성을 이론 모델과 비교한 것이다. 금속량의 범위가 −4 < [Fe/H] < −2.5인 별에서는 금속량이 작을수록 Zn/Fe 비가 크다는 것이 중요하다. 평균적인 구성이라도 Zn/Fe 비는 태양조성비의 서너 배에 이른다. 극초신성과 같은 에너지 규모의 대폭발은 철보다 아연을 대량 생성한다. 실제로 그림 7.36에서는 $M=25\,M_{\odot}$인 별의 $E=1\times10^{52}$ erg라는 극초신성 규모의 폭발 모델이 관측을 잘 재현해내고 있다. $E=1\times10^{51}$ erg라는 일반적인 폭발에너지 모델은 Zn/Fe 비가 너무 작다.

즉, 우주 초기에 질량범위 $M=140{\sim}300\,M_{\odot}$에서 전자·양전자의 쌍생성으로 초신성 폭발이 일어났다고 하자. 모델은 그림 7.37과 비교해 알 수 있듯이 Zn/Fe 비를 비롯해 관측된 원소조성비에서 상당히 벗어난 것으로 예측한다. 우주 초기에 어떤 이유로 $M=140{\sim}300\,M_{\odot}$이라는 질량범위의 별은 생성되지 않았을지도 모른다.

이처럼 우주 초기에 대질량성의 극초신성 폭발이 중원소합성에 크게 기여했음을 알 수 있다. 제1세대 별은 평균적으로 현재 별보다 질량이 커서

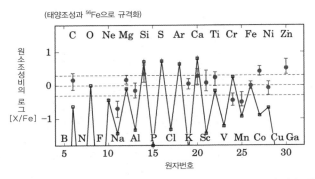

(태양조성과 ^{56}Fe으로 규격화)

그림 7.37 $-4 <$ [Fe/H] < -2.5의 금속량이 적은 별의 평균적인 원소조성과 전자·양전자의 생성에 따른 초신성 폭발 모델의 비교(Namoto *et al.* 2009, *IAU Symp.* 254, 355).

더 많은 별들이 극초신성이 되었음에 틀림없다.

7.3.13 은하의 화학진화

별이 세대를 거듭하면 중원소의 비율이 높아진다. 그림 7.38은 주계열성일 때 태양조성에서 $20 \, M_\odot$였던 별이 $10^{51} \, \mathrm{erg}$로 초신성 폭발을 일으켰을 때 방출되는 원소조성비를 나타낸 것이다. 각각의 비율은 대략 태양조성의 두 배에서 1/2 사이에 있어 태양조성은 중력붕괴형 초신성 폭발에 따른 원소합성이 크게 기여했음을 보여준다.

그림 7.39에 은하의 화학진화 모델(실수)을 나타냈다. 이는 다양한 별과 초신성에서 방출된 원소가 균일하게 혼합되며 바로 거기에서 차세대 별이 생성된다는 모델이다. 저금속별의 많은 관측자료(1.10.7절)와 비교하면 확실히 [Fe/H] > -2.5일 때 원소의 조성비 경향은 중력붕괴형 초신성의 영향이 큰 것으로 설명할 수 있다.

그러나 초저금속별의 화학조성, 즉 은하 초기의 화학조성(1.10.5절과 1.10.6절)은 현재의 화학조성과는 다른 독특한 특징을 보여준다. 즉,

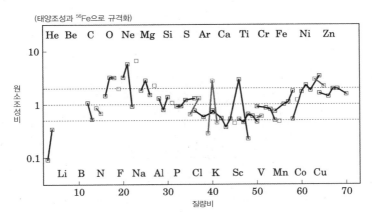

(태양조성과 ^{56}Fe으로 규격화)

그림 7.38 중력붕괴형 초신성폭발로 방출된 원소(富永望 著, 野本憲一 編 『元素はいかにつくられたか』, 岩波書店, 2007, 第3章).

[Fe/H] < -2.5인 저금속별은 (Zn, Co) / Fe의 조성비가 큰 반면 (Mn, Cr) /Fe 의 조성비는 작다. 저금속별의 특이한 원소조성은 은하와 우주 초기에 일어났던 초신성 폭발의 원소조성을 반영한다.

극초신성의 거대한 폭발은 원소합성에서 철에 비해 Zn, Co, Ti을 대량 생성한다는 특징이 있다. 따라서 위의 관측은 중원소가 적은 우주 초기에 대질량성이 상대적으로 많이 생성되었음을 보여준다. 또 극초신성이나 감마선 폭발은 현재 천문학에서 가장 중요한 과제인 '우주의 1세대 별은 언제 생성되었고 어떤 별이었는가'를 밝혀내는 데 중요한 실마리를 제공한다.

물론 태양계는 초신성 폭발로 만들어진 원소만으로 구성된 것은 아니며 Ia형 초신성을 비롯해 여러 유형의 초신성, 극초신성, 울프-레이에별, 행성상 성운에서 만들어진 원소들이 뒤섞인 가스구름에서 생겨났을 것으로 추측한다. 우리의 몸이나 지구생명을 구성하는 다양한 원소는 어디서 온 것일까. 그 답은 우주에서, 별에서, 초신성에서, 그리고 극초신성에서 왔다.

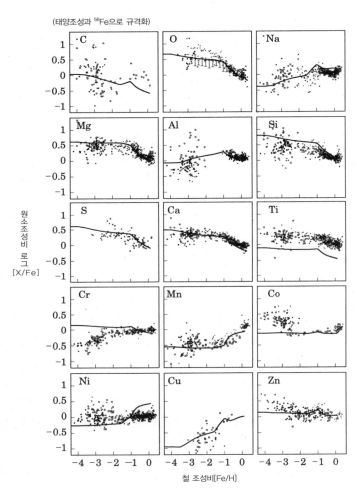

그림 7.39 은하의 화학진화 모델(실선)과 관측자료 비교(小林千晶 著, 野本憲一 編 『元素はいかにつくられたか』, 岩波書店, 2007, 第8章).

7.4 열핵반응형 초신성과 원소합성

7.4.1 백색왜성에서 열핵반응의 폭주

쌍성계를 구성하는 백색왜성이 상대별에서의 가스가 어떻게 쌓여 Ia형 초신성을 일으키는지에 대해 6장에서 자세히 설명했다. 다음과 같은 경우에 백색왜성의 질량은 찬드라세카르 한계질량으로 증가해 폭발한다. 백색왜성에 가스가 비교적 빠르게 쌓이면 가스는 압축이 빨리 진행되어 수소층의 온도가 높아진다. 그 결과 가스가 많이 쌓이지 않더라도 조용한 수소연소가 진행되며 신성 폭발은 일어나지 않는다. 별에서 가스 방출이 줄어들어 백색왜성의 질량은 늘어난다.

질량이 늘어나면 백색왜성 내부의 물질은 강하게 압축되어 온도, 밀도가 모두 높아진다. 질량이 계속 증가하면 마지막에는 온도와 밀도가 핵융합반응의 임계점을 넘는다. 백색왜성의 내부처럼 밀도가 높은 곳은 온도가 낮아도 전자와 이온의 상호작용으로 차폐효과가 나타나 쿨롱 장벽이 낮아지기 때문에 핵융합반응이 빠르게 진행될 수 있다. 그리고 찬드라세카르 한계질량에 가까워져 $1.38\,M_\odot$이 되면 마침내 중심부의 탄소에 폭발적으로 불이 붙는다. 중심밀도가 $2\sim3\times10^9\,\mathrm{g\,cm^{-3}}$이면 중심에서 $^{12}\mathrm{C}+^{12}\mathrm{C}$라는 탄소의 핵융합반응이 시작된다(식 5.9). 이때 중심온도는 $2\times10^8\,\mathrm{K}$이므로 전자는 매우 강하게 축퇴한다. 전자가 강하게 축퇴하는 고밀도에서 핵반응이 일어나면 갑자기 폭주한다.

이 핵융합로의 폭주인 '탄소섬광'은 태양과 질량이 비슷한 별의 헬륨섬광[12]보다 훨씬 강하다. 헬륨섬광이 사그라드는 것은 '덮개' 무게에 해당하는 핵의 질량이 $0.46\,M_\odot$로 비교적 가볍기 때문이다. 질량이 찬드라세카르 한계질량에 가까운 백색왜성이 강하게 결합해 있어 '덮개'가 훨씬 무겁다. 전자의 축퇴도 훨씬 강하다.

그러므로 탄소 핵융합반응이 폭주해 중심부 온도가 2×10^8 K에서 10^9 K으로 상승해도 별은 좀처럼 팽창하지 않는다. 바꾸어 말하면 비열이 양의 값이 되어 열이 발생해도 별은 팽창하지 않고 온도는 계속 상승한다. 온도 상승 → 핵반응률 증가 → 온도 상승이라는 양(+)의 피드백이 작용해 핵반응이 폭주하게 된다. 온도는 점점 더 올라가고 에너지 발생은 점점 빨라지는데 대류의 속도가 음속으로 상승해도 에너지를 전달할 시간이 없을 만큼 빨라진다. 그렇게 되면 열은 오로지 중심부에 쌓이기만 하고 원자로의 폭주를 더 이상 멈출 방법이 없어진다. 대체 어디로 폭주하는 것일까.

폭주로 안의 탄소와 산소는 0.1초도 안 되어 다 타버린다. 이때 온도는 10^{10} K 가까이 오른다. 이런 고온에서는 핵융합의 결과로 합성된 무거운 원자핵은 고에너지의 광자, 감마선을 흡수하는 (γ, α), (γ, p), (γ, n) 등의 반응으로 가장 가벼운 원자핵으로 분해된다. 동시에 원자핵이 α입자를 포획하는 (α, γ), (α, p), (α, n) (p, γ), (p, α), (p, n), (n, γ)라는 반응으로 질량수가 많은 원자핵이 만들어진다. 아주 짧은 10^{-3}초 동안 이런 반응이 일어나고 결국에는 핵융합과 광분해가 균형을 이루며 핵종의 통계평형상태가 이루어진다. 그 결과 중심온도는 9×10^9 K으로 떨어진다. 이 온도에서는 분해가 계속되는데 Ni과 함께 수의 비로 말하면 n, p, α 입자가 많다.

다음으로 연소파가 생성되기 위해서 광분해가 계속되려면 자유로워진 핵에너지가 제한을 받아야 한다는 것이 중요하다. 온도가 내려가면 재결합이 일어나 철족원소의 비율이 늘어나고 최종적으로는 결합에너지가 큰 핵종이 많은 상태로 안정된다. 그림 7.40에 통계평형을 이루었을 때 핵종의 조성비를 중성자 초과도의 함수로 나타냈다.

7.4.2 Ia형 초신성의 연소파 전파

중심에서 탄소연소가 폭주한 후 폭발적인 연소파면은 바깥쪽으로 전파한

12 4.2.2절 참조.

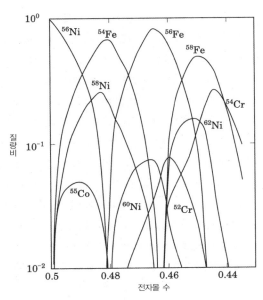

그림 7.40 통계평형상태인 핵종의 조성비와 전자몰 수(Y_e), 즉 중성자 초과도의 관계.

다. 전달방법에는 두 종류가 있다. 하나는 '폭굉파detonation wave'라고 하며 연소파가 강한 충격파와 함께 초음속으로 전파된다. 또 하나는 '폭연파deflagration wave'라고 하며 열전도에 따라 아음속으로 천천히 전해진다.

폭굉 모델은 다음과 같이 가정한다. 중심의 불덩어리가 급격히 팽창해 바깥 가스를 강하게 압축할 것이다. 그렇게 되면 분명히 충격파면이 생긴다. 압축가열된 가스는 고온이 되면서 단숨에 탄소연소를 폭주시킨다. 이어서 바깥쪽이 새로운 충격파로 압축가열되어 연소가 폭주하도록 만든다. '연소파가 충격파를 만들어내고 그럼으로써 연소파 스스로가 초음속으로 전파하는' 현상을 폭굉detonation이라고 한다.

그러나 실제로는 백색왜성 중심에 강한 충격파가 생기지 않는다. 그림 7.41에 백색왜성의 강한 중력을 지탱해 주는 축퇴전자와 이온의 내부에너

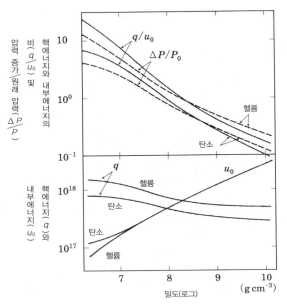

그림 7.41 탄소연소가 폭주하면서 해방된 핵에너지 q와 내부에너지 u_0의 비, 그리고 증가한 압력 ΔP 와 원래의 압력 P_0의 비(Namoto 1982, *ApJ*. 257, 780).

지 u_0, 탄소·산소가 전부 타서 발생하는 핵에너지 q의 비를 나타냈다. 고온이 되면 광분해가 진행되어 흡열이 일어나기 때문에 $q \sim 3 \times 10^{17}$ erg g^{-1} 으로 안정된다. q는 u_0의 20%뿐이다. 그렇다면 폭주가 일어나더라도 압력은 크게 증가하지 않는다. 충격파라고 할 수 있을 만큼 강한 압축은 일어나지 않는 것이다.

그렇다면 무슨 일이 일어날까. 그림 7.42와 그림 7.43에서 시간이 흐르면서 온도와 밀도 분포가 어떻게 변화하는지 살펴보면(1~8단계) 중심에서 탄소연소가 폭주한 후 중심에는 불덩어리처럼 뜨거운 영역을 중심부보다 밀도가 높은 차가운 층이 둘러싸고 있다. 물론 중력은 중심부로 향한다. 그러므로 부력이 생기고 대류가 발생해 뜨거운 기포와 주변의 차가운 가스가 혼합된다. 저온의 탄소물질은 고온물질과 섞여 온도가 올라가 탄

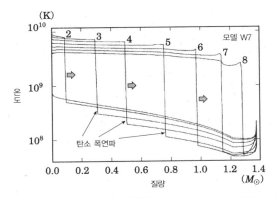

그림 7.42 폭연파의 전파와 파면 온도의 변화(1~8단계) (Namoto *et al.* 1984, *ApJ.* 286, 644).

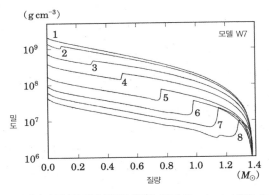

그림 7.43 폭연파의 전파와 파면 밀도의 변화(1~8단계) (Namoto *et al.* 1984, *ApJ.* 286, 644).

소연소의 임계점에 달한다.

일단 점화되면 탄소의 핵융합반응은 폭주해 새로운 고온영역을 만들어 낸다. 이렇게 항상 새로운 대류의 소용돌이를 만들어내면서 연소파면은 그림 7.44처럼 아음속으로 전달된다. 이 같은 파장을 '폭연파'라고 한다. 이런 식의 대류로 열전달이 얼마나 빠르게 진행되는지에 대해, 3차원 유체역학 계산에 핵연소와 자기중력장을 도입해 대류의 움직임을 수치적으로

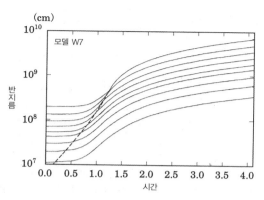

그림 7.44 폭연파의 전파와 파면 반지름의 변화(1~8단계) (Namoto *et al.* 1984, *ApJ.* 286, 644).

밝혀내려는 시도가 진행되고 있다. 여기에서는 대류에 따른 열전달의 효율은 혼합거리이론에 따라 매개변수로서 구대칭 모델의 틀 안에서 다루며, 핵반응의 진행이나 초신성이 어떻게 빛을 내는지에 대해 자세히 이해하려는 접근 방식에 따른 결과를 설명한다.

그림 7.44에 나타냈듯이 폭연파가 백색왜성의 표면 근처까지 가는 데 걸리는 시간은 약 1초다. 이는 폭굉파의 경우보다 0.2초가 느리고, 폭연파가 전파됨에 따라 백색왜성이 전체적으로 팽창하기 시작해 그림 7.43처럼 폭연파의 파면 밀도는 점차 낮아진다. 이렇게 팽창하는 이유는 그때까지 자유로웠던 핵에너지로 말미암아 중심부의 압력이 높아졌기 때문이다. 따라서 파면의 온도와 밀도는 모두 내려가고 연소도 약해진다. 그 밀도와 온도의 모습을 그림 7.42와 7.43에 1~8단계로 나누어 나타냈고 세로로 서 있는 부분이 연소파면이다.

7.4.3 Ia형 초신성의 폭발적인 원소합성

이 폭연파로 어떤 원소가 합성되는지는 파면의 온도에 따라 달라진다. 중

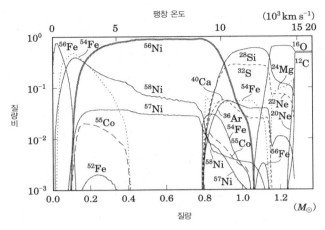

그림 7.45 Ia형 초신성폭발 후의 원소분포(폭연파 모델) (Namoto *et al.* 1984, *ApJ.* 286, 644).

심부는 온도가 5×10^9 K이나 되므로 그림 7.45에 나타나듯이 초신성 내부
에서는 $0.6\ M_\odot$의 ^{56}Ni이 합성된다. 바깥쪽의 온도가 약간 낮은 영역에서
는 Ca, S, Si 등의 원소가 합성된다. 그 바깥쪽에는 산소가 타다 남아 있
고 더 바깥쪽에는 탄소가 타다 남는다. 탄소폭연파가 전파되면서 철에서
탄소에 이르기까지 다양한 원소가 합성되고 그림 7.45와 같은 원소분포를
가진 폭발물질이 바깥쪽일수록 빠른 속도로 방출된다.

이 원소합성 과정을 좀 더 자세히 살펴보자. 그림 7.46부터 그림 7.48까
지는 별 내부의 몇몇 층에서 각 원소의 수밀도비 (Y_i)가 온도가 내려감에
따라 어떻게 변화하는지 보여준다. 그림의 M_r는 그 층의 안쪽에 포함된
질량을 나타낸다. 왼쪽 끝의 출발점 온도는 최고온도이다.

먼저 $M_r = 0 \sim 0.35\ M_\odot$인 층은 최고온도가 $(7 \sim 9) \times 10^9$ K이다. 핵종
이 통계평형일 때 조성은 온도, 밀도, 중성자 초과도 $\eta = \varSigma(N_i - Z_i)Y_i$의
세 가지 값으로 결정되는데 철과 함께 α입자와 양성자가 많다. 즉, 원자핵
이 분해된 상태이다. 온도가 내려가면서 통계평형상태의 구성은 α입자와

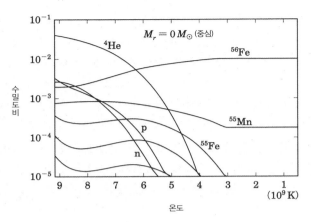

그림 7.46 Ia형 초신성 중심부에서 진행되는 원소합성과정과 핵반응동결과정(normal freezeout) (Thielemann *et al.* 1986, *A&A*, 158, 17).

양성자가 원자핵으로 도입되어 철과 니켈이 많아진다. 온도가 3×10^9 K 아래로 내려가면 α입자와 양성자가 없어지면서 핵반응이 동결된다. 이런 동결과정을 'normal freeze-out'이라고 한다. 중성자 초과도의 차이에 따라 층마다 동결된 조성이 달라진다. 온도가 내려가는 동안 양성자와 철원 자핵이 전자를 포획해 중성자 초과핵으로 변하므로 점차 η가 커진다. 이때 밀도가 높은 안쪽 층일수록 전자포획이 빨리 진행되므로 중성자 초과핵이 많아진다. 그 결과 가장 많은 핵종은 중심부에서 바깥쪽으로 ^{56}Fe, ^{54}Fe, ^{58}Ni, ^{56}Ni으로 바뀐다. $\eta=0$에 해당하는 것이 ^{56}Ni이다.

그림 7.47에서 알 수 있듯이 $M_r=0.35\sim0.75\,M_\odot$인 층에서도 반응이 동결된 부분에는 ^{56}Ni이 가장 많다. 그러나 이때 동결된 모양새가 normal freeze-out과는 약간 다르다. α입자가 없어지지 않고 남아 있는 것이다. 즉, 반응이 동결되는 이유는 α입자와 양성자가 없어졌기 때문이 아니라, 입자가 3체충돌해 ^{12}C를 만드는 3α반응이 진행되지 않았기 때문이다. 이는 이 층이 최고온도일 때의 밀도가 $1.5 \times 10^8 \sim 5 \times 10^7$ g cm^{-3}로 낮기 때

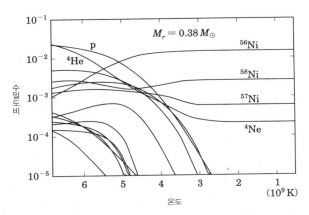

그림 7.47 Ia형 초신성 중간 부분에서 진행되는 원소합성 과정과 핵반응동결 과정(α-rich freezeout) (Thielemann *et al.* 1986, *A&A*, 158, 17).

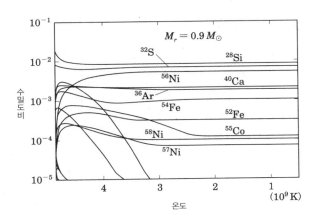

그림 7.48 Ia형 초신성에서 진행되는 규소의 불완전연소(Thielemann *et al.* 1986, *A&A*, 158, 17).

문이며 이 상황은 빅뱅의 원소합성과 비슷하다. 이 같은 동결을 'α-rich freeze-out'이라고 한다.

$M_r = 0.75\,M_\odot$ 보다 바깥 층이면 폭연파에서의 최고온도가 5.5×10^9 K 보다 낮다. 여기에서 볼 수 있는 원소합성의 특징은 그림 7.48에서 알 수

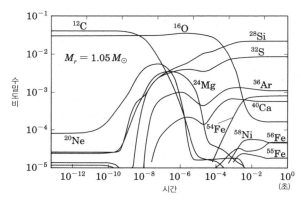

그림 7.49 Ia형 초신성에서 진행되는 탄소의 폭발적 연소(Thielemann *et al*. 1986, *A&A*, 158, 17).

있듯이 규소나 황, 칼슘 등 규소연소 후 남은 것들이 ^{56}Ni과 함께 존재한다는 것이다. 규소가 충분히 광분해되지 않는 동안 팽창에 따라 온도가 내려가기 때문이다('규소의 불완전연소'). 규소가 완전히 타서 통계평형상태에 가까운 핵종분포를 보일지, 불완전연소를 일으킬지는 온도에 따라 민감하게 좌우된다. 이처럼 Ia형 초신성을 관측한 것과 비교할 때 질량수가 규소, 황, 칼슘 등의 중간질량 원소와 니켈이나 철 등이 공존하는 층이 있다는 점은 아주 중요하다.

규소가 남아 있는 경우는 규소에서 스칸듐(Sc)에 걸친 핵종과 티탄에서 철에 걸친 핵종이라는 두 집단에서 열적 통계평형상태 대신 준평형상태가 성립한다. 이렇게 준평형상태를 이룬 핵종 사이에는 (α, γ)와 (γ, α) 반응, 그리고 그 역반응 사이에 서로 균형을 이룬다. 그리고 이 준평형상태의 조성은 반응이 가장 느린 스칸듐과 티탄 사이의 반응을 통해 변화한다. 폭연파가 전파되는 조건에서는 준평형상태의 조성을 결정하는 α입자와 양성자의 값은 규소와 황의 조성비가 태양조성비와 거의 비슷한 값이다.

더 바깥 층에서 최고온도가 4×10^9 K보다 낮으면 탄소의 불완전연소가 일어난다. 탄소와 네온은 다 타지만 산소는 일부가 타다 남는다(그림 7.49). 이때 합성되는 주요 원소는 규소와 황이다. 최고온도가 더 내려가면 산소와 네온이 다 타지 않고 동결되어 남는다. 그리고 백색왜성의 가장 바깥쪽인 $0.1\,M_\odot$ 층에서는 탄소가 더 이상 타지 않는다. 즉, 탄소 폭연파는 팽창 때문에 사라진다.

7.4.4 폭발 모델의 다양성

폭연 모델에서는 백색왜성의 중력으로 생긴 결합에너지 $5 \times 10^{50}\,\mathrm{erg}$를 크게 웃도는 핵에너지 $1.8 \times 10^{51}\,\mathrm{erg}$가 자유로워져 백색왜성은 운동에너지가 $1.3 \times 10^{51}\,\mathrm{erg}$일 때 공중으로 뿔뿔이 흩어지고 나중에 중성자별은 남지 않는다.

만일 백색왜성 중심에 생성된 것이 폭연파가 아니라 폭굉파였다면 그 초음속 전파로 백색왜성이 팽창을 시작하기도 전에 대부분의 물질은 핵종의 통계평형상태를 보이면서 타버리고 만다. 규소와 산소가 불완전연소를 일으키는 영역은 무시할 수 있을 만큼 작다.

반대로 폭연파가 전파되는 도중에 전파속도가 음속만큼 가속되거나 격렬한 난기류 상태가 되면 $10^7\,\mathrm{g\ cm^{-3}}$라는 낮은 밀도에서 폭굉파로 전이할 가능성도 있다. 그림 7.41에서 보면 $\Delta P/P_0$가 저밀도일수록 커지기 때문이다. 이를 지연폭굉delayed detonation이라고 하며 그 전이과정에 대한 연구가 진행 중에 있다.

폭연파의 전파가 음속의 1/10 이하로 느려지면 자유로워진 핵에너지는 백색왜성의 결합에너지를 넘지 않는다. 그러므로 그림 7.50과 같이 진동을 반복하고pulsating deflagration 결국에는 핵에너지가 결합에너지를 넘어서면서 백색왜성은 작은 에너지로 흩어져 폭발하게 된다. 진동 도중에 지연폭굉으로 바뀔 가능성도 있다.

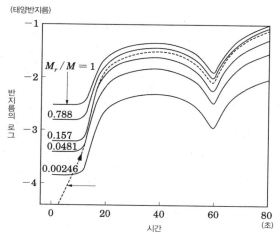

(태양반지름)

−1

$M_r / M = 1$

반지름의 로그

−2

0.788

0.157
0.0481

−3

0.00246

−4

0   20   40   60   80
시간   (초)

그림 7.50 진동하는 폭연 모델(Pulsating Deflagration) (Nomoto *et al.* 1976, *Astrophys. Space Sci.*, 39, L37).

7.4.5 광도곡선과 스펙트럼

찬드라세카르 질량에 이른 백색왜성의 열핵폭발 모델이 실제로 Ia형 초신성인지 아닌지 어떻게 확인할 수 있을까.

첫 번째 검증방법은 광도곡선이다. 그림 7.51에 보이는 Ia형 초신성의 광도가 지수함수적으로 감쇠하는 것은 방사성원소의 붕괴 때문이다. 만일 방사성원소의 붕괴처럼 느린 에너지를 방출하는 에너지원이 없다고 하자. 초기의 폭발에너지 대부분은 팽창하는 가스의 운동에너지가 된다. 단열적인 팽창 때문에 가스 온도는 낮아지고 관측되는 초신성처럼 밝게 빛나지는 않을 것이다.

예전에 버비지Burbidge 부부와 파울러W. Fowler, 호일F. Hoyle은 I형 초신성이 폭발할 때 r과정에서 ^{254}Cf가 만들어지는 것으로 가정해 그 붕괴로 광도곡선의 감쇠를 설명하고자 했다. 하지만 r과정에서 만들어지는 방사성원소의 양이 너무 작아 초신성의 광도를 설명할 수 없었다. 그런데 찬드

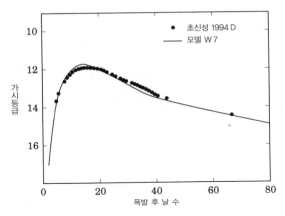

그림 7.51 Ia형 초신성 SN 1994D의 가시광 광도곡선과 폭연 모델 W7의 광도곡선 비교(Hoeflich 1995, ApJ, 443, 89).

라세카르 질량에 이른 백색왜성의 열핵폭발 모델에서는 $0.6\ M_\odot$이라는 대량의 방사성원소 ^{56}Ni이 만들어진다. 중력붕괴형 초신성인 SN 1987 A에서도 관측되었듯이 ^{56}Ni이 ^{56}Co으로 붕괴할 때는 1.78 MeV의 γ선이, ^{56}Co이 ^{56}Fe으로 붕괴할 때는 주로 0.847 MeV와 1.247 MeV의 γ선, 그리고 0.14 MeV의 양전자가 방출된다. 이러한 선감마선gamma ray lines은 철이나 코발트와 충돌해 이것들을 들뜸상태로 만들거나 이온화해 가스를 가열한다. 그 결과 선감마선은 자외선이나 가시광으로 바뀌어 별 표면까지 확산되고 팽창하는 별에서 복사된다. 그동안 방사성원소의 수는 지수함수적으로 줄어든다. 동시에 폭발물질은 팽창하기 때문에 점점 감마선에 대해 투명해지고 300일이 지나면 선감마선은 자유롭게 흩어진다. 그 후 자기장 때문에 갇혀 있던 양전자의 운동에너지가 빛으로 바뀐다. 이렇게 해서 Ia형 초신성 특유의 지수함수적 감소를 보이는 광도곡선이 생성된다 (그림 7.51). 찬드라세카르 질량에 이른 백색왜성의 열핵폭발 모델의 이론적인 광도곡선과 관측된 Ia형 초신성의 가시광 광도곡선이 잘 맞아떨어지

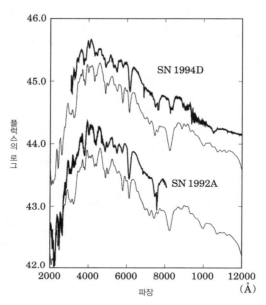

그림 7.52 Ia형 초신성 SN 1992 A의 스펙트럼과 폭연 모델 W 7의 비국소열역학 평형상태(2.3.4절 참조)의 스펙트럼 비교(Nugent *et al.* 1997, *ApJ*, 485, 812).

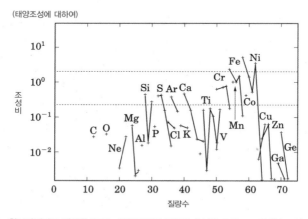

그림 7.53 찬드라세카르 질량을 보이는 백색왜성의 폭연형 초신성 모델 W 7의 원소조성(Thielemann *et al.* 1986, *A&A*, 158, 17).

는 것을 볼 수 있다.

두 번째 검증방법은 스펙트럼이다. 고온가스가 팽창하며 발산하는 빛은 광구 바깥쪽에 있는 가스원자에 따라 흡수되어 흡수선을 만든다. 동시에 관측자에 대해 직각 방향으로 팽창하는 가스에서 방출선이 발산된다. 이렇게 생성된 스펙트럼선을 열핵폭발 모델의 화학조성과 속도장을 non-LTE(비국소열역학 평형상태, 2.3.4절)로 계산한 것이 그림 7.52이다. 칼슘, 황, 규소, 마그네슘, 산소 등의 원자에 따른 선으로 동정同定되며 그 형태도 잘 일치한다. 이렇게 지연폭굉이 일어나는 경우를 포함해, ^{56}Ni이 0.6 $M_\odot$ 정도 합성되는 찬드라세카르 질량에 이른 백색왜성의 열핵폭발 모델이 Ia형 초신성을 잘 설명하고 있다.

7.4.6 Ia형 초신성의 원소합성과 은하의 화학진화

그림 7.53은 찬드라세카르 질량에 이른 백색왜성의 폭연형 초신성 모델에서 방출된 전체 중원소의 조성비를 나타낸 것이다. 태양조성을 기준으로 탄소, 산소, 마그네슘에 비하면 철족원소의 방출량이 많음을 알 수 있다. '우주의 중원소 기원을 살펴보면 철족원소는 주로 Ia형 초신성에서, 산소와 네온, 마그네슘은 II형 초신성에서, 규소와 칼슘은 양쪽 모두에서 생성된다'고 할 수 있다.

참고문헌 ■■■■■■■■■■■■■■■■■■■■■■■■■■■■■■

제1장

小暮智一 著『輝線星槪論』, ごとう書房, 2002.

北村正利 著『測光連星論』, ごとう書房, 1992.

日本変光星硏究會 編『天泟觀測の敎科書 変光星觀測編』, 誠文堂新光社, 2009.

Hilditch, R.W., An Introduction to Close Binary Stars, Cambridge Univ. Press, 2001.

제2장

Gray, D.F., *The Observation and Analysis of Stellar Photospheres* (3rd ed.), Cambridge University Press, 2005.

Mihalas, D., *Stellar Atmospheres* (2nd ed.), Freeman, 1978.

Unsöld, A., *Physik der Sternatmosphären* (2. Auflage), Springer, 1955.

제3장

佐藤文隆 著『宇宙物理』, 現代物理學叢書, 岩波書店, 2001.

Clayton, D.D., *Principles of Stellar Evolution and Nucleosynthesis*, University of Chicago Press, 1984.

Cox, J.P. and Giuli, R.T., *Principles of Stellar Structure* (extended 2nd ed.), Cambridge Scientific Publishers, 2004.

제4장

Kippenhahn, R. and Weigert, A., *Stellar Structure and Evolution* (Astronomy &Astrophysics Library), Springer, 1989.

제5장

林忠四郎, 早川幸男 編, 『宇宙物理學』, 岩波講座 現代物理學の基礎 Ⅱ, 岩波書店, 1978.

Arnett, D., *Supernovae and Nucleosynthesis*, Princeton University Press, 1996.

제6장

Bode, M.F., Bode, A.(ed.), Classical Navae, Cambridge University Press, 2008.

Warner, B., *Cataclysmic Variable Stars*, Cambridge University Press, 1995.

제7장

野本憲一 編著, 『元素はいかにつくられたか』, 岩波講座 物理の世界, 岩波書店, 2007.

Mihalas, D. and Mihalas, B.W., *Foundations of Radiation Hydrodynamics*, Oxford University Press, 1984.

Pagel, B.E.J., *Nucleosynthesis and Chemical Evolution of Galaxies*, Cambridge University Press, 1997.

Shapiro, S.L. and Teukolsky, S.A. *Black Holes, White Dwarfs, and Neutron Stars*, John Wiley & Sons Inc., 1983.

현대의 천문학 시리즈 제7권

항성

초판 1쇄 발행 | 2016년 1월 5일

엮은이 | 노모토 겐이치 · 사다카네 고죠 · 사토 가쓰히코
옮긴이 | 박소연

펴낸이 | 이원중
펴낸곳 | 지성사
출판등록일 | 1993년 12월 9일 등록번호 제10 - 916호
주소 | (03408) 서울시 은평구 진흥로1길, 4, 2층
전화 | (02)335 - 5494 팩스 (02)335 - 5496
홈페이지 | 지성사.한국 www.jisungsa.co.kr **이메일** | jisungsa@hanmail.net

ISBN 978-89-7889-310-7 (94440)
      978-89-7889-255-1 (세트)
잘못된 책은 바꾸어드립니다. 책값은 뒤표지에 있습니다.

이 책의 한국어판 판권은 Tuttle-Mori Agency. Inc.와 Eric Yang Agency. Inc.를 통한
Nippon-Hyoron-sha Co.와의 독점 계약으로 지성사에 있습니다.
저작권법에 의해 한국 내에서 보호를 받는 저작물이므로 무단 전재와 무단 복제를 금합니다.

「이 도서의 국립중앙도서관 출판예정도서목록(CIP)은 서지정보유통지원시스템 홈페이지(http://seoji.nl.go.kr)와
국가자료공동목록시스템(http://www.nl.go.kr/kolisnet)에서 이용하실 수 있습니다.(CIP제어번호: CIP2015035546)」